国家科学技术学术著作出版基金资助出版

油松、华北落叶松良种选育实践与理论

Selection and Breeding of *Pinus tabulaeformis* and *Larix principis-rupprechtii*: Practice and Theory

沈熙环　主编

科 学 出 版 社

北　京

内 容 简 介

20 世纪 80 年代初，沈熙环教授与团队成员一起，围绕提高油松和华北落叶松种子园种子产量和品质做了大量调查研究，比较坚实地奠定了这两个树种长期遗传改良的物质和理论基础。参加本项工作的成员有北京林业大学师生 30 多名以及河北、山西、陕西、河南、甘肃、辽宁、内蒙古等 20 多个单位上百名科技人员。本书反映了持续 30 多年研究这两个树种良种选育的成果。

本书以油松和华北落叶松良种选育工作为基础，分析了包括其他主要针叶树种在内的影响良种产量和品质的各种因素，探讨了林木良种选育的发展方向，原则、途径和模式，以及发展原则和途径。全书共分 5 篇，即林木良种基地与油松种子园建设，油松开花结实习性、球果败育与种子生产，影响生产优质种子因素分析与对策，林木良种选育策略及对油松的研究，华北落叶松良种选育，共 20 章，各章独立，又相互联系。本书主题鲜明，层次清晰，深入浅出，行文流畅简洁，结论源于实践，依据充分。

当前，国家正实施以生态建设为主的可持续林业发展战略，我国林木良种事业正面临新的发展机遇。本书不仅可直接用于指导油松、落叶松良种选育，同时对其他针叶树种工作也会有启迪。适合从事林木良种选育研究、生产和管理人员使用。

图书在版编目（CIP）数据

油松、华北落叶松良种选育实践与理论 / 沈熙环主编. —北京：科学出版社, 2015

ISBN 978-7-03-042983-4

Ⅰ.①油…　Ⅱ.①沈…　Ⅲ. ①油松–选择育种②落叶松–选择育种　Ⅳ.①S791.254.04②S791.220.4

中国版本图书馆 CIP 数据核字(2014)第 309899 号

责任编辑：李　悦　孙　青/ 责任校对：张凤琴
责任印制：徐晓晨 / 封面设计：北京铭轩堂广告设计有限公司

科学出版社出版
北京东黄城根北街 16 号
邮政编码：100717
http://www.sciencep.com

北京建宏印刷有限公司印刷

科学出版社发行　各地新华书店经销

*

2015 年 2 月第　一　版　开本：787 × 1092　1/16
2015 年 8 月第二次印刷　印张：22 1/2　插页：8
字数：527 000

定价：128.00 元

（如有印装质量问题，我社负责调换）

《油松、华北落叶松良种选育实践与理论》编审人员名单

主　　编　沈熙环

编　　者（按编写章节顺序排序）

沈熙环　陈伯望　张华新　温俊宝

张润志　张冬梅　贾桂霞　杨俊明

审　　校　钟伟华　王沙生　李镇宇　黄少伟

主编简介

沈熙环，江苏常熟人。北京林业大学林木遗传育种学教授。中国林学会第十、第十一届理事，中国林学会林木遗传育种分会第四、五届主任委员，现任全国油松良种基地技术协作组组长，分会荣誉主任委员。1953 年毕业于北京林学院，1979~1981 年在瑞典农业大学和乌布萨拉植物生理研究所从事树木遗传改良和繁殖生理研究。

沈熙环曾主持"六五"、"七五"国家科技攻关"林木种子园"和"侧柏种源"项目、948"三北干旱区灌木引种选育技术"及林业部"油松良种推广"项目，参与"油松种子园父本分析和选择性受精研究"自然科学基金（2004 年）、"性状早期预测"、"江西湿地松高产脂良种选育"等研究项目。培养硕士、博士、博士后和进修生 30 多名。在国内外发表论文 100 多篇；编著《林木育种学》高校教材，主编《种子园技术》、《种子园优质高产技术》、《亚洲太平洋地区林木遗传改良》（英文）、《灌木良种选育与利用》专著，并参与南京林业大学主编的《树木遗传育种》、《林木遗传育种》等著作。近 10 多年来主要组织、参与全国林木育种的学术活动，指导全国林木良种基地建设等。主要研究方向是林木育种策略、针叶树种遗传改良、种子园技术和灌木树种引进。

沈熙环曾获国家科技进步二等奖 1 项，林业部科技进步二等奖 4 项、三等奖多项；林业部教材一等奖；中国林学会 2002 年第四届梁希奖。曾对欧洲、美洲、大洋洲、亚洲等约 30 个国家进行过考察、合作科研、讲学，或参加国际学术讨论会。主持过"亚洲太平洋地区林木遗传育种"（1994 年，北京）、"森林对环境条件改变的遗传反应"（1999 年，德国）等国际学术讨论会，20 世纪 90 年代曾被聘任为 UNDP 援华"南方松种子园"、"泡桐遗传改良"项目中方专家。2010 年获国家林业局全国生态建设突出贡献奖——"林木种苗先进工作者"称号。

序　一

油松自然分布区广，是我国北方地区主要的用材、生态保护和绿化树种。华北落叶松耐低温、抗风、速生、材质优良，是华北地区营造速生丰产林和涵养水源的优良树种。选育这两个树种的良种，对促进区域现代林业建设具有重大意义。

沈熙环教授是我的大学同学，是我国著名的林木遗传育种学者和社会活动家。他作为中国林学会林木遗传育种分会主任委员、荣誉主任委员，卓有成效地组织和指导了全国的相关学术活动；作为国家林业局林木良种生产的咨询专家，积极建言献策，为调研和技术指导，他走遍了全国主要林木良种基地，为促进我国林木良种事业发展不懈努力；自 20 世纪 80 年代实施"六五"国家林木良种科技攻关，到 2012 年 6 月组建全国油松良种基地技术协作组任组长，30 多年以来，他组织并参与油松和华北落叶松良种研究和生产实践，积累了大量案例和数据，奠定了这两个树种今后发展的物质和技术基础。

他在该书中以这两个树种为基础，探讨了影响良种品质和产量的方方面面，其中，对种子园无性系开花结实性、种子园交配系统、油松短枝嫁接和华北落叶松插条技术、育种的一般模式和策略的探讨等，有深度，富有特色和创新，一些研究成果具有国际影响。

该书各章主题明确，相互又密切关联，表述简要流畅，论述有实例为佐证，是兼具学术和实用价值的优秀著作，适合从事林木良种研究、生产和管理人员阅读，不同人员会从中得到不同的收获和启迪。

沈国舫

中国工程院院士，北京林业大学教授

2014 年 3 月

序　二

林木种子园是林木良种繁育的主要形式，是林木育种系统中的重要组成部分。我国在20世纪60年代开始建设第一批种子园，80年代是种子园发展的黄金时期，发展较快，奠定了我国主要造林树种良种建设的基础。当前，国家正实施以生态建设为主的可持续林业发展战略，大力发展林业产业，大幅度增加了林木良种建设的投入，林木种子园正面临新的发展机遇。该书的出版恰好为现有种子园的调整完善，新一轮种子园的建设提供了理论指导和技术支撑。

该书全面系统地总结了30多年来油松、华北落叶松良种选育的研究成果，是系统反映该领域成就的学术专著，内容涵盖了种子园建园技术、开花结实生物学、优质高产技术与高世代育种。该书在种子园亲本开花的不平衡性与稳定性、开花物候同步性、配子贡献与子代遗传组成、花粉传播、交配系统与父本贡献、建园亲本再选择等方面具有创造性见解。这种由长期定位观测积累数据所得出的结论，对良种选育理论与育种实践的发展弥足珍贵。

沈熙环教授长期从事林木育种的教学和科研工作，是我国著名的林木育种家，林木育种学科带头人，曾多届担任我国林木育种专业委员会正、副主任委员，为我国林木良种事业及育种人才培养倾注了毕生心血。沈熙环教授十分注重林木育种理论与实践的结合，强调理论对生产的指导作用，强调学风严谨，文风朴实，强调书籍和文章是让人看和读的，要让人能看得懂、读得通，做到喜闻乐见，真正能使基层林木育种工作者学有所用，学有所成，学有所乐，在林木育种事业和良种基地建设中发挥作用。

该书是沈熙环教授从事油松和华北落叶松良种选育的学术与实践总结，具有很高的理论及学术价值，对生产实践有重大指导意义，可供林木遗传育种研究、生产和管理人员参考使用。

蒋有绪
中国科学院院士
中国林业科学研究院研究员
2014年5月

序　三

我和沈熙环教授从相识到知交已近半个世纪。他大学毕业后，留校任教。初期任苏联造林专家翻译，随后转入教学，改革开放初期，赴瑞典深造。他从事林木育种教学与研究半个多世纪，始终忠于职守，默默奉献，业绩卓著，桃李满天下，勤于笔耕，著作甚丰。已是耄耋之年，对事业仍锲而不舍，常奔走于政府—基层—学术团体之间，全心致力于我国林木良种建设的健康发展。

20 世纪 80 年代初，科学技术部考虑林业生产发展的需要，接受中国林学会林木遗传育种专业委员会的建议，把林木良种选育列入国家科技攻关项目。沈熙环教授担任种子园营建技术研究课题的负责人，统筹、协调全国该课题研究工作。同时，主持北方树种油松和华北落叶松的专题研究。90 年代至今，他先后担任中国林学会林木遗传育种分会副主任委员、主任委员、荣誉主任委员，以及国家林业局林木良种基地建设咨询专家等工作。《油松、华北落叶松良种选育实践与理论》一书，是上述研究与工作两个方面的成果，既是油松、华北落叶松良种选育技术专著，又是指导管理以种子园为核心的良种基地建设策略的著作，全书共五篇二十章。

第一篇的四章，含全国和油松良种基地建设、优树选择、遗传资源收集保存、无性繁殖及无性系生长和形态研究。叙述了种子园的发展与成就，着重讨论了良种基地建设基本任务、发展目标、原则、基本要求、途径和方法。回顾了半个多世纪来种子园在推动林业生产发展、良种建设上所起的作用。他强调种子园不仅是良种繁殖途径，同时是良种选育的途径，完善了种子园的功能和作用，提升了种子园在常规育种中的地位。

第二、第三两篇共九章，主要介绍了油松的生殖生物学、开花结实物候学、花期同步性、花粉散播规律、不同群体的交配系统、父本分析研究成果，探讨了非随机交配现象、无性系球果产量与质量的差异、球果虫害及其控制；并另辟一章专门讨论选育过程中的中心环节——子代测定。上述方方面面都是良种选育、种子园营建管理和良种基地建设中最基础、最重要的工作，对无性系再选择、种子园去劣疏伐、种子园更新换代等起着决定性作用，是种子园产量与质量不断提高的保证。这部分涉及面广，内容多，方法和技术新，创造性地解决了一些难题，不少内容在国内是先进的，超前的，在国际上也为数不多。

发展油松良种选育的理论、模式与策略是第四篇的中心。首先全面地讨论了油松在有性繁殖下良种选育的发展与技术、育种资源的增加与完善、育种策略与计划的制订、选育途径与模式的确定、育种群体的构建与管理，以及多世代轮回选择等问题。上述程式是不断创造新的良种，持续发展育种工作不可缺少的环节，是目前国际上广泛重视的技术措施。其次，缩短育种周期，加速世代转换，对于提高选育工作效率，节省人力物力的重要性是众所周知的，该书以试验实例总结介绍了他们的经验。最后，油松分布范围广，适应性变异大，专设第十六章总结了油松生长、适应性和材质的地理变异规律。油松用途广，在优良立地条件适于培育用材林，在瘠薄山地造林可改善生态环境，还可用于城镇美化绿化，花粉可用作保健食品。因此，油松可以考虑作为以有性繁殖为主的良种选育的模式树种。

华北落叶松的选育模式不同于油松，可以将有性选育和无性选育结合起来，实现业内人士所说的“有性创造，无性利用”。第五篇的四章，研究了华北落叶松的生殖生物学、无性系开花结实特性、自交不孕与杂交可孕等问题，开发了经济实用的无性繁殖技术，为顺利开展种内和种间杂交，不断提供新的育种资源，培育与高效生产更优良的苗木创造了条件，以达到生产优良家系及发展无性系林业的目的。

总之，该书是在油松和华北落叶松良种选育研究 30 多年基础上，总结了我国以种子园为中心的良种基地建设的经验和教训，并吸纳了世界林木育种的新成就写成的。该书内容新颖、丰富、扎实，面向生产，面向实际，强调良种选育要为生产服务，并在生产中发展。该书的出版，是我国林木遗传育种界的喜事，它将促进我国林木育种事业的发展，提高林木育种学术水平。该书值得同仁一读，也是教师、学生、技术人员和管理干部的优秀参考书。

钟伟华

华南农业大学林木遗传育种教授

中国林学会林木遗传育种分会荣誉委员

2014 年 3 月 1 日

序　　四

油松是我国北方重要的用材和防护树种，用途极广。华北落叶松是华北地区营造速生丰产林和涵养水源的优良树种。对这两个树种的研究在“六五”、“七五”期间被列入了国家科技攻关林木良种选育课题，21世纪初也得到自然科学基金资助。30多年来，北京林业大学等大批专家和技术人员在沈熙环教授带领下参与了这两个树种的遗传改良研究及良种基地建设工作，全国现有国家级油松良种基地13个，2012年沈熙环教授又出任全国油松良种基地技术协作组组长。

沈熙环教授是我国林木遗传育种界的前辈，熟悉国内外林木育种的研究状况。该书以油松和华北落叶松选育工作为基础，深入调研国内外同行的工作并参阅了大量文献，以现代林木育种发展水平，总结和提升了自己的经验与做法，研讨了影响良种产量和品质的方方面面，提出了这两个树种良种的发展方向，并探讨了林木育种的一般模式、发展原则和途径。《油松、华北落叶松良种选育实践与理论》是理论研究与生产密切结合的产物，论述有深度和广度。

当前，国家正在实施以生态建设为主的可持续的林业发展战略，扩大造林面积，提高林分质量，发展林业产业，我国林木良种事业正面临新的发展机遇。该书不仅可直接用于指导油松、落叶松良种选育，同时对其他针叶树种工作也有很大的启迪作用，定会产生较大的经济和社会效益。该书主题鲜明，层次清晰，深入浅出，文字流畅，结论源于实践，依据充分。适于林木遗传育种研究、生产和管理人员参考使用。

杨传平
东北林业大学教授，校长
中国林学会林木遗传育种分会主任委员
2014年3月

前　　言

20 世纪 30 年代，丹麦 C. Syrach Larsen 先生提出从选择的优树上采穗，通过嫁接建立种子园生产优质种子的理念。丹麦和瑞典是最先营造种子园的国家，到 60 年代种子园遍及世界 5 大洲，在重视人工造林的国家，种子园已对林业生产做出了重要贡献。在生产实践中，林木良种的生产方式也在改变，已由用半同胞混合家系苗木，发展到半同胞家系，部分地区已经采用了双亲控制授粉种子，甚至用优良家系子代的插条苗造林。我国自 60 年代开始营建杉木和湿地松种子园，70 年代种子园工作逐步铺开，80 年代兴旺发展，迄今在南方个别省（自治区）对林业生产已产生了比较重要的影响。按现代种子园经营理念，种子园不仅是提供大量优质种子的繁殖基地，它本身又是由低级向高级发展的育种系统中的一个重要环节，且可以按需要调整，满足不同育种目标的需要。良种选育技术和理论在人工造林兴起中产生，也是在为生产服务中提高，良种选育的根本任务是不断提高良种水平，满足生产越来越高的需求。

本书中所说的林木良种，是指遗传品质得到不同程度提高的种子和插条繁殖材料；涉及的选育技术仅限于选择、交配和遗传测定的内容，即常规育种技术。不同树种生物学特性不同，研究基础和进展有差别，社会和经济条件也有差异，采用何种选育和繁殖方式取决于树种特性、当地经济状况和社会条件、投入和产出状况，也与技术进步有关。树木生长发育周期长，决定了良种工作从开始投入到产出，要经历比较长的过程；工作要有继承性，后续工作必须在前期繁殖材料和数据积累的基础上开展；各地气候－立地条件不同，林木良种的生产和推广要受到地域的限制，推广前要做区域化试验，了解繁殖材料与立地的交互作用；育种工作不能一蹴而就，实施前要做好准备；良种是推陈出新的过程，通过选择－交配－测定，种子遗传品质会越来越好。长期性、继承性、地域性、超前性和持续发展，是包括油松和落叶松在内的所有树种良种选育的共同特点。

油松（*Pinus tabulaeformis* Carr.）是我国北方 14 个省（自治区、直辖市）的重要乡土树种，生态适生区约 300 万 km^2，是我国华北、西北及东北部分地区的主要造林树种。油松的用途广，选育目标多样，在较好的立地，可以培育工业用材林；它耐干旱、贫瘠，适应力强，对维护国土生态安全具有特殊重要地位。华北落叶松（*Larix principis-rupprechtii* Mayr）主要分布在山西、河北等山地，耐低温、抗风、速生、材质优良，是华北地区营造速生丰产林和涵养水源林的优良树种。20 世纪 80 年代，“油松种子园营建和经营管理技术研究” 被列入“六五”、“七五” 国家科技攻关专题，由北京林业大学主持；2004 年“油松种子园父本分析和选择性受精研究” 项目获国家自然科学基金资助。“七五”期间华北落叶松课题由北京林业大学和河北省林业科学院共同主持。参加两个树种选育工作的有

20多个单位上百名科技人员[①]，本书内容体现了全体参与人员的辛勤劳动和功绩。

种子繁殖是迄今油松规模化造林的唯一方式，我们从种子园规划设计、优树资源搜集保存，编制育种资源数据库开发入手，研究了雌雄球花发育过程和空间分布、花期物候和同步性、花粉传播与外源花粉隔离、不同群体的交配系统、父本分析及非随机交配现象；雌雄球花保存率、球果和种子性状变异、辅助授粉、土壤管理、球果害虫及其防治；扦插和嫁接繁殖技术、无性系形态结构和生长生理反应；性状早期测定、提早开花结实、缩短育种周期；子代生长遗传测定；油松生长、适应性和材质性状的地理变异规律等方面的内容。对华北落叶松讨论了种内和种间可配性变异和杂种利用，同时研究了有性生殖解剖学过程、雌雄球花的分布特点、传粉生物学、无性系开花结实习性变异和选择利用。由于华北落叶松插条繁殖和远缘杂交有前景，着重探讨了采穗圃营建、嫩枝扦插，生根能力的变异和利用。30多年来，为达到预定目标，我们坚持不懈，持续努力，在技术路线上始终贯穿了揭示并选择利用遗传变异的原则，对这两个树种良种选育理论的认识也有所提高，已经发表论文100余篇。研究成果用于指导良种生产，为主要针叶树种的长期遗传改良奠定了比较坚实的物质和理论基础。

本书总结了我们在油松和华北落叶松良种选育上做过的工作、成果、经验和教训，研讨了影响这两个树种良种产量和品质的因素及发展方向。笔者结合对国内外针叶树种良种选育工作的考察和阅读同行论著的体会，也论述了针叶树种良种发展方向、原则、途径和模式。全书共分5篇，即林木良种基地与油松种子园建设，油松开花结实习性、球果败育与种子生产，影响生产优质种子因素分析与对策，林木良种选育策略及对油松的研究，华北落叶松良种选育，共20章。各章独立，但又相互联系。

当前，国家实施以生态建设为主的林业可持续发展战略，扩大造林面积，提高林分质量，发展林业产业，对从事林木良种工作的同行既是挑战，也是大好机遇。林木良种事业方兴未艾，前景广阔，有待年青同仁发展和创新。为健康发展我国林业良种事业，建设好林木良种基地，笔者认为应当重视下列技术和管理问题。

（1）林木良种基地建设的目的是生产遗传品质不断提高的种子和苗木，满足当地造林需要，持续提高生产率和适应性，增加收益。要开拓良种市场，增加种子产量，满足造林需要。基地生产种子的量要与造林需要量基本保持平衡，按良种需求量确定基地规模。

（2）林木优良种子的生产和使用是受营建种子园和采穗圃繁殖材料来源与造林地自然地理条件双重影响和限制，林木优良种子是“地域性”商品。对自然分布区和造林区广的树种，宜特别重视建园（圃）材料的来源与造林地的自然地理条件，在没有得到试验证实调用种苗安全性前不能远距离调用。

（3）良种基地建设要视投入与产出，种子的用途，树种的生物学和林学特性，基地的

① 参加油松工作的有：河北省林业研究所、山西省林业研究所、陕西省林业研究所，河南省林技站，甘肃省林木种苗管理站、辽宁省林木种苗管理站、内蒙古自治区林木种苗管理站，以及辽宁兴城种子园、河北遵化东陵林场、山西隰县上庄种子园、陕西陇县八渡林场、河南卢氏东湾林场、河南省辉县市白云寺林场、甘肃正宁小陇山总场林科所、内蒙古宁城黑里河林场、土左旗大青山种子园等。河北省孟滦林管局龙头山林场，阴河林场光沟种子园、塞罕坝机械林场和内蒙古自治区卓资县上高台林场种子园、宁城黑里河林场等参加了华北落叶松工作。北京林业大学有硕士、博士、博士后、进修生等30多名参加，还有几十名大学生参与项目撰写毕业论文。

条件等而定，可以集约，也可以比较粗放，选育和繁殖方式要多样，包括母树林、种子园、无性繁殖。由于技术的进步，不少针叶树种在集约经营的条件下，可以营建采穗圃，繁殖并推广插条苗。但对多数造林地，种子繁殖可以兼顾增益与多样性，仍是主要的繁殖方式。

（4）基地的更新换代、提高和发展是基地发展的必然道路，但在做法上必须根据自身条件，稳步踏实地前进，严防盲目追求高世代而犯低级错误。如从外地调用高世代繁殖材料或从种子园子代林中挑选亲缘关系不清楚的建园材料。就我们现在的情况，良种基地建设的发展称“第几轮”比“第几世代”更符合实际情况，各界也较容易接受。

（5）在当前技术发展水平下，遗传测定，包括对种子繁殖树种用子代测定，对扦插繁殖树种用无性系测定，是基地更新的主要依据，是营建新基地材料的可靠来源，是提高所产种子品质的保证。对过去做过的工作，一定要认真总结，充分利用。遗传测定的基本要求是，测定结果可靠、能提供大量没有亲缘关系的子代、工作量小、测定过程时间短。

（6）育种资源是提高良种品质的物质基础，基地应当拥有选育树种丰富的育种资源，并不断充实。要组织好、管理好、使用好育种资源。育种资源可以通过调查、搜集，也可以在树种协作组内交换。育种资源的收集不是为了收藏，而是为了利用。育种资源和遗传资源、种质资源的涵义不完全相同，应加以区别。

（7）保持稳定的种子产量，是衡量基地建设成绩的主要指标，要采取切实的管护措施，保证种子产量。提高产量的基本措施不外是，虫害防治、保证树冠充分的光照、树体管理、花粉管理、土壤水肥管理等。这些措施已经国内外实践所证实。当前对早期营建种子园的疏伐，只能算作是一种过渡形式，要积极营建新的种子园。

（8）缩短种子园经营周期，加快种子园更新过程，矮化树体，方便管理，创造适合我国国情的林木良种发展基地道路，是我们努力的方向。

（9）在良种推广地区要营建、管理好示范推广林。示范推广林是向领导和群众宣传林木良种工作重要性的平台，要充分利用。

（10）持续健康发展林木良种工作，要有稳定的机构和技术队伍，要重视基地技术人才的培养和使用。

（11）生产的发展有赖于理论认识的提高，要增加常规育种科研的投入。生产、科研和管理部门三结合是工作成功的保证。科技支撑单位要切实负起责任，解决生产中的问题。

（12）向上级部门反映实情，力争制定合理的政策，保证上述各项工作的实施。

相信本书出版不仅可直接用于油松和华北落叶松良种选育，同时对其他针叶树种的遗传改良也会有参考价值。限于笔者水平，不足之处肯定存在，谬误也恐难免，恳请读者批评指正！

沈熙环
北京林业大学教授
2013年盛夏
于林业楼108#室

目　录

第五篇　华北落叶松良种选育

第一篇
林木良种基地与油松种子园建设

综观国内外林木育种的发展历程，林木育种在人工造林兴盛年代产生，是在提高林分生产力和适应性中不断完善的。林木育种的根本任务是为造林绿化提供品质优良、数量满足需要的种苗。生产与科研是一个整体的两个组成部分，相互促进，相得益彰。林木育种的理论和技术在林业生产实践中得到提高和发展。

优质种子是通过种子园、母树林生产的，优良的营养繁殖材料——无性系苗木，通常由生产插穗和接穗的采穗圃提供。本书中所说的林木良种，就是指通过不同选育手段遗传品质得到不同程度提高的繁殖材料；所说的林木良种基地，就是指生产良种的场所，包括种子园、母树林和采穗圃等各种不同类型的良种繁殖基地。

针叶树种的良种生产主要靠种子。迄今，还没有开发出能高效、大量营养繁殖油松苗木的方法，油松良种只能靠种子育苗推广。母树林和种子园是生产油松良种的主要方式。母树林经营历史比种子园长，是选择强度较低，投入较少，能在短期内生产出规模化造林所需种子的手段，但增益较小。种子园的产生溯源于 20 世纪 40 年代，比母树林晚，是选择经营强度较大，投入较多，遗传增益也较高的生产种子方式。种子园是国内外林业集约经营地区生产优质种子的主要手段，应用普遍，研究比较深入，提高比较快，对林业生产已做出了重要贡献。本篇主要讨论了下列内容。

（1）我国林木良种基地的发展历程、主要成就和问题；林木良种基地建设中的基本工作内容简述；当前林木良种基地建设中需要特别关注的事项以及基地规划设计中不能回避事项的论述；最后，是对北京林业大学主要试验点工作的回顾。

（2）遗传（种质）资源与生物多样性；遗传资源与育种资源两个术语的辨析，资源的保存方式；育种资源是良种选育的基础；油松优树选择工作的组织，油松优树标准和选择方法讨论；入选油松优树的特点和资源保存状况。

（3）油松优树资源数据管理系统结构、编制原理和特点；管理系统的内容和操作技术介绍；利用系统分析油松优树生长量的地理变异特点、优树生长量和树干形质在地区和个体间的变异。

（4）油松髓心形成层嫁接与嫩枝嫁接的应用；油松短枝（针叶束）嫁接和嫩枝嫁接技术；影响嫁接成活率和促萌率的因素及措施；短枝嫁接苗的生长和开花结实观测；扦插试验及嫁接无性系苗木的生长特性；种子园无性系的形态鉴别。

本篇共 4 章，即我国良种基地建设回眸和展望，林木遗传资源与油松优树工作，油松优树资源数据管理系统编制与应用，油松嫁接、扦插及无性系生长和形态特征。

第一章　我国良种基地建设回眸和展望

多数针叶树种造林主要采用种子，迄今油松大面积造林只能用种子。种子园和母树林是生产针叶树良种的主要场所，种子园营建和管理是针叶树种良种选育的主要内容。本章列举了国内外创造显著成绩的事例及取得成绩的共同经验，反思了我国林木良种事业的发展历程以及值得汲取的教训。笔者根据近年对全国各地良种基地建设的调查研究，提出了种子园建设的基本技术，以及良种基地当前建设中应当关注的事项。此外，本章还回顾了 20 世纪 80 年代建设油松种子园的工作。最后，简介了北京林业大学对辽宁兴城油松种子园的规划设计。

第一节　良种基地建设进程和当前工作

一、种子园建设发展和成就

林木良种选育的发生和发展与人工造林的兴起密切相关。美国、瑞典、芬兰、新西兰、澳大利亚等国家是重视营造人工用材林的国家，几十年来种子园工作持续发展，为商业性造林提供了大量遗传品质优良的种苗，对林业生产做出了重要贡献。例如，美国北卡罗来纳火炬松协作组用初级种子园生产的种子造林，材积增益为 8%~12%，高世代良种实际增益高达 40%，用优良无性系造林材积生长提高达 50%，同时树干通直度、抗病能力也有明显的改进。该协作组在过去 50 年中累计投资 9500 万美元，用改良的繁殖材料造林 690 万 hm^2 以上，投入与产出比为 1∶21（沈熙环，2006 等；McKeand，2008）。美国佛罗里达湿地松协作组经过 60 年的不懈努力，材积生长的实际增益高达 50%（White，2013）。新西兰、澳大利亚、阿根廷、智利等国家，在一部分自然条件好的国土上用原产于美国的辐射松，利用种子和插条良种造林，并采用集约经营措施，不仅解决了本国木材需求，而且成为木材出口国。即使在气候比较寒冷、生长期较短的北欧瑞典，半个多世纪以来种子园建设已经进行了 3 轮。用欧洲赤松种子园生产的种子造林，材积增益为 10%~15%，由经过子代测定繁殖材料营建种子园生产的种子，材积增益在 25%左右，欧洲云杉用插条繁殖，增益还要高些，都已在生产上发挥了重要作用（Lindgren，2008）。

20 世纪 50 年代末至 60 年代初，我国林业界先驱们的努力，为中国林木良种工作的腾飞做了准备，到 60 年代中期开始建设杉木和湿地松种子园。“文化大革命”严重挫折了当时刚刚兴起的这项事业。到 70 年代我国种子园建设再次铺开，油松、落叶松工作也是从那个年代开始的。也就是在那个时期，林木良种基地建设经费纳入了国家财政预算，80 年代初林木良种选育研究列入了国家科技攻关项目。这为科研与生产密切配合创造了有利的条件，广大林木遗传育种工作者全身心的投入，推动了良种生产建设和相应技术研究的蓬勃开展（见彩图Ⅰ、Ⅱ、Ⅲ）。

20世纪80年代是我国林木良种建设的黄金时期。27个主要造林树种种子园总面积达1.3万 hm^2，收集主要树种优树4.5万株，建立收集圃450hm^2，开展子代测定，全国种子园已初具规模，初步建成了全国林木良种基地网。同时，开展了主要造林树种种源研究和选择、种内遗传变异研究及种子园的技术研究，内容涉及优树资源选择、种子园营建、种子园产量和品质的提高、子代测定、性状测定、加速育种世代及高世代育种策略等，这一领域的技术获得全面提高。目前，我国已经完成主要造林树种初级种子园的营建，其中多数种子园已实施去劣疏伐，或营建1.5代种子园，少数树种已着手营建第二代或更高世代的种子园。10多年来针叶树种插条繁殖技术在广东、福建等省有了长足的进步。我国南方一些省（自治区）的种子园已为当地林业生产做出了贡献，如据福建省林业厅林木种苗总站2009年报道，已累计生产种子41.8万 kg，造林2700万 hm^2，按10%材积增益估算，增产木材收益110亿元。总之，我国良种事业已具备了进一步发展的基础。

二、我国林木良种建设工作的反思

由于我国林木良种建设和遗传育种科研项目都以 3 年或 5 年为期，没有长远规划，工作不能持续稳定的开展，这种做法不符合林木育种的特点。其结果，多数基地不能正常生产良种，更谈不上生产品质越来越好的良种，林木良种基地在生产上没有发挥应有的作用；科学研究不能为发展生产提供确凿可靠的技术支撑，更谈不上攀登科学技术的顶峰。20 世纪 90 年代我国由计划经济向社会主义市场经济体制过渡，在世纪交替的 10 多年间，除个别省（自治区）和单位受益于地方政府的重视，采取扶持良种政策，工作尚有活力外，我国林木育种建设总体上处于停滞、消沉状态。

回顾几十年来我国林木良种建设发展历程，几起几落，走了弯路，付出了沉重的代价。在新的形势下如何持续、健康发展我国林木遗传育种事业，是需要慎重对待的重大林业政策问题。笔者认为，要正确处理好下列各个方面的工作：①建立起良种生产建设和科研工作长期、稳定、正常运作的体制，是我国林木良种工作成功的基本保证，在林木生长快，企业力量强的南方部分地区可以试行企业办良种，但从总体看，当前还不具备全面实行企业办良种的条件，国家资助良种建设是持续发展的必要条件。②林产品生产永远是林业的重要内容，要摆正林产品生产与生态—绿化效益等的关系，国家要重点扶持非盈利事业的发展。③正确评估世界林业科技发展现状和趋势，合理处理新技术与应用技术的关系，均衡人力物力的投入，增加应用技术研究的立项和投入，学习外国先进技术，要贯彻自主、创新精神。④制定合理的职称评定、奖励标准和制度，端正高层次技术人才的培养方向。⑤切忌急功近利思想干扰决策，提倡所有在职人员求真务实、踏实肯干、团结协作的工作作风。⑥逐步完善基层的工作和生活条件，引导青年同仁下基层，充实基层技术力量。

在多方努力和呼吁下，2009 年国家林业局出台了国家重点林木良种基地管理制度，2010 年落实了对重点良种基地建设的资金扶持，随后又实施了良种使用补助政策。这些举措为良种事业的发展创造了条件，我国的良种建设正在回暖中。只要能持续、正确实施这个政策，采取合理的技术路线，我们有可能再次掀起林木良种建设的新高潮，迎来我国林木育种工作的第二个春天。我国政府对林木良种建设实施的资金扶助政策，在世界上属优惠的良种政策。从事林木良种选育的同仁，一定要珍惜并充分利用好这个来之不易的大好机遇，为国家林业建设做出应有的贡献。

三、林木良种基地建设中的基本内容

良种基地建设与林业生产密切关联，良种基地要为提高林产品的产量和品质服务，要为改善生态条件做贡献，这是必须遵循的基本准则。种子园属林业生产的基本建设，投资大，经营期限长，技术要求较高。在 1988 年批准实施的《主要针叶树种种子园营建》技术标准中，强调种子园建设要有地域特点，并对规模、园址条件、育种资源等作出过规定。种子园、母树林、采穗圃营建和管理中的主要技术，是个老问题，也进行过不少讨论。《林木种子园》（Faulkner，1975）一书是较早论述这些内容的专著；我国也有这方面内容的论著和论文汇编（沈熙环，1992，1994 等；阮梓材，2003，2012；钟伟华，2008；毛玉琪等，2012；陈代喜和李富福，2013），可供参考。

（一）基地建设中的基本技术事项

考虑到基地建设中遵循基本技术原则的重要性，本章扼要归纳了以下 10 点，在本书后续相关章节还将结合我们的工作做较详细的讨论。

种子园和母树林地址 选择合适的地段营建种子园、母树林，是建设中的首要问题。在树种分布区的北界，或高海拔地区，气温低，生长季短；低洼地易形成霜穴；阴坡阳光不足；花期阴雨连绵的地区，妨碍花粉散发和传播；土壤贫瘠难维持树木持久健壮生长。存在这类不利因素的地段都会影响开花、结实和种子收成。周围地区如果有同一树种的林分分布，不易控制外源花粉飞散入园内。种子园如果受到外源花粉的污染，种子遗传品质得不到保证，会影响增益。松类花粉有气囊，能远距离传播，并在一定时期内保持其活力，这点需要特别关注。种子园或母树林面积小、不集中成片，与农田混杂等，会给经营管理带来不便，投入大，效益低。病虫害感染的严重地区，会给今后虫害防治带来困难，也难保证种子产量。此外，交通过于闭塞，不仅不便对外联系，职工生活也难稳定。地点选择，主要考虑自然条件，也要适当考虑社会生活环境。

园圃和设施安排 种子园中除种子生产区外，还包括优树收集圃、采穗圃、试验区、苗圃、温室以及种子加工设施等。对上述各项经营设施应统筹兼顾，合理安排，并要为种子园今后发展留有空间。种子生产区和收集圃、试验区间也应保持花粉隔离地带。种子加工场所要设置在园内便于管理、运输路程短的地段。在基地中要合理布置道路和防火道，并要采取防范牲畜可能破坏的措施。种子生产区的区划可因地形而异。种子园规划设计是良种基地建设的蓝图，应在施工前制定，且必须办理审批手续。

优树资源 优树资源是良种选育的基础，拥有丰富的育种资源，才能按选育方向，不断提高，做好资源的收集和管护是种子园的主要工作。林业生产特点要求良种需要具有优良的遗传品质和较广的遗传基础。为此，国内外初级种子园多由上百个无性系组成。

考虑到种子园经子代测定后将有大批无性系被淘汰，加上花期不遇的无性系和开花结实量极少的无性系等要调整，少说也会有 1/2~2/3 的无性系要被淘汰，没有几百个无性系作后备，种子园将无法改造提高。多世代育种是选育工作发展的必然趋向，而多世代育种工作中最关心的问题之一是防止近交。不论采用何种交配设计，每经过一个世代，没有亲缘关系的个体数至少要减少 50%。因此，在建设种子园或其他类型基地过程中，必须不断补充新的育种资源。现在杉木、马尾松、落叶松、油松等主要造林树种已经组成技术协作组，在自然生态条件相似且经营同一个树种的基地间，可以协商交换各自收集的育种资源和相关信息。这是增加基地育种资源的一条有效的辅助途径，应当充分加以利用。

良种是受地域限制的商品　良种是商品，但良种的使用要受优树原产地自然生态条件的限制。20 世纪 70 年代我国种子园营建和种源试验同步开展，种子园匆匆上马，随即大规模兴建，初期营建种子园时普遍不重视树种不同种源的特性，更不了解树种的地理变异规律。一些种子园的建园优树不是从建园地区选择出来的，也没有认真思考今后生产的种子供应给哪个（些）地区使用，建园用的接穗轻率地从外省（自治区）种子园调用。这实际上已经丧失了种子园的地域性特点。由这些种子园生产的种子，很可能是种源间的杂种。在不确切了解树种地理变异规律和地理杂种的表现之前，生产种源间杂种显然是不合理的。由鉴于此，在 20 世纪 80 年代制定的《主要针叶树种种子园营建》国家技术标准中，就明确规定："种子园应有明显的地域特点，在同一个种子园内，至少在同一个大区内，只能使用来自相似生态条件的优树繁殖材料；一个种子园的供种范围，对乡土树种而言包括优树原产地及原产地生态条件相似的地区。"已有充分的数据表明，不同种源在生长和适应性上存在差异，如花期早晚等开花结实习性特点，差异显著。因此，正确地选择建园材料的来源地十分重要。

建园无性系配置　建园无性系配置是指建园无性系或家系在各定植点上的安排方式。种子生产区内无性系的配置方式和株行距的大小，关系到所产种子的品质和数量。种子园的配置一般考虑两个因素：①避免无性系的固定搭配，使各无性系间充分授粉，扩大种子的遗传多样性；②同一无性系的不同个体（分株）间应保持最大的间隔距离，尽量避免自交和近交。早期营建的油松种子园普遍采用顺序错位排列法。这种配置方式施工和管理都很方便，但却无法避免无性系间固定的邻居搭配，减少了无性系间可能的交配组合。为减少自交和固定邻居搭配，后期营建的油松种子园多采用随机配置无性系，也曾编制过无性系随机配置的计算机设计程序。株行距大小应保证开花结实初期园内有较充沛的花粉，土地的利用效率、植株生长和种子产量，还要考虑方便日后的去劣疏伐，提高种子遗传品质。初期建立的油松种子园，多采用株行等距，如 5m×5m。总结多年实践，特别对初级种子园，以行距宽，株距窄，如为（6~4）m×（5~3）m 的配置比较合适。

经营周期与栽植密度　在相当长的时期内，种子园和母树林的经营周期都考虑为二三十年。事实上，现在建园技术已较成熟，建园材料的更新速度可以加快，多数树种开花结实盛期又较短，在山地条件下保持母树树体低矮有利于球果采集。因此，经营周期的长短，可以根据各地条件而有所变动，但缩短经营周期是发展趋势。经营周期缩短了，株行距可以减小。此外，如杉木等已经摸索出修剪、树体管理经验的树种，单位面积栽植密度可以增加。

育种群体的划分和管理 20世纪80年代初，多世代育种还没有提到日程上，对参与选育过程的优树资源不做区划和组织，采用统一的大群体，不规定各类群体不同的功能和内涵。这种做法无疑有很多缺点，例如，难以控制亲缘关系；选择强度受到限制，材积增益小；群体大，育种进程慢；不能依据育种地区或选育目标等组织不同的群体；随供种需求改变而做出相应变动的过程慢，灵活性小等。划分亚群体可有效地控制共祖率和减少近交。20世纪80年代B. J. Zobel等提出了基本群体、育种群体和生产群体的概念。基本群体包括天然林、人工林及谱系清楚的子代林，由数千个基因型组成；育种群体从基本群体中挑选出来，由数百个个体组成；生产群体主要是指种子园、采穗圃，一般由几十个基因型组成，是从育种群体中产生的。每个基地对已拥有的资源要按这个理念来组织和管理。这方面的内容将在第十四章中进一步讨论。

紧抓遗传测定 不断提高良种品质是种子园及其他类型基地建设中贯彻始终的基本任务。子代测定是了解优树遗传品质的最有效、最直接的办法，是提高良种品质的关键措施。没有子代测定，谈不上遗传增益的提高，更谈不上种子园的更新换代。为尽早取得能反映优树遗传品质的数据，及早对建园无性系的育种参数做出评估，在建园之初就应及时抓紧开展这项工作。从优树上采集自由授粉种子，做好育苗和造林管护，可以缩短评估优树遗传品质的时间。完善的田间设计是获得子代测定准确结论所必需的。完全随机区组、分组完全区组，或平衡不完全区组设计应用最多。子代测定林中应设置有代表性、可比性强的对照。要营建高世代种子园或采用滚动式发展种子园，控制授粉制种和子代测定是必需的。对筛选出来的优良个体做控制授粉，是创造更优良繁殖材料的中心环节。在控制授粉交配设计中，不连续双列杂交、单交和分组测交设计最为常用。种子园对收集保存的育种资源，必须开展遗传测定工作。这项工作基础差的种子园，务必要抓紧时间补课；对收集资源多的种子园，可按轻重缓急，有计划地组织测定。

增加良种产量 种子园和母树林都是为生产种子而营建的，不能生产足够数量的种子达不到建园的预期目的。设计中要考虑如何有效提高种子产量的技术和措施。不同无性系开花结实特性差异显著，因此，要重视无性系开花结实特性的观测，开花结实习性是无性系再选择的主要评选标准之一。为提高产量和品质，种子园要集约经营。种子园管理，主要包括无性系开花结实习性的观测与选择，辅助授粉，病虫害防治，土壤管理，去劣疏伐，整形修剪与树形控制等。为安全采种考虑，特别是我国种子园多营建在山地，难于实现机械化采种，因此，加强树形控制势在必行。近年来福建、广东等地已经摸索出了整形修剪与控制树形的成功经验，表明控制树形是可能的。综合实施整形修剪、缩短种子园采种周期、加速种子园更新等措施，将会明显地改善采种工作。

技术档案 技术档案是基地建设的历史记录，是总结提高的依据。基地应有完整、系统的各项技术档案。建档要求做到资料收集完整、记录准确、归档及时、使用方便。当今计算机设备和应用程序普及，基地的档案资料应向电子版文件方向发展。

重视上述良种建设中各项技术环节，实施正确的技术路线，采取适当的技术措施，可以少走弯路。基地工作是技术性较强的工作，没有一支相对稳定的技术队伍是不可能完成的。基地建设工作应有科研、教学单位专家参与和指导，生产部门要与科研、教学单位合作，不断更新知识和技能。

（二）理想的林木良种基地

2007年在国家林业局场圃总站组织讨论什么样的基地能够列入国家重点良种基地时，当时，笔者认为理想的基地应该具有下列条件：①基地经营树种，可以包括用材、能源、干果、防护等各类树种，但生产的种子或穗条，应为当地或生态条件相似地区长期需求或有潜在需要；②基地的自然条件应适合该选育树种的生长和发育，能正常开花结实或便于无性繁殖；③基地已从供种地区收集了比较丰富的育种资源，包括外来树种、种源、优树和无性系等，收集的资源保存完好，管护比较规范；④对收集的资源，做过比较系统的观察、遗传测定研究，试验林保存完好，数据收集完整，整理及时；⑤采取适合选育树种生物学特性和经济–生态特点的选育和繁育技术路线和措施，生产种苗的品质明显优于当地造林苗木，且有长远发展规划；⑥基地拥有懂业务、踏实肯干、有强烈责任心的技术管理人员，与科研、教学单位有合作；⑦基地属国有土地，布局合理，规模适宜，有一定发展空间，经营适于该地区的多个树种的基地应得到鼓励。但事实上，能符合上述所有条件的基地在全国只是少数。因此，已列入国家重点良种基地的单位，要全面总结，摸清家底，发扬长处，多看不足，脚踏实地逐项完善，向建设成名副其实的国家良种基地目标努力。

四、林木良种基地建设中当前需要特别关注的事项

笔者自2004年以来每年走访10多个省（自治区），考察了除西藏、台湾地区外全国各地数百个林木良种基地及单位，了解我国林木良种基地现状。考察地区自然条件不同，经营树种不同，选育目标有异，考察基地以经营用材树种为主，也包括少数经济树种及防护绿化乔灌木；基地以种子园为主，也包括少数母树林及采穗圃。当前多数良种基地尚处于初级阶段，各省（自治区）林业的地位不同，全国发展不平衡，南方部分省（自治区）发展较快，水平较高，对生产的作用和贡献也要大些。良种基地营建和管理的主要事项不外是上面讨论的内容，各个环节相互关联，相互制约。对这些问题没有正确的认识，或不及时采取必要的纠正措施，都会影响到基地建设的健康发展。笔者认为在当前林木良种建设及基地规划设计中，下列现象比较普遍，要引起有关领导和参与人员的重视。

（一）当前需要重视的几个问题

造林、良种与正确领导　大面积集约造林需求优质种子，是良种事业发展的前提和重要条件。现在我国福建、湖南、广东和广西等省（自治区），杉木、马尾松、湿地松和油茶每年造林几十万亩[①]至上百万亩，造林迫切需求良种，拉动了良种工作蓬勃开展，进展比较快。但在自然条件相仿，适于集约造林的面积也接近的另一些省（自治区），良种建设的形势给笔者的印象却有不小的差别。据笔者分析，是与各级领导对良种的认识和重视程度不同有关，也与工作思路和作风有关。正确领导是事业兴衰、成败的关键。

珍惜前人工作　林木良种事业是承上启下的事业，要几代人的努力，才能取得重大成果，充分利用原有工作基础十分必要。笔者访问过的欧美一些国家，营建的种源试验林已经60~70年了，仍完好地保存着，每隔5~10年还进行调查，不时撰写文章，做总

① 1亩≈667m^2，下同。

结报道。但在我国，对前人做的工作普遍不珍惜。20 世纪 80 年代营建的大批试验林基本没有管护，丢失图纸的，已遭破坏的，甚至已遭采伐的，也为数不少。南方树木生长快，采伐的也多。在全国只有为数不多的试验林定期观测，积累数据，尚能为当前生产决策服务。因此，摸清家底，发掘利用前人留下的育种资源和积累的数据是当前的重要工作。

良种生产和使用的地域性 在对树种地理变异规律不了解，种源间杂种的表现尚不能确切评估的情况下，把地理上相距遥远的优树无性系混合配置在同一个种子园内的做法，在一些树种中由来已久，在一些地区比较普遍。如前所述，这种做法违背了选育工作的正常部署和做法。但至今不少同行并不认为是个问题；或觉得已难纠正，只能继续走下去；有些地方将全省不同地区基地生产的种子集中起来，不考虑地域特点，统一分配育苗造林。所有这些认识和做法明显欠妥。其实，在一些地方不同种源混合配置的种子园中，由于远距离种源的花期不同步，开花不结实的不良后果早已显露；产生的苗木生长性状分化大。至于种子是由哪个父本产生的，更无人去追究。遗留给我国育种界的这个历史问题，需要作为一个重要课题做调查研究，查清后果，妥善解决。

循序渐进发展高世代 轮回选择是林木良种发展遵循的基本规则，由初级种子园向高世代种子园发展也是必然的趋势，但是，发展必须经过选择—交配—测定过程，发展要有子代测定林，要有数据，要有再选择的育种资源。近年，有些基地受社会高世代“时尚”的影响，自己不具备营建高世代种子园条件，却“另辟蹊径”，从外地远距离引进在当地尚没有试验过的高世代建园材料，或使用存在亲缘关系的繁殖材料。这违背了稳步前进、脚踏实地发展的原则，是不可取的。如果建园地区是优良种源区，大量引进外来种源建园材料，有可能“污染”当地种源，影响当地种源的纯洁性，造成更大的危害。此风诚不可长。湖南会同就近培育再选择大苗，更新种子园的做法给我们启迪（见彩图Ⅴ）。

培育适应性强的良种 为应对全球气候变化，我国政府于 2009 年承诺，将加强植树造林，确保到 2020 年森林面积比 2005 年增加 4000 万 hm^2，森林蓄积增加 13 亿 m^3。林木良种选育的根本任务不外是提高林分的产量、品质以及适应性。国内外林木良种选育工作的重点都放在提高产量和品质上，取得的成绩比较大，也积累了比较丰富的经验。在我国将要新营造的 4000 万 hm^2 林地中，其中能够培育丰产林的立地是少数。提高在极端立地条件下的林分适应性，选育适应性强的良种，是我国面临的新任务。选育林木群体或个体的适应性，不能说是完全新的课题，但我们过去关注少，做的也少。要取得显著的成绩，需要的时间长，难度也大，是个薄弱环节。选育适应性强的良种，属生态建设的内容。生态建设主要是提供生态效益和社会效益，经济回报小，对此思想上需要有所准备。

培养技术队伍，做好“三结合” 由于林木良种建设曾在相当长的一段时期内处于停滞不前的状况，老的技术人员逐渐退出岗位，新的一代又没有能及时补充和成长起来，断档现象普遍。基层拥有稳定的技术队伍，工作才能正常开展。要重视培养年轻技术人员，充实基层；要制定并落实技术人员乐于在基地工作的政策，引导年轻人热爱本职工作，调动他们的工作积极性、责任心，做好本职工作。生产、科研、管理部门“三结合”曾是我国林木良种工作取得成功的经验，要继续做好“三结合”。基地的科技支撑单位不能仅是挂名，要投入实力，切实承担起应尽的职责，出好主意，参与基地建设。相应的，对他们的工作，要有经济支持。全国少数省（自治区）林木良种工作之所以能够活跃开展，就是因为省（自治区）内拥有一批热心事业、踏实肯干、深入基地、通晓业务的中青年技术骨干。领导和有关部门要重视这类人才的培养，我国林木育种工作的兴旺发达寄希望在他们身上。

加强良种示范—推广工作　笔者在南方和北方看到很多生长表现十分优异的子代试验林。例如，为广西派阳山林场于1998年12月营建145亩马尾松子代林，15年生时蓄积量高达39.15m^3，又如，湖北太子山于2008年春天营造马尾松子代林，管理十分粗放，优良的半同胞家系幼龄期年高生长量仍连续在1m以上，有的高达1.5m，在2013年遭遇几十年不遇的干旱情况下，仍能保持这个速度十分难得。但据说，当地林农并不知道这个优越性，马尾松良种的销路不好。这种情况在全国也不是个例，因此，在交通比较方便、立地较好的地段，大力营建示范—推广林，宣传良种，让领导和群众了解林木良种的优越性，十分必要。

完善管理制度和合理补助标准　制定合理的政策和规定，涉及方方面面，是件细致和繁琐的工作。基地建设资助政策落实前准备工作不足，当时按基地已有各类经营面积补助也不无道理，但执行多年后，仍按面积大小补助，群众议论颇多。认为这是肯定过去，不是鼓励未来；各类经营面积补助标准，也欠合理，没有反映出政策鼓励做什么工作的精神。完善的管理和监督制度，合理的资助标准和规定，关系到调动各个方面积极性的问题，也关系到基地建设的方向，必须审慎对待。

提倡踏实干，科学干　任何事业的成败，归根到底取决于参加人员的工作态度和业务素质。加强参与人员的责任心，使命感，按客观规律科学办事，是我国良种选育事业上新台阶的必要条件。

（二）基地规划设计中不能回避的事项

自2009年后两批国家重点良种基地陆续上马，所有基地都要做规划设计。做好规划是基地建设的第一步，周密、全面的规划是今后成功的保证。针对现在基地建设情况，近年笔者在考察基地与同仁座谈中就基地定位、规模、类型等项目的内容讨论较多，有些看法在报刊上发表过（沈熙环，2008，2009，2010等），归纳如下。

定位　明确选育方向，经营最适宜的树种和种源是基地规划中的首要问题。对以生产林产品为经营目标的树种，应以提高林产品的产量和品质为主要目标，对兼顾林产品和生态效益的树种，选育目标应该多样。在生态条件相似的同一地区，经营同一树种的毗邻的多个良种基地，对各个基地供应良种的地区范围，需要统筹分工和规划。

规模　要确切规定良种供应规模、地域范围和年平均供应种子（苗木）量，并依据供种地区造林用种的需要量及单位面积生产种子量来确定良种基地的建设规模。

类型　基地采用何种类型取决于树种的生物学特性、工作基础和自然－社会经济条件。在造林立地条件比较好，管理比较集约的情况下，良种才能产生比较高的增益，因此，可以采用选育强度比较高，投入比较大的种子园和采穗圃。只有能够规模化生产营养苗木的树种，才可能采用营养繁殖方式，营建采穗圃。基地生产的良种首先应当供应集约经营的地区使用。不适合集约造林和经营的地区，从经济及保持群体遗传多样性等方面考虑，宜采用选育强度比较低的母树林经营模式。

良种供应地区 林木良种的生产和使用受地域的限制，是有地域限制的商品。种源试验是树种改良的第一步，根据种子园供种地区范围确定最适宜的种源，是良种生产中首先要考虑的问题。各个良种基地应有明显的地域特点，合理地确定各个基地的建园、建圃材料的来源，生产种子和苗木供应地区的生态条件应与育种材料来源地区的条件相仿。做过种源试验的地区，应当总结不同种源在试验区内的表现。当不了解树种地理变异模式时，为避免给生产造成损失，良种基地应采用相似生态条件的繁殖材料，生产的种子和苗木回供给提供育种材料的地区使用。

合理使用良种 重视良种与立地的交互作用。多点子代测定可提供基因型×环境交互作用的确切数据，是良种利用推广的依据。要重视优良家系×立地的交互作用，推广前要做好良种的区域化试验，同时要研究不同家系最适宜的造林地段和栽培管理方法，良种良法，才能保证增产效益。

第二节 对北京林业大学主要试验点工作回顾

一、20 世纪 80 年代的工作

北京林业大学承担的各项任务，田间试验主要是在辽宁兴城、内蒙古宁城黑里河和河南省卢氏 3 个油松种子园开展。兴城油松种子园状况见本章附录“辽宁兴城油松种子园规划设计方案”。内蒙古宁城黑里河油松种子园位于北纬 41°33′，东经 118°23′，海拔 1000m 左右，年平均气温 4.8℃，>10℃积温 2000℃，无霜期 120 天，年降水量为 600~800mm，主要集中在 6~7 月。40 个无性系 1978 年定植于南坡，株行距 5m×5m。河南省卢氏种子园设在北纬 34°18′，东经 111°03′，海拔 940~1000m，年平均气温 17.9℃，>10℃积温 4127℃，无霜期 186 天。31 个无性系，1981 年定植，株行距 5m×5m（见彩图 I 下、II 中、下）。

1982 年专题组成立，人员进驻种子园，从了解种子园的历史和现状着手，准备种子园的规划设计工作；完善有关种子园营建的各项技术措施；有计划地开展了优树选择和收集，充实了原有资源，优树资源数量上了新的台阶；鉴于了解家系一般配合力和特殊力数据对良种生产的重要性，及时组织了子代遗传测定工作，不仅采集自由授粉种子，同时开展控制授粉，杂交组合上千个；为尽早取得家系生长的数据，开展了早期测定和加速育种世代的研究等。应该说，这些工作都是必要的，目标明确，组织及时，也做出了成绩。

二、辽宁兴城油松种子园规划设计

20 世纪八九十年代辽宁兴城油松种子园是北京林业大学从事油松研究的主要良种基地之一。该种子园始建于 1974 年，但建园时没有作过全面规划设计。1984 年北京林学院师生与该种子园职工一起，从测量开始，调查了气象、土壤状况，了解社会情况，经 4 个月的工作编制完成了规划设计。由于这项工作是在建园 10 年后才进行的，不少

项目已经实施，规划设计只能在原有基础上进行，自然会有不尽如人意的地方。但在规划设计中，我们吸取了当时国内外建园的经验和教训，力求使种子园布局合理，设计可行。参加该项规划设计的有育种、测量、气象、土壤等专业师生及辽宁省、兴城市林业部门共 14 人。“辽宁兴城油松种子园规划设计方案”是历史的记录，代表了当时规划设计人员的思路和水平。“规划设计方案”中不少提法是可取的，但按现代种子园的经营理念，其中不少观点和措施需要修正。“规划设计方案”要点见本章附录。

该规划设计提出的目标明确，内容比较全面，措施比较切实，工作主次安排比较合理，通过两个五年国家科技攻关期间的努力，完成了设计中规定的主要任务。

三、油松工作的反思

回顾 20 世纪 80 年代我们的油松工作，也存在失误，其中有些在当时就已觉察，但也有一些是在实践中逐步认识的。

油松种子园兴建初期，辽宁、河南等省的部分种子园也存在混合配置不同种源的情况，没有遵循良种生产和使用地区自然条件要协调的原则，犯过其他树种种子园类似的错误。几十年过去了，对不同油松种源在各地的表现虽然大体上已有了认识，但认识尚不全面，也不确切。由于种源试验工作中断多年，人员又有变动，加上部分试验林已遭破坏，要重抓这件事，困难很多。近年正努力在做些补救工作，希望能够从调查种源和种子园子代在不同地点的表现入手，提高对不同种源地理变异规律的认识，以便做好优良家系的区域化试验和优良家系的推广示范工作。

20 世纪 80 年代初，虽然已感到拥有几千株优树，数量多，遗传测定工作量大，对如何有效组织和利用优树资源，也产生过困惑，但当时对解决问题的迫切性认识不足，也没有认真思考解决的办法。对育种群体划分为亚群体，是在随后学习国外经验和生产实践中逐步认识和提高的。对重大技术决策，要在实践中认真探索，不断完善。

如前所述，良种在立地条件比较好、管理比较集约的条件下，才能产生较高的遗传增益。油松适应性强，能种植油松的地域广，面积大，但并不是所有的造林地段使用良种都能取得高的回报。华北山地土壤瘠薄，降水量少，油松虽能生长，但并不是所有地区都适宜营造商品用材林，且有些地区已经划作自然保护区或森林公园，当以保护当地自然生态系统和遗传资源多样性，或以旅游、休憩为主要经营目的。因此，油松良种的选育目标应当多样，提高木材产量，只是经营油松林的主要目标之一。在我们制定的油松规划设计中，没有体现出这个理念，这是今后油松良种选育和利用中应当考虑并解决的问题。对不适宜集约栽培油松的地段，采用低强度选育的供种模式。因此，采用高强度、多世代选育种子园模式经营的种子园规模，要做相应的调整。

1987 年春季大旱，辽宁西部部分地区人畜用水都有困难。当时恰好上百个控制授粉组合的 2 年生苗上山定植。由于没有防御旱情的充分思想准备，也没有采取积极的措施，定植苗木没能及时浇水，使营造的几十亩试验林几乎“全军覆没”。由制种、育苗到定植，前后历经 5 年的辛勤劳动，付之东流。20 多年过去了，笔者对这次惨重的教训仍铭记难忘。辽宁兴城种子园结实初期，虫害不严重，1985 年前后曾经乐观地预估，每亩种子园能产种子 5kg，但随后虫害越来越严重，曾濒临颗粒不收的境地。我们曾投入了大量人力，搞清了害虫种类及其发生发展规律，情况才有所好转。总结曾经发生的失误，对待各项工作必须慎之又慎，认真对待，多从坏处着想，有所准备，稍有疏忽就可能造成难以弥补的重大损失。

稳定的政策是发展种子园事业的基本保证。兴城和其他油松种子园都曾有过辉煌，但随后在相当长时期内都处于消沉状态，工作没有进展或进展不大。2010 年政府对林木良种基地建设实施了补贴政策，为良种事业的发展创造了条件，油松和其他树种一样正在逐步回暖中。

结　　语

林木育种在适应扩大营造人工林的需要中产生，是在提高林业生产水平中发展和提高的。提供品质优良、能满足规模化造林所需苗木，提高林分的生产力和适应性，是林木育种的根本任务。20 世纪 30 年代末，在丹麦出现了种子园的雏形，到五六十年代由瑞典、美国逐步推广到全世界。他们的实践表明，种子园是重要的营林措施，成功经营的种子园已为林业生产做出了重要贡献。种子园是针叶树种生产良种的主要方式，种子园经营的发展也丰富了林木育种的内容。

我国种子园始建于 20 世纪 60 年代，半个多世纪过去了，经历了几起几落的过程。本章简要回顾了我国林木良种建设发展历程，总结分析了成功经验和挫折教训，论述了良种发展策略、技术队伍培养、科技合作、提高林木良种认识等管理问题，也讨论了基地地点选择和营建、良种地域性特点、优树资源、循序渐进发展高世代、加强培育适应性强的良种等技术问题。笔者期望这些议论有助于以国家重点良种基地为中心的我国良种建设的健康发展。做好林木良种基地的规划设计，是基地迈向成功的第一步，本章中还列举了规划设计中应当重视的事项。林木良种事业是长远的事业，必须持之以恒，在政策上要保证建设事业能够持续、稳定发展；在技术上要与时俱进，不断完善；建设中的各项工作要周密计划，认真对待。这是林木育种取得成绩的共同特征和基本要求。

辽宁兴城油松种子园规划设计是 20 世纪 80 年代初编制的，由于历史的原因和受当时认识水平的限制，按现代技术来衡量，这个方案并不是完美无缺的，但它却真实地反映了那个时代营建种子园的基本构思，曾在一段时间内指导了我们的工作实践。我国油松选育迄今已有近 40 年的历史，成立油松专题组至今也已有 30 多年了，回顾我们种子园的实践，有成绩，但也存在不足和失误。对分布区广，用途多样，用材与生态保护并重的油松来说，无疑要研究和遵循该树种的地理变异特点，重视并合理安排良种基地的类型、布局和规模。

附录：辽宁兴城油松种子园规划设计方案要点

兴城油松种子园位于辽宁省兴城县西北，距县城 20km。地处北纬 40°43′~40°44′东经 120°34′~120°35′。经营总面积 2330 亩。该种子园始建于 1974 年，当时属兴城南关林场，1983 年改属县林木种子站。1981 年林业部林木种子公司与辽宁省林业厅签订了联合经营该种子园的合同，对生产规模、建设项目、种子产量和品质都作了明确规定。为保证部省联营计划顺利完成，北京林学院于 1982 年与兴城南关林场签订了技术协作合同。

该种子园于 1973~1974 年在抚顺等地选择优树 108 株；1982 年秋后在承德、赤峰、锦州地区增选优树 115 株，计划在 3 年内自选优树 250 株以上。此外，已与河北等地交换优树无性系 100 个以上。规划时该园已定植种子生产区 450 亩。

一、自然条件和社会条件

1. 自然条件

气候　据兴城县气象站近 30 年的观测，该地年平均气温 8.7℃，1 月平均气温－8.7℃，7 月平均气温 23.9℃。10℃以上积温 3425.8℃，早霜 10 月上旬，晚霜 4 月中旬，无霜期 160~170 天。年平均降水量 543.7mm，主要集中于 7 月、8 月。年日照总时数 2808.9h。热量、光照适于油松开花结实，水分不足，特别是春旱严重。该地花粉飞散期的主风方向为南偏西向。

地形　属辽西低山丘陵区，海拔 100~280m，坡度多为 10°~20°。该园南北长约 2500m，东西窄，最窄 400m，呈葫芦形。两条东西走向的山脊将该园分成三部分。见地形图。

土壤　母岩属火山熔砾岩。母质分原积和坡积两类。土层厚 5~70cm，以 20~60cm 居多。属中壤。土层中石砾含量按体积计为 30%~50%，透水性好。pH 为 5.5~6.5。土壤有机质和含氮量较高，分别约为 5%和 0.26%~0.3%，速效钾含量为 200ppm①，速效磷含量较低，约为 3ppm。土壤适于油松生长。规划设计时作了土壤调查，绘制了土层和腐殖质厚度分布图。

植被　该园北界外 4km 山坡上有小片油松林，东南界外山脊另侧也有约 30 亩油松林。外源花粉或距种子生产区较远，或处于下风方向。植被较单调，多为辽西常见种，阳坡主要有荆条、多花胡枝子、雀儿舌头、酸枣等灌木和羊胡子草、菅草、艾蒿、猫眼草等，覆盖度约 80%；阴坡有绣线菊、溲疏、平榛、荆条、羊胡子草、大油芒等灌木和草本植物，覆盖度在 90%以上。

2. 社会条件

交通比较方便，距锦叶铁路乘降所和县公共汽车站各约 3km。当地劳力资源有保证。

二、基地总体规划

根据种子园建设任务和现有布局，并考虑各经营区和建筑设施特点，附该园总体规划图（附录图 1）。

1. 经营区

经营区包括下列各项。

种子生产区：将种子生产区集中成片，由已定植的北部向中部延伸。种子生产区按

① 1ppm=1×10^{-6}。

山脊、山谷及道路划分成 13 个大区，面积由几十亩至 100 多亩。大区下按小地形或无性系配置情况划分小区，面积由几亩至 20 多亩。优树收集圃：与生产区隔离，位于种子园的东南角。子代测定林和试验区：该地土壤、地形能代表辽西油松造林地，但距种子生产区最近距离仅 300m，且处于上风方向，花粉可能污染种子生产区。为此，拟将子代测定林迁往他处。采穗圃位于种子园的东北部，土壤较贫瘠，计划加强土壤改良措施。苗圃位于场部东侧，经人工整理，地势平坦，有灌溉条件。

2. 道路和防火道

贯穿种子园南北，修建公路，并沿种子园周界、大区界、山脊，设置 5~6m 宽防火道，部分防火道可兼作道路使用。

3. 花粉隔离带

为积极防止非种子生产区花粉窜入，相对减少外源花粉密度，拟在生产区外缘，选用无性繁殖表现好（因当时尚无子代测定数据），雄球花量多的无性系沿坡地上下各栽植 1~3 行。

4. 基建

建食堂兼会议室、职工宿舍、打深井、二级扬水站等。

附录图1 兴城油松种子园总体规划图

三、各经营区设计

1. 种子生产区

种子生产区是种子园的主要组成部分，其任务是大量生产遗传品质优良的种子。

（1）已建种子生产区：采用顺序错位排列，株行距 5m×5m。定植后管理较精细，生长好，但存在下列问题：缺株较多；个别错号；部分植株砧木枝条尚未除去；自 1981 年后个别植株因嫁接愈合不好，整地没按规格等原因死亡；嫁接苗窝根较普遍。拟在 1~2 年内采取相应措施纠正。

（2）新建种子生产区为保证所产种子具有广泛的遗传基础，拟采取如下措施：①种子园现有无性系近 300 个，1/3 以上来自河北承德和内蒙古宁城，多数来自辽宁，由于两地生态条件差异不大，原则上统一使用，但在调配可能时，来自同一地区的优树材料尽可能配置在一起；②配置部分新建种子生产区拟采用分组远距模式排列法；③栽植密度，该地嫁接植株 10 年生时冠幅约为 3m，20~40 年生林分植株为 5~6m。如果去劣疏伐，配距以 3m×5m 为好，但限于繁殖材料不足，以及经济上的原因；一般仍用 5m×5m；④定点、整地和栽植按主要坡向沿等高线定基准线，然后平行推出行，垂直排出列，确定栽植点。栽植点按 30cm×80cm×80cm，大坑整地。

（3）管理：包括土壤水肥管理，促进开花结实措施和花粉管理、病虫害防治、树体控制和去劣疏伐等内容。

2. 收集圃和采穗圃

收集圃是育种资源的保存场所，也是控制授粉的试验地。收集圃中将栽植自选和交换的所有优树或类型。每一无性系保证成活 5~10 株，行状栽植，原则上不作淘汰。株行距、整地等可同种子生产区。

采穗圃是提供优质接穗的圃地，促进植株多发枝、长好枝是主要目的。栽植距离为 3m×3m。

3. 子代测定

（1）子代包括：①单亲本家系，含种子园无性系自由授粉种子和优树自由授粉种子；②双亲子代，采用不连续双列杂交、分组测交及双列杂交设计。

（2）布点和田间设计，采用多点试验，除兴城外，在辽宁其他油松产区再布点 1~2 个。用分组随机完全区组田间设计。每组包括 30~40 个家系。内含 2 类对照，单亲本测定用一般造林用种子（对照 1）和当地油松优良林分种子（对照 2），双亲本用对照 2 和种子园混合种子（对照 3）。4 株小区，2m×2m 配距。每个区组约占地 1 亩。重复 4~8 次。

（3）栽植和管理，采用小穴（40cm×40cm×60cm）整地。切实做好保苗的各项工作。

（4）工作进度：1984 年单亲本 40 个家系，双亲本 44 个家系育苗；1985 年定植 60 个家系；双亲本制种工作于 1984 年前基本完成，1985 年从协作组成员调进花粉作控制杂交。

4. 其他试验林

包括施肥灌溉试验区、整形修剪区、栽植密度与结实试验区等，都要按相应特点设置。

5. 苗圃

提供嫁接苗和子代测定苗。因可供测定用的种子为数不多，育苗需特别精细。苗圃分 3 个区，即播种区、移栽区和嫁接区。考虑安装喷灌系统。

四、经费概算和经济效益

1981~1988 年林业部计划投资 44 万元，辽宁省投资 19 万元，近 2 年两单位追加投资 11.78 万元。总投资 74.73 万元。

种子园建成后种子生产区总面积达 1000 亩。到结果期，按每亩生产种子造林 100 亩计。每年可供造林 100×1000＝10 万亩。按结实 30 年计，可提供 300 万亩造林用种子。达主伐龄时，每亩出材按 $10m^3$ 计，种子园材积增益按 10%计算，再按 70%造林成活率和 70%出材率折算，种子园在 30 年内净增产木材量：

$$10\times0.7\times0.7\times0.1\times100\times1000\times30=1\,470\,000\ (m^3)$$

每立方米木材按 100 元计算，100×147 万＝14 700 万元。合理经营种子园，增产的潜力大，但这是一项长远的事业，必须持续经营[①]，要争取发展可能的短期经营项目，以短养长，增加种子园活力。

五、技术档案

主要包括种子园一览表； 种子园经营管理登记表；优树登记表；优树调查记录表；优树收集圃登记表；嫁接苗调查表；无性系生长状况表；无性系开花结实状况调查表；无性系开花物候调查表；无性系种子播种品质登记表；子代测定林一览表；子代测定林调查登记表；试验林观察登记表；病虫害观察登记表等。

参 考 文 献

陈代喜，李富福. 2013. 广西林木良种基地建设与育苗新技术.南宁：广西科学技术出版社
毛玉琪，王福森，刘录. 2012. 北方主要针叶树种遗传改良研究. 哈尔滨：东北林业大学出版社
邱俊齐. 1992. 油松种子园经济效益分析与对策.见：沈熙环. 种子园技术. 北京：北京科学技术出版社：250-255
阮梓材. 2003.杉木遗传改良. 广州：广东科技出版社
阮梓材. 2012.广东省杉木良种论文集. 广州：广东科技出版社
沈熙环，卢孟柱. 2007. 林木遗传育种学发展. 中国科学技术协会，中国林学会. 学科发展报告 2006－2007. 北京：中国科学技术出版社：83-94
沈熙环. 1981. 瑞典林木改良工作. 林业科技通讯，(7)：31-33
沈熙环. 1982a. 对我国林木种子生产中一些问题的看法. 北京林学院学报，(3)：52-57
沈熙环. 1982b. 瑞典的森林为什么愈伐愈多. 世界农业，(8)：32-33
沈熙环. 1983. 国外七十年代初树木改良工作科技水平. 中国林业科学院科技情报所
沈熙环. 1985. 当前我国种子园建设刍议. 北京林学院学报，(3)：28-32

① 邱俊齐教授于 1992 年在《油松种子园经济效益分析与对策》一文中指出，种子园经营活动的宏观经济效益远大于微观经济效益，并具有重要的生态与环境效益。微观经济效益低于宏观经济效益的深层次原因是：种子园种子的现行价格与其自身价值严重背离的结果。以种子园一个经营期内生产的种子可造林 $2037hm^2$ 计，全部用于造林，主伐时每公顷按增产 $1m^3$ 计算，可净增立木蓄积 $30\,555m^3$。按出材率 85%、木材价格 400 元/ m^3，30%风险系数扣除，增益收入也可达 727.3 万元。

沈熙环. 1986. 我国针叶树种选优、种子园、子代测定和无性系选育的进展. 全国林木遗传育种第五次学术报告会. 浙江富阳.
沈熙环. 1988. 林木育种的今昔和展望. 北京林业大学学报，S2：66-70
沈熙环. 1991a. 对我国针叶树种改良的考虑.中国林学会林木遗传育种分会第三次全国代表大会暨第六次学术报告会. 贵州贵阳.
沈熙环. 1991b. 正确对待各种育种方式，繁荣我国育种事业. 林木遗传改良讨论会. 1-5. 湖南通道.
沈熙环. 1992. 种子园技术. 北京：北京科学技术出版社
沈熙环. 1994a. 从国内外林木育种进展谈福建省林木育种工作. 福建林业科技，(3)：8-12
沈熙环. 1994b. 种子园优质高产技术. 北京：中国林业出版社
沈熙环. 1996. 澳大利亚的林木遗传改良工作. 世界林业研究，(6)：52-56
沈熙环. 1997. 巩固我国林木育种成果，迎接21世纪. 中国林学会林木遗传育种第四届年会.广西桂林.
沈熙环. 2002. 林木育种成果亟待巩固发展. 中国林业，(6)：29-30
沈熙环. 2006a. 现状、问题与出路（2006年南方片会上讲演提纲）. 见：项东云. 南方林木遗传改良策略与新技术应用研究. 南宁：广西科学技术出版社：3-4
沈熙环. 2006b. 福建林木遗传改良的成功经验及发展建议.林业科技开发，20（4)：1-3
沈熙环. 2006c. 林木常规育种与生物技术的应用.林业科技开发，20（1)：1-4
沈熙环. 2007-10-16.林木育种要重点抓六方面工作.中国绿色时报
沈熙环. 2007. 森林遗传育种资源的保存策略. 林业科技开发，21（3)：1-4
沈熙环. 2008-03-11. 持续经营林木良种是取得重大成果的基本保证. 中国绿色时报
沈熙环. 2008a. 为繁荣我国林木育种事业作贡献——考察广东三个林木良种基地的点滴感受. 广东林业科技，24（4)：1-4
沈熙环. 2008b. 持续健康发展我国林木良种事业. 辽宁林业科技，(1)：41-43
沈熙环. 2009a. 良种基地要为提高林业产业作贡献. 西南地区林木遗传育种学术研讨会上的讲演
沈熙环. 2009b. 对广西自治区部分林木良种基地的考察报告. 广西林业科学，38（4)：232-234
沈熙环. 2009c. 决策正确是取得成绩的保证. 第二届中国林业学术大会——S2 功能基因组时代的林木遗传与改良. 648. 广西南宁
沈熙环. 2010a. 我国林木良种基地建设现状及当前工作重点. 林业科技开发，2：1-3
沈熙环. 2010b. 建设我国林木良种基地的思考与建议.林业经济，(7)：48-51
沈熙环等. 1984. 辽宁兴城油松种子园规划设计（提要）北京林学院（油印本）
中华人民共和国国家标准. 1998.主要针叶造林树种种子园营建技术 UDC634.0.232.1 GB 10019-88.见：中国林业标准汇编：种苗卷.北京：中国标准出版社：235-252
钟伟华. 2008. 林木遗传育种实践与探索. 广州：广东科技出版社
Faulkner R. 1975. Seed Orchard. Forestry Commission Bulletin No.54. Her Majesty's Stationery Office，London，UK
Larsen C S. 1956. Genetics in Silviculture. Oliver and Boyd.
Lindgren D. 2008. Seed Orchards Proceedings. Umea，Sweden.
McKeand S. 2008. Seed orchard management strategies for deployment of intensively selected loblolly pine families in the Southern US // Dag Lindgren 2008 Seed Orchards Proceedings. Umea，Sweden.
McKeand S E，Mullin T J，Byram T D，et al. 2003. Deployment of genetically improved loblolly and slash pines in the South. Journal of Forestry. 101：32-37.
White T et al. 2013. Breeding for value in a changing world：Past perspectives and future prospects. The Breeding and Genetic Resources of Southern US and Mexican Pines，IUFRO Working Group 2.02.20 Jacksonville，Florida USA
Wright J W. 1976. Introduction to Forest Genetics. New York：Academic Press：2-4
Zobel B T，Talbert J J. 1984. Applied Forest Tree Improvement. John Wiley & Sons：1-38

第二章　林木遗传资源与油松优树工作

选择优树，开展子代测定，建立种子园，是当前造林良种化的主要途径。20 世纪 70 年代初我国北方地区筹建针叶树种的良种选育，70 年代末种子园建设经费纳入国家财政预算，推动了包括油松在内的良种生产建设，80 年代初油松种子园列入“六五”、“七五”国家科技攻关，持续了 10 年，比较系统地开展了油松优树选择、收集和保存工作。本章内容包括两个部分：讨论林木遗传资源与生物多样性、遗传资源与育种资源内涵、资源的保存方式；总结油松选优工作的组织、优树标准和选择方法以及油松优树特点及保存状况。

第一节　遗传（种质）资源与生物多样性

一、遗传资源与育种资源

在涉及树种资源和多样性主题的文献中，经常能见到的术语[①]有“种质资源”:“基因资源”和“遗传资源”等。种质（germ plasm）是指在物种繁衍过程中从亲代传递给子代的遗传物质。由此，种质资源是指能够产生或含有种质的各类繁殖材料，包括种子、穗条、根、茎、花、叶、芽、花粉、胚等。基因是含特定遗传信息的核苷酸序列，是遗传物质的功能单位。基因把遗传物质的内涵具体化了。“种质资源”和“基因资源”这两个术语，同时都指含有遗传物质的各类繁殖材料，内涵相同，在林木良种选育实践中常用。

在《中华人民共和国种子法》中采用种质资源，并对“种质资源”一词定义为：“选育新品种的基础材料，包括各种植物的栽培种、野生种等繁殖材料以及利用上述繁殖材料人工创造的各种植物的遗传材料。” 近年出版的林木种质资源的专著中，基本上都按《中华人民共和国种子法》中对种质资源的定义，阐述了林木种质资源的内涵和作用。例如，在《中国枣种质资源》中定义林木种质资源是“林木遗传多样性载体，是生物多样性的重要组成部分，是开展林木育种的基础材料”（刘孟军和汪民，2009）；在《林木种质资源保育及利用》一书中强调“林木种质资源是国家重要的战略资源，维系着人类生存和生态安全以及生物经济时代的社会发展，是林木繁育必不可少的原始材料，是林业生产力发展的基本物质保障”（骆文坚，2009）。因此，林木种质资源可以理解为涵盖森林物种野生的、栽培的及选育用的全部繁殖材料，包括种子和各类繁殖器官或组织，常用于林木良种选育活动。

林木（森林）遗传资源（forest genetics resources）是指拥有遗传功能单位并具有实际或潜在价值的所有林木繁殖材料，包括树种及种内所属各个层次的群体和个体，如种

---

① 笔者与王豁然、郑勇奇研究员多次讨论过这几个术语的内涵。

源、家系、单株、无性系等。林木遗传资源，与前面提到的种质资源或基因资源的含义基本相同，在涉及生物多样性时常用。种质资源、基因资源、遗传资源等术语，含义十分接近，常常混用，只是强调的侧面不同。在国外文献中通用林木遗传资源。

在林木育种实践中经常使用“育种资源”一词。我们通常所说的育种资源，是指依据选育目标，调查、收集和保存的资源，如生长快、松脂产量高的个体或群体，是直接用来选育良种的繁殖材料。育种工作者最关注的资源，往往是与当前林木良种选育任务有直接关系的繁殖材料；调查和收集的资源，也是为当前或近期确定的选育目标服务的。他们通常既不搜集，也不保存那些树种性状的表现和价值尚不确切了解，但可能具有潜在利用价值的资源。由此，育种工作者与研究生物多样性、生态保护人员的想法和做法不完全相同。良种选育者往往只关注选育树种的少数性状，对这些性状的表现和价值是确知的，调查和收集目标也是明确的；搜集和保存的地域范围比遗传资源工作者也要小。育种资源只是遗传资源组成的一部分。在资源的保存方法上，也明显不同。为便于管理和使用，育种资源主要采用异地保存，而种质资源从长远需要、物种进化和保存的安全性考虑，常以原地保存为主。因此，种质资源与育种资源的含义既相关，但在选择、收集、保存和研究方法上却又有明显的不同，随后采取的经营管理措施也有所不同。

现在林业界对育种资源与遗传资源的内涵往往不加区别；工作性质和目的不加厘析，通常采用统一的资源搜集和保护方法；功能不明，分工不清，因此，有时工作不能达到预期的目的。例如，常常用良种选育的方法去做种质资源的搜集和保存，将同一个树种分布区内收集到的不同种源种子，在一个地点建立该树种的种质资源库。用这种方法建立起来的种质资源库，可以收集和保存不同种源的无性繁殖材料，但在自然条件下，不可能生产并保存纯净的某个种源的种子。育种工作者的主要职责是收集、保存育种资源，当然有时也会做些育种资源以外的工作，但种质资源的保存和管护主要应当由自然保护部门承担。笔者认为，很有必要区别这两个术语的内涵，并按内涵合理地组织资源工作，由不同部门分别负责和管护不同性质的遗传资源。

二、生物多样性与遗传资源

世界上动物、植物种类数量为 500 万~1000 万种。经过几百年努力，发现并记录的生物种类已有 200 多万种，其中，植物 40 多万种，动物 150 多万种，微生物 40 多万种（李难，1982）。高等维管束植物约为 25 万种，其中 90%生活在陆地，多数在热带森林。我国植物区系起源古老，森林生态系统复杂多样、植物种类繁多、遗传资源丰富，是世界生物多样性大国之一，在世界生物多样性保护中占有重要地位。我国拥有高等植物 432 科 3921 属 34 377 种，其中被子植物 241 科 3143 属 29 348 种，裸子植物 12 科 42 属 244 种。我国有木本植物 8000 多种，其中乔木约 2000 种，分别占世界总数的 54%和 24%。我国华南、华中、西南大多数山地没有受第四纪冰川影响，从而保存了许多在北半球其他地区早已灭绝的古老孑遗种，如水杉、银杏、银杉、水松、珙桐、香果树等。我国特有树种的种类丰富，有重要潜在利用价值的树种约 1000 种。20 世纪 70 年代末出版的《中国主要树种造林技术》（中国树木志编委会，1978），收录了用材、油料和干果、特用经济林和固沙水土保持林等主要造林树种 210 种，其中含湿地松、火炬松、黑松、桉树、欧美杨等少数外来树种。

自然资源的合理利用和生态环境的保护是人类实现可持续发展的基础，因此生物多样性的研究和保护已成为当今世界各国普遍重视的热点问题。生物多样性（biodiversity）是指所有物种和物种内的遗传变异以及种间和种内与生存环境构成的生态系统的总称。生物多样性主要包含 3 个层次的内容，即物种多样性、种内遗传多样性和生态（生物群落）多样性。

物种[①]（species）是生物分类的基本单位，物种多样性构成了生物多样性的主要内容，就林木良种选育而言，引种是不同物种的选择和利用。遗传多样性主要是指生物种内基因的变化，包括种群间以及同一种群内个体间的遗传变异。林木良种选育的主要对象是树种内的遗传变异，包括种源、林分、家系、个体和无性系等的遗传变异。所有的物种都是生态系统的组成部分，生态系统是各种生物与其周围环境构成的自然综合体。在生态系统中，不仅各个物种之间相互依赖，彼此制约，而且生物与其周围的各环境因子间也存在着相互作用。在良种选育、推广过程中研究繁殖材料与立地的交互作用就是为了了解这种作用。

生物多样性是漫长历史进化的结果，生物多样性是人类赖以生存的物质基础，也是维持生态平衡和稳定环境的必要条件。然而，随着人口的增加，森林的大量砍伐，许多珍贵物种和遗传资源遭到毁灭。森林是陆地上分布范围最广的生态系统，据联合国粮食及农业组织（FAO）的评估，在 1980~1995 年，全球森林面积净减少 1.8 亿 hm^2 ，即平均每年丧失 1200 万 hm^2，主要集中在发展中国家。森林面积的锐减，导致许多物种的绝灭或生存受到威胁。据 20 世纪 80 年代的估计，人为导致的灭绝速度为自然灭绝速度的 1000 倍。人类面临新的挑战，资源破坏是遗传资源受到重视的缘由。

1948 年，FAO 成立了“动植物遗传资源委员会”，其中包含森林遗传资源的研究和保存。1967 年组建森林遗传资源专家小组，规划和协调有关林木基因资源搜集、利用和保存等方面的工作，并于 1974 年起草并公布了“森林遗传资源保存与利用的全球计划”，对遗传资源工作提出了调查、收集、评定、保存和利用 5 个方面的内容。1988 年联合国召开生物多样性专家工作组会议，起草《生物多样性公约》协议。1992 年 6 月 5 日在巴西里约热内卢召开了联合国环境与发展大会。会上包括中国在内的 168 个国家签署了《生物多样性公约》，并于 1993 年 12 月 29 日起生效。生物多样性公约是国际社会在自然保护方面达成的最重要的公约之一。生物多样性的研究、保护和持续利用，已成为国际社会关注的中心议题。

按《中华人民共和国自然保护区条例》，自然保护区是“对有代表性的自然生态系统、珍稀濒危野生动植物物种的天然集中分布区、有特殊意义的自然遗迹等保护对象所在的陆地、陆地水体或者海域，依法划出一定面积予以特殊保护和管理的区域”。我国自然保护区含自然保护区、国家公园、风景名胜区、自然遗迹地等各种保护地区；自然保护

① 物种是繁殖单元，由连续或间断的居群组成；物种是进化的单元，是生物系统链上的基本环节，也是分类的基本单元。在分类学上，确定一个物种必须同时考虑形态的、地理的、遗传学的特征。也就是说，作为一个物种必须同时具备如下条件：具有相对稳定而一致的形态学特征，以便与其他物种相区别；以种群的形式生活在一定的空间内，占据着一定的地理分布区，并在该区域内生存和繁衍后代；每个物种具有特定的遗传基因库，同种的不同个体之间可以互相配对和繁殖后代，不同种的个体之间存在着生殖隔离，不能配育，即使杂交也不会产生有繁殖能力的后代（陈世骧，1978）。

区分为国家级自然保护区和地方级自然保护区。

中国自然保护区建设始于1956年，在广东省肇庆建立了中国的第一个自然保护区——鼎湖山自然保护区。林业部根据国务院的要求，提出了《全国自然保护区划定草案》。20世纪80年代我国资源保护工作得到加强，林木遗传资源和生物多样性原生境保护受到重视，自然保护事业发展迅速。陆续制定和发布了《中华人民共和国环境保护法》、《中华人民共和国森林法》、《中华人民共和国草原法》、《中华人民共和国野生动物保护法》、《森林和野生动物类型自然保护区管理办法》、《中国珍稀濒危植物名录》等旨在保护自然的法律和政策。截至2012年，中国建立自然保护区2640个，其中，国家级自然保护区363处。保护区总面积14 971万hm^2，约占国土面积的14.9%（李干杰和沈海滨，2013）。属林业系统管辖的自然保护区有2035个，面积12 330万hm^2，约占国土面积的12.3%。此外，还建立森林公园2458处，总面积达1652万hm^2，以及为数不少的国家级与省级风景名胜区。全国约90%的陆地自然生态系统及65%的高等植物群落类型得到了保护。此外，全国已有10多个省（自治区）完成了林木遗传资源的清查。

三、遗传资源的保存方式

遗传资源的保存分为原地保存（conservation *in situ*）、异地保存（conservation *ex situ*）和离体保存（storage *in vitro*）或称设备保存 3类。原地保存是指植物种在原有自然生境内的保存，是在原生态系统内的保存，植物种可以继续发生进化过程；原地保存也可用于野生生物和生态环境系统的保存。异地保存，将收集到的植物种，通常指种子和穗条，在自然生境外繁殖和保存。离体保存，如低温储存种子等。由于木本植物组织和器官有效的长期保存技术尚在探索中，当前植物资源采用的保存方法仍以前面两类为主。

如何建立遗传资源库，要考虑植物的生物学特性、分布特点、经济价值和投入等多种因素。投入最少，保存效果最好，是挑选保存方法的原则。1996年6月在德国莱比锡召开了植物遗传资源国际技术大会，根据会前对世界各国植物遗传资源，包括森林遗传资源现状的调查，发表了《世界粮食与农业植物遗传资源现状的报告》（FAO，1998）。根据该报告，20世纪七八十年代，全世界基因库的数量和规模急剧增加。农作物多为1年生植物，需要经常更新，主要采用种子基因库（seed genebank）和植物园等异地保存形式。到90年代初，异地保存的粮食和农作物种质资源约达610万份，其中约有52.7 万份保存在大田基因库中。

但是，对分布区广的多年生森林遗传资源，主要采用原地保存。采用原地保存的理由列举如下：遗传资源是在一定生态系统和自然进化过程中形成的，在原有生态系统下可以保护基因资源，而异地保存离开了天然群体的遗传结构和交配系统，只能静态保存资源，资源不能在动态进化中适应而保存下来；由于市场需要的变化及自然环境条件的变迁，收集保存什么样本很难准确预测，收集样本的标准更难掌握；森林植物分布区广，原产地立地条件多样，异地保存在样本收集、栽植、保存等方面有困难，原地保存可与生态环境建设、天然林保护、自然保护区建设等结合，组织工作比较简单，且技术上符合自然规律，安全可靠；随着科学技术的进步，采用低温储存种子、延长花粉储存时间都已实现，但保存的材料仍需不断更新，为维护设备的运行需要投入大量经费，可见离体保存的成本高。对林木来说，自然保护区是森林遗传资源保存的主要形式，也有些国家选择优良林分作为遗传资源加以保存，如泰国采取这种方式保存了南亚松，德国保存了欧洲云杉等。

在多年生木本植物中，如在开展良种选育的主要造林树种及珍稀濒危树种中，也采用异地保存。我们在下面各节中讨论的内容，都属异地保存。异地保存与原地保存是相辅相成的，但原地保存是森林遗传资源保存的主要保存形式，这已为世界各国公认，并在实践中普遍采用。

第二节　油松优树选择和保存

没有丰富的育种资源作后盾，犹如“巧妇难为无米之炊”，不仅育种工作没有后劲，也不能保证为当前林业生产提供品质优良的种子。搜集和保存优树育种资源，也是保存林木遗传资源工作的重要组成部分，在森林不断遭破坏，林地面积日益缩小的今天，这项工作更为重要和迫切。

一、油松优树工作组织

我国油松优树的选择、收集工作始于 20 世纪 70 年代初，至 80 年代“六五”国家科技攻关前的 10 多年间，全国营建了 13 处油松种子园，总面积约 1500 亩，在华北 7 省（自治区）选出优树不足 1000 株，其中约有 50%用于营建种子园。当时对优树资源的收集和评定不够重视。选择的优树中，不少没有收集和测定，总共仅约 50 个无性系做了子代测定。由于当时这项工作没有统一的组织和规划，各地选优方法不同，优树标准也不一样。

1983 年全国油松种子园协作组成立，制定了油松优树选择、收集、保存和利用的统一工作方案。方案中规定下列内容：①选优要考虑油松的地理变异模式，入选优树要有地域特点，力争覆盖整个自然分布区，但工作按轻重缓急，首先在主要林区选择优树，逐步扩大；②选优林分应是没有遭到人为破坏的天然林或人工林，对人工林要了解其确切产地；③优树要适当分散，避免入选优树间存在亲缘关系，每个林场不宜选择优树过多，入选率控制为 1/10 000~1/5000；④优树以材积生长为主，同时要关注形质性状；⑤选择的优树要及时采穗嫁接，每株优树保存 3~5 株成活嫁接苗；⑥为尽早掌握优树的遗传信息，并为营建高世代种子园准备物质材料，规定在采穗的同期尽可能从优树上采集自由授粉种子，供子代测定用。

20 世纪 80 年代组织的油松选优工作，按制定统一的优树技术方案工作，成效较好，表现在如下 4 个方面：

（1）在油松全分布区开展选优，部署和布局比较合理，优树选择过程比较严格，质量较高，数量多，覆盖面广，收集及时，工作进展快；

（2）将优树接穗的采集与自由授粉种子的收集和测定结合起来，加快了育种进程，同时也为种子园的更新换代，为大量筛选优良家系提供了物质基础和技术依据，保证改良工作可持续进行；

（3）在总结选优经验及研究优树的生长过程及遗传变异规律基础上，改进了现行的优树选择方法，探讨了油松早期选择和测定的技术，缩短了育种世代；

（4）建立了油松优树调查、收集圃、子代林档案的数据管理系统，方便了数据的使用、保存和更新，使管理工作现代化。

二、油松选优方法、标准与选优林分

优树选择首先要明确选育目的。被选中的油松优树，在生长量、树形、抗性或其他性状上要显著优于周围林木，是优良的树木个体表现型。优树选择是表现型选择，优树的表现受本身遗传特性和生长环境双重影响，无论采用何种选优方法，都不可能精确地评选出优良的遗传型。入选优树遗传品质的评定，有待于遗传测定的结果，为了尽可能地提高优树选择的精度和效率，对油松优树表现型选择方法作了探讨。在油松选择优树过程中着重考虑个体的生长量和形质性状。

选优方法：主要有大树对比法、小标准地法、绝对生长值法 3 种。

大树对比法：以候选树为中心，在立地条件相对一致的 10~25m 半径范围内，其中至少应拥有 30 株以上的树木，选出仅次于候选树的优势木 3~5 株，实测并计算其平均树高、胸径和材积。候选树的材积等指标超过规定标准，可入选。

小标准地法：以候选树为中心，逐步向四周展开，在坡地上呈椭圆形，长轴平行水平方向，实测 30 株以上树木的胸径、树高，求出材积，再计算各指标的平均值。把候选树与平均值比较，符合标准的个体，可入选。

绝对生长值法：在同一地段上，凡性状特别优异的个体，超过当地标准的可以入选，但需审慎掌握入选优树标准和数量。

大树对比法和小标准地法分别以候选优树为中心，在一定范围内，选定仅次于候选优树的优势木作为对比树，或全面调查标准地内的林木，逐项观测评比。生长量多以树高、胸径和材积，或树高和胸径年平均生长量表示。优树入选标准因选优方法不同而异。

优树标准：大树对比法、小标准地法入选标准见表 2-1。

表2-1　大树对比法、小标准地法优树生长量入选标准

项目	树高/%	胸径/%	材积/%
对比树平均值	＞5	＞20	＞50
小标准地平均值	＞5~10	＞50	＞100

绝对值法因地区、立地条件而异。我们根据 3189 株优树的统计资料，对各个种子区分人工林和天然林提出了绝对值选优参考指标，北京林业大学对辽西立地条件较好的天然林，比较具体地规定了入选优树树高和胸径年平均生长量指标（表 2-2）。各个种子区人工林和天然林的生长量有差别，总的来看，在中龄前后，东北区、东区、南区的生长量比较大；北区、西北区优树平均生长量较小。

优树形质标准主要是指对木材品质有影响的指标，或有利于提高单位面积产量，或能反映树木生长势的形态特征，包括树干通直度、圆满度；树冠较窄，自然整枝良好；树皮较薄，裂纹通直、无扭曲；树体健壮，无病虫害。此外，开花结实状况也要观察、记载。

表2-2　辽西地区绝对值法优树生长量入选标准

树龄/年	树高年平均生长/cm	胸径年平均生长/cm
12~20	＞40	＞0.8
21~30	＞35	＞0.7
31~45	＞30	＞0.6
＞45	＞25	＞0.5

选优林分：是未遭破坏或破坏不严重的天然林和人工林，对人工林要确切了解其原产地。选优林分不限于优良林分，也考虑立地条件较差的林分。为正确评选优树，选优林分的立地条件要比较一致。林分年龄以中壮龄为主，郁闭度在 0.6 以上，林相整齐。

三、油松选优技术探讨

20 世纪 70 年代，我国主要造林树种开展了选优，有关针叶树种的选优方法和标准曾有报道（福建省洋口林场和南京林产工业学院树木育种组，1977；贵州农学院林学系树木育种组，1978；秦国峰和周志春，2012；富裕华和廉志刚，1990）。美国在 60、70 年代对选优方法也有讨论（Brown and Goddard，1961；Ledig，1974）。国外针叶树种的选优中，虽然也有凭借个人经验，采用目测挑选优树的做法，但在选优实践中普遍应用的方法仍然是大树对比法、小标准地法和绝对生长值法。在《森林遗传学》等著作中对优树选择技术都做过比较详细的讨论（Zobel and Talbert，1984；White et al.，2007）。我们对油松优树表现型选择技术做过一些探讨，归纳如下。

（一）大树对比法中采用不同数量的优势木

大树对比法一般将候选树与 3~5 株优势木对比。为了解不同数量优势木间的关系，在内蒙古宁城县黑里河林场用 5 株大树法调查了 31 株人工林优树，测量了优树与 5 株大树的树高和胸径，并分别计算了 1~5 株大树法之间树高和胸径平均值以及相应的标准差间的相关系数，列于表 2-2 和表 2-3。

表2-3　1~5 株优势木对比树高H、胸径D以及树高、胸标准差 σ_H，σ_D间的相关系数

序号	1 株候选树		2 株候选树				3 株候选树				4 株候选树			
	H	D	H	D	σ_H	σ_D	H	D	σ_H	σ_D	H	D	σ_H	σ_D
2 株	0.99	1.00												
3 株	0.98	0.99	1.00	1.00	0.79	0.81								
4 株	0.98	0.99	0.99	1.00	0.61	0.81	1.00	1.00	0.83	0.92				
5 株	0.97	0.99	0.99	0.99	0.69	0.71	0.99	1.00	0.79	0.77	1.00	1.00	0.91	0.92

从表 2-3 中看到，不论是树高、胸径的平均值，还是树高和胸径标准差，候选优树与 1~5 株优势木对比法间都存在着紧密的相关关系。因此，候选优树与数量不同的优势木对比法间是可能相互估算的，减少参与对比的优势木数量，也就可以减少工作量。

（二）大树对比法与小标准地法比较

为探讨大树对比法与小标准地法之间参数估算的可能性，用小标准地法在甘肃省正宁县中湾林科所和陕西省宜君县太安林场同龄人工林中调查了不同海拔、不同密度的优树 19 株。该调查获得的数据用来分析不同条件下小标准地法与大树法之间的关系。

以候选树的年龄（X_1）、林分密度（X_2）、海拔（X_3）、候选树表型值（X_4）、大树平均值（X_5）及相应的标准差（X_6）、选择差（X_7）、优势比（X_8）和缩差（X_9）为自变量，分别以标准地平均值、标准地标准差、候选树选择差、优势比、缩差为因变量（Y），按 1~5 株大树法分别进行逐步回归，表 2-4 和表 2-5 分别列出了 1~5 株法对小标准地法的复相关系数和 1 株法回归方程。

表2-4　逐步回归分析的复相关系数

因变量	1 株法	2 株法	3 株法	4 株法	5 株法
平均树高	0.9814	0.9836	0.9866	0.9882	0.9890
平均胸径	0.9422	0.9604	0.9694	0.9685	0.9689
高标准差	0.7599	0.7599	0.7599	0.7599	0.7599
径标准差	0.5589	0.5589	0.5973	0.5589	0.5589
高选择差	0.8001	0.8176	0.8443	0.8648	0.8052
径选择差	0.9082	0.9452	0.9192	0.9244	0.9308
高优势比	0.6068	0.6538	0.7245	0.7690	0.7935
径优势比	0.9467	0.9625	0.9697	0.9668	0.9650
树高缩差	0.6308	0.6522	0.8227	0.8524	0.8710
胸径缩差	0.8572	0.8914	0.8940	0.9070	0.9122

表2-5　油松优树的地区分布及数量

选优地区			入选优树			
种子区	省（自治区、直辖市）	县（市、旗、区）	人工林/株	天然林/株	总计/株	占总株数比例%
北部区	内蒙古自治区	呼和浩特、乌拉特前旗	38	39	77	2.4
东北区	内蒙古自治区 河北省 山西省	和林格尔、赤峰 隆化、围场 兴县、临县、岚县	137	211	348	10.9
中西区	甘肃省 陕西省	正宁、崇信、平凉、庆阳 铜川、白水、华阴、华县、眉县、韩城、黄龙、黄陵、宜君、旬邑	60	729	789	24.8
中部区	山西省 河南省	文水、沁县、蒲县、沁源、沁水、离石、和顺 辉县	215	812	1027	32.2
东部区	北京市 河北省 辽宁省	延庆、门头沟区 平泉、承德、兴隆、遵化 阜新、北镇、义县、绥中、抚顺	240	134	374	11.7
西南区	甘肃省	迭部、武都、天水、两当、张家川	—	133	133	4.2
南部区	陕西省 河南省	洋县、宁陕、周至、长安、蓝田、洛南、商县、丹凤、山阳、柞水、太白 灵宝、卢氏、栾川、汝阳、南召、洛宁	199	236	435	13.7
合计			889	2294	3183	100

1 株法逐步回归分析结果

因变量	回归方程
平均树高	Y=–0.374+0.861X_5
平均胸径	Y=–11.913+0.008X_3 + 0.704X_5
高标准差	Y=7.354–0.004X_3
径标准差	Y=05.356–0.002X_3
高选择差	Y=0.105+0.172X_4 + 6.635X_7
径选择差	Y=16.035–0.007X_3 + 0.898X_6
高优势比	Y=0.221+1.114X_7
径优势比	Y=2.131–0.001X_3 + 0.084X_6
树高缩差	Y=1.414+8.185X_7
胸径缩差	Y=1.901+0.390X_6

从表2-4 可以看出，标准地平均值、标准差、选择差、优势比和缩差（选择强度）与大树法参数间的回归方程的复相关系数都较大，由大树法的参数来估计小标准地法选择参数是可行的。从1株法到5株法，复相关系数的基本趋势是逐渐增大，但从3株法开始基本保持稳定，在一些性状中甚至略有下降。标准地法的参数可以由大树法通过回归方程来估计。

（三）影响小标准地法选优指标的因素

为了解小标准地面积的大小以及抚育间伐对优树选择的影响，在内蒙古宁城县黑里河林场调查了编号为1#~4#的4块人工林大型标准地，面积均为0.1hm²（30m×33.3m），22年生时分别有植株328株、356株、369株和353株。1#~3#标准地于22年生时曾进行过强度为53.4%~56.7%的抚育间伐，4#标准地为对照。在各小标准地中分别在候选树所在范围内设置20m×20m和10m×10m的中型、小型样方。调查面积大小不同样方中22~30年生时的树高和胸径，该数据作为选优年龄和标准地面积不同的对比材料。对面积和年龄不同的标准地，按下列公式计算候选树的树高和胸径的选择差、优势比和缩差，并分析其变化。

$$S=P-P_m$$

$$Y=(P-P_m)/P_m$$

$$i=(P-P_m)/S_p$$

式中，S为选择差；P为候选树表型值；Y为候选树优势比；P_m为标准地表型平均值；i为缩差；S_p为标准地表型标准差。

在间伐当年，候选树树高的优势比、选择差和缩差都有所下降；间伐后的6年期间，3个指标基本稳定；6年后开始上升。对照标准地的3个指标基本保持不变，或略微下降。间伐使胸径选择差和优势比减小，但却使缩差增加。不同间伐强度对选择指标的影响不明显。在4块标准地中，年龄对选优指标的影响比较小，且一致。不同年龄间的直线基本平行，而且相距较近，选择差随年龄增长略为增大。对面积不等的3块标准地作比较，因间伐强度不同而有所不同：在对照标准地中，面积越大，对应的胸径选优指标略为增大；在 1# 标准地内设置的中型和大型样方，选优指标基本一致，小型样方有所下降；在 2# 标准地中，中型和大型样方的选优指标基本一致，小型样方的缩差和优势比上升，而缩差下降；在 3# 标准地中，面积大小对选择差和优势比影响不大，但小型样方的缩差比中型和大型的减小。可见，中型和大型样方比较一致，两者与小型标准地差别较大。

归纳起来，大树对比法简便迅速，但得到的参数较少；小标准地法可以获得选择差和缩差（选择强度）等参数，但较大树对比法工作量大些；绝对值法，因选择优树的地区和地段的自然条件不同，树龄不同，难以制定确切、详细的标准。优树选择是表现型的选择，优树的表现受遗传和生长环境双重影响，不论采用何种方法都不可能十分精确地评选出优良的遗传型，入选优树遗传品质的确切评价有待于优树的子代测定，而优树选择只能是在相对相同的环境条件下尽可能客观地评选出性状比较优异的表现型。

四、入选油松优树特点和保存状况

（一）优树地理分布、起源和年龄

1983 年后，全国油松种子园协作组在各地业务部门的配合下，在油松自然分布区全面开展了优树选择工作，到 1989 年末，选择优树达 3446 株。优树选择、收集保存和测定地点见图 2-1。

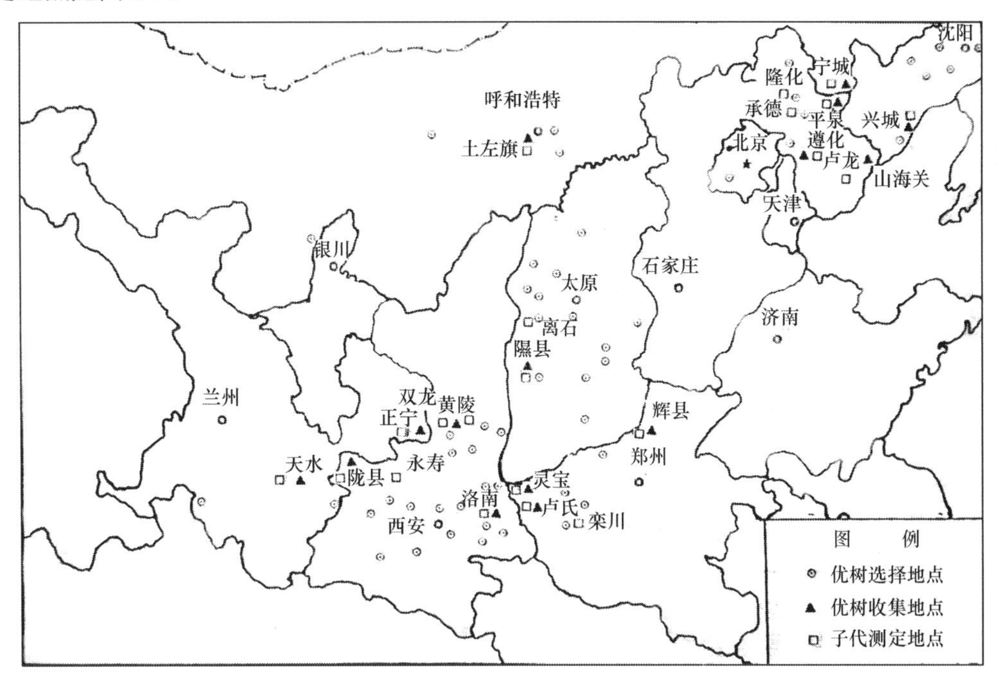

图2-1　油松优树选择、收集保存和测定地点分布示意图

地理分布范围广　新选择的优树分布范围北起辽宁阜新、内蒙古赤峰；南至秦岭、伏牛山、白龙江流域；东自抚顺地区，西至哈思山等地，基本覆盖了油松自然分布区内

的主要林地。选择的优树分布于 8 个省（自治区）的 64 县（市、旗）的 125 个林场（乡，林业局），按油松种子区国家标准（中国林业标准汇编，1998）的划分，它们分属于 7 个种子区（表 2-5）。按优树在各种子区中的分布量来看，以中区和中西区的数量最多，北区和西南区较少，其他 3 个区选择优树数量接近。

表 2-6 是部分入选优树的垂直分布状况。由表 2-6 看出：东区优树的海拔分布明显较其他区低，东北区、南区的也比较低，这与油松自然分布区海拔变化的趋势一致。总的来看，在高海拔地区从天然林中选择的优树数量远比人工林多；在海拔 800m 以下地区选出的优树较少，多数优树分布在海拔 800~1800m 范围地区内。

表2-6 油松优树的垂直分布状况

海拔区间/m	北部/株	东北/株	中西/株	中部/株	东区/株	南区/株	西南/株	人工/株	天然/株	合计/株	占总株数比例/%
<200	0	8	0	0	37	0	5	42	9	50	1.9
200~400	0	0	0	0	118	0	2	87	33	120	4.7
400~600	0	0	0	0	64	3	0	14	53	67	2.6
600~800	0	34	0	0	7	10	0	49	2	51	2.0
800~1000	0	95	7	3	101	85	0	228	63	291	11.3
1000~1200	1	87	32	44	32	110	0	124	182	306	11.9
1200~1400	0	40	208	176	0	83	8	235	280	515	20.1
1400~1600	0	17	245	377	0	46	18	27	676	703	27.4
1600~1800	7	65	38	248	0	30	4	3	389	392	15.3
＞1800	21	0	0	33	0	1	18	1	72	73	2.8
合计	29	346	530	881	359	368	55	810	1759	2568	100
占总数比例/%	1.1	13.5	20.6	34.3	14.0	14.3	2.1	31.5	68.4		

天然林起源为主 从天然林中选择的优树数量远比人工林多，为 1∶2.17。其中尤以中西区和中区最突出，从天然林中选择的优树分别占中西区和中区两个种子区总入选优树的 92%和 79%。在各种子区中，只有东部区从人工林选出的优树比天然林的多，北部区两者接近。各种子区优树起源的分布特点，与两类林分的分布特点有关。

优树年龄结构特点 从表 2-7 可以明显看出，如不考虑林分起源，在 20~50 年生阶段内入选优树的比例大体相仿，但如果考虑林分起源，人工林优树多数为 20~30 年生，而天然林优树绝大多数为 30~50 年生。

表2-7 油松优树的年龄分布

林分类别＼年龄	＜20	20~30	30~40	40~50	＞50	占总数比例/%
人工林	127	648	85	21	8	27.9
天然林	17	262	648	696	671	72.1
占总数比例/%	4.5	28.6	23.0	22.5	21.3	100

（二）优树保存状况

规定各协作单位入选的优树都要收集。从油松自然分布区辽阔，不同种源适应性差异大以及行政管理方便和节省经费开支等方面考虑，采取各协作单位入选优树相对集中的收集办法。各省（自治区）可按自然生态条件和种子园现状，分别设立收集点 1~3 处。优树分别保存于收集圃和种子园内。在收集圃中每个无性系收集嫁接苗 3~5 株，同一个无性系可栽植在一起。据 1990 年统计，各协作单位共收集无性系 3776 个，收集圃面积为 835 亩，各省（自治区）收集情况见表 2-8。

表2-8　各协作单位收集无性系数量（1990年统计）

协作单位	地点	年份	无性系数/个	面积/亩
北京林业大学	兴城油松种子园	1984	146	100
河北省林业研究所	遵化东陵林场	1985	598	98
陕西省林业研究所	洛南县古城林场	1990	441	144
	乔山双龙林场	1990		
山西省林业研究所	吕梁油松种子园	1984	637	69
河南省林技站	灵宝川口林场	1974	305	182
甘肃省林木种苗管理站	正宁中湾林科所	1984	856	89
	小陇山林科所	1984	366	27
内蒙古林木种苗管理站	大青山林场		337	76
	宁城黑里河林场		90	50
总计			3776	835

结　　语

林木遗传（种质）资源可以理解为涵盖森林物种野生的、栽培的全部繁殖资源，包括保存生物多样性和选育新品种所需的遗传资源，而育种资源是直接用于选育林木良种所需的资源。遗传资源与育种资源密切相关，两者含义相近，但严格来说，两者是有区别的。遗传资源的涵盖面比育种资源广，潜在的功能多，但收集难度往往比育种资源大，两者保存的主要方式也不同。为科学、合理、方便地组织遗传资源和育种资源工作，笔者认为，区别这两个术语的内涵较两者混用要好。

自然资源的合理利用和生态环境的保护是人类实现可持续发展的基础，因此生物多样性的研究和保护已是当今世界各国普遍重视的课题。本章剖析了生物多样性的内涵，并简要回顾了国内外工作进展。比较详细地讨论了遗传资源 3 类保存方式的特点。对森林遗传资源来说主要采用原地保存，但对开展良种选育的主要造林树种及珍稀濒危树种，也采用异地保存，且异地保存常成为主要的保存方式。

丰富的育种资源是选育良种的物质基础。在油松协作组成立之初，便确定了优树选择、收集、保存和利用的原则，并探讨了选优方法，这些工作保证了选择优树的数量和质量。本章总结了油松选优工作的经验，并归纳了入选优树的地理分布、选择林分起源及年龄结构等的特点，还介绍了各协作单位收集优树的情况。

参考文献

陈伯望，沈熙环. 1997. 油松优树树高生长的地理变异分析.中国林学会林木遗传育种第四届年会论文集. 广西桂林

陈伯望，郑云，沈熙环. 1992. 油松优树选择方法的研究.北京林业大学学报，14（1）：7-13

陈世骧. 1978. 进化论与分类学. 北京：科学出版社

福建省洋口林场，南京林产工业学院树木育种组. 1977. 杉木优树选择标准的问题.福建林业科技，（1）：32

富裕华，廉志刚. 1990. 油松优树选择方法的研究. 山西林业科技，（3）：32-40

贵州农学院林学系树木育种组. 1978. 华山松优树选择标准和方法. 贵州林业科技，（1）：9-15

孔祥阳，沈熙环. 1986. 北京等地油松数量性状的研究兼论油松优树的评选. 全国林木遗传育种第五次学术报告会. 哈尔滨：东北林业大学出版社

李干杰，沈海滨. 2013. 加强自然保护区建设与管理为美丽中国增光添彩. 世界环境，（1）：44-47

李难. 1982. 生物进化论. 北京：人民教育出版社：2

刘孟军，汪民. 2009. 中国枣种质资源. 北京：中国林业出版社：6-10

骆文坚. 2009. 林木种质资源保育及利用. 杭州：浙江科学技术出版社：1-3

秦国峰，周志春. 2012. 中国马尾松优良种质资源. 北京：中国林业出版社：82-90

沈熙环. 2005. 遗传育种资源. 见：陈晓阳，沈熙环. 林木育种学. 北京：高等教育出版社

翁殿伊，王同立，遵化县东陵林场科研组. 1984. 油松优树子代测定初报. 河北林业科技，（2）：1-5

中国林业标准汇编：种苗卷. 1998. 北京：中国标准出版社：94-100

中国树木志编委会. 1978. 中国主要树种造林技术. 北京：农业出版社

Brown C L，Goddard R E. 1961. Silvical considerations in the selection of plus phenotypes. Journal of Forestry，59：420-426

FAO. 1998. The State of the World's Plant Genetic Resources for Food and Agriculture，Room：Food and Agriculture Organization of the United Nations，Roma

Ledig F T. 1974. An analysis of methods for the selection of trees from wild stands. Forest Science，20，2-16

White T L，Adams W T，David B. 2007. Forest Genetics. Oxfordshire：CABI Publishing. 329-354

Zobel B J，Talbert B J. 1984. Applied Forest Tree Improvement. New York：John Wiley & Sons

第三章　油松优树资源数据管理系统编制与应用

在“六五”和“七五”国家科技攻关期间，协作组选择了 3529 株油松优树，登记表及附件装订成十多册，整整占了书柜一层。沿用传统的优树资源建档和管理，不仅填表和查阅不便，统计分析更为费时。随着计算机的普及，适用于林业数据处理的应用软件不断涌现。为使优树资源档案管理现代化，1990 年陈伯望在硕士研究生学习期间，对油松优树资源，包括优树登记表、收集圃登记表和子代林登记表数据，在汉字 dBASEIII 和 FoxBASE+ 的支持下，建立了一个适用于油松育种资源数据的计算机管理系统。近年来硬件更新迅速，系统软件升级也快，为适应当前的需要，目前在德国工作的陈伯望博士 2009 年利用 Access 重新编制了油松优树资源管理系统（Windows 版）。新的管理系统操作容易，界面友好，运行速度快。本章介绍了油松优树资源数据管理系统编制、系统的主要内容和操作、应用实例等内容①。

第一节　油松优树资源管理系统编制

一、系统结构和编制原理

油松优树资源管理系统（Windows 版）包括优树、收集圃和子代林 3 个数据库，是在 Ms-Access 2000/2003 程序基础上建立的。利用 Ms-Access 的数据管理功能，实现了 3 个数据档案的输入、校对、查询和打印。所有这些操作都是在图形化界面上完成的，打印的结果可以在屏幕上预览，及时校对，以避免打印结果不符合要求。Ms-Access 数据库的变量名和内容都可用中文，这方便了输入、显示和查询操作。管理系统对每个数据库都建有两套表单（form）：一套适合于屏幕输入、修改和检索；另一套适合于打印报表（report），打印出来的报表与优树登记表格式完全一致。

油松优树数据库的结构如图 3-1 所示。对于油松优树资源数据库，只要设计一个与原档案格式一样的表单，在每个变量的位置选择相应数据库中的变量名，描述每个字段的类型和长度，就可把数据库和表单联系起来了。

在油松优树数据库中的变量与优树登记表相同，包括优树所在地、优树特征、选优林分状况、优树立地条件、优树选择方法等，变量关键词如表 3-1 所示。

由于数据库规定最长变量为 5 个汉字，所以上列部分变量关键词是原名的缩写。原名与缩写名对照如表 3-2 所示。

在下列《优树登记表》表单设计画面中，显示了优树记录的部分内容。以优树编号

---

①需要油松优树资源数据管理系统的读者，可以和作者联系。

这个变量为例，在图 3-2 第一行左边标签中输入“优树编号”，在窗体中将显示“优树编号”。在图 3-2 右侧文本框中输入优树编号变量的具体内容。其他变量用同样方法依次排列、输入，设计好的窗体显示出来如图 3-2 所示。

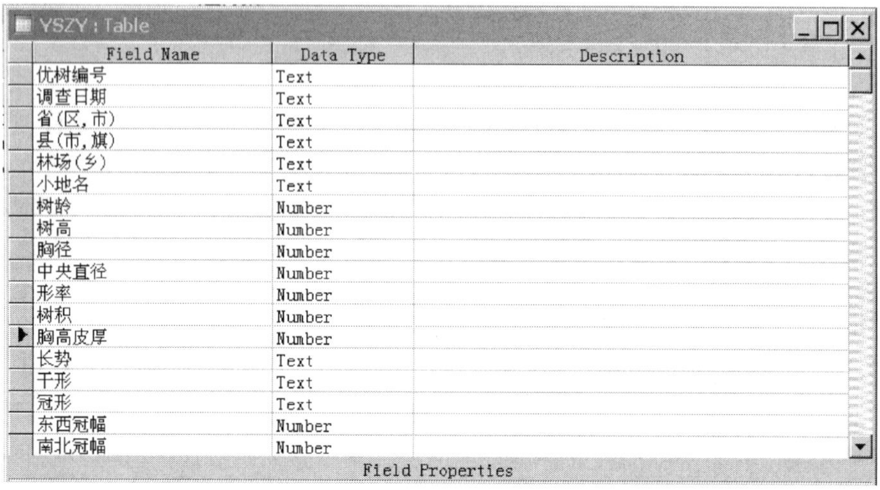

YSZY : Table

Field Name	Data Type	Description
优树编号	Text	
调查日期	Text	
省(区,市)	Text	
县(市,旗)	Text	
林场(乡)	Text	
小地名	Text	
树龄	Number	
树高	Number	
胸径	Number	
中央直径	Number	
形率	Number	
树积	Number	
胸高皮厚	Number	
长势	Text	
干形	Text	
冠形	Text	
东西冠幅	Number	
南北冠幅	Number	

Field Properties

图3-1 油松优树数据库的结构

表3-1 变量关键词

编号	1	2	3	4	5	6
1	优树编号	形率	结实状况	石砾含量	选优方法	标准地径差
2	调查日期	材积	健康状况	pH	大树均高	标准地均积
3	省（区，市）	胸高皮	海拔	起源	大树高差	标准地积差
4	县（市，旗）	长势	坡度	林龄	大树均径	树高生长量
5	林场（乡）	干形	坡向	密度	大树径差	胸径生长量
6	小地名	冠形	坡位	组成	大树均积	材积生长量
7	树龄	东西冠幅	土壤名称	郁闭度	大树积差	评定与利用
8	树高	南北冠幅	母岩	种源	标准地均高	种子区
9	胸径	平均冠幅	土层厚度	抚育情况	标准地高差	—
10	中央直径	树皮特征	腐殖层厚	下木地被	标准地均径	—

表3-2 部分变量关键词原名与缩写名对照

编号	原名	缩写	编号	原名	缩写
30	腐殖质层厚度	腐殖质层厚	49	标准地高标准差	标准地积差
35	[密度(株/亩)]	密度	50	标准地平均胸径	标准地径差
42	对比树平均高	大树均高	51	标准地胸径标准差	标准地积差
43	对比树高标准差	大树高差	52	标准地平均材积	标准地均积
44	对比树平均胸径	大树均径	53	标准地材积标准差	标准地积差
45	对比树胸径标准差	大树均径	54	树高平均生长量	树高生长量
46	对比树平均材积	大树均积	55	胸径平均生长量	胸径生长量
47	对比树材积标准差	大树积差	56	材积平均生长量	材积生长量
48	标准地平均高	标准地均高			

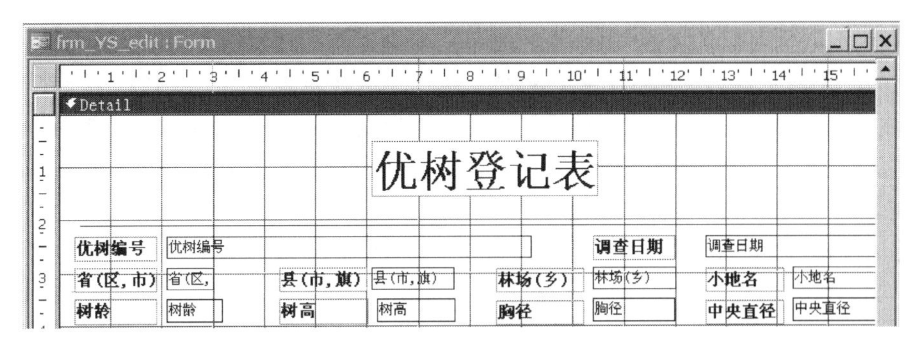

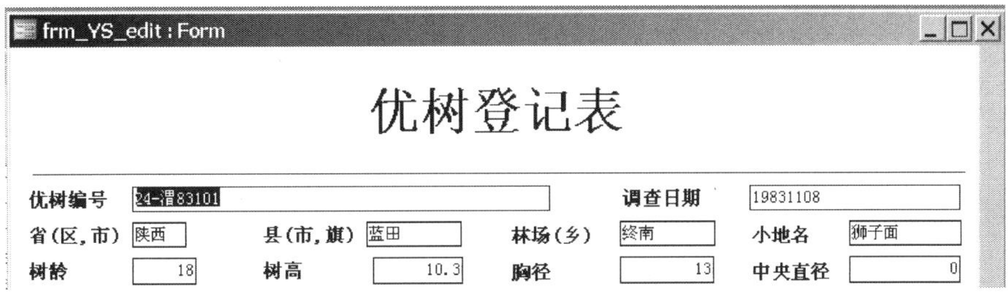

图3-2　《优树登记表》表单样式

如上所述，查询和显示使用报表方式来实现。一个通用的表单，可以用来浏览显示所有的油松优树资源数据库的内容，使用上一页（PgUp）、下一页（PgDn）等按钮来浏览；也可以用来显示部分符合查询条件的数据库内容，就是把用户选定的变量和检索内容按照查询语法写成表达式。

查询的过程就是通过人机对话建立检索条件，然后由系统组合成为查询表达式，由系统将符合条件的记录用设计好的表单显示出来，并根据用户的需要，决定是否打印。在建立查询条件的过程中，系统首先用下拉菜单的方式，为用户提供数据库的所有变量名，这样可以免去查找或记忆变量名的麻烦（图 3-3）。

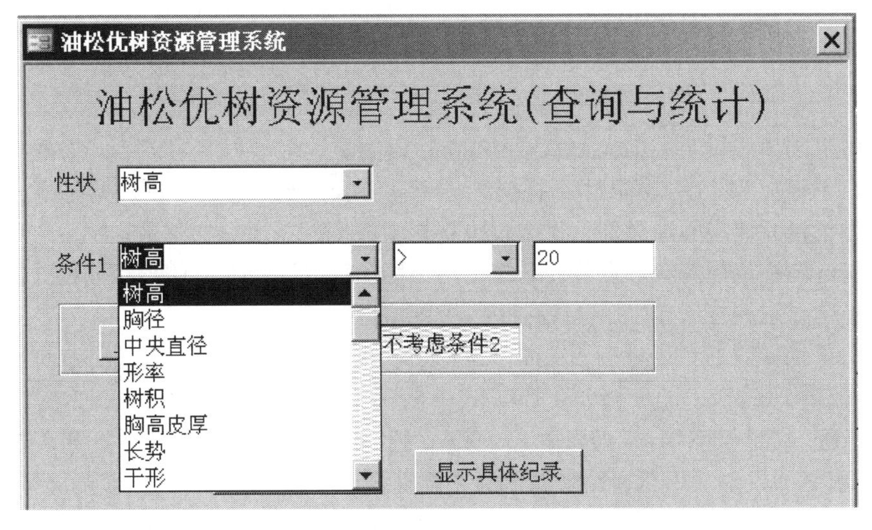

图3-3　优树资源管理系统查询和统计表单样式

系统还提供了等于、大于、小于、两者之间等可能的逻辑符号，用户只要选择这些逻辑符号，再填上具体的常量之后，系统会自动生成逻辑表达式，并作为限制条件提交到检索表单，表单只显示符合条件的记录。如果想要查阅某省（自治区）或种子区内某个统计变量的最大值、最小值，点击该变量，就会显示最大值和最小值。重新输入该最大值或最小值，就可以显示该优树记录。

把用户通过鼠标选定的下拉菜单选项和键盘输入的检索内容，按照数据库查询语法组合成检索条件表达式，并提交给表单来显示的过程，是由 Access 内置的 Visual Basic for Application（VBA）实现的。下面列出了检索条件的子程序：

```
Private Sub Command1_Click()
On Error GoTo Err_Command1_Click
    Dim cond1 As String, cond2 As String, Cond As String

    If IsNull(Text12) Then Text12 = "100"
    If IsNull(Text22) Then Text22 = "100"
    cond1 = SearchString(Combo11.Value, Combo12.Value, Text11, Text12)

    Select Case SecondCond.Value
    Case 1
        cond2 = SearchString(Combo21.Value, Combo22.Value, Text21, Text22)
        Cond = cond1 & " and " & cond2
    Case 2
        cond2 = SearchString(Combo21.Value, Combo22.Value, Text21, Text22)
        Cond = cond1 & " or " & cond2
    Case Else
        Cond = cond1
    End Select

    DoCmd.OpenReport "rep_YSZY", acPreview, , Cond

Exit_Command1_Click:
    Exit Sub

Err_Command1_Click:
    MsgBox Err.Description
    Resume Exit_Command1_Click

End Sub
```

其中下画黑线标明的 DoCmd.OpenReport 语句是这个子程序的核心，它把组合好的检索条件包存在字符串 Cond 中，提交给一个称为 rep_YSZY 的表单，同时附加了筛选条件。如果没有提出筛选条件，那么表单将显示数据库中所有的记录。

为保证油松优树资源数据管理系统使用不同品牌打印机时打印出相同格式的报表，报表的模拟显示和打印使用了 Access 内置的功能。

为实现优树数据库数量性状的简单统计功能，利用了 Access 内置的结构化查询语言（structured query language，SQL）。式中显示了在 VBA 中根据用户指定的统计变量和统计条件，组合出 SQL 查询表达式，保存在字符串 MySQL 中，然后打开数据库并执行 SQL 表达式，最后将统计结果保存到字符串 Result 中的过程。返回的字符串包含了所有统计结果，显示在文本框中，完成了统计检索。

```
mySQL = "select count(*) as N, sum(" & var & ") as sum, max(" & var & ") as max, " _
    & "min(" & var & ") as min, StDev(" & var & ") as Std, " _
    & "Avg(" & var & ") as mean from YSZY where " & Cond & ";"

Set rst = CurrentDb.OpenRecordset(mySQL)

Result = "性状: " & var & vbCrLf _
    & "统计条件: " & Cond & vbCrLf _
    & "符合条件的记录数: " & rst.Fields(0) & vbCrLf _
    & "总计: " & rst.Fields(1) & vbCrLf _
    & "平均值: " & rst.Fields(5) & vbCrLf _
    & "最大值: " & rst.Fields(2) & vbCrLf _
    & "最小值: " & rst.Fields(3) & vbCrLf _
    & "标准差: " & rst.Fields(4) & vbCrLf _
    & "变动系数: " & rst.Fields(4) / rst.Fields(5) & vbCrLf

rst.Close
```

二、系统的特点

凡安装了 Ms-Access 2000 版或 2003 版中文程序的计算机，都可以运行油松优树资源数据管理系统。所有功能都完全由中文菜单和按钮驱动，一般情况下用鼠标就可以完成查询、打印等主要操作，很少需要用到键盘。

油松优树资源数据管理系统采用了菜单和按钮驱动，已经超越了 DOS 时代仅能完成单一任务的工作流程，系统可以同时打开多个按钮，指向多种操作任务。用户可以在一个窗口浏览优树登记表的内容，同时在另一个窗口检索和打印子代测定林的数据库，互不影响。

登记表内容是我们沿用的表格内容，输入界面和原始表格基本相同，操作方便，不易出错，提高了输入效率。

第二节　系统的主要内容和操作

在资源管理器或在 Ms-Access 中打开油松优树资源管理系统的文件（yszy.mdb），就可以见到主菜单的界面（图 3-4）。油松优树资源数据库中 3 个数据库——优树数据库、收集圃数据库和子代林数据库，分别有输入修改、浏览打印以及查询打印 3 种功能。用户可以在主菜单界面中按一个按钮打开一个窗口，如浏览优树登记表的内容，同时，又可按界面中另一个按钮，打开另一个窗口检索和打印子代测定林的数据库，两个窗口独立工作，互不影响。对数据库的这些功能分别在下面介绍。

一、优树数据库

1. 输入和修改

优树登记表的输入和修改，工作量大，需要耐心、认真，确保输入内容正确。左键点击“输入、修改”按钮，便会出现优树登记表。展开该表，在页面的底部呈现一行工具栏，并显示该记录的编号。利用这些按钮，可以帮助操作者逐页或快速上下翻页，也可以按下最右边增添新记录按钮，提供一张全部空白的表格，供用户输入新的优树数据（图 3-5）。

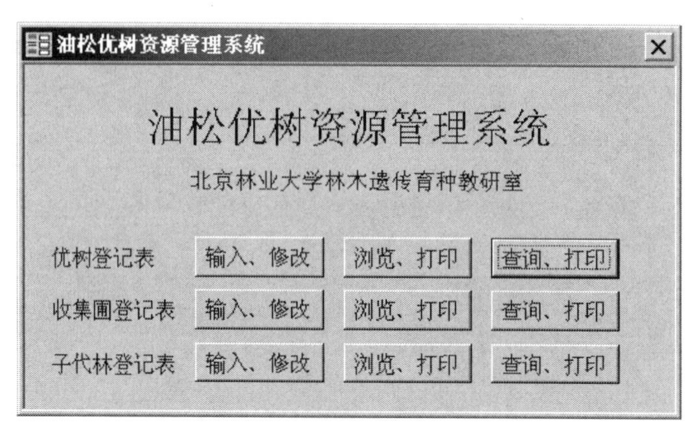

图3-4　优树资源管理系统主菜单界面

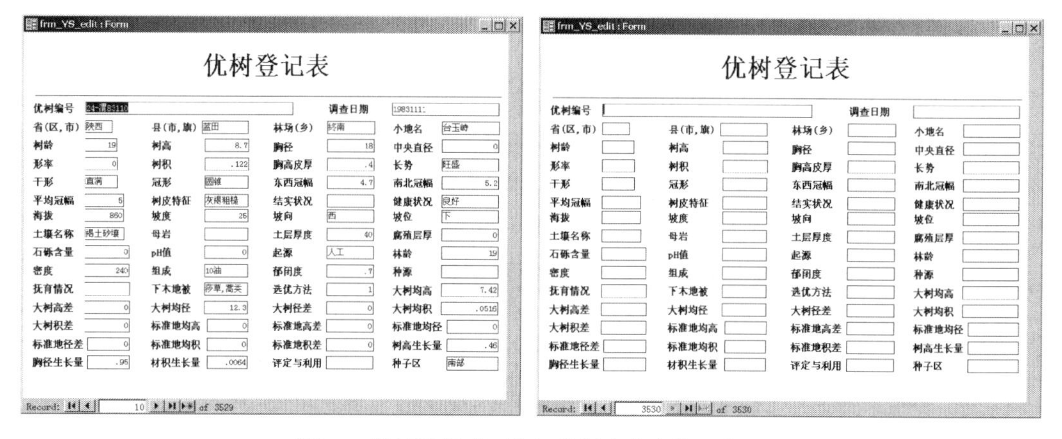

图3-5　优树登记表（左）优树空白表格（右）

2. 浏览和打印

按下“浏览、打印”按钮，就会出现一个模拟打印的预览窗口，在里面显示模拟打印页面（图3-6左）。这时的鼠标变成了放大镜，按下鼠标右键，可以放大模拟打印页面，也可以通过“显示比例”调节图面大小。利用横向和纵向的滚动条，可以细看预览页面的每个局部细节（图3-6右）。如果发现错误，可以记下记录号，回到输入修改的界面进行修改。

通过预览之后，如果需要打印，就可以使用 Access 上的打印预览工具条中的打印机按钮，或通过菜单的文件—打印（p），来完成打印任务。用户可以指定打印某特定页，也可以打印某个范围内的页面。

3. 查询和打印

查询和打印是有条件的预览和打印。用户可以根据需要设定条件，系统选出符合条件的所有记录进行预览和打印。一般情况下，一个过滤条件就可以满足用户要求（图 3-7 左）。如果需要进一步限制符合条件的记录数量，可以增加第二个条件。要增加第二个查询检索条件，只要按中间的“和”（and）或“或”（or）按钮，就指定了两个检索条件之间的关系（图 3-7 右）。

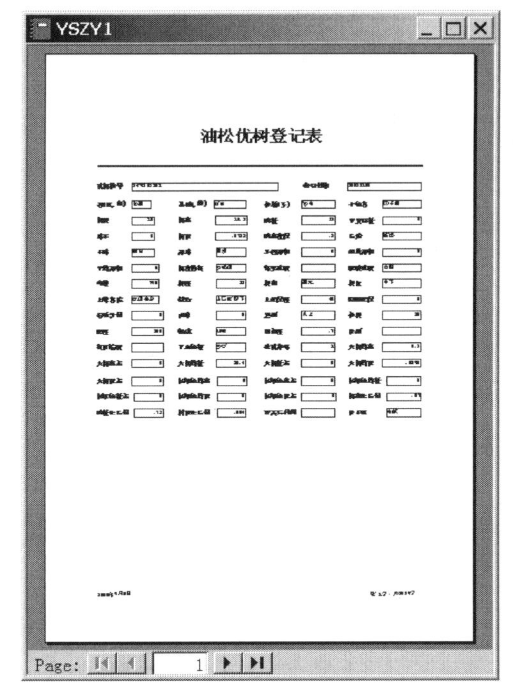

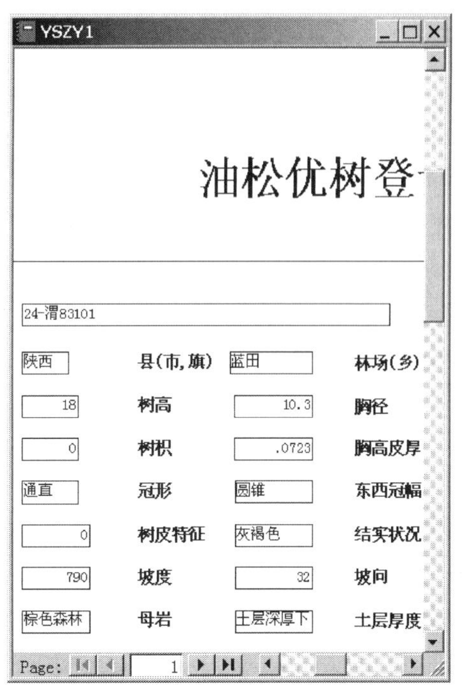

图3-6　模拟打印页面（左）和页面显现的局部细节（右）

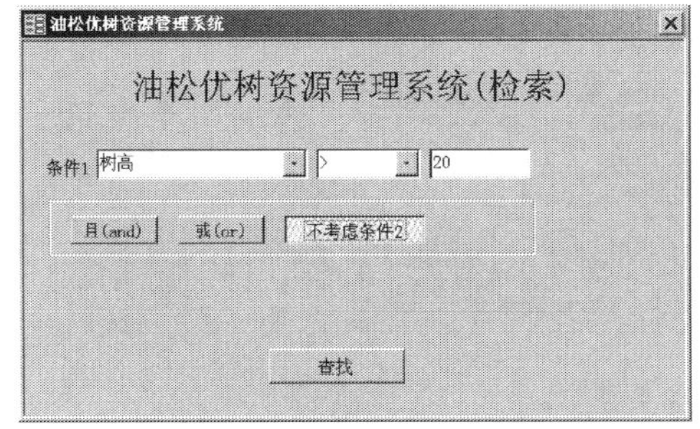

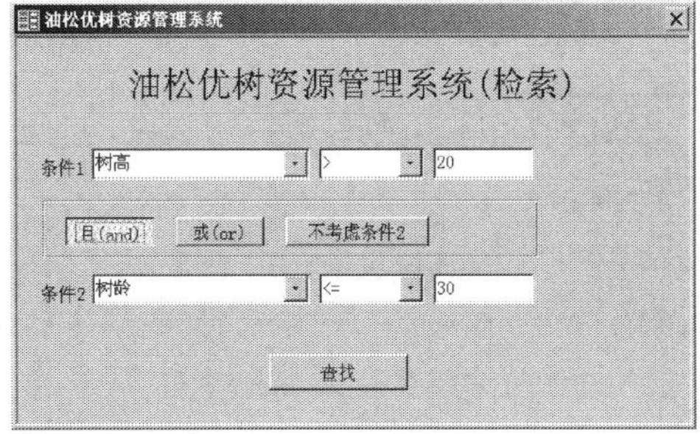

图3-7　查询和打印1个过滤条件（左）和2个过滤条件（右）的预览和打印

数值型变量，变量的单位都不需要输入，如树高，输入 20，表示 20m，胸径 20，表示 20cm；对字符型变量，如地名、种子区等点击下拉菜单，就可以得到所需检索结果。例如，要检索南部种子区所有优树树高，点击“南部”，就可以显示南部种子区所有优树的各项统计数据（图 3-8）。

如果数据库中有符合条件的记录，在“显示统计结果”中就会以打印预览的方式显示出来（图 3-9 右）；也可在“显示具体纪录”中显示优树编号。用户可以预览和局部放大察看，最后决定是否打印（图 3-9 左）。

为便于检索，在数据库中将省（自治区、直辖市）、县（市、旗）、林场（乡）、小地名和种子区 5 个地理属性分别建立了索引库，当选择省（自治区、直辖市）的时候，右边下拉菜单的内容会自动改变成数据库中可能的省（自治区、直辖市）名称。如果要查小地名，也不用输入小地名，只要在右边下拉菜单中点击就可以了（图 3-10）。

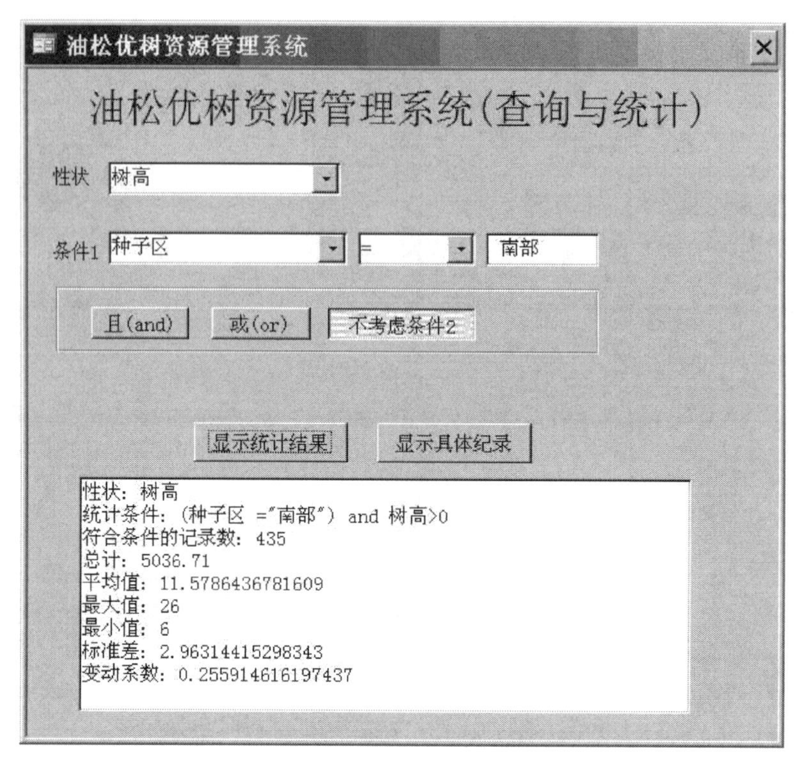

图3-8　数值型变量和字符型变量的输入示意

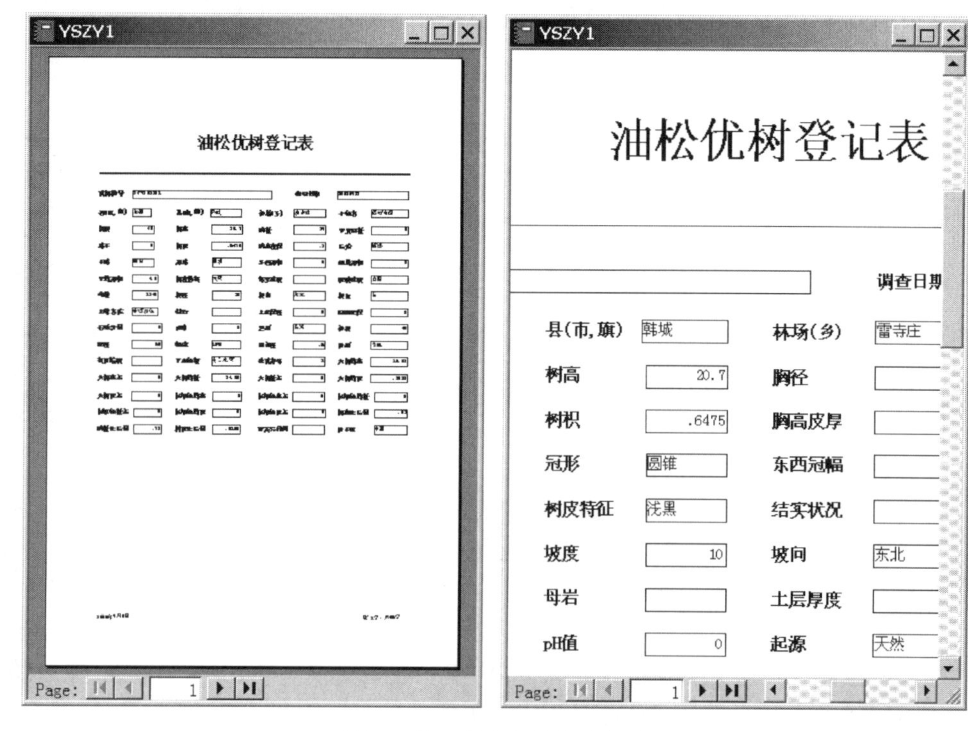

图3-9　符合条件的记录的显示

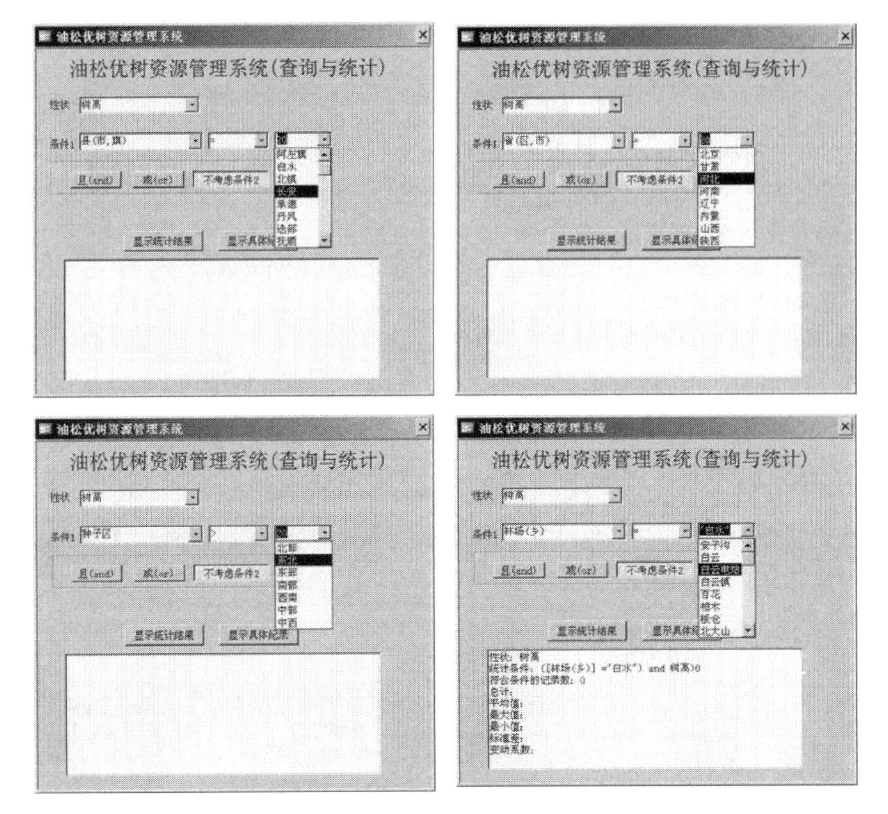

图3-10　优树数据库检索输入显示

二、收集圃数据库

在优树收集圃登记表中，包含2个表，即收集圃无性系登记表和收集圃基本情况表。无性系登记表，描述无性系编号、来源、定植时间、嫁接状况等；收集圃基本情况表，描述收集圃的立地条件。在一个收集圃中，可以收集许多优树无性系，在同一个收集圃中的无性系拥有相同的无性系基本情况。相同的收集圃登记表不需要在每个无性系登记表中出现，这样可以避免冗余的信息。

图3-11左所示，是一个收集圃登记表，其中最后一栏是基本情况表，它标明了该无性系所在的收集圃登记表编号。如果需要，按底部按钮，可以显示或打印该收集圃的基本情况表（图3-11右）。

收集圃登记表，可以按每个无性系在一张表上显示和打印，也可以用一张大表显示多个无性系。这种切换在下图工具栏中的左边第一个图标：

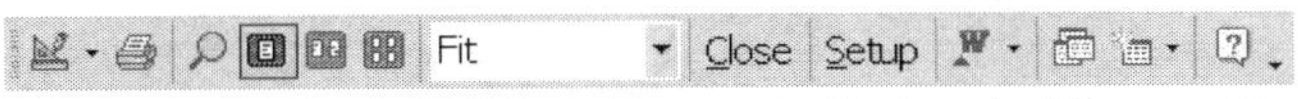

Fit　Close　Setup

打印预览也可以像优树登记表那样，进行局部放大，如图3-12所示。

三、子代测定林数据库

油松子代测定林登记表如图3-13所示，登记表输入、浏览、查询和打印方法与“优树登记表”完全相同。

SJP
收集圃登记表
定植年月
优树编号
来源
定植来源
砧木来源
砧木苗龄
嫁接时间
嫁接方式
使用已否
备注
基本情况表
10
抚顺
5
兴城
2
1983
砧接
已
1
查看所在收集圃的基本情况表
Record: 2 of 1071
frm_SJPO : Form
优树收集圃登记表
基本情况表:
建设单位: 兴城县林木种子公司
技术主管人: 李继纲
设计面积: 100
始建年度: 1984
地点: 兴城县华山镇
小地名: 荒草沟公路东北
海拔高: 100
坡向: 西南
坡度: 17
坡位: 中
土壤名称: 棕壤
母岩: 火山熔砾岩
土层厚度: 30
腐质层厚: 6
土壤质地: 壤
pH 6.3
无性系配置方式: 单行5株
无性系数量:
每无性系数量:
收集单位:
收集方式:
Record: 1 of 1 (Filtered)

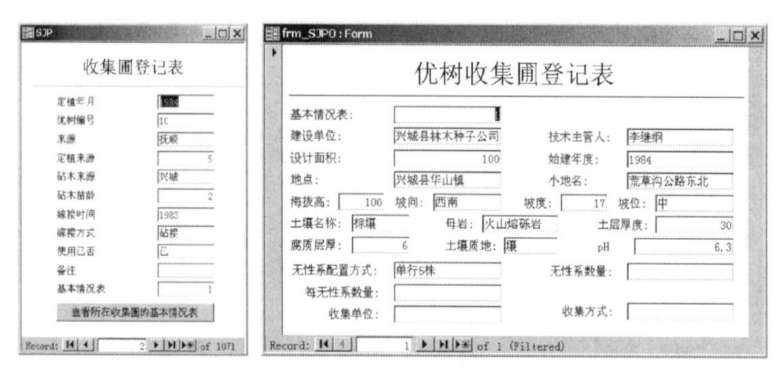

图3-11　优树收集圃登记表（左）和收集圃的基本情况表（右）

SJP
油松收集圃登记表
Page: 1
SJP
油松收集圃登记表
定植来源　砧木来源　砧木苗龄　嫁接时间　嫁接方
5　兴城　2　1983　砧接
Page: 1

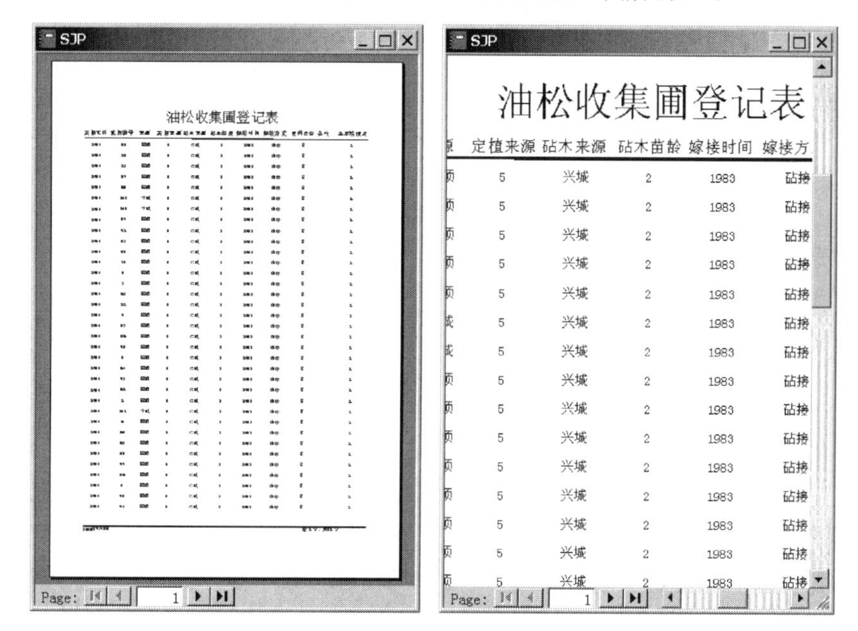

图3-12　优树收集圃登记表打印示意

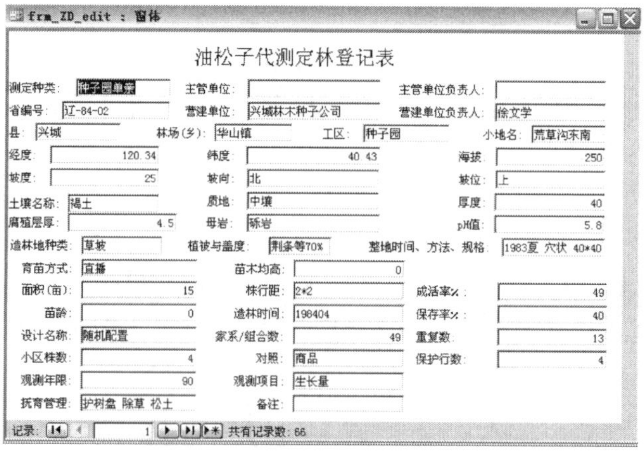

frm_ZD_edit : 窗体
油松子代测定林登记表
测定种类: 种子园单亲
主管单位:
主管单位负责人:
省编号: 辽-84-02
营建单位: 兴城林木种子公司
营建单位负责人: 徐文学
县: 兴城
林场(乡): 华山镇
工区: 种子园
小地名: 荒草沟东南
经度: 120.34
纬度: 40.43
海拔: 250
坡度: 25
坡向: 北
坡位: 上
土壤名称: 褐土
质地: 中壤
厚度: 40
腐殖层厚: 4.5
母岩: 砾岩
pH值: 5.8
造林地种类: 草坡
植被与盖度: 荆条等70%
整地时间、方法、规格: 1983夏 穴状 40*40
育苗方式: 直播
苗木均高: 0
面积(亩): 15
株行距: 2*2
成活率%: 49
苗龄: 0
造林时间: 198404
保存率%: 40
设计名称: 随机配置
家系/组合数: 49
重复数: 13
小区株数: 4
对照: 商品
保护行数: 4
观测年限: 90
观测项目: 生长量
抚育管理: 护树盘 除草 松土
备注:
记录: 1 共有记录数: 66

图3-13　油松子代测定林登记表

第三节　系统在油松中的应用实例

在一个树种的分布范围内，在不同种源、林分以及林分内个体间普遍存在着变异。我们利用建成的优树数据库管理系统，查询了油松生长量和树干形质性状在种子区、林分和树木个体间的变异特点。

一、油松优树生长量的地理变异特点

研究和利用种内存在的各种遗传变异，对提高林分生产率、改善材质和适应性等都具有重要意义。油松的地理变异在 20 世纪 80 年代有过专门研究（徐化成，1992）。我们利用这个数据管理系统，对协作组选择的 3189 株优树生长量作了分析。检索出油松在不同种子区内、不同年龄段，优树树高、胸径和材积生长量和平均值的变化幅度（表 3-3）。在东部区、南部区人工林中以及西南区中，选择的优树的平均生长量比较大；东北区、中西区、中部区和北部区优树的平均生长量较小。这从一个侧面反映了油松生长量的地理变异状况，是对过去油松种源研究的补充。

表3-3　各种子区人工林和天然林优树生长量变化幅度

性状	种子区	人工林					天然林				
		＜20年生	20~30年生	30~40年生	40~50年生	＞50年生	＜20年生	20~30年生	30~40年生	40~50年生	＞50年生
树高/m	北部区	0.34	0.30	0.37	—	—	—	0.36	0.36	0.33	0.30
	东北区	0.41	0.43	0.42	0.47	—	—	0.46	0.42	0.36	0.34
	中西区	0.44	0.40	0.32	—	—	0.50	0.45	0.38	0.35	0.32
	中部区	0.38	0.37	0.23	—	—	—	0.38	0.27	0.33	0.29
	东部区	0.47	0.39	0.42	0.44	0.32	—	0.29	0.39	0.38	0.28
	南部区	0.49	0.44	0.35	0.34	—	0.65	0.43	0.43	0.34	0.34
	西南区						—	0.45	0.45	0.39	0.46
	西北区						—	0.41	0.41	0.32	0.28
胸径/cm	北部区	0.63	0.57	0.79	—	—	—	—	0.68	0.49	0.39
	东北区	0.72	0.73	0.70	0.79	—	—	0.87	0.78	0.65	0.72
	中西区	0.82	0.71	0.62	—	—	0.98	0.77	0.62	0.55	0.54
	中部区	0.76	0.73	0.55	—	—	—	0.66	0.57	0.62	0.51
	东部区	0.85	0.68	0.65	0.75	0.51	—	0.55	0.70	0.68	0.51
	南部区	0.85	0.70	0.42	0.48	—	0.90	0.71	0.69	0.56	0.52
	西南区						—	0.82	0.79	0.81	0.85
	西北区						—	0.65	0.63	0.57	0.49
材积/m^3	北部区	0.0023	0.0023	0.0085	—	—	—	—	0.0065	0.0036	0.0051
	东北区	0.0037	0.0063	0.0074	0.0154	—	—	0.0107	0.0113	0.0120	0.0156
	中西区	0.0027	0.0049	0.0049	—	—	0.0081	0.0083	0.0070	0.0079	0.0104
	中部区	0.0027	0.0046	0.0025	—	—	—	0.0041	0.0048	0.0112	0.0104
	东部区	0.0045	0.0053	0.0088	0.0179	0.0091	—	0.0080	0.0087	0.0117	0.0105
	南部区	0.0044	0.0052	0.0020	0.0060	—	0.0075	0.0065	0.0104	0.0087	0.0144
	西南区						—	0.0089	0.0155	0.0212	0.0603
	西北区						—	0.0067	0.0075	0.0078	0.0084

二、优树生长量在个体间的变异

对从油松人工林中选出的20~30年生优树的树高，按种子区－县－乡3级作方差分析，优树高生长量，在种子区、县/种子区、地点/县间都存在显著或极显著差异，且存在于地点/县、县/种子区间的差异大于种子区间的差异。在从天然林中选出的40~50年生优树，差异更明显。在同一个种子区的不同地点，甚至邻近地段，优树的生长量指标的变幅仍比较大。图3-14分别表示4个县内 20~30年生人工林优树的树高与胸径的变动情况，从中可看出优树生长量的变幅。

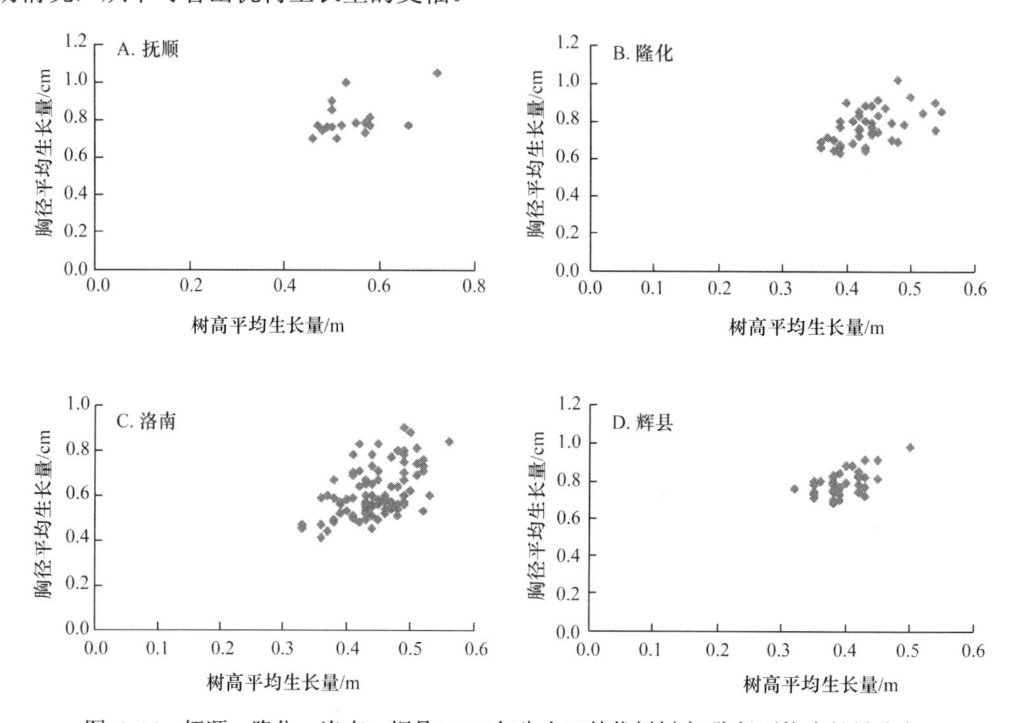

图 3-14　抚顺、隆化、洛南、辉县20~30年生人工林优树树高-胸径平均生长量分布

上述材料表明，在所有种子区内都有可能选择出生长量突出的优树。在油松优树数据库中，检索到辽宁抚顺 W-85-8号优树（东部区），25年生时树高18m，胸径26.3cm。在甘肃迭部（西南区）天然林中，50年生以上的不少优树年均材积生长量接近0.1m^3。在河南灵宝、卢氏、栾川等地（中部区）入选的20~30年生优树，年平均树高生长量为0.45~0.62m，胸径生长量为0.90~1.18cm，与周围4株大树平均值相比，树高和胸径优势比分别达到140%和151%。在生长量较小的中西区中，也有如陕西黄龙83084号优树，22年生时树高达13m，胸径20.4cm。

三、优树树干形质的变异

树干的形质指标，包括形率（中央直径/胸径）、高径比、冠径比和冠高比等，反映了树干和树型的基本特征，对木材的出材率和加工利用都有影响。

通过管理系统检索，列出了专题组入选优树树干形质指标在不同种子区间以及种子区内的变动幅度（表 3-4）。从平均值看，中西区和中部区的优树干形较饱满；南部区和中西区的高径比最大，树冠宽或较宽；而北部区的树干粗矮、尖削度较大、树冠较宽；其他区优树的形质指标介于其间，组合比较复杂。平均值的变幅与种子区内的变幅相比比较小。种子区内变动幅度大，表明在种子区内选择形质指标上乘的优树有潜力。由“管理系统”中检索出中西区陕西省旬邑县马优 025 号优树，形率为 0.98；南部区陕西省宁陕县 24-7-83108 号优树，高径比为 142；西南区甘肃省迭部县 84-051 号优树，冠径比为 6.72； 84-062 号优树，冠高比为 0.10，冠幅窄小。

表3-4　优树树干特征在不同种子区和种子区内的变化

种子区	形　率		高径比		冠径比		冠高比	
	变动幅度	平均	变动幅度	平均	变动幅度	平均	变动幅度	平均
北部区	0.59~0.75	0.66	38.4~ 93.0	57.5	13.6~40.2	26.3	0.21~0.82	0.50
东北区	0.38~0.91	0.67	36.0~ 86.8	56.1	6.3~41.8	20.2	0.13~0.73	0.37
中西区	0.58~1.00	0.73	36.8~107.1	63.6	7.3~38.1	21.3	0.12~0.77	0.35
中部区	0.54~0.92	0.73	30.6~109.0	55.2	8.2~48.4	18.6	0.14~0.92	0.35
东部区	0.53~0.92	0.72	30.6~ 85.7	57.8	9.2~42.4	21.8	0.16~0.91	0.39
南部区	0.57~0.89	0.70	31.8~142.4	64.2	10.0~44.3	25.0	0.15~0.78	0.41
西南区	—	—	37.1~ 77.1	55.3	6.7~29.9	18.2	0.10~0.16	0.33

—表示无数据，下同

通过“管理系统”检索，还编制了不同种子区、不同年龄段入选优树树干特征，包括形率、高径比、冠径比和冠高比等的变化如表 3-5 所示。

表3-5　优树树干特征在不同种子区和不同年龄段的变化

年龄	<20	20~30	30~40	40~50	≥50	<20	20~30	30~40	40~50	≥50
性状	形　率					高 径 比				
北部区	0.75	—	0.64	0.69	—	54.9	52.8	49.7	61.1	65.4
东北区	0.55	0.68	0.67	0.68	0.64	57.1	60.3	56.1	56.7	48.0
中西区	—	0.74	0.74	0.73	0.73	62.5	63.7	63.0	64.1	60.1
中部区	0.71	0.72	0.78	0.71	0.74	49.4	52.0	48.0	54.4	59.1
东部区	0.69	0.74	0.70	0.65	0.66	56.7	56.9	59.2	58.4	58.1
南部区	0.66	0.70	0.71	0.74	—	62.2	64.5	65.0	62.0	57.4
西南区	—	—	—	—	—	—	55.5	57.8	49.4	53.6
性状	冠 径 比					冠 高 比				
北部区	30.4	31.9	20.3	17.7	18.3	0.58	0.62	0.42	0.29	0.31
东北区	28.2	22.4	21.6	17.0	20.5	0.51	0.38	0.39	0.31	0.44
中西区	21.2	23.2	21.8	20.2	18.2	0.34	0.38	0.35	0.32	0.31
中部区	29.4	28.2	24.4	15.5	15.1	0.60	0.55	0.52	0.29	0.2g
东部区	25.0	20.7	23.8	19.0	19.4	0.47	0.37	0.32	0.31	0.20
南部区	28.1	27.2	19.2	18.4	12.2	0.49	0.44	0.32	0.30	0.23
西南区	—	21.7	18.5	17.6	12.7	—	0.39	0.32	0.30	0.23

结　语

优树资源数据实现现代化管理，是20年前就已确定的目标。1990年利用汉字 dBASEIII 和FoxBASE+ 实现了油松资源数据的计算机管理。为适应技术发展和生产的需要，2009年利用Access重新编制了油松优树资源管理系统（Windows版）。油松优树资源数据库包括油松优树、收集圃和子代林3个数据库。

本章简介了“管理系统”编写的原理、程序结构和特点；主要内容和操作过程，对优树数据库的输入和修改，浏览和打印，查询和打印作了详细的介绍。新的管理系统操作容易，界面友好，运行速度快。本章第三节列举了利用该系统，对入库油松优树的生长量和树干形质性状等的地理变异特点及在个体间的变异状况所做的分析案例。

参 考 文 献

陈伯望，沈熙环. 1991. 油松优树资源的计算机管理系统. 林业科技通讯，（7）：1-4
陈伯望，郑云，沈熙环. 1992. 油松优树选择方法的研究. 北京林业大学学报，14（1）：7-13
洪伟，陈平留，林杰. 1984. 林场森林资源数据处理系统. 福建林学院学报，（2）：2-6
秦家鼎，黄哲学. 1986. IBM/PC 微型机森林资源管理系统. 东北林业大学学报，S1:54
徐化成. 1992. 油松地理变异和种源选择. 北京：中国林业出版社

第四章　油松嫁接、扦插及无性系生长和形态特征

营建松类无性系种子园常以枝接为主，油松无性系种子园多是通过嫁接建立起来的，嫁接是建立无性系种园的重要技术环节。本章包括油松髓心形成层对接法嫁接、短枝（针叶束）嫁接技术和油松扦插试验结果以及嫁接苗无性系的生长特点和形态鉴别等内容，其中，着重介绍短枝嫁接技术的研究和应用。

第一节　油松髓心形成层嫁接

北方地区20世纪60年代在油松中做过嫁接技术的探索试验，到70年代于春秋两季用硬枝接穗做髓心形成层对接是主要的嫁接方法。辽宁北票大青山林场用髓心形成层对接法嫁接选择优树的接穗，成活率达到90%。陕西省林科所用5~6年生的幼树作砧木，用优树1年生枝条做接穗，采用髓心形成层对接法在春秋两季嫁接，成活率达76%。1973年后河北省林业研究所在东陵林场为营建油松无性系种子园，在8年中共获得嫁接苗13 234株，成活率都在90%以上。他们摸索出了一套嫩枝嫁接的成功经验。使用嫩枝嫁接，2人一组，每天可嫁接360株；采用硬枝嫁接工效低，仅为嫩枝嫁接的一半。由于嫩枝嫁接操作和管理方便，成活率高，节省接穗，工效也高，所以，嫩枝嫁接在生产中广为应用（王同立，1988；翁殿伊，1989）。

一、髓心形成层嫁接技术

早期多采用硬枝髓心形成层对接法嫁接，后来嫩枝嫁接更为普遍。髓心形成层嫁接的砧木和接穗制备步骤如下。

砧木　采用 2.5~3. 5 年生的 1 级换床苗，待抽梢后，摘除侧枝，使主梢受光充分，促进其生长。5~7 年生的幼树，嫁接前要清理圃地，改善光照和营养条件，适当修枝，保持主梢生长优势。

接穗　宜选择树冠中上部顶芽饱满的枝条。硬枝（冬枝）接穗常采用上年 1 年生 2~3 级主梢。嫩枝接穗用已停止高生长的 2~3 级当年生主梢。

嫁接操作　髓心形成层对接法削面长，砧木、接穗形成层接触面大，嫁接成活率高，油松嫁接常用该法。将砧木主梢嫁接部位的针叶去掉，用单面刀片从下往上削成 6~7cm 的舌状面。削面深度根据接穗的粗度而定，可削到髓心。嫁接当时砧木不截顶。接穗长 7~8cm，摘除全部针叶，或留下顶梢约 10 束针叶，从顶芽下方 1cm 处，纵向削成同砧木相同的削面，务必使两个削面的形成层对准。用宽 2~2.5cm 的塑料条从下往上，一圈压一圈绑紧，直至接穗顶梢，捆严。操作要快，尽量减少削面暴露时间。当接穗比砧木

接口部位粗时，要将接穗削去1/3~2/3，使接穗削面深达木质部，砧木削去1/2，深达髓心。如果砧木和接穗的舌状削面大小不一致时，要将接穗和砧木削面的一边对齐。每嫁接20~50株，更换新刀片，保证削面平滑（图4-1）。

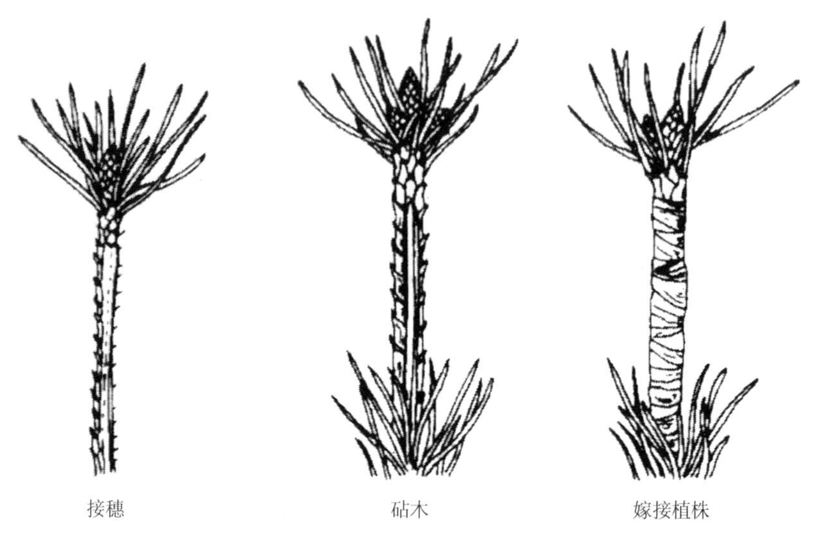

图4-1　髓心形成层对接示意图

二、提高髓心形成层嫁接成活率的因素

1. 嫩枝嫁接与硬枝嫁接

据河北省林业科学研究所的试验，嫩枝嫁接的成活率远高于硬枝嫁接，结果见表4-1。分析其原因，主要有：嫩枝容易削平，易捆严，削面结合好，而硬枝的削面不易平滑，结合状况不如嫩枝；嫩枝嫁接正值径向生长旺盛时期，形成层细胞处于活跃时期，砧木与接穗的削面容易愈合，在1个月内就可以明显地看到愈伤组织，而硬枝嫁接从嫁接到成活，至少要2个月。

表4-1　河北省林业科学研究所嫩枝嫁接与硬枝嫁接成活率比较

嫁接时间	接穗类别	砧木	成活/嫁接株数	成活率/%
1975-3-25	硬枝	3年生	38/75	50.6
1977-4-4~5	硬枝	3年生	91/195	46.0
1975-6-14~17	嫩枝	3.5年生	442/490	90.2

嫩枝嫁接在4~8月虽都可以成活，但根据河北省林业科学研究所试验，6月成活率最高，7月、8月其次，4~5月最低（表4-2）。嫩枝嫁接成活率的高低与接穗木质化程

表4-2　河北省林业科学研究所1974~1976年嫁接时间与成活率

嫁接时间	接穗状况	成活株/嫁接株数	成活率/%
1974-4-2	针叶尚未出叶鞘	2/35	5.7
1975-5-1	针叶出鞘，长0.5cm	6/50	12
1975-6-2~23	针叶长约7cm	609/609	100
1976-7-1~19	半木质化，针叶长10cm	372/632	58.9
1974-8-1	近木质化，针叶长14cm	68/98	69.3

度和针叶长度密切相关。当接穗针叶还未长出叶鞘，枝条纤细，成活率低；针叶长度达到正常的一半，接穗尚未木质化时，成活率高；针叶已全伸长，接穗已木质化或近木质化，成活率低。在河南卢氏东湾林场以 8 月的嫁接成活率最高，其次是 5 月和 7 月，4 月最低（图 4-2）。分析原因，4 月多风干燥，7 月阴雨天较多，8 月径向生长旺盛，容易愈合。

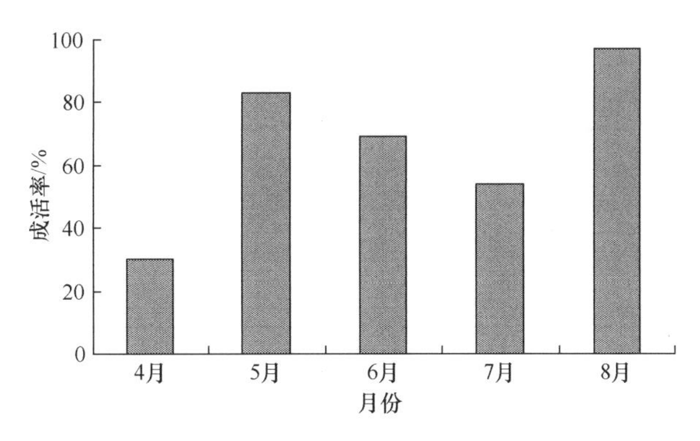

图4-2　河南卢氏东湾不同月份嫁接成活率统计

2. 嫁接时天气状况与成活率

3~8 月都可嫁接。6 月和 7 月中旬是嫩枝嫁接的适宜期，但嫁接时的天气状况也影响嫁接成活率。根据河北省林业科学研究所于 20 世纪 70 年代的试验，嫁接时阴雨或嫁接后遭雨淋的，成活率都低，变动为 0~38.3%。嫁接砧木或接穗削面沾水，导致嫁接失败。晴朗的天气成活率高，成活率都在 90%以上（表 4-3）。

表4-3　嫩枝嫁接时的天气状况与成活率

嫁接时间	天气条件	成活/嫁接株数	成活率/%	说明
1973-8-4	中雨	0/42	0	雨中嫁接
1974-7-4	阴，小雨	116/299	38.3	
1974-7-23~28	中雨	23/183	12.6	嫁接后下雨 4 天
1975-6-14	晴朗	2007/2113	95.0	
1976-7-18	中雨	46/85	54.0	
1976-7-19	阴	0/15	0	削面沾水
1977-6-13~21	晴朗	1391/1525	91.2	

砧木年龄及来源与成活率有关，河北省林业科学研究所用苗圃培育的 2~3 年生苗木和林地 5~6 年生幼树作砧木，以 2~3 年生的砧木成活率较高（表 4-4）。

表4-4　砧木年龄与嫁接成活率

嫁接时间	砧木年龄/年	成活/嫁接株数	成活率/%
1974-6-30 至 1974-7-7	5.5~6.5	427/947	44.9
1975-6-14~17	3.5	389/426	91.3
1975-7-1~7	2.5	1071/1190	90.0

3. 砧木处理

当嫁接时期、砧木年龄、操作等基本相同时，嫁接后砧木处理对大龄砧木的成活率有重要影响。嫩枝接穗嫁接到 5.5~6.5 年生砧木当年生枝上，随后剪去接口以上的主梢，成活率只有 35.2%，如果保留主梢，成活率可提高到 77.9%，但对 2.5~3.5 年生砧木，保留或剪去砧木主梢，对成活率影响不大，成活率分别为 98.2%和 94.7%（表 4-5）。

表4-5 嫁接后去掉或保留砧木主梢对成活率的影响

嫁接时间	砧木年龄/年	砧木处理	成活株/嫁接株数	成活率/%
1974-7-7	5.5~6.5	保留主梢	159/204	77.9
1974-7-7	5.5~6.5	剪去主梢	524/1485	35.2
1975-6-21	2.5~3.5	剪去主梢	76/82	94.7
1975-6-24~28	2.5	保留主梢	996/1014	98.2

第二节 油松短枝（针叶束）嫁接

嫁接仍然是松类无性繁殖的重要方法，但繁殖系数较低。1987 年中国林业科学研究院亚热带林业研究所陈孝英等首次报道，湿地松、马尾松、火炬松利用短枝嫁接获得成功（陈孝英和何礼华，1987）。我们于 1984 年春在辽宁兴城油松种子园、北京林业大学西山林场试作油松短枝嫁接，取得了嫁接成活和促萌的初步经验，1986 年河南辉县林场、河北山海关林场为营建种子园急需嫁接苗。两个林场利用这种嫁接方法，在短期内提供了大量接穗，累计生产短枝嫁接苗 2 万株以上。期间，我们对嫁接方法、嫁接时间、接穗和砧木取材、取接穗植株的预处理、嫁接后处理和管护措施等对短枝嫁接苗成活率和萌芽率的作用、愈合的解剖学过程、短枝嫁接苗的生长和发育，以及这一技术的经济效益等进行过比较全面的研究。参加这项技术开发研究的主要人员有：北京林业大学硕士研究生梁荣纳、祖国诚、章洪恩，河北山海关林场李锡纯工程师和李英霞工程师等。

短枝嫁接较常规嫁接的接穗利用率可以提高 40~60 倍，采用比较适宜的试材和处理组合，以及在较精细的管护条件下，成活率和萌条率分别达到 90%和 85%以上，成苗率为 70%~75%。在生产条件下，成苗率也可以达到 50%以上。这一技术适用于繁殖成龄油松优树；操作技术简易；短枝嫁接苗生长正常，且和常规嫁接苗一样能够提前开花结实；生产成本又低，约为常规枝接苗成本的 1/5。短枝嫁接已经用于油松种子园的建设，取得了满意结果。这一技术稍作改进，也可能用于繁殖其他针叶树种。短枝嫁接技术对保存育种资源、加快良种基地建设以及优良无性系造林等，是一种有前途的无性繁殖方法。短嫁接繁殖技术是松类无性繁殖技术的进步。

本项试验接穗来源：1986~1987 年就地取材，接穗原株年龄为 6 年生至 100 年生以上；1987 年后的接穗取自山海关林场和辉县林场选择的优树，树龄为 20~30 年。在多数试验中，砧木为 3 年生的油松实生苗。嫁接方法主要采用嵌接和贴接。除特殊说明者外，田间试验均采用随机区组设计，重复 2~3 次。外业主要在河北山海关林场和河南辉县林场进行。山海关林场位于北纬 40°01′、东经 119°38′，年平均气温 10.1℃，7 月均温 24.5℃，绝对最高温度 32℃，无霜期 181 天，平均年降水量 633mm；辉县林场位于北纬 35°24′、东经 113°42′，年均气温 17.5℃，7 月均温 27.3℃，最高气温 43℃，无霜期 212 天，年平均降水量 640mm。该地属暖温带大陆性季风气候。

一、短枝嫁接技术

（一）接穗与砧木

油松的针叶束称为“短枝”。短枝茎极度短缩，茎尖极小，在正常条件下，不具备分生能力，处于静止状态，但在植株顶端优势丧失或受抑制的情况下，短枝顶芽有可能恢复分生能力，萌动并发育成正常的枝条。短枝嫁接正是利用这一特性，利用针叶束做接穗，嫁接到砧木，形成嫁接苗。

从优树上采集枝条，制备短枝，供嫁接用。从枝条下部往上端取针叶束，在所取一枚针叶束的四周各切一刀，深达木质部，呈长方形，再从右侧切口轻轻掀起取下韧皮块。块长 0.6~1.0cm、宽 0.3~0.6cm。取穗时宜将短枝的枝痕连同取下。

砧木一般为 3 年生实生苗。

（二）嫁接方法

短枝嫁接常用的嫁接方法有：贴接、嵌接和 T 形接 3 种。嫁接过程包括切砧、接合、套袋等操作，具体操作参见图 4-3。

1. 贴接法

切砧　在砧木当年生幼茎或上年生茎的中上部，先摘除 6~8cm 范围内的针叶束，然后切下大小和形状与接穗相同的韧皮块。

接合　将接穗贴入砧木的去皮处，贴紧、绑扎，使针叶外露。

套袋和松绑　接合处套塑料袋保湿，1 个月后去袋，50~60 天后松绑。

使用贴接，砧木和接穗形成层的接触面最大，愈合快，成活率高。这种方法适用于砧木和接穗的韧皮部厚度相仿的情况。

2. 嵌接法

嵌接操作简单，只需在砧木和接穗上各切两刀，工效比贴接高出1/3，较熟练的嫁接手，每天可接200株。操作时要注意以下各点：①保持嫁接刀刀面清洁，使切面平滑；②切取的接穗块大小适合砧木切口，过大或过小的接穗都会造成愈合不良；③接穗迅速嵌入砧木的切口内，一次定位准确，绑扎结实；④尽量将接穗嫁接到砧木的北向或东向部位，减少阳光照射；⑤针叶过长可剪短。

砧穗韧皮部厚度相差大时宜用嵌接法。根据在河南辉县林场对接穗韧皮部比砧木厚 1 倍以上的试材做两种方法的对比试验，嵌接成活率高达 80%以上，而贴接成活率只有 33.3%。

3. T 形接法

T 形接的工效和成活率都较低，较少采用。

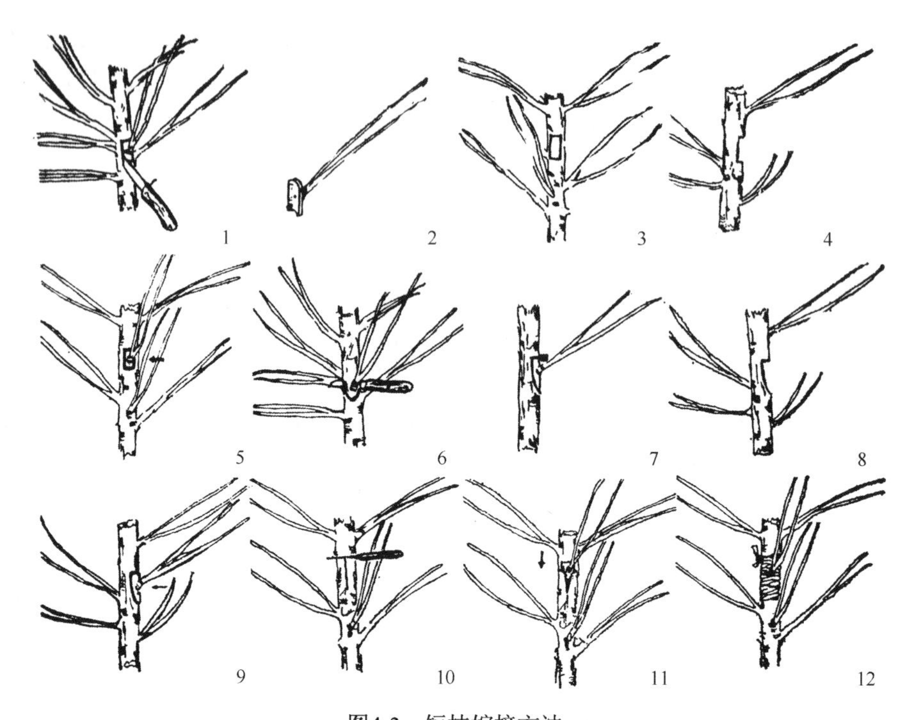

图4-3 短枝嫁接方法

贴接：1. 切取接穗；2. 接穗；3. 切砧；4. 砧木侧面；5. 贴合；
嵌接：6. 切取接穗；7. 是 6 的侧面；8. 砧木的侧面；切法同 6；9. 贴合；
T 形接：10. 切砧；11. 接穗嵌入，接穗取法同 6；12. 绑扎

二、影响短枝嫁接效果的因素

除嫁接方法对成活率有影响外，对嫁接成活率产生作用的因素还有如下几个。

（一）嫁接时间和管护

油松短枝的形态与生理状况在一个生长季中不断变化，同时，不同季节的气候因子，如气温、降雨、风等也不一样，都会影响嫁接成活率。为了解不同季节嫁接对成活率的影响，1987 年在北京林业大学西山林场连续做了 9 次试验，每次间隔 9~25 天。在套袋、遮阴条件下，除 6 月中旬和 7 月下旬成活率较低，分别为 69.7%和 56.5%外，其他时期成活率都在 85%以上，其中，7 月初的成活率高达 98.8%，即使在晚秋，嫁接成活率也可达 95%以上。1989 年又在河南辉县连续做了比较试验，结果如表 4-6 所示。

表4-6 嫁接时间与管理措施对嫁接效果的影响（1989年河南辉县）

嫁接时间（月/日）	5/15		6/30	8/15		8/26		9/19		10/2	
套袋	√	×	√	√	×	√	×	√	×	√	×
遮阴	√	√	√	√	√	×	×	×	×	×	×
成活率/%	83.6	23.8	76.9	86.1	32.4	90	95	66	100	100	89
萌芽率/%	66.7	62.5	62.2	59.5	52.2	64.5	42	35.6	24	26	19.5
成苗率/%	57.7	14.9	47.8	51.2	16.9	58.1	39.9	23.5	24	26	17.4

注：√ 采取该措施；× 未采取该措施；每个处理嫁接 65~95 株

在河南辉县8月中旬以前嫁接，如套袋、遮阴，成活率多在80%以上。如果不采取管护措施，成活率大幅度下降，为23.7%~24.0%。9~10月嫁接，不套袋和遮阴，成活率也高达90%以上，虽然嫁接后1个月也采取了截顶措施，但成苗率仍较低。9月嫁接，当年的萌芽率为17%左右，第二年萌芽率为30%；10月嫁接当年不能萌芽，第二年调查的萌芽率为22%。因此，从提高成苗率考虑，短枝嫁接宜在8月前进行。套袋同时需遮阴，否则袋内增温会使成活率大幅下降。

华北地区春季雨量小，比较干燥，嫁接后必须遮阴、套袋，以确保成活率。但在滨海的山海关林场，气温较低、湿度较大，1988年5月嫁接，不遮阴、不套袋，成活率为70%、成苗率为57%。为降低支出山海关林场在1989~1990年大量嫁接时都没有遮阴、套袋，最高成活率达90%，平均为55%。不套袋，雨水会渗入嫁接口，影响苗木成活，因此宜在晴天嫁接。

（二）接穗和砧木取材

1. 无性系和原株年龄

1988年5月在山海关林场对来自河北东陵油松种子园的23个无性系的短枝接穗做嫁接试验，观察不同无性系短枝接穗对成活率等的影响。其中，约有60%的无性系，嫁接1个月后的成活率、翌年春的保存率和萌条率，都在80%以上；40%的无性系为65%~80%；2个无性系低于65%。试验中观察到了不同无性系对嫁接成活率和萌条率的影响。

短枝接穗原株的年龄过大对嫁接成活率和保存率有一定影响。在相同条件下，用100年生以上原株短枝作接穗，嫁接苗成活率为61.3%，而20年生以下的，嫁接苗成活率可达95.6%以上。对1年后的保存率也有显著影响，前者仅为30.5%，而后者变为81.4%~92.3%，试验中多数为30~50年生的成熟优树，成活率都在90%以上（梁荣纳等，1988，1989）。

2. 短枝枝龄和短枝取材部位

短枝枝龄　油松短枝通常存活2~3年，在北京地区，4月下旬针叶萌动，7月下旬定型。6月前，针叶尚未定型，也较幼嫩，而2年生短枝正处于生长旺盛期，这时用2年生短枝嫁接，效果较1年生短枝好（图4-4）。5月下旬，2年生短枝的成活率和保存率分别比1年生短枝接穗高出6.1%和3.1%，萌芽率高6.2%，而到8月，当年生短枝接穗的前两项指标却分别比2年生短枝高出34.1%和55.4%，萌芽率高出11.0%。因此，1年生短枝从暮春到早秋都可以嫁接，而2年生短枝只能在早春嫁接。

接穗位置　将1~2年生油松枝条分为上、中、下3段，上、下各1/4段定为上段和下段，中间1/2段为中段，短枝接穗分别从上、中、下3段切取。1988年5月25日在山海关林场嫁接（图4-4）。图4-4左边的3个方柱，表示从当年生枝条上段、中段、下段切取的短枝接穗嫁接情况，成活率、保存率和萌芽率差别不明显，但芽的平均长（曲线）差别大，以1年生短枝的上段最好，下段最差。

1989年6月在辉县重复了这项试验，得到相似的结果。2年生枝条顶端的短枝做接穗，可获得与当年生短枝相同的效果，成活率分别为88%和92%，萌芽率为73.8%和76.0%，当年萌芽平均长度为4.2cm和4.0cm。所以，生产中宜取当年生枝上的短枝，

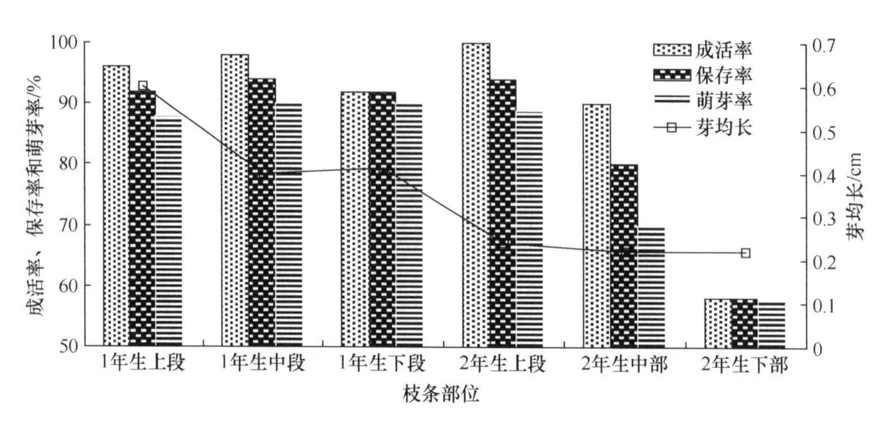

图4-4　油松短枝枝龄对嫁接效果的影响（1988年山海关林场）

或 2 年生枝梢端的短枝作接穗。根据解剖观察，1 年生短枝内的芽正处于旺盛的分生期，2 年生短枝的芽活力衰退，开始萎缩。着生在枝下端的 2 年生短枝，顶端只存留一些不具分生能力的薄壁组织，而在枝上段的短枝，仍有完整的芽。

短枝在树冠上的部位也影响成苗率。树冠下部侧枝上有再生能力的芽，即有活力的短枝比例小，1 年生枝为 40%~60%，而 2 年生枝仅为 5%~10%。

3. 砧木嫁接部位

1988 年 5 月在山海关林场做了砧木部位的嫁接试验。试验用砧木为 3 年生苗，将砧木主干划分为当年生和 2 年生两部分，用接穗分别接到 1 年生和 2 年生茎上。接在当年生茎上的效果比接在 2 年生茎上的要好得多（图 4-5）。

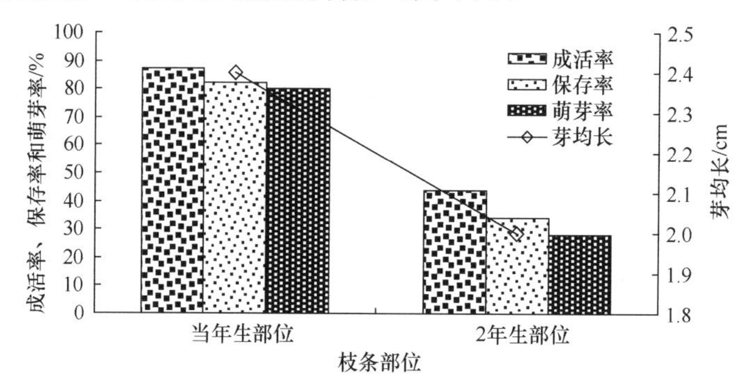

图4-5　砧木嫁接部位对成活率、保存率和萌条率的影响（1988年山海关林场）

1989 年 5 月在山海关林场重复试验，嫁接在 2 年生茎上端的短枝，萌芽率很高，与 1 年生茎部位的嫁接效果接近。仅截顶，萌芽率就达 73.7%，比接在 1 年生茎上还高出近 10%。当年萌枝长 3~6cm。嫁接在砧木 1 年生茎上时，从下端到上端，萌芽率也呈上升趋势。嫁接部位以砧木 2 年生茎的上部最好，下部最差。

三、促萌技术

油松短枝嫁接不同于常规的髓心形成层对接，接穗是具有顶芽的枝，一旦成活便能萌发成枝，替代主枝，嫁接便告成功。但是，短枝顶端的芽发育原始，多不存在永久性的分生组织，且自然萌发成枝叶的过程又非常缓慢，如果不及时采取促萌措施，就会丧失萌发能力，难以嫁接成功。短枝嫁接后，如果不采取截顶等措施，嫁接短枝约有50%不能自然萌发成枝（梁荣纳和沈熙环，1988，1989），促萌是保证短枝嫁接在生产中成功应用的关键技术。为促萌、提高成苗率和嫁接苗的质量，我们采用了预处理（又称前处理）、嫁接时处理和后处理。

（一）预处理

对要采取接穗的原株和砧木进行前处理，使砧木和接穗在嫁接前获得较好的营养或增强代谢，以期获得良好的嫁接效果。

1. 接穗原株的预处理

短枝顶端的芽，多不存在永久性分生组织，不能自然形成正常的芽，且分生能力随年龄增长而衰退。为获得生长旺盛，发育良好的接穗，对待取接穗的原株枝条，采取环剥、摘顶芽、注射或涂抹促萌试剂等措施。1989 年 4 月 28 日在辉县林场对采穗原株进行前处理，6 月 9 日嫁接，试验结果如表 4-7 所示。

表4-7　几种预处理措施对嫁接成活、萌芽、成苗效果的影响（1989年河南辉县）

处理	1 年生短枝/%			2 年生短枝/%			平均/%		
	成活率	萌芽率	成苗率	成活率	萌芽率	成苗率	成活率	萌芽率	成苗率
环　剥	85.0**	67.5*	57.4*	45.0	40.0	18.0	65.0*	53.8*	35.0*
去　顶	76.3	45.2	23.5*	35.0	42.9	15.0	55.7	44.1	24.6
环剥+去顶	—	—	—	57.0*	48.4*	27.8*	57.5	48.4*	25.4
环剥+去顶+试剂	93.6**	80.6**	75.4**	73.0**	61.0**	44.5**	83.3**	70.8**	59.1**
对　照	73.5	53.4	39.2	40．0	34.2	13.7	56.7	43.8	24.8

注：各组合处理 100 株，*、** 表示与对照有显著或极显著差异，—表示没有试验。下同

从表 4-7 可看出，除单独去除枝条的顶梢效果不显著外，其他各种处理措施在不同程度上都提高了嫁接效果。环剥使 1 年生短枝接穗成活率和萌芽率平均提高 10%；接穗环剥同时去顶，使 2 年生短枝各嫁接指标提高 10%~15%，达到显著水平。去顶、环剥，并在茎尖涂抹吲哚和细胞分裂素类试剂效果最好，能提高成活率和萌芽率 20%以上；对 2 年生短枝接穗，进行环剥、去顶和试剂综合处理，也都有明显的作用，是成功的前处理方法。解剖观察表明，经预处理的当年生枝上部短枝的芽，发育比对照饱满[图版 4-Ⅰ-1]。只去顶没有改善嫁接效果的可能原因是，在主枝存在的情况下，只对枝条去顶，不能解除短枝的抑制状态。

1988 年 5 月在山海关林场对采穗植株枝条顶端注射不同促萌试剂，4 周后采条嫁接，多数处理成活率得到提高，由于各部位短枝的生理发育状况不同，试剂的作用不尽相同。

2. 砧木预处理

对备用的砧木，于上年秋季或当年春季采取修枝等措施，促使砧木径向生长，以利嫁接成活。

（二）嫁接时处理

1989 年 6 月在山海关林场用各种试剂瞬时浸蘸接穗后立即嫁接。结果显示，经

试剂处理的接穗明显不利于嫁接成活；没有达到提高嫁接面细胞分裂活力，促进愈合的目的，处理各组成活率比对照低近30%。

（三）后处理

提高萌芽率的后处理包括嫁接后砧木及时截顶、背面刻伤以及砧木截口涂抹促萌试剂等措施。

1. 截顶

截顶对成活率影响不大。生产上一般是在嫁接后20~30天，当确认嫁接成活后再截顶，以便嫁接不成功的砧木可以再利用。嫁接后同时采取套袋和遮阴措施，有利于保湿，并防止袋内增温，可提高成活率，保证成活率为80%~90%。

顶芽的存在会抑制侧芽的发育，嫁接后及时截顶，是提高萌芽率的有效措施。1988年8月在辉县林场嫁接后1周截顶，每个组合处理 100~300 株。嫁接苗萌芽率高达82%，而于翌年春截顶的，萌芽率只有11%。及时截顶，不仅促进短枝萌芽，且有利于新梢生长。1989年秋调查，平均高为7.5cm，对照为3.7cm（表4-8）。

表4-8　截顶时间对嫁接效果的影响（1988年8月河南辉县）

截顶时间/天	7	37	翌年春
成活率/%	87.0	90.5	82.0
萌芽率/%	82.0	57.0	11.3
芽均长/cm	7.5	5.3	3.7

2. 背面刻伤

在保留砧木顶芽的情况下，于嫁接部位同一水平的背面刻伤，每个组合处理 100株。机械损伤可以刺激短枝芽萌发。截顶结合刻伤，效果最明显（表4-9）。刻伤深至木质部，宽度以1/4~1/2周长为宜。

表4-9　刻伤、截顶对短枝嫁接苗萌芽率的影响（1989年7月山海关）

处理	刻伤	截顶	刻伤＋截顶	对照
萌芽率/%	11.8*	53.0**	92.0**	2.0
芽长/cm	0.5±0	1.0±0.3*	1.3±0.5*	0.5±0

3. 涂抹植物激素

截砧后立即在切口上涂抹不同的促萌试剂，1个月后再处理1次。根据1988年在山海关林场的试验，处理的嫁接苗萌芽率为75%~100%，而对照为66.7%。在处理组合中，最好的处理萌芽率高达100%，且芽的发育好，有2/3处理组合的芽长超过对照，最好的组合超出对照81%。1990年6月在辉县和山海关林场两地又进行了同样的试验，每个组合处理360株，个别处理显著和极显著地提高了萌芽率，表明在切口上涂抹植物激素，可以被苗木吸收，加速萌芽进程。

4. 综合处理

1990年6月在山海关林场对短枝嫁接苗同时采用前处理和后处理，前处理包括截顶、环剥和涂抹激素，后处理是涂抹激素、刻伤、涂抹激素＋刻伤、各组合处理株数不同，为65~593株。10月上旬调查，未经前处理，嫁接后1周只截顶的组合（对照），成苗率为53.8%，经前处理并经涂抹激素、刻伤、涂抹激素＋刻伤后处理的组合，成苗率分别为66.7%、76.5%和82.3%，都显著高于对照。

四、愈合过程的解剖学观察

为了解嫁接过程中试材特性和各种技术措施对成活和萌芽的影响，对短枝嫁接过程的组织和细胞变化进行了显微解剖观察。愈合过程的解剖分析试材取自山海关林场1989年的嫁接苗，用FAA固定液处理2~3周后又经软化剂浸泡2~3周；短枝试材取自北京林业大学苗圃，以卡诺液固定3h。材料经脱水、浸蜡、包埋后，以AO 820型切片机切片，片厚10 ~15μm，再以番红、固绿染色制成永久切片。检片后用Olympus HB-2型显微摄影机拍片（祖国诚，1990；祖国诚等，1991）。

（一）隔离层和愈伤组织的发生

贴接中，砧穗结合部表面细胞挤压破裂致死，形成一坏死层；嵌接时，被嫁接刀切破受伤的细胞也参与隔离层的形成。许多细胞的细胞壁紧贴在一起，构成一个木栓化的隔离层（图版4-Ⅰ-2）；另外，从嫁接面分泌出的松脂也沉积在隔离层内。

虽然嫁接初期隔离层阻断了砧木接穗细胞的直接接触，但嫁接面两侧的细胞受刺激后开始分裂，嫁接5天后便形成大量愈伤组织，成为嫁接后砧木接穗愈合过程的第一步。这些愈伤组织主要由砧木的髓射线、树脂道和木质部射线发育起来的薄壁组织，以及由接穗形成层产生的愈伤组织（图版4-Ⅰ-3、图版4-Ⅰ-4），说明如下。

（1）木质部射线薄壁细胞：由砧木形成的愈伤组织主要来源于木射线。这些细胞增殖能力强，产生大量的束状薄壁组织，冲破隔离层，填充砧木和接穗间的空隙。

（2）髓射线薄壁细胞：短枝一般于春季嫁接在次生结构尚不发达的当年生茎上，嫁接的愈伤反应能刺激髓射线细胞增殖。嫁接面方向的髓射线细胞分裂增殖，使射线宽度增加1倍，长度增加3~4倍，并能穿过木质部，产生愈伤组织。

（3）树脂道周边薄壁细胞：分布在嫁接面附近树脂道周边的薄壁组织，即树脂道上皮细胞和鞘细胞，能脱分化产生愈伤组织。

（4）韧皮薄壁组织细胞：由皮层的韧皮组织和韧皮薄壁组织形成的愈伤组织使砧木接穗的边缘愈合。在砧木接穗韧皮部接合处，由韧皮薄壁组织脱分化形成的愈伤组织沟通了两者韧皮部组织。新分化的形成层通过该处的愈伤组织与砧木的形成层连接在一起，形成完整的形成层。如果韧皮薄壁组织产生的愈伤组织发育不良，会使形成层断裂。

（5）形成层：由接穗形成层形成的愈伤组织与隔离层平行，形成整齐有规则的细胞列（图版4-Ⅰ-4、图版4-Ⅰ-5），是愈伤组织的主要来源。

愈伤组织的形成使砧木接穗黏合在一起，增加组织的抗张强度，同时使隔离层出现缺口，建立砧木接穗细胞的交流。在维管束输导组织形成之前，水及营养物质通过愈伤组织输送给接穗。愈伤组织的形成也为后期组织分化创造了条件。由于愈伤组织的形成是一个需氧过程，嫁接面上的愈伤组织不是同步增殖，边缘的愈伤组织生长较快，首先填充砧木接穗间的空隙，使两者黏合在一起。

环剥、截顶并涂激素前处理，可以增加接穗愈伤组织的分化能力，促进短枝接穗愈伤组织的发生。这类嫁接苗中，接穗形成层产生了大量愈伤组织，而砧木产生的愈伤组织较少（图版 4-Ⅰ-4~6）。

（二）组织的分化和愈合进程

油松短枝嫁接后约 10 天，愈伤组织开始分化。分化的顺序是：木质部维管组织、形成层、木射线。接穗的原韧皮组织、原形成层和新形成层外周的薄壁组织等构成的新韧皮组织，与砧木韧皮部连接。

1. 木质部的分化

嫁接10天后，愈伤组织首先分化出维管组织。分化初期，杂乱无章的愈伤组织薄壁细胞有规则地排列在一起，细胞壁逐渐增厚，核逐渐解体、消失。形成与砧木木质部细胞排列方向一致、大小形状不一的木质部细胞（图版4-Ⅰ-7）。维管组织的分化首先起源于嫁接面愈伤组织的中部。

2. 形成层的分化

木质部细胞分化之后，新的分生组织出现在它的上方。形成层分化的速度快，在愈合体的边缘，木质部细胞是在新分化的形成层与砧木的形成层连接在一起之后分化出来的。新分化的形成层在接穗原有的形成层的内侧，两者不重合，接穗原有的形成层将逐渐消失（图版 4-Ⅰ-8）。

3. 木射线的分化

在砧木的木质部射线方向，有 2~3 层的薄壁细胞不参与木质部的分化，形成新的木质部射线薄壁组织，表现出组织分化的连续性。新射线的分化可能起源于砧木木射线的边缘，位置由砧木木射线决定（图版 4-Ⅰ-8）。

4. 愈合进程

油松短枝嫁接愈合过程的各个时期所需时间大致如下。

愈伤组织的形成	3~5 天
维管组织初分化	7~10 天
形成层及射线组织分化	10~15 天
愈伤组织完全木质化	30 天

五、短枝嫁接苗的生长与开花习性

（一）北京林业大学西山林场

1990 年 5 月调查了 1986 年春在北京林业大学西山林场嫁接的苗木。调查时砧木 4 年生，平均年生长量为 21.4cm。实生苗高为 22.4cm，两者接近。所有的嫁接苗都直立，生长正常，树形与实生苗相仿。短枝嫁接苗在嫁接后 3 年开花，第 4 年便着生大量雄球花，有雄球花的株数占总株数的75%、平均每株有雄球花77.5枚；着生雌球花的株数占总株数的50%，平均每株有雌球花1.75枚。实生苗中的雄球花着花率为30%，株平均32.4枚；雌球花着花率为37%，株平均为0.63枚。短枝嫁接苗的雌花、雄花着花率和平均花量都高于实生苗。这表明油松短枝嫁接能保持母树的“成熟效应”，提早开花结实（祖国诚等，1991）。

（二）河北山海关林场

在1995年10月下旬至1997年6月上旬期间，调查了于1988年在该场种子园用髓心形成层和短枝嫁接两种方法嫁接的14个无性系的生长和结实量，各无性系调查10~20株。14个无性系两类嫁接植株在1993~1997年5年期间，年平均生长量分别为22.5cm，24.2cm；27.4cm，24.4cm；30.7cm，29.3cm；25.9cm，23.6 cm；23.1cm，20.2cm。两类嫁接苗在生长量上没有显著差异，但无性系在不同年度差异极显著（F值相应为0.67、2.47和20.4）。14个无性系1993~1997年的年平均生长量见图4-6（章洪恩，1997；沈熙环等，1997）。

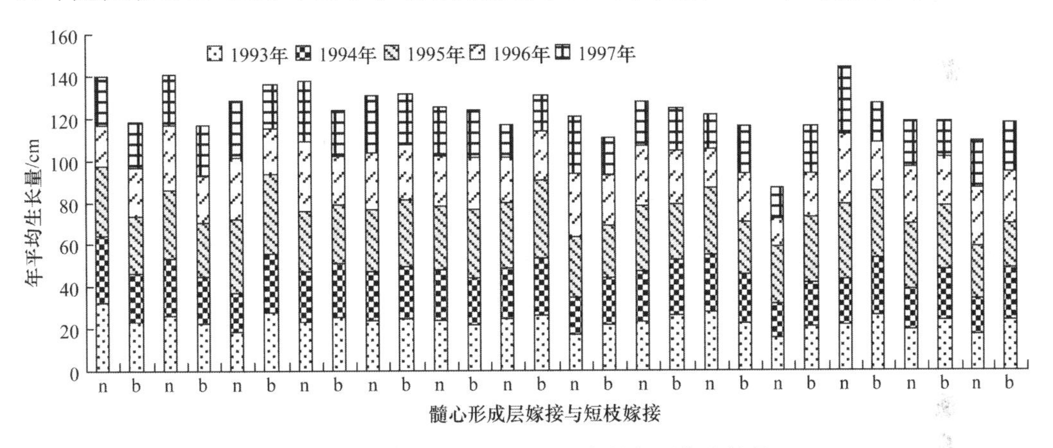

图4-6　14个无性系1993~1997年的年平均生长量

n. 常规（髓心形成层）嫁接苗；b. 短枝嫁接苗，相邻列为同一无性系

在1994~1995年2年中，14个无性系分株的着花率为12.5%~100%，嫁接方法、无性系及年度对着花株率都有极显著的影响，如图4-7所示。1994~1997年14个无性系分株着生雌球果量。除个别无性系外，髓心形成层嫁接苗的结果量多比短枝嫁接苗少，

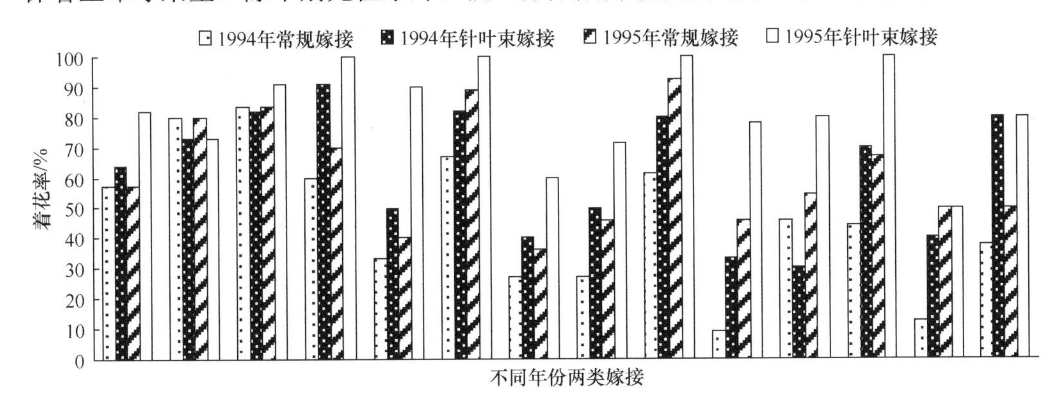

图4-7　1994~1995年14个无性系着花率变动情况

常规和短枝嫁接苗的平均株产球果数分别为 5.82 个和 8.98 个；无性系株产球果为 3.05（11#无性系）~11.44 个（6#无性系）；4 年间产量由 3.08 个增加到 12.95 个，参见图 4-8。方差分析结果，嫁接方法、无性系、年度间都存在极显著的差异。此外，在嫁接方法和无性系间、无性系和年度间还存在极显著的交互作用。

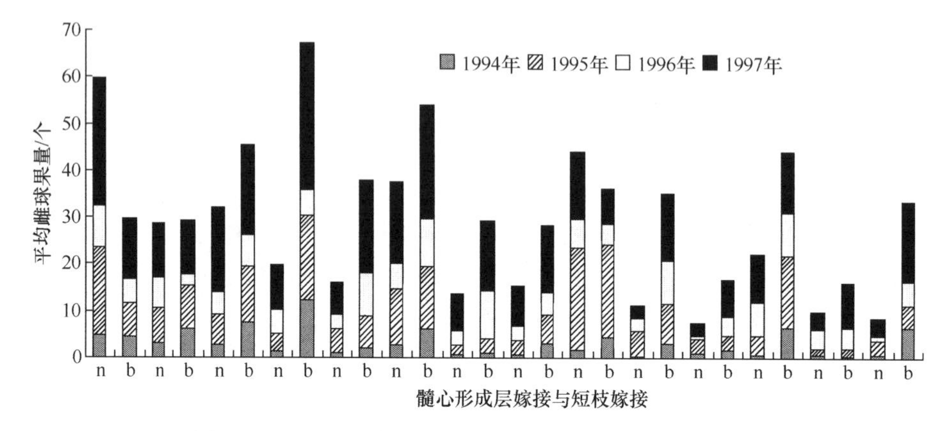

图4-8　1994~1997年4年间14个无性系平均着生雌球果量

n. 常规（髓心形成层）嫁接苗；b. 短枝嫁接苗，相邻列为同一无性系

第三节　营养繁殖与油松扦插繁殖试验

一、林木营养繁殖的进展

自 20 世纪 70 年代无性系选育得到了世界各国林学界的普遍重视。1973 年后，营养繁殖领域的国际学术活动频繁，研讨主题有：营养繁殖技术、机理、难题、解决途径及在林业生产中的应用等问题。在文献中出现了一个新的术语——无性系林业（clonal forestry）。进行无性系选择和造林的树种和规模都有增加。特别是在桉树、杨树等阔叶树种中，成绩更为突出。柳杉营养繁殖在日本已有几百年的历史，欧洲云杉、落叶松杂种、新西兰的辐射松等针叶树种也已规模化造林。近年，国外在林木离体胚培育技术研究方面有较大进展。

我国杨树营养繁殖历史悠久，近年桉树的营养繁殖，包括组培苗造林也已经上了规模。20 世纪 80 年代来，我国在重要针叶造林树种中，如杉木（方程等，1992；李恭学等，1992）、落叶松、湿地松、杂种松（湿地松×加勒比松）及马尾松等树种中扦插繁殖取得了重要进展（张应中等，2002；林军等，2007；王笑山等，2003）。广东省台山、信宜、龙山等国家林木良种基地在松类采穗圃营建和管理、插条苗繁殖技术方面有突破，每年可以生产几百万株到上千万株松类插条苗，形成了生产力，产生了实际效益。杉木用组织培养苗在福建已规模化造林，但为降低生产成本，近年部分插条苗沿用采穗圃生产（见彩图Ⅴ上右）。在松类中，除为数不多的辐射松等外，组织培养目前只能从胚、子叶、芽等幼龄的外殖体诱导出不定芽，其中少数芽能形成完整的植株，分化过程尚不够稳定。近年南京林业大学施季森等在杉木、杂种鹅掌楸，中国林科院林业科学研究所在落叶松等树种中，探索了离体胚胎的发生、同步化控制及植株再生的方法（张蕾，2009）。

成功掌握了扦插技术，能大规模繁殖、推广优良无性系，意义重大。无性繁殖具有很多优点，如能充分利用加性和非加性遗传效应，遗传增益较高；无性系性状整齐，便于集约管理；还能同时利用性状优异，但存在亲缘关系的繁殖材料。在解决营养繁殖技术之后，逐步扩大无性系造林面积，研究林分成长中的各个方面的问题，深化无性系选育和繁殖问题，是顺理成章的事。

针叶树种扦插和嫁接相比，存在明显的年龄效应（成熟作用）和位置效应，限制了扦插苗生根，虽已有了一些解决办法，但还远不能说问题已经解决，油松等针叶树种，规模化生产插穗苗尚有困难（陕西省林业科学研究所，1990）。同时，无性系繁殖操作比较繁琐，生产成本比较高，林分的经营管理、无性系林分的生长和材质也有待观察。种子园虽然存在投产年限长、结实不稳定、产量低、采种不方便，以及有些家系增产效益不明显等现象，但通过近年的研究，对提高种子园的产量和品质，也已经有了较好的解决办法。笔者认为，根据树种生物学特性，自然生态条件及社会经济状况，考虑投入与产出，运用适当的选育和繁殖方式，各有侧重，各得其所，为当前林业生产创造最大的效益，同时为树种的长期改良创造条件，才是正确的做法（沈熙环等，1991）。

二、油松扦插试验

我们曾于 1995 年前后在河北山海关林场连续做过 3 年油松扦插试验，其中硕士研究生章洪恩（1997）在林场大力支持下做了多次试验，主要结果归纳如下。

插床准备和扦插　插穗取自该苗圃生产的 1~5 年生苗木。采用平床插。床宽 1m，长 10m，四周用砖砌墙，填入物分两层：上层为 20~25cm 的细砂，下层为 10cm 粗砂，底部有排水孔。上层、下层间铺设地热电缆。扦插层温度保持在 23~25℃。上罩拱形塑料薄膜，间歇喷水，相对湿度保持在 80%~90%，开始生根后减少喷水量。插穗前用 5‰的高锰酸甲溶液消毒扦插。插穗埋入插壤 5~8cm，按实。每隔 10 天检查一次，4 个月后调查全部插穗生根情况。

插穗原株年龄　试验中，1 年生扦插苗的平均生根率达 37.3%，2 年生苗为 24.4%，5 年生原株插穗生根率急剧下降，仅为 7.6%，且其他生根指标也显著降低（图 4-9 左），生根过程由 75 天延长至 130 天以上。这个结果与陕西省林业科学研究所多年前的油松扦插试验结论一致：原株 5 年生插穗的生根率为 2.3%，10 年生时只有 0.5%，幼树插穗繁殖系数也不高。

扦插时间和插穗长度　分别在 3 月、5 月、7 月扦插，结果有显著差异（图 4-9 中）。油松宜在早春芽尚未萌动前采条，芽萌动后，尤其是新枝开始伸长后生根困难。插穗长 5~8cm，平均生根条数接近穗长 10~12cm 的插穗，其他指标均较差（图 4-9 右）。但为了提高插穗的利用率和繁殖系数，仍应考虑采用短插穗。

激素处理　1996 年 3~7 月，用不同组配的α–萘乙酸、丁酸、生根粉等试剂处理油松插穗。浓度为 100ppm、200ppm、500ppm 和 800ppm。前 2 种浓度插穗浸泡 12h；后 2 种插穗速蘸，随蘸随插。插穗采自苗圃 3 年生苗，每处理 20 株，重复 3 次。植物激素处理试验中普遍见到提高生根率，改善根系发育状况，其中尤以速蘸高剂量 α–萘乙酸和丁酸的效果为好（表 4-10）。

插壤增温 插壤温度保持在 23~25℃，有利于插穗生根，改善生根状况（图 4-9 右）。

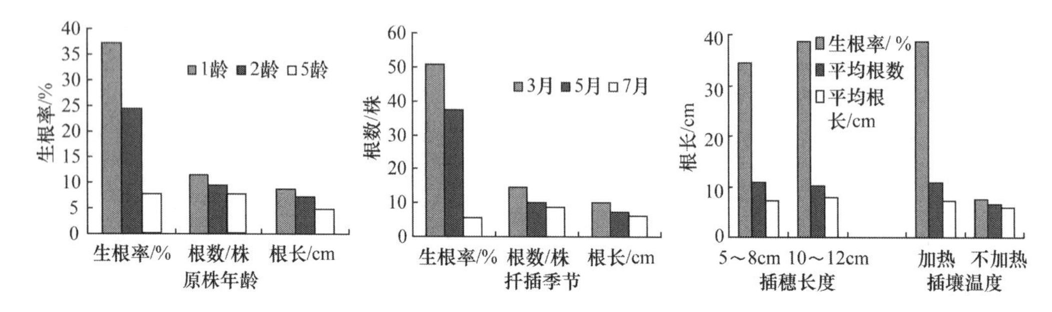

图4-9 原株年龄、扦插季节、插穗长度及插壤温度对生根率、生根状况的影响

左为原株年龄；中为扦插季节；右为插壤温度

表4-10 植物激素处理3年生插穗的效果

植物激素/ppm	生根率/%	株均根数	平均根长/cm	植物激素/ppm	生根率/%	株均根数	平均根长/cm
α-萘乙酸 100	28.7	9.3	10.2	α-萘乙酸 500	76.4	13.1	15.2
α-萘乙酸 200	49.6	10.8	11.3	α-萘乙酸 800	50.7	11.3	13.8
丁酸 100	55.3	11.6	11.2	丁酸 500	78.6	13.6	15.4
丁酸 200	30.4	9.5	10.7	丁酸 800	55.1	11.8	13.6
α-萘乙酸 100+丁酸 100	41.3	10.4	11.1	α-萘乙酸 500+丁酸 500	63.4	12.5	14.5
α-萘乙酸 200+丁酸 200	27.9	9.7	10.8	α-萘乙酸 800+丁酸 800	49.2	10.9	12.4
生根粉 100	14.8	9.4	10.8	生根粉 800	8.7	8.01	6.1
生根粉 200	12.7	8.8	9.9	对照	10.1	8.1	10.3

迄今，我们还没有掌握油松有效的扦插繁殖技术，但是，国内外在松类、杂种松中通过营建采穗圃等技术，提供了大量优质插穗，使松类扦插繁殖前进了一大步（黄少伟，2006）。他们的工作给我们启示，油松也有可能探索到成功的扦插繁殖方法。

第四节 油松无性系的生长特点和形态鉴别

一、嫁接无性系的生长节律

1982~1984 年王沙生等对兴城种子园嫁接无性系苗木生长节律和气象因素的关系作过观测。当月平均气温稳定在 3℃时开始测得生长量；当日平均气温稳定在 12℃，进入速生阶段，日生长量可高达 0.4cm 以上。在这一时期，热量对顶梢生长的作用要比水分的影响大些。但是，不同无性系顶梢的生长节律却不尽相同。5#无性系速生持续期长，峰值高，而 6#、34# 和 37#无性系持续期短，且峰值低。在相同的生态条件下，不同无性系的生长节律表现不同。选择速生持续期长、峰值高的无性系，显然也就是年高生长量较大的无性系，见图 4-10（王沙生等，1985）。

由于油松还没有有效的扦插繁殖方法，尚不能提供大量扦插苗，对生长节律与气温、水分等关系的观察研究，尚只属于生理范畴的探讨。

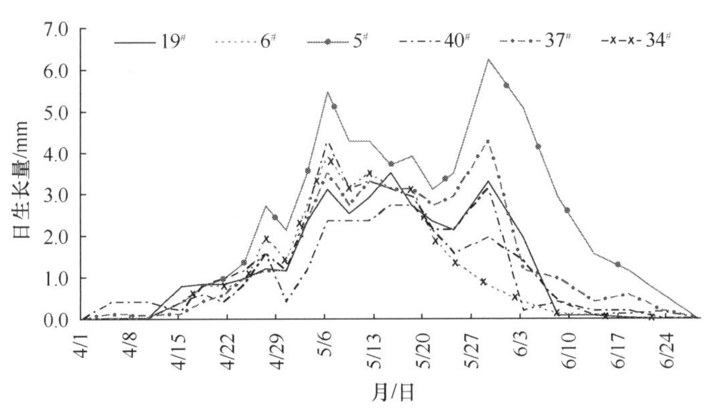

图 4-10　油松不同无性系顶梢生长节律

二、无性系形态特征和无性系鉴别

1983~1987 年，李悦等在辽宁兴城和河南卢氏两地油松种子园对 81 个无性系雌雄球花、球果、新梢和针叶等形态特征作过动态观测，发现无性系的雌雄球花绽开初期的色泽、成熟球果的形状、鳞盾和鳞刺的特点、针叶在枝上排列特征、针叶的长度和色泽、宿存年限、冠形和分枝等性状比较稳定，且有比较大的变化，可以区分成不同的大类（表 4-11）。性状颜色通常为纯色和杂色。表 4-11 中雄球花色是指各小孢子叶表色，分黄绿、红和杂色；小球果春季处于生长和膨大的初期，鳞盾颜色是指球果各鳞盾色，呈绿、紫和绿紫杂色，小球果延伸至成熟球果的 1/3 左右时，紫色开始转为绿色。

表4-11　油松无性系质量性状及其变异类别

季节	器官	变异性状	相对性状	大类/个
春季	雌球花	伸展阶段颜色	黄绿色，红色，褐红色、红紫色，杂	3
		芽开孔内颜色	黄色、淡粉色，鲜红色、紫红色	2
		伸展期珠鳞色	黄色，紫红色，黄色，先端淡粉色	3
		伸展期苞鳞色	黄色，紫红色，紫红色，先端白边	3
	雄球花	小孢子叶色	黄绿色，红色，杂	3
	小球果	鳞盾颜色	纯绿色，紫红色、深紫色，杂	3
		较宽部位	先端，中部，下部，基部平且宽	4
		形状	卵形，塔形，球形，椭球形，倒卵形	5
	新梢	新叶长出叶梢前新梢颜色	纯绿色，除叶梢外呈紫红色，绿紫相间，绿色有少许紫红色	4
	针叶	春季宿存时间	2 年，3 年以上	2
		形状特点	扭曲、向上排布呈“刷子”状；扭曲、抱枝生长，呈“束”状；针叶直、分叶角一致整齐，排布如“车辐”；针叶下垂	4
		叶色	墨绿色，灰绿色，黄绿色，草绿色	4
秋季	成熟球果	鳞盾背部颜色	紫褐色、深紫褐色、浅紫褐色，棕色、暗棕色、浅棕色、黄棕色	2
		鳞盾凸起否	明显凸起，不明显或较平	2
		鳞脐具刺特点	鳞刺突起明显，较平或几乎没有	2
		干果鳞盾表面	光亮，多皱	2

相对性状间差异显著，但在不同无性系间和观测的样本间，也存在较小差异。因此，观测时取样部位或标准要保持一致。同时，要考虑到表 4-11 中多数性状的状态与生长发育阶段有密切关系。依据鉴别容易且稳定的性状，分别对上述两个种子园编制了无性系

检索表。这个检索表很实用，可以鉴别出种子园中大部分无性系，用来纠正营建种子园过程中在嫁接、定植时可能发生的无性系错号（李悦，2010）。

结　语

髓心形成层嫁接技术已经成熟，这种方法的主要缺点是繁殖系数较低。采用采穗圃，可增加接穗供应，但接穗供应量提高也需要时间，采穗圃营建初期，繁殖系数也不高。短枝嫁接的优点是繁殖系数高，在急需大量嫁接苗时不失为一种好方法，但操作比较复杂。两种嫁接技术要点归纳如下：

（1）油松嫩枝嫁接在河北等地，6 月和 8 月是最适宜的季节，4~5 月成活率低；

（2）2~3 年生的砧木，嫁接成活率高，5 年以上的砧木宜慎用；

（3）接穗与砧木要随削随接，削面要平滑，不能沾水，髓心形成层要对准，捆绑要紧；

（4）嫁接 50 天后即可以判断嫁接苗是否成活，成活嫁接苗要及时松绑。

短枝嫁接苗的成活率和萌芽率，与砧木和接穗取材、嫁接方法、嫁接时间、嫁接部位以及嫁接前后对砧木和接穗的处理等都有关。除需遵循常规嫁接的操作规定外，宜注意下列各点：

（1）油松短枝嫁接最好在 5 月末至 6 月中旬进行，最迟不晚于 8 月中旬；

（2）采用贴接时，砧木和接穗形成层的接触面积大，愈合快，成活率高，适用于砧木和接穗的韧皮部厚度相仿的情况，当两者韧皮部厚度相差大时宜用嵌接法；

（3）砧木质量好时嫁接部位以砧木 1 年生茎的中部、上部或 2 年生茎的顶部为好；

（4）嫁接后 1 周在距接穗 2cm 处截砧，并在嫁接部位背面刻伤，1 个月后再次在距接穗 0.5~1cm 处截砧，接穗上方萌出的针叶要及时抹掉；

（5）套袋同时需遮阴，4 周后去袋，6 周后松绑，田间作业要防止碰掉已成活的接穗。

两类嫁接苗在生长上差异不显著，但无性系和年度间差异极显著。根据对 14 个无性系嫁接后 10 年的调查，嫁接方法、无性系及年度等因素对短枝嫁接植株着花株率都有极显著的影响；短枝嫁接苗结果量比常规嫁接苗的多。

幼龄油松扦插是能生根的，但随着树龄的增加，生根率降低，根系发育差，生根过程延长，插穗原株年龄是油松扦插的限制因子。扦插季节对生根率有影响。插壤加温、插穗激素处理能提高生根率，改善生根状况。3 月下旬用 1 年生苗做插穗，长 10~12cm，经 500ppm 丁酸速蘸处理，生根率可达 63.7%，用 500ppm α–萘乙酸速蘸处理，生根率为 58.6%。迄今尚没有掌握油松有效的扦插繁殖技术，但通过营建采穗圃等途径，幼化、优化插穗，油松也可能探索到比较成功的扦插繁殖技术。

不同无性系嫁接苗的生长节律不完全相同。不同无性系雌雄球花色泽，球果、鳞盾和鳞刺形状，针叶在枝上的排列特征，针叶长度、色泽和宿存年限，冠形和分枝习性等，都具有比较明显和稳定的变异，从中选择鉴别容易且稳定的性状，可用于鉴别种子园中大部分无性系。

参 考 文 献

陈孝英，何礼华. 1987. 松树针叶束嫁接技术的研究.亚林科技，15（1）：13-19
方程，李明鹤，黄白瑶，等. 1992. 杉木禾穗圃营建技术. 北京：北京科学技术出版社：256-264
何波祥，曾令海. 连辉明，等. 2004. 高产脂马尾松扦插繁殖技术研究. 广东林业科技，20（1）：16-19
黄少伟. 2006. 昆士兰杂种松无性系育种计划及启示. 见：白嘉雨，钟伟华. 南方林木遗传育种研究. 北京：中国林业出版社
李恭学，张全仁，许忠坤，等. 1992. 杉木扦插育苗技术研究. 见：沈熙环. 种子园技术. 北京：北京科学技术出版社：264-271
李锡纯，李英霞. 1989. 油松针叶束嫁接技术在生产上的应用. 河北林业，（2）：16
李锡纯，李英霞，赵铭，等. 1990. 油松针叶束嫁接成功. 河北林业，（4）：18
李悦，沈熙环，张志芸，等. 1992. 油松无性系形态结构和同工酶变异与鉴别. 见：沈熙环. 种子园技术. 北京：北京科学技术出版社：101-106
李悦. 2010. 油松遗传变异、多样性与种子园改良策略. 北京林业大学博士学位论文
梁荣纳. 1988. 油松、侧柏无性繁殖技术及繁殖材料遗传特性的研究. 北京林业大学硕士学位论文
梁荣纳，沈熙环. 1988. 油松短枝嫁接初试成功. 林业科技通讯，（10）：30-31
梁荣纳，沈熙环. 1989. 油松短枝嫁接技术的研究（I）. 北京林业大学学报，11（4）：60-65
林军，黄少伟，黄永权. 2007. 湿加松采穗圃的营建与管理技术.林业科技开发，（4）：104，105
刘晚传，连辉明，罗敏，等. 2007. 影响高脂马尾松扦插成活率的主要因子研究. 广西林业科学，36（2）：93-95
陕西省林业科学研究所. 1990. 油松硬枝扦插育苗技术试验报告. 全国林木遗传育种第五次报告会论文集. 哈尔滨：东北林业大学出版社：243
沈熙环，章洪恩，李锡纯，等. 1997. 针叶束嫁接苗的生长和开花结实. 中国林学会林木遗传育种分会第四届年会论文集. 广西桂林
沈熙环. 1991. 正确对待各种育种方式，繁荣我国育种事业. 林木遗传改良讨论会.1-5.湖南通道
王沙生，沈熙环，姚丽华，等. 1985. 兴城油松种子园无性系生长比较研究. 北京林学院学报，（4）：72-83
王同立，翁殿伊，赵俊森. 1988. 油松秋季嫁接试验.林业科技通讯，（8）：8-9
王笑山，孙晓梅，齐力旺，等. 2003. 日本落叶松整形修剪对母株生长、产穗量、插穗生根和扦插苗. 林业科学，（2）：44-51
翁殿伊，王同立，杨井泉.1989.油松种子园的建立和经营技术的研究.河北林学院学报，（1）：9-18
张蕾. 2009. 日本落叶松×华北落叶松体细胞发生的生化机制和分子机理研究. 中国林业科学研究院博士学位论文
张应中，赵奋成，钟岁英，等. 2002. 湿地松×加勒比松杂种扦插繁殖技术研究. 林业科学研究，15（4）：437-443
章洪恩. 1997. 油松、侧柏无性繁殖技术的研究. 北京林业大学硕士学位论文
祖国诚. 1990. 油松短枝嫁接技术的研究. 北京林业大学硕士学位论文
祖国诚，沈熙环，梁荣纳. 1991. 油松短枝嫁接技术的研究（II）. 北京林业大学学报，13（2）：54-58
Ahuja M R. 1993. Micropropagation of Woody Plants. Dordrecht：Kluwer Academic Publishers
Ahuja M R，Libby W G. 1993. Clonal Forestry II. Conservation and Application. New York：Springer
Burdon R D，Shelbourne C. 1974. The use of vegetative propagule for obtaining genetica information. N Z J For Sci，4（2）：425-428
David A. 1982. *In vitro* propagation of gymnosperms. *In*：Bonga J M，Durzan D J. Tissue Culture in Forestry. Netherlands：Springer：96-98
Harils R J. 1992. Mass propagation by cuttings biotechnologies and the capture of genetic gain. Proc.AFOCEL-IUFRO Symposium"Mass production technology for genetically improved fast growing forest tree species".Bordeaux France：14-18
Libby W J，Ahuja M R. 1993. Clonal forestry. *In*：Ahuja M R，Libby W J. Clonal Forestry II. Conservation and Application. New York：Springer-Verlag：1-8

第二篇
油松开花结实习性、球果败育与种子生产

生产大量遗传品质高、数量多的种子，满足规模化造林需要，是经营种子园、母树林的根本任务。研究树种开花结实习性是成功进行良种选育的基础，无性系种子产量和子代性状表现，是无性系再选择的依据。在树种良种选育工作的初期，往往不熟悉所研究树种的开花结实习性，都要做这一方面的观察和研究。20世纪八九十年代，我们曾投入大量人力和时间，调查油松无性系开花结实特性，总结它的规律和特点，分析了影响种子产量的因素并提出了提高种子产量的途径和措施。本篇包括雌雄配子体形成、受精与胚胎发育，球花发育、分布特征、球果性状、败育与种子产量以及油松种实害虫及其防治，着重讨论影响种子产量的各个方面的因素。影响产量的因素往往也是影响种子品质的因素，两者难于分割，将有关内容组成两篇，只是方便行文。本篇主要讨论如下内容。

（1）油松雌雄配子体的形成、受精和胚胎发育及种子形成的解剖学过程，雌雄球花分化的时间进程，败育胚珠的解剖学特征；不同无性系球花发端和大小孢子发育进程的差异。

（2）不同无性系及无性系内分株间在树冠不同高度和方位上的雌球花、雄球花量的差异；无性系雌雄球花量的变异和年份动态变化；无性系雌雄球花量的不平衡性和相对稳定性；无性系雄球花量、花粉重量、花粉体积和花粉粒数等的分析。

（3）油松球果种鳞和胚珠数量及其不同的发育状态等性状与种子产量的关系；球果性状在不同无性系和无性系内分株间的差异和稳定性；引起球果和胚珠败育的因素及控制措施；自交是产生空籽的主要原因，也是降低种子发芽率、苗木保存率和生长量的因素；辅助授粉、土壤营养管理是减少球果败育和胚珠败育，增加饱满种子产量的有效技术；树冠受光环境和无性系的遗传特性是决定球花分布的主导因素，当树冠交叠郁闭时，疏伐和树体修剪是提高种子产量的有效措施。

（4）种实害虫是种子减产的主要因素，我们比较系统地调查了辽宁兴城油松种子园的主要种实害虫种类、生活史和生态学；虫害对球果、种子产量造成的严重损失；提出了虫情测报与防治措施。

本篇包括4章，即油松雌雄配子体的形成及胚胎发育，种子园无性系雌雄球花量的时空变化，球果性状、败育与种子产量，油松球果虫害及其防治。

第五章　油松雌雄配子体的形成及胚胎发育

研究油松无性系大小孢子的发生、雌雄配子体的形成、受精和胚胎发育过程，对探讨授粉机理、制定种子园合理的施肥灌溉制度、控制种子败育、有效诱导花芽、防治种实害虫和提高种子的产量与品质等都有直接的关系。中国科学院植物研究所形态细胞研究室比较形态组（1978）、毋锡金等（1979）研究过油松的生殖过程，张云中等（1990）对北京地区油松球花的发端作过观察，李凤兰和郑彩霞（1990）在研究油松胚珠后期败育中发现，种子败育与胚乳内储藏物质的组成及生化指标有关。张华新在博士研究生期间（1993~1995 年）在河南卢氏东湾油松种子园，连续观察研究雌雄配子体形成及胚胎发育两个发育周期。本章内容主要反映了他的工作。

试材取自原产于河北东陵和河南当地各 3 个无性系 12~13 年生嫁接植株，每隔 5 天，受精期间每日定位采样。芽和 1 年生小球果用 FAA 溶液整体固定，2 年生球果剥取种鳞固定。石蜡切片厚 8~12μm，番红–固绿对染，Olympus BH_2 型显微镜摄影，并用扫描电镜观察和拍摄花粉粒形态。从花期开始每隔 10~15 天解剖不同无性系雌球果胚珠败育状况；定期观察无性系物候和生长节律，并测定无性系雌雄球花芽的长度。

第一节　小孢子发生及雄配子体形成

一、小孢子发生

油松的雄球果着生在当年生枝条的基部，长 2~3cm。雄球果具果轴，200~300 枚小孢子叶螺旋状着生于球果轴上。小孢子叶结构简单，一般包含一个细长的柄和一个扩张的不育顶部，在每枚小孢子叶的远轴面，具两个小孢子囊。6 月末至 7 月初，小孢子叶球原基开始分化，至 7 月 5 日小孢子叶球原基的细胞分裂，在其基部周围已有皱折状突起，小孢子叶原基开始分化（图版 5-Ⅰ-1）。8 月初，可见到已形成中轴的小孢子叶球，四周的小孢子叶呈螺旋状排列（图版 5-Ⅰ-2）。9 月初，小孢子叶表皮下的细胞分化产生孢原细胞，9 月中旬造孢细胞形成，细胞为多边形，镶嵌紧密，由一群核大质浓的细胞组成小孢子囊壁，最外面的一层为小孢子囊壁细胞，最内一层为绒毡层细胞，而且在绒毡层细胞中有的已形成双核。9 月底，造孢细胞开始分裂。之后，进入冬季休眠期。翌年 3 月上旬，造孢细胞再次进行有丝分裂，到 3 月中旬造孢细胞外形变圆，排列疏松，进入小孢子母细胞期。雄球果于 4 月初吐露时，小孢子母细胞开始进入减数分裂的早期，第一次减数分裂结束后，在两子核之间不形成壁，随即进行第二次分裂，同时向心形成胞壁，产生四分体（图版 5-Ⅰ-3），随即分离形成 4 个小孢子，这一时期大约要持续到 4 月 20 日。此时的雄球花芽饱满，呈钝圆状，直径 0.5cm 左右，仍包被于褐色鳞片之中。在小孢子母细胞分裂形成四分体至单核花粉粒形成过程中，绒毡层逐渐被吸收，当花粉接近成熟时，除表皮以外的各层囊壁细胞都被发育中的花粉所吸收，表皮细胞则不均匀地加厚。

二、雄配子体形成

从四分体散出的小孢子是雄配子体的第一个细胞，开始时小孢子中的核处于中央，随后逐渐移至近极面，并很快进入有丝分裂，在 4 月 23 日已能看到原叶细胞。经过三次有丝分裂，在 4 月下旬到 5 月初，形成含有 4 个细胞的成熟花粉粒，其中包括两个退化的原叶细胞，较小的生殖细胞和较大的管细胞（图版 5-Ⅰ-4）。此时，雄球花已伸长至近 2cm，芽鳞张开，花柄延长，花粉囊呈黄绿色，随即花粉囊开裂，花粉进入传粉季节。

第二节　大孢子发生和雌配子体形成

一、大孢子发生

油松的雌球果单生或 2~5 个簇生于当年生枝条的顶端，7 月 10 日左右雌球花原基分化，生长点顶端由尖变钝。7 月中旬，在其两侧肩部出现小突起，为大孢子叶球原基（图版 5-Ⅰ-5）。到 8 月上旬，原基近基部的体细胞延长形成中轴，进而形成顶部钝圆的大孢子叶球雏形。至 8 月中下旬，在大孢子叶球基部开始分化苞片原基，并逐渐向上分化。至 9 月下旬，在大孢子叶球基部已形成 2~3 个皱折状苞片原基（图版 5-Ⅰ-6）。此时，剥去芽鳞，可见到呈乳白色的大孢子叶球，长 0.2~0.3cm。之后叶球发展缓慢，翌年 3 月上旬，继续发育，苞片向顶部发展，球果轴增长，随后苞片近轴面基部与轴之间腋部出现一团组织。该组织细胞小，核大质浓，染色较深，排列紧密而不规则，为珠鳞原基。珠鳞原基细胞分裂增多，逐渐形成扁椭圆形球状体，而后分化成为两团组织，近轴的一团为胚珠原基，远轴的为珠鳞原基。珠鳞原基细胞分裂较快，向远轴方向发展成珠鳞。胚珠原基两侧细胞分裂，形成珠被原基，中央部分形成珠心。每个珠鳞上可见到两个倒生的幼胚珠。此时，球花呈圆锥形，芽鳞紧包，至 4 月中下旬，雌球花长度达到 0.6~0.9cm，芽鳞开裂，苞鳞露出，侧离梢顶伸展，前端芽鳞逐渐绽开，可见呈红色、黄色和粉红色的珠鳞。此时，花芽已伸长至 0.7 ~1.3cm，苞鳞完全张开，珠孔分泌受粉滴，开始接受花粉。4 月末至 5 月初，珠心组织中央有一菱形细胞，体积较大，细胞质浓，为大孢子母细胞（图版 5-Ⅰ-7）。这时，花粉粒已进入珠孔，或落在珠心上（图版 5-Ⅰ-8）。5 月上旬，大孢子母细胞进行减数分裂，形成直立四分体，近珠孔端的 3 个退化，近合点端的一个保留下来，为大孢子（图版 5-Ⅰ-9）。5 月中旬，珠鳞增厚，珠孔闭合，授粉结束。

二、雌配子体形成

经减数分裂形成的大孢子是雌配子体的第一个细胞，随即大孢子进行多次有丝分裂，但不形成细胞壁，呈游离核状态（图版 5-Ⅰ-10）。5 月底，游离核继续分裂，形成 16~32 个游离核，雌配子体的四周有一薄层细胞质，中央为一个大液泡，游离核均匀分布于细胞质中，雌配子体的体积已明显增大。冬季到来时，雌配子体进入休眠期。翌年春天，雌配子体重新活跃，游离核继续分裂增多，频率加快。4 月上旬，雌配子体中游离核达 1000 多个，到 4 月中旬，已多达 2000~3000 个。游离核时期雌配子体的发育，主要表现在体积增大和游离核数目的增加。

在雌配子体游离核时期，包围在配子体外面的几层珠心细胞发育成为海绵状组织，通常包含 3~4 层细胞，在合点部分更多一些。随着雌配子体的发育，细胞分裂增大，细胞内含有大量淀粉粒。海绵状组织在游离核时出现，到卵细胞形成后，则大部分被吸收，通常只剩下一层细胞。在受精后，海绵状组织已完全消失。

翌年 5 月初，即传粉后整整一年，雌配子体游离核开始形成细胞壁。早期细胞壁的形成始于雌配子体的四周，向心形成垂周壁，进一步的发育是蜂窝状的生长，中央液泡随之减小。5 月中旬，形成细胞化雌配子体。此时，近珠孔端有的细胞明显膨大，细胞质内开始出现液泡，且不断长大，细胞核比四周细胞的大，细胞质稀薄，这些细胞成为颈卵器原始细胞。颈卵器原始细胞形状较长，细胞核处于细胞的上部，而中下部为大液泡。原始细胞进行不均等的分裂，形成一个小的初生颈细胞和一个大的中央细胞。前者再经过两次垂周分裂，形成四个颈细胞（图版 5-Ⅰ-11），后者进行一次平周分裂，形成卵细胞和腹沟细胞，腹沟细胞随即退化（图版 5-Ⅰ-12）。卵核逐渐移向中部，在此过程中，核体积不断增大，外形呈椭圆形，上端较宽，下端略尖，细胞质变得稠密，含有大量的蛋白泡。5 月下旬，卵细胞成熟，开始受精。油松有颈卵器 4~5 个，单生、顶生、偶见侧生，四周有一层套细胞包围着。

第三节　雌雄球花发育进程

一、不同无性系球花原基分化和大小孢子发育进程

了解无性系雌雄球花发育进程，是雌雄配子体的形成及胚胎发育的研究内容，同时，对正确掌握促花处理的时机，提高促花效果极为重要。张华新在河南卢氏种子园，以原产于河北东陵的 11#、12#和 27#及河南当地的 3#和 17# 5 个无性系为试材，依据油松雌雄球花整个发育周期中主要阶段的解剖结构，研究了球花原基分化和大小孢子发育进程。他证实在河南卢氏 7 月中旬为油松雌球花原基发端期，6 月下旬为雄球花原基发端期，但不同无性系雌雄球花原基的发端期和发育阶段早晚有差异。无性系间雌球花原基发端的时间可相差 5~10 天，如 27#、11#、3#等无性系在 7 月 15 日雌球花原基已开始形态分化，而 12#和 17#到 7 月 20 日才见分化。27#和 3#等在翌年 4 月 25 日已形成大孢子母细胞，而 12#无性系到 5 月 1 日才形成大孢子母细胞。不同无性系雄球花原基发端的日期相差 7 天左右。8 月初，11#无性系的整个小孢子叶球的苞片原基已分化完成，而 12#无性系仅基部 3~4 个小孢子叶分化。不同无性系小孢子母细胞减数分裂形成四分体的日期

变动于 4 月 13 日~17 日，传粉时间也相差 3~4 天。无性系在发育阶段上的差异也表现在延长生长上（表 5-1）。无性系雌球花绽开日期与发育进程有一定关系，如 27#、11#开花较早，12#较迟，但无性系雄球花的开放时间与分化和发育早晚没有定规。由于试样少，也没有发现试材产地与雌雄球花绽开时期与发育进程间的关系。

此外，无性系内不同分株和同一树体不同部位在雌雄球花原基发端时间和发育阶段上也存在一定差异，尤其是树冠不同方向间的差异更明显，位于树冠北面的新梢雌雄球花的分化时间总要比其他方向的晚 2~7 天。无性系间和无性系内雌雄球花在发育上的差异随年份和气候条件等而有所变化。

表5-1　不同无性系雌雄球花原基分化至传粉期间延长生长量差异　（单位：μm）

	日期 生长量	7/10	7/15	7/25	8/5	8/10	8/25
雌花	平均	—	110	240	330	540	600
	无性系变幅	—	0~170	120~290	200~420	410~620	480~670
雄花	平均	300	400	480	720	1120	1430
	无性系变幅	220~310	320~450	400~540	590~760	980~210	1240~1530
	日期 生长量	9/5	9/28	3/1	4/5	4/20	5/1
雌花	平均	640	720	1120	2400	3000	10 000
	无性系变幅	560~690	630~850	870~1320	1870~2780	2650~3320	—
雄花	平均	1760	2480	3840	4800	6750	20 000
	无性系变幅	1470~1990	2130~2780	3240~4300	3920~5130	5990~7420	—

二、雌雄球花原基分化时间

当年生枝条生长与球花分化有密切关系（张云中等，1990，Owens et al.，1964）。一般认为，雌雄球花原基分化发生在新梢生长停止之后（张云中等，1990；王沙生，1994）。在卢氏，油松冬芽在 3 月 10 日左右萌动，4 月 25 日前后放叶，之后，新梢进入快速生长期，至 5 月中下旬减速，5 月底座芽，6 月中旬新梢伸长生长停止。新生芽在座芽后即开始生长，至 7 月初，分化雄球花的新生芽平均长达 1cm，芽体宽为 0.3~0.5cm。分化雌球花的新生芽平均长 1.8cm，宽为 0.6~0.8cm。新生芽从 7 月下旬到 8 月中旬为快速伸长和膨大期，分化雄球花的新生芽高生长迅速增加到 2cm，芽体宽达 1cm。分化雌球花的新生芽高生长增加到 4cm，芽体宽增加不明显。至 8 月底或 9 月初，结束当年伸长生长，进入休眠期。新生芽在座芽后不久，开始产生腋芽原基，新梢停止生长约 10 天后，雄球花原基发端。当新梢停止生长 15~30 天后，新生芽进入快速生长期，腋芽原基已分化完毕，只不过尚未充分膨胀，此时生长点已明显变得圆钝，在生长点两侧肩部雌球花原基开始分化。

河南卢氏种子园纬度比北京低 6°，但海拔 1000m，全年平均温度与北京相仿，油松始花期在 4 月末或 5 月初。卢氏油松雌球花的形态发端期在 7 月中旬，雄球花的形态发端期在 7 月上旬。再根据新梢生长节律，可以推断，在卢氏种子园，促花的最佳时间雄球花在 6 月中下旬，雌球花在 6 月下旬或 7 月上旬。有关促花诱导详见第十五章。

为了能从形态—物候资料较正确地估算出油松雌雄球花发育的解剖阶段，绘制了雌雄球花发育的物候、解剖学特征对照图（图 5-1、图 5-2）。借助这两个图可以方便地掌握控制授粉、施肥和促花处理等田间操作的适宜时机。

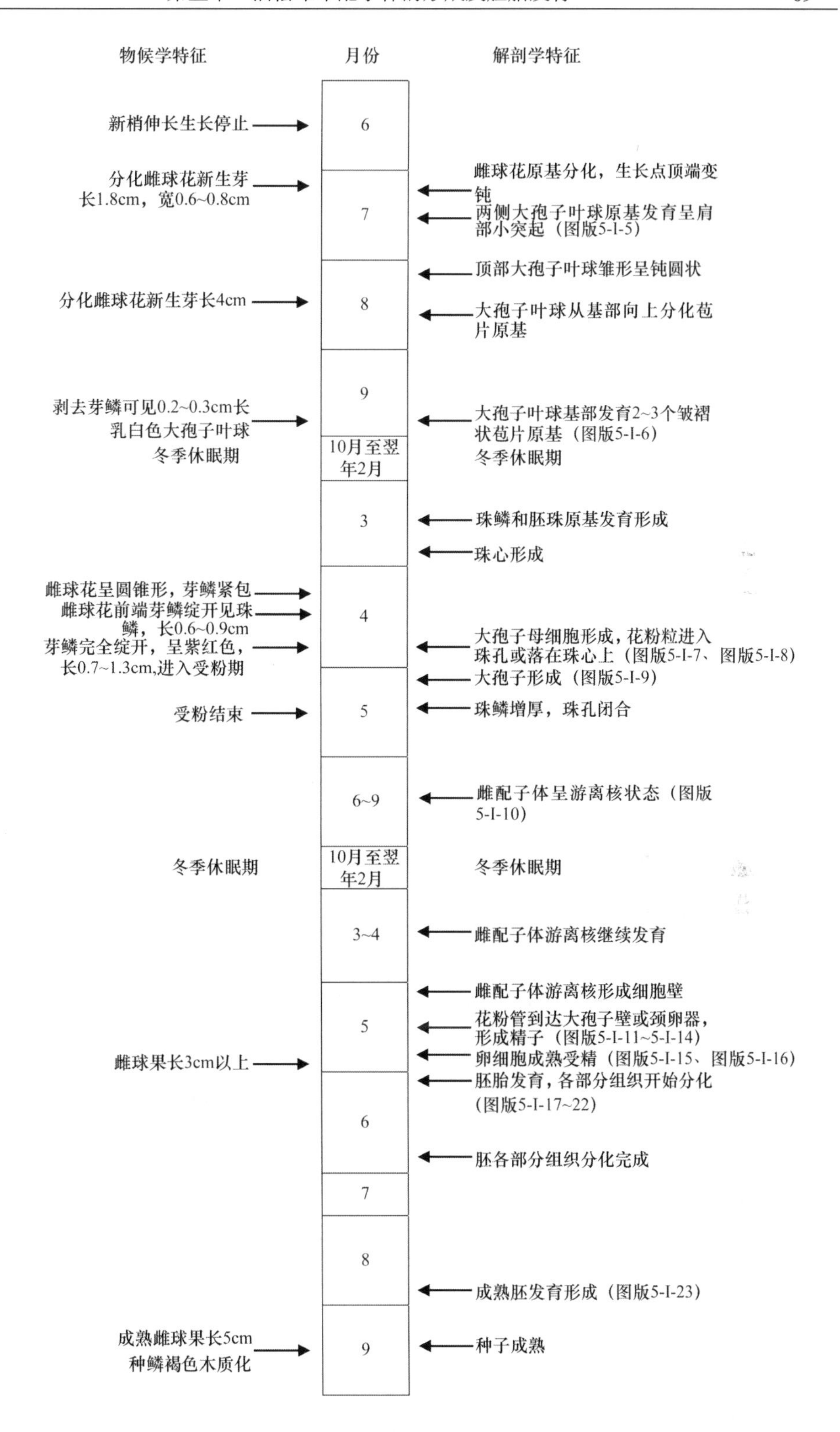

图5-1　油松雌球花发育物候学和解剖学特征

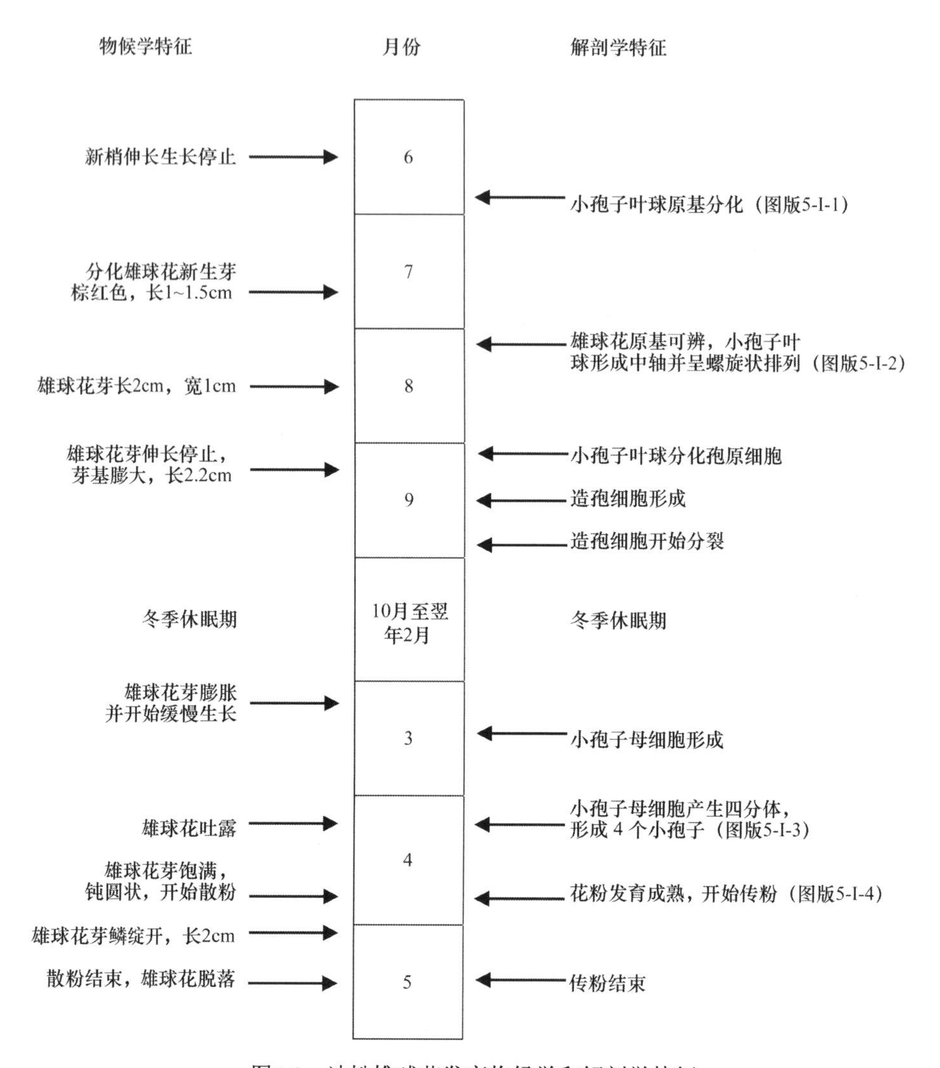

图5-2　油松雄球花发育物候学和解剖学特征

第四节　受精、胚胎发育及种子形成

一、受精过程

在河南卢氏种子园，不同年份油松受精时间早晚稍有不同，发生在 5 月 24 日至 6 月 1 日。从传粉到受精约 13 个月，传粉后不久，落在珠心上的花粉萌发花粉管，但花粉管在珠心中生长极缓慢，冬季处于休眠状态。花粉管在珠心顶端生长不规则，有的顶端分枝，在一个珠心上，同时可有 2~3 个或更多花粉管生长。在受精前 7~10 天内，花粉管加速生长，很快通过珠心的其余部分，到达大孢子壁。5 月下旬，珠心中的多数花粉管前端已到达大孢子壁，有的花粉管已到达颈卵器上面。这时，花粉管细胞质集中于顶端，体细胞分裂成两个大小不等的精子。受精前，颈卵器中出现大量蛋白泡，并在卵核上方出现圆形或椭圆形的接受液泡，受精时花粉管释放出两个精子、管核和不育细胞，以及大量的细胞质和淀粉粒，一起进入颈卵器内（图版 5-Ⅰ-13）。当精子进入颈卵器后，逐渐向卵核靠近，当精子接近卵核时，卵核对着精子的一面内陷（图版 5-Ⅰ-14）。在精子同卵核融合的初期，各自保留核膜，卵核染色质粗糙而疏松，精核染色质则较细密，在合子核形成后，合子周围出现致密的新细胞质区域（图版 5-Ⅰ-14、图版 5-Ⅰ-15）。此时，球果已长达 3cm 以上。

二、胚胎发育及种子形成

受精后合子分裂（图版 5-Ⅰ-16），形成 2 个游离核（图版 5-Ⅰ-17），之后 2 个游离核分裂，形成 4 个游离核，并从颈卵器的中部移至基部，接着 4 个游离核再同时分裂一次，形成 8 个核，在颈卵器的基部排成上下两层，每层 4 个，上层为开放层，下层为初生胚细胞层。上下两层细胞再各自分裂一次，形成 16 个细胞的原胚，排为 4 层，自上而下分别为开放层、莲座层、胚柄层和胚细胞层（图版 5-Ⅰ-18）。

6 月上旬，初生胚柄细胞迅速伸长，使原胚进入雌配子体组织，原胚附近的雌配子体细胞被破坏解体，形成雌配子体腔，同时，胚细胞进行分裂，后端细胞伸长成管状细胞，形成次生胚柄，初生胚柄和次生胚柄的不断延长，将原胚推向雌配子体深处（图版 5-Ⅰ-19）。至 6 月上旬、中旬，雌配子体中形成多个胚，有简单多胚和裂生多胚（图版 5-Ⅰ-20）。通过胚胎选择，通常只有一个胚发育较好，成为种子中的成熟胚。其他幼胚都在胚胎不同发育阶段终止发育而萎缩。6 月中旬，幼胚细胞不断分裂增多，成一长圆柱体（图版 5-Ⅰ-21），胚体和胚柄系统相连接的一端，细胞较大，横分裂，细胞排列较规则，而远离胚柄的一端细胞较小，细胞分裂无一定规律，排列不整齐。幼胚圆柱体继续分裂，胚体增大。到 6 月下旬，形成根原始细胞和根端，根端的侧面细胞向上倾斜排列，越到周缘倾斜度越大，因此，形成了弧形排列。在弧之下，为根冠区域，此区域的大部分细胞进行横分裂，细胞比较有规则地排成纵列。根端形成后，苗端也开始分化，胚体顶端中央部分稍突起，形成苗端，进一步发育成圆锥状突起。这时子叶已在苗端的肩部稍突出，6 月末到 7 月初，胚的各部分组织分化完毕。

7 月上旬至 8 月底，原胚分化产生的器官进一步增长、发育和组织分化，从而达到成熟胚的结构，成熟胚主要包括 4 个部分：苗端、子叶、胚轴和根端。子叶 7~10 枚，其余结构与其他松科植物的相似（图版 5-Ⅰ-22）。8 月后，球果不再增长，种鳞木质化，种皮逐渐变成褐色，坚硬，成熟球果长达到 5cm 左右。9 月中下旬种子完全成熟。

三、胚珠败育的解剖学观察

胚珠败育是造成种子减产的主要原因。在卢氏种子园从开花到种子成熟，张华新等调查了各个阶段胚珠败育数量和比率。到球果成熟时，胚珠的败育率竟高达 61.5%（图 5-3）。观察败育胚珠的解剖结构，其主要特征是：① 珠被发育正常，珠心内大孢子母细胞未分化；② 珠心、珠被发育正常，珠孔关闭，但不见花粉粒；③ 雌配子体在第一年珠被发育正常，但珠心萎缩，体积比同时期正常胚珠缩小 1/3~1/2；④ 颈卵器发育正常，但不见花粉管；⑤ 胚胎发育初期，败育的胚珠未能发育分化颈卵器，发育尚停留在雌配子体阶段，包围在配子体外面的几层海绵组织已解离；胚胎发育后期胚珠的败育特征主要是形成空籽。花粉量不足，能引起败育，种子园进入成龄期后，已有大量花粉，败育主要是由胚珠发育不良、交配不亲和以及营养竞争引起的。

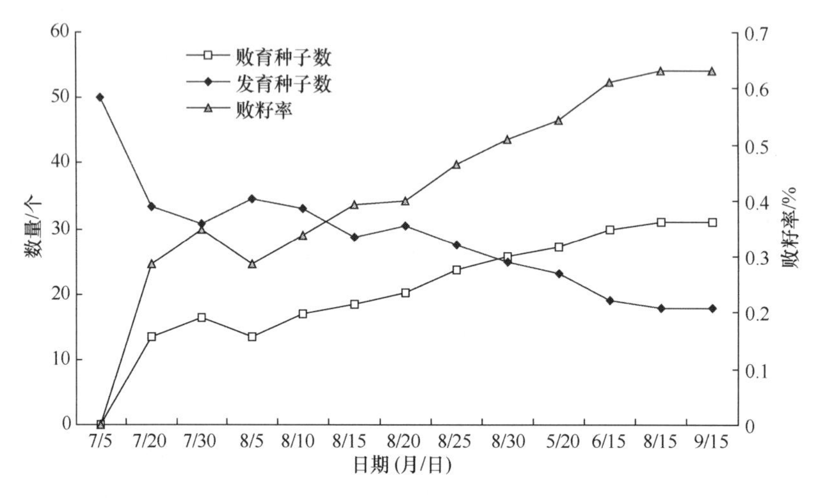

图5-3　不同发育阶段胚珠败育数量和比率

据李凤兰等观察，油松受精后从合子分裂到胚细胞分裂期，绝大多数胚胎发育未见异常，胚珠开始分化后，在雌配子体中形成多个胚，在胚胎竞争性选择过程中，出现胚胎终止发育而萎缩的现象，1/3~1/2 的胚珠发育成正常种子，其余的胚珠由乳白色逐渐转为半透明状、透明状并逐渐萎缩，最后成空瘪粒，胚乳组织细胞排列疏松，细胞内储存物稀少，胚的发育才到球形胚阶段，远远落后于正常胚珠内胚的发育。异常胚珠内的卵也已经受精，发育为胚，从而她推断，胚珠败育与传粉、受精无关；透明种子的胚和胚乳的发育状况都明显不如饱满种子。这可能与胚珠内储藏物的减少、脂肪的酸败及与呼吸、脂肪的合成与分解酶的活性有关（李凤兰和郑彩霞，1990）。6~7 月正是胚发生、胚乳积聚储藏物质的重要时期，此时又值花芽分化，这个时期既需要营养又需要能量。因此，在这期间，如果水肥管理不善，营养竞争的结果势必造成胚、胚乳发育不良以至败育。

结　　语

（1）雄球花 6 月下旬开始分化，两个小孢子囊生长在孢子叶的下部表面，造孢细胞在 9 月底进行第一次有丝分裂，随即越冬。翌年 3 月上旬造孢细胞分裂增大，4 月上旬减数分裂，形成小孢子，小孢子再经过 3 次有丝分裂后，4 月末至 5 月初形成含有 4 个细胞的成熟花粉粒，开始散粉。

（2）雌球花在 7 月中旬分化，先在大孢子叶球基部分化 2~3 个苞鳞原基。翌年 3 月上旬，继续发育，苞片向顶部发展，并由苞鳞基部分化产生胚珠原基和珠鳞原基，4 月底或 5 月初形成大孢子母细胞，随即进行减数分裂，近合点端的一个母细胞发育为大孢子，大孢子有丝分裂形成雌配子体。传粉 1 年后，5 月 20 日左右形成成熟的颈卵器。5 月 26 日左右受精。从传粉到受精约需 13 个月。胚胎发育经原胚阶段、胚胎选择及发育阶段和成熟阶段。从花芽分化、雌配子体形成、受精、胚胎发育至种子成熟，历时 3 年。

（3）在河南卢氏种子园，6 月中旬新梢停止伸长生长，6 月下旬雄球花原基发端。新梢停止生长后 15~30 天，新芽进入快速生长期，生长点呈圆钝状，其两侧肩部雌球花原基开始分化。

（4）不同无性系在雌雄球花发端时间和大小孢子发育进程上存在较大差异，观察的 5 个无性系进入同一发育阶段的时间可相差达 10 天，平均变幅为 1 周上下。

（5）卢氏种子园每个成熟球果平均 60%左右的胚珠败育，在胚胎竞争性选择期间，1/2~2/3 胚珠出现异常。异常胚珠内的卵也已经受精，分析这时的败育与传粉、受精无关。

参 考 文 献

李凤兰，郑彩霞. 1990. 油松胚珠后期败育问题初探. 北京林业大学学报，12（3）：68-73

王沙生. 1994. 促进油松球花形成的措施和机理的研究. 见：沈熙环. 种子园优质高产技术. 北京：中国林业出版社：152-169

毋锡金，陈祖铿，王伏雄.1979.油松胚胎发育过程中淀粉的动态. 植物学报，21（2）：117-125

杨晓虹，沈熙环，李英霞，等. 1994.提早油松苗开花的试验. 见：沈熙环. 种子园优质高产技术. 北京：中国林业出版社：200-209

张云中，祁丽君，王沙生.1990. 油松球花发端期的研究. 北京林业大学学报，12（4）：57-62

中国科学院形态细胞研究室比较形态组. 1978. 松树形态结构与发育. 北京：科学出版社

Owens J N，Smith S H. 1964. The initiation and early development of the seed cone of Douglas-fir. Can J Bot，42：1031-1041

第六章 种子园无性系雌雄球花量的时空变化

调查种子园不同无性系雌雄球花量的变化状况，了解雌雄球花量年份进程，直接关系到种子园的种子产量，也影响到种子品质。同时，了解无性系开花结实习性，掌握其变化规律，是指导优树再选择的依据之一。研究种子园无性系雌雄球花量的时空变化，是制订种子园合理经营措施的基础。树木开花结实特性是树种的自然属性，不容易改变，但选择符合我们需要的无性系，以及改变影响这种属性表现的环境条件却是比较容易办到的。

鉴于了解无性系雌雄球花产量的差异和稳定性以及掌握建园无性系开花习性的数据的重要性，国内外在从事一个树种种子园工作之初，都重视该树种无性系开花结实习性的观察和调查。早在 20 世纪 70 年代，瑞典和芬兰就对欧洲云杉（Erikson et al.，1973）、欧洲赤松（Jonsson et al.，1976；Chung，1981）做了比较系统的研究。我国开展这方面的工作稍晚，70 年代仅在杉木等少数树种开展（陈建新，1980；俞新妥等，1981），80 年代后，研究逐渐增加，也渐趋规范，报道较多，如杉木（福建洋口林，1977；陈晓阳等，1996）、马尾松（秦国峰和汪名昌，1991；谭健晖，2001）、樟子松（陈铁英等，1992）、华山松（张瑞阳等，1992）、油松（Shen，1986；沈熙环等，1985，1992；翁殿伊，1989；王晓茹和沈熙环，1989；匡汉晖，1991；张华新和沈熙环，1996；张华新，2000）等。

本项研究从 1981 年开始延续到 21 世纪初，观测地点包括：①辽宁兴城种子园，观察区建于 1974 年，含 49 个无性系，在 1981~1991 年 11 年间连续调查无性系的雌雄球花量。其中，1981~1984 年调查全园 49 个无性系各 4~5 个固定分株的全株花量；1988~1989 年该 6 个无性系各 4 个分株的全株花量；1990 年调查 10 个无性系各 8 个分株的全株花量；1991 年对 49 个无性系采用标准枝法调查，推算雌球花、雄球花量。②河南卢氏种子园观测区于 1981 年定植，1985~1995 年观测 31 个无性系各 3~4 个分株。③内蒙古宁城黑里河种子园观测区于 1978 年定植，8 个无性系各 4 株；④1974 年定植的河北东陵油松种子园。数据分析主要采用 SAS 程序。

本章主题是无性系雌雄球花产量的时间和空间的变化特征，研究内容有：雌雄球花在树冠内的分布特征；不同无性系和同一无性系分株随树龄的增长雌雄球花量和花粉重量等的变化状况；同一无性系雌球花、雄球花的相对产量与稳定性等问题。

第一节 雌雄球花在树冠内的空间分布特征

一、雌雄球花在树冠内的分布

先介绍油松枝条发生习性，了解雌雄球花着生部位。油松生长旺盛期间，主干每年春天顶端向上伸长，并在它的下端长出一轮侧枝。由主干发生的侧枝称为一级侧枝；一级侧枝像主干一样，翌年顶端也伸长，并在它的下方也长出侧枝，称为二级侧枝，或二回侧枝，以此类推，可发生多级（回）侧枝。按在侧枝条上发生二级侧枝的年龄，对二级侧枝可按发生部位枝条的年龄，命名为 1 年生、2 年生、3 年生……二回侧枝。按雌雄球花在新梢上的着生部位，可分为顶梢着生和侧梢着生两类（图 6-1）。

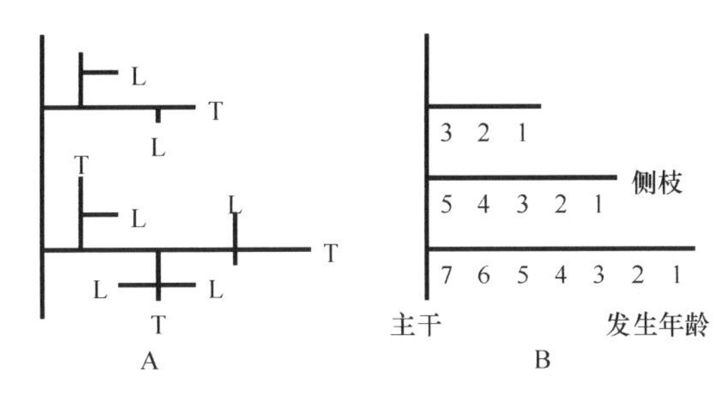

图6-1　侧枝的发生过程和命名

A. 顶生（T）和侧生（L）；B. 主干上分年轮，侧枝上可按发生年龄命名

根据 1990 年对兴城种子园 15 年生 10 个无性系的调查，雌球花主要分布在树冠各侧枝的顶梢及一级侧枝的 1~3 年生二回侧枝上，占全株总花量的 86%；往树冠内部，雌球花量逐渐减少，在 4~6 年生的二回侧枝上，雌球花占总花量的 13%；第 7 轮二回侧枝以内，雌球花很少出现。雌球花在各轮层及二回侧枝上的分布见图 6-2。同年调查了该种子园 24 株树的雄球花。雄球花主要集中在第 8~11 轮层上，占总花量的 80%以上；越往树冠上部，雄球花越少。在第 5~7 轮层上雄球花之和为总花量的 18%；顶梢及第 1~2 轮层的雄球花花量接近于零。树冠的内膛也较少，主要原因是内膛枝条已经自然衰老，部分枝条已死亡。按无性系对各轮层的雄球花量作聚类分析：第 11、第 10、第 9、第 8 轮层为一类；第 7、第 6、第 5 轮层为另一类；第 4、第 3、第 2、第 1 轮层及顶梢为第三类。雌雄球花在树冠上的分布见图 6-2。

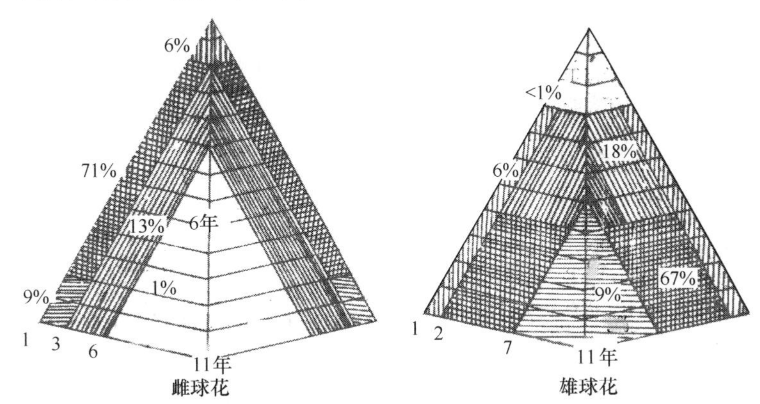

图6-2　雌球花、雄球花花量分布示意图

又据 1994 年对卢氏种子园 15 年生嫁接植株的观察，油松雌球花主要着生在树冠外缘生长势中等的枝条上，约 90%的雌球花分布在树冠一级侧枝外缘 1~5 年生的轮生枝上。接近上一级侧枝生长点的新梢，雌球花分布少，5 年生以上一级侧枝和 4 年生以上二回

侧枝上很少着生雌球花。雄球花着生的特点恰与雌球花相反，主要分布在树冠内膛生长势中等或细弱的枝条上。70%以上的雄球花分布在5~9年生一级侧枝上，在树冠外缘1~5年生侧枝上只占23%。两个种子园观察的结果趋势是一致的。油松雌球花着生在树冠外缘空间的特点，限制了种子园单位面积的种子产量。

二、雌球花着生的垂直和水平特点

根据对内蒙古宁城黑里河、辽宁兴城和河南卢氏3个种子园共44个无性系105个分株，雌雄球花在树冠垂直和水平分布状况的实际调查，结果可归纳如下。

1. 内蒙古宁城黑里河种子园

1990年对该园1978年定植的8个无性系各4个分株，分别调查上层（1986~1989年层）、中层（1982~1985年层）和下层（1978~1981年层） 以及东、西、南、北4个方位的雌球花量，雌球花总量为8264个。从垂直部位看，树冠中部雌球花最多，占总数的52%，而树冠上部、下部较少，分别占总数的15%和33%，各垂直层间有显著的差异。从树冠各个方向看，南向着生雌球花最多，占总数的35%；东、西两向次之，都为24%；北向最少，为17%。树冠南向的雌球花量与其他各个方向间有显著差异。同时考虑垂直和水平方位，在树冠上层4个方向的雌球花量相近；在中层，南向雌球花量多于北向，南向花量为1366个，是北向花量的1.55倍；在树冠下层，这一现象尤为明显，南向花量为1234个，是东向花量（625个）、西向花量（656个）的近2倍。是北向花量的4.7倍（图6-3）。

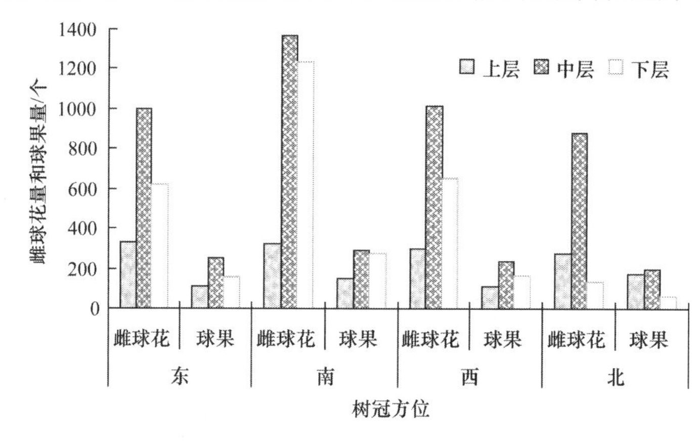

图6-3　黑里河种子园8个无性系在树冠不同方位上着生的雌球花量及球果量

同年，调查了该种子园上述8个无性系的32分株的2年生球果数量，球果的分布状况与雌球花一致（图6-3）。经方差分析，中层球果量明显多于上下两层，而各个方向间已没有显著差异。

调查的小区位于南坡，树冠南部枝条受光强，北部弱。树冠上部枝条稀疏，光照充足，各方位枝条受光比较均匀。而在树冠基部，枝条较密，相互遮光，北部枝条受光少，南部枝条受光较强。雌球花的分布特点与各方位枝条受光强弱有关。

2. 辽宁兴城种子园

于1990年对该园5个无性系共40个分株，垂直分3层、水平按8个方向调查全株雌球花量，结果见表 6-1。按垂直部位来分，树冠中部雌球花量最多，占总花量的 48.9%，上下两层各为 21.2%和 21.9%，中层与上下两层间有显著的差异。为了解各轮层的花量变化进程，我们分别调查了 16 个样株各轮层雌球花量的变化。随树龄增加，基部枝条逐步衰弱，结实量减少，上部枝条开花量增加，开花层上升。1988~1989 年，1981 年轮层雌球花量最多，到 1990 年时，1982 年轮层花量最多，1976 年轮层已不着生雌球花了。图 6-4 示 1988 年、1989 年、1990 年各层花量变化趋势，结实层左移。花量最大的年轮层，变异系数最小。如果用样枝来估测雌球花量，调查花量最大的轮层，代表性大，结果比较可靠。

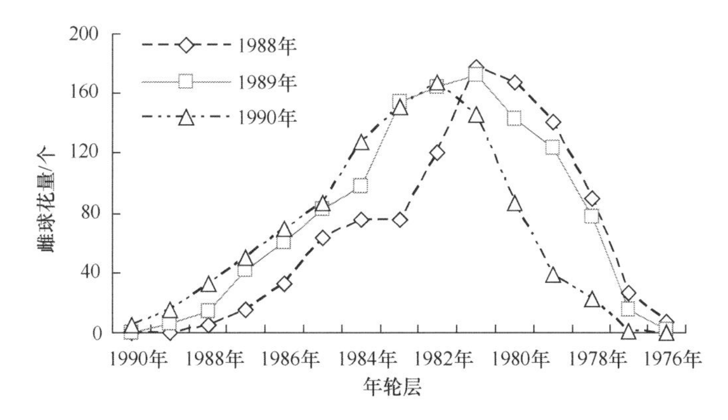

图 6-4　兴城油松种子园雌球花在各轮层上的分布

表6-1　兴城种子园5个无性系在树冠垂直和水平方位的雌球花量

树冠方位	东	东南	南	西南	西	西北	北	东北	合计/个	占合计比例/%
上层	755	600	743	439	645	570	572	616	4940	21.2
中层	1410	1249	1097	1234	1211	1405	2092	1676	11 374	48.9
下层	614	713	491	720	977	832	1455	1156	6958	29.9
合计	2779	2562	2331	2393	2833	2807	4119	3448	23 272	100

按水平方位，雌球花在树冠的西、西北、北、东北向分布较多，特别是北向，占总数的 17.7%，显著多于树冠的其他方向，而南向最少。如果再考虑上下部位，方位间的差异就更明显：下层南向雌球花为 491 个，下层北向为 1455 个，前者仅约为后者的 1/3；中部南向为 1097 个，中部北向为 2092 个，前者约为后者的 1/2，而在树冠的上层，各方位间没有明显的差异。在各个轮层内，外端花量多，向内膛逐渐减少。表 6-1 示 5 个无性系在不同垂直和水平方位上的雌球花量，花量在方位间有显著的差异。

兴城种子园 5 个无性系雌球花量在不同方向上的分布特点趋势一致，以北向总雌球花量最多，其次为西北向、西向及东北向，树冠其他方向大体相同（图 6-5）。调查植株树冠西北方向雌球花量大于树冠阳面的反常现象，我们分析是由特殊的受光条件造成的。兴城种子园调查植株都生长在半阴坡上，观测时树高已达 6m 左右，冠幅较大，部分已郁闭，明显削弱了南向枝条的受光强度，而北向的枝条却有较大空间，光照条件较好。

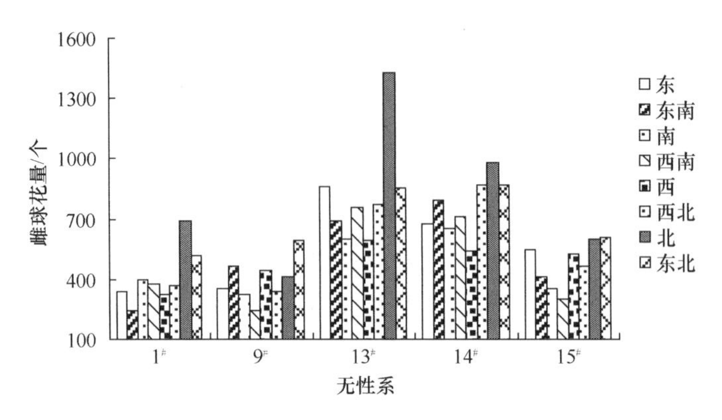

图6-5　兴城种子园5个无性系8个方向雌球花分布图

3. 河南卢氏种子园

1986~1994 年张华新等在河南卢氏种子园调查了 31 个无性系，每个无性系各 3 个分株的雌雄球花量。对不同无性系在各轮层上着生的雌雄球花量和分布情况，分为 3 类：①各轮层着生花量少，上下轮层着生的雌雄球花量差别不大，分布比较均匀；②基部和顶梢着生花量较少，中部分布较多；③近地面的几个轮层枝上着生的雌雄球花量大，向上逐渐减少。其中以第二类最多。

8#、14#无性系在 1~3 年生二回侧枝上分别着生雌雄球花 86%和 75%，而 12#、5#无性系仅为 43%和 6%。该种子园顶梢着生雌雄球花的无性系占 60%~70%，但不同无性系顶生和侧生比例差别大，24#无性系顶生球花仅占 13%。在同一植株的不同轮层，顶生/侧生比例也有差别，树冠顶端的几个轮层，雌球花侧梢/顶梢着生比例较大，最大的可达 300%。8#无性系雄球花侧梢/顶梢着生比例最大，为 34%，12#和 14#无性系最低，为 6%~7%。雄球花各轮层侧梢/顶梢着生比例差异较雌球花小，不包括不着生雄球花的树冠顶部区域，雄球花的侧梢/顶梢着生比例一般为 20%~30%（张华新，2000）。

这些调查表明，种子园无性系着生雌雄球花的特性有共性，但不同无性系又有各自的特点，种子园合理经营要充分利用这些特性。

第二节　雌雄球花量在无性系间的差异及动态变化

在辽宁兴城、河南卢氏油松种子园调查不同无性系雌雄球花量的差异和随时间的变化情况，前后历时近 20 年，雌雄球花量的变化分别归纳介绍如下。

一、无性系雌球花产量的动态变化

1981年，即在兴城种子园嫁接后第7年，种子园尚处于初花期。全园49个无性系的雌球花量都少，平均株产雌球花26.3个，不同无性系间雌球花量差别悬殊，雌球花量最少的无性系每株平均仅为0.8个，最多的达81个，两者相差100倍以上。各无性系雌球花产量是逐年增加的。1982年，种子园所有无性系都已着生雌球花，株平均花量是45.1个，各无性系单株产量为0.5~198个；1983年和1984年株平均雌球花量分别达136.4个和144.4个，不同无性系株平均雌球花量分别为2~422个和7~361个，无性系间雌球花量相差悬殊，同时也看到随树龄增长雌球花量增加的趋势（图6-6）。

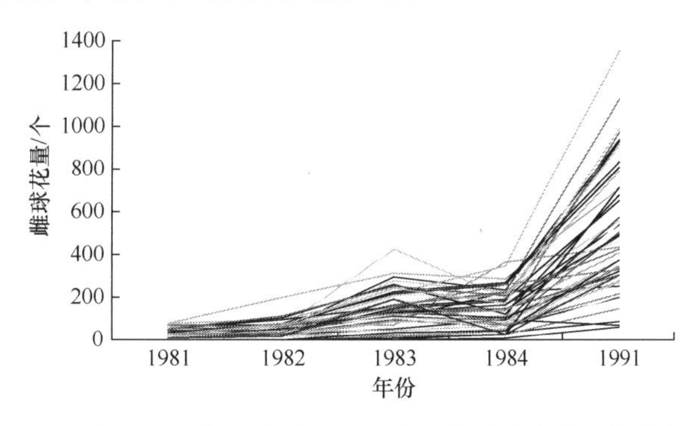

图6-6　1981~1984年及1991年兴城种子园49个无性系雌球花平均株产量增长情况

1988~1989年，6个无性系，雌球花量大幅度提高了，2年中平均株产雌球花量分别达到570个和596个，高产单株雌球花分别为1500个和1364个，种子园已进入盛产期。1990年27#无性系平均株产雌球花22个，5#无性系花量近200个，31#无性系多数分株在800个以上，其中1个分株高达1528个，花量最高的23#无性系平均株产850个。1991年，全园平均株产雌球花517.9个，雌球花量最多的14#无性系为1358个，为全园平均产量的2.62倍；最少的是44#，仅65个，为平均值的12.6%；两者相差近21倍。其中，14#无性系的2个分株的雌球花量分别为1575个和1560个；23#和46#无性系各有1个分株着生1540个雌球花，而44#无性系的2个分株没有雌球花；5#和27#无性系的花量平均在100个左右。这几年种子园无性系株平均雌球花量已比较稳定。1991年的种子园株雌球花量见图6-7，分别是1981~1984年4年间雌球花量的19.7倍、11.5倍、4.0倍和3.6倍。据对1981~1984年及1991年5个年份种子园49个无性系株平均雌球花量经对数转换后作方差分析，5年间雌球花量有极显著差异（$F=249.14$，$p<0.001$）。

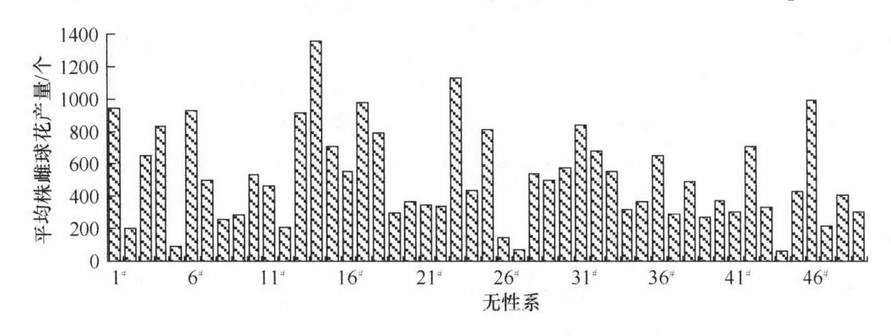

图6-7　1991年兴城种子园49个无性系的雌球花株平均产量

1981~1991年种子园无性系雌球花量的变动系数由1981年的84.0%逐步下降到1991年的56.7%，不同无性系间雌球花量的差别虽较前几年小了一些，但变幅仍然很大，相差悬殊（表6-2）。

在1987~1989年，1992~1995年的7年间，张华新等对河南卢氏种子园31个无性系的雌球花量作过系统观测。观测区于 1981 年定植。在 7 年间，高产无性系的雌球花量分别是同年低产无性系花量的 36.5 倍、18.3 倍、41.5 倍、11.4 倍、12.3 倍和 19.1 倍，无性系间也存在极显著差异。图 6-8 示 31 个无性系在 7 年间的雌球花产量。

表6-2 兴城种子园49个无性系5个年份雌球花量分析

年份	全园株平均/个	最大值	最小值	标准差	变动系数/%
1981	26.3	81	0.8	22.0	84.0
1982	45.1	198	0.5	35.9	79.6
1983	136.4	422	2	93.3	68.4
1984	144.4	361	7	91.9	63.6
1991	517.9	1358	65	293.7	56.7

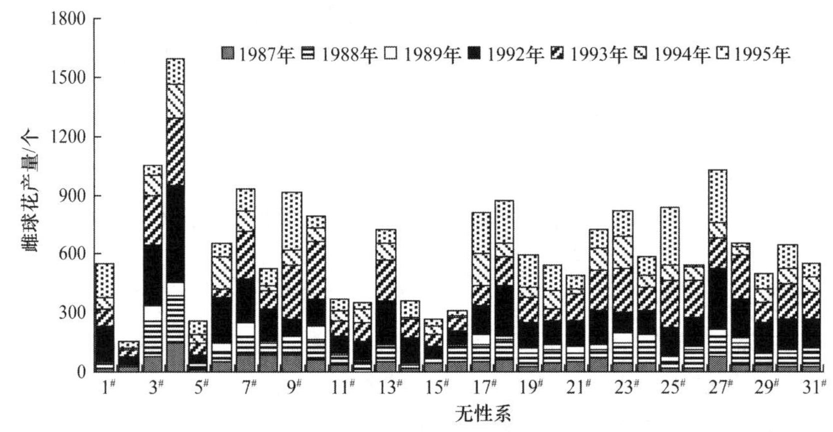

图6-8 卢氏种子园31个无性系7年间的雌球花产量

二、无性系雄球花产量的动态变化

据对兴城种子园第一大区 49 个无性系的观测，1982 年只有 21 个无性系开雄球花，而所有无性系都已开雌球花。1983 年开雄球花的无性系增加到 40 个，1984 年又增加了 8 个，种子园中仅 21#无性系还没有见到雄球花。1982 年，48#、5#、37#、21#、26#、30#等少数无性系，开雄球花的分株数已占各该无性系调查总株数的 70%~80%，但多数无性系开雄球花的分株仅为 5%~15%。到 1983 年，各无性系开雄球花的分株普遍增加了，但不同无性系增加的量不同，个别无性系也有下降的。到 1984 年开雄球花的分株总数达到了 44%。其中，48#、5#、21#、16#和 35#等 11 个无性系，开雄球花的分株数在 80%以上；33#、2#、30#等 8 个无性系为 60%~80%；15#、38#和 10#等 7 个无性系，为 30%~60%，其余 23 个无性系开花分株数<30%。也就是说，嫁接后 10 年，开花分株数>60%及在 30%~60%的无性系，分别占 49 个无性系的 39%和 14%，还有 47%的无性系开花分株数<30%。

无性系雄球花量在各无性系间相差悬殊。在开花结实初期的 1982 年，全园有 21 个无性系开雄球花，其中，48#和 5#无性系的雄球花分别占全园总雄球花量的 28.9%和 28.1%，两个无性系雄球花量之和占全园雄球花量的一半以上，2#、19#、21#、16#、37#、30#、37#无性系相应为 9.8%、8.0%、7.3%、5.7%、4.6%、2.4%和 1.4%，其余无性系花量总和还不到 4%。1984 年，48#、2#、21#、43#和 5# 5 个无性系的花量分别占种子园总雄球花量的 20.8%、10.8%、7.8%、7.5%和 6.3%，占全园总雄球花量总量的 53.2%。这种不平衡现象随树龄增长稍有缓和，但差异仍明显存在。1986 年 $48^{\#}$、$2^{\#}$、$21^{\#}$、$5^{\#}$、$27^{\#}$和 $43^{\#}$无性系的雄球花量居全园前 6 位，各占全园总雄球花量的 11.7%~8.0%，这 6 个无性系雄球花量之和为全园总花量的 54.3%；$19^{\#}$、$26^{\#}$、$30^{\#}$、$17^{\#}$等 12 个无性系的花量占全园总雄球花量的 5.3%~1.7%，其余 19 个无性系花量之和为 7%（图 6-9）。

到开花盛期的 1991 年，49 个无性系已全部开花，其中半数无性系的花产量占总花量的 0.7%~2.7%，1982 年居全园雄球花量最高的 $48^{\#}$和 $5^{\#}$无性系分别由 28.9%和 28.1%下降到 2.61%和 11.69%。1991 年 $5^{\#}$无性系平均单株产雄球花 107 800 个，而产雄球花量最少的 $20^{\#}$无性系，株产雄球花仅 650 个，花量占全园总量的 0.05%，两者相差高达 166 倍（图 6-10）；还有 11 个无性系的花量小于总量的 1%；$11^{\#}$无性系的雄球花量只占全园总雄球花量的 0.19%。在 10 年中无性系间花量不平衡现象虽有所缓和，但一些无性系间花量相差仍极悬殊，少数无性系垄断花粉产量的现象仍然十分明显（图 6-11）。

据 1982 年、1983 年、1984 年和 1991 年对兴城种子园的调查，株平均雄球花量分别为 92 个、342 个、615 个和 24 305 个；1991 年雄球花量分别是 1982~1984 年的 264.2 倍、71.1 倍和 39.5 倍。49 个无性系 4 个年份雄球花量占全园百分率值经反正弦转换后作方差分析，年份间的差异达极显著水平，$F=12.48$，$p<0.0001$；无性系间的差异也极显著，$F=9.38$，$p<0.0001$。

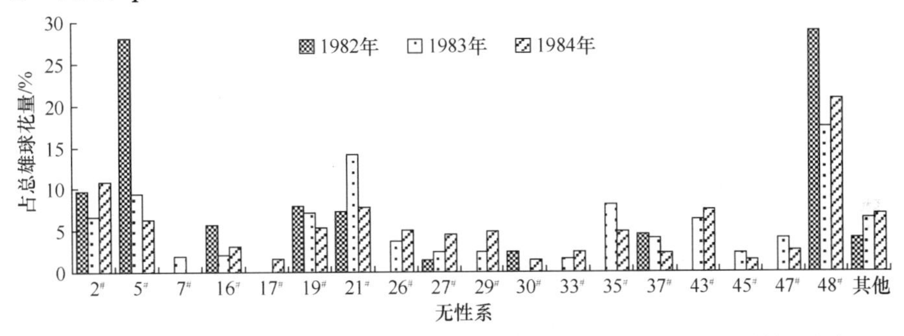

图6-9　兴城种子园1982~1984年部分无性系的雄球花量占总雄球花量的百分率

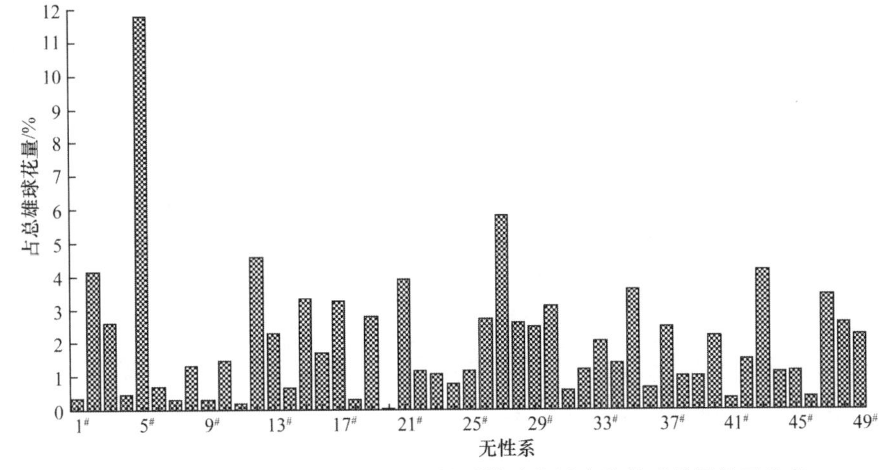

图6-10　兴城种子园1991年49个无性系雄球花量占总雄球花量的百分率

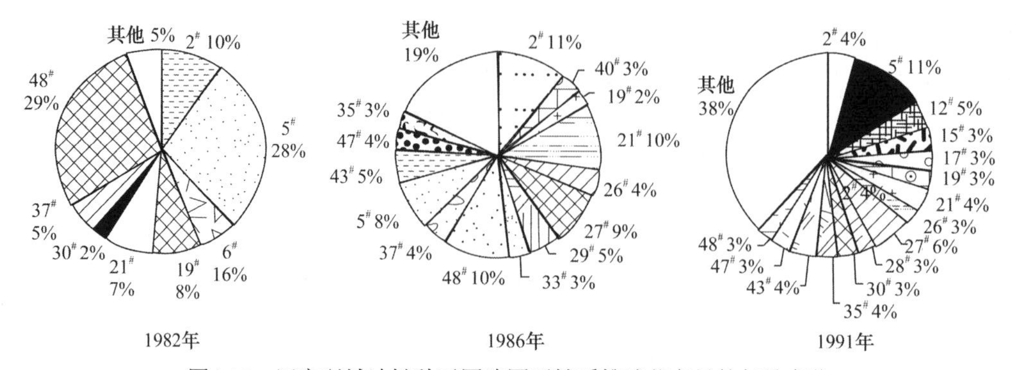

图6-11　辽宁兴城油松种子园建园无性系雄球花产量的年份变化

又据对河南卢氏种子园 7 年的观测，雄球花高产无性系分别是同年低产无性系的 186.8 倍、282.8 倍、2220.3 倍、396.1 倍、1397.5 倍和 734.5 倍。从图 6-12 可以看到，卢氏种子园 31 个无性系在 7 年中的雄球花产量也有明显的差异。

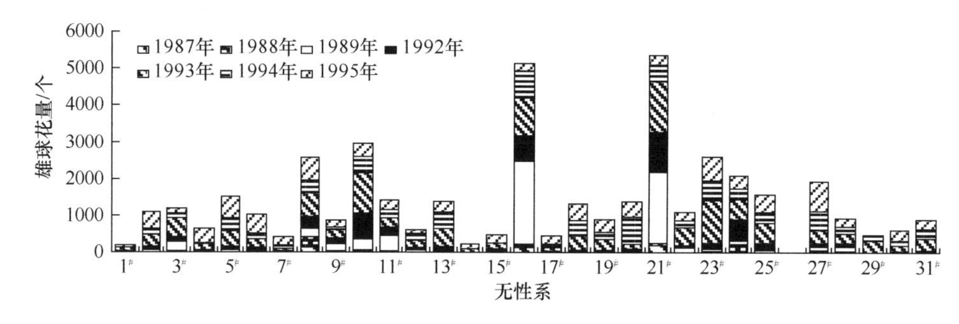

图6-12　河南卢氏种子园31个无性系在7年间的雄球花量

三、雄球花量、花粉重量与花粉粒

在上面讨论中，对无性系所产的雄配子数量是用雄球花的数量来表示的，因为这是最简便的表示方法。雄配子数量也可以用所产花粉的重量、容积或花粉粒数来表示。在种子园传粉受精中实际起作用的是有活力的花粉粒。为了解各无性系单个雄球花的平均花粉产量、雄球花数量与花粉量、单位容积的花粉重量以及花粉粒大小的变化等，我们作过多次调查分析。

1983 年调查了兴城种子园 13 个无性系的雄球花数量与重量，对全园贡献率，并分析了雄球花数量与重量的关系（图 6-13）。各无性系花粉量和重量的贡献率十分接近，表型相关系为 0.94，达极显著相关水平。由雄球花量和花粉产量，估算出 1984 年单位面积种子园的花粉产量为 2.8~3.7kg/hm^2，1986 年为 9.5kg/hm^2。1991 年又采集 14#、19#、21#、28#、32#、44#、45# 7 个无性系各 500 个雄球花，调制花粉，各个无性系平均产出花粉 9.22g，考虑缺株情况和单位面积实存株数，估算出 1991 年，即嫁接后 17 年兴城种子园花粉产量为 160kg/hm^2。此值是 1984 年种子园花粉产量的 43.4~57.3 倍、1986 年种子园花粉产量的 16.9 倍。

1990 年翁殿伊估算了于 1974 年定植的东陵油松种子园 3 个大区的花粉产量，分别为 118.2kg/hm^2、100.0kg/hm^2 和 93.3kg/hm^2。这 3 个大区分别含无性系 31 个、19 个和 30个，定植后多年间各大区内各无性系的平均花粉产量相差悬殊，相应变动为29~25 528g、35~63 838g，29~25 528g，变动系数分别为 118.3%、222.5%和 118.3%。进一步讨论见第十章“油松花粉在种子园内外的传播”。

1995 年张华新在卢氏种子园采集 56 个无性系各 3 个分株共 5600 个雄球花，分别无性系按采集雄球花数和所产花粉量估算各无性系单个球花的花粉量。种子园单个雄球花平均产花粉 0.51ml，其中 17#无性系花粉量最少，平均仅 0.098ml，20#无性系最多，高达 1.081ml。用血球计数器测定了 31 个无性系的单个雄球花的花粉粒数，平均花粉粒为 37.23×10^5 粒，但不同无性系间的差异较大，17# 无性系最少，仅为 8.6×10^5，18#无性系最多，达 82.74×10^5。1995 年卢氏种子园 31 个无性系单株平均雄球花数、花粉重量、体积、花粉粒数及以染色法估测的可育花粉粒数见表 6-3。

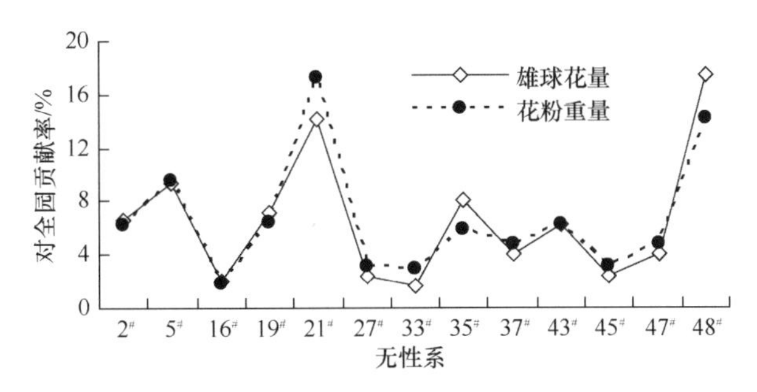

图6-13　兴城种子园13个无性系雄球花量与重量对全园的贡献率的对比

表6-3　卢氏种子园各无性系平均雄球花量、花粉重量、花粉体积和花粉粒数

无性系	雄花量/（个/株）	花粉重量/（g/株）	花粉体积（ml/株）	花粉粒数×10^6/（粒/株）	可育花粉粒数×10^6/（粒/株）	无性系	雄花量/（个/株）	花粉重量/（g/株）	花粉体积/（ml/株）	花粉粒数×10^6/(粒/株)	可育花粉粒数×10^6/（粒/株）
1#	54.0	8.80	20.68	162.29	144.18	16#	216.0	30.89	64.80	401.76	380.95
2#	435.4	103.63	297.38	2487.31	2312.91	17#	224.3	5.61	22.43	192.92	188.16
3#	143.3	28.24	78.83	542.36	493.22	18#	441.5	156.73	463.58	3652.97	3396.36
4#	388.0	53.54	142.40	990.18	851.40	19#	365.2	39.08	97.51	701.18	644.92
5#	566.7	149.03	481.66	4045.95	3641.36	20#	419.0	119.42	453.78	3032.18	2880.41
6#	511.3	34.77	76.69	604.31	579.84	21#	241.7	43.50	104.64	896.39	878.08
7#	234.8	40.61	113.38	1175.46	1069.67	22#	224.8	39.99	116.15	1095.73	931.37
8#	616.8	85.11	257.18	2004.44	1783.56	23#	658.1	130.31	383.69	2994.54	2695.08
9#	189.0	6.62	25.14	205.63	188.60	24#	349.3	53.45	145.67	1315.82	1209.80
10#	335.0	49.58	134.00	991.60	892.44	25#	481.0	56.28	152.48	1267.29	1140.30
11#	251.5	49.04	121.47	938.42	891.10	27#	792.2	93.48	263.80	2450.51	2303.48
12#	108.8	13.27	38.06	293.84	276.21	28#	207.0	58.58	165.60	1404.29	1348.12
13#	307.0	55.87	158.72	1548.11	1408.78	29#	57.5	8.34	10.52	77.17	72.54
14#	111.5	20.96	61.33	453.81	426.57	30#	293.2	48.96	122.26	840.52	756.47
15#	213.3	34.77	92.37	798.71	718.20	31#	267.2	60.12	173.68	910.08	873.68

2004 年调查了兴城种子园 49 个无性系单位体积的花粉重量、花粉粒直径（垂直于气囊）及花粉生活率（用联苯胺染色法测定）。这些指标的平均值、最小值、最大值、

标准差及变动系数列于表 6-4 中。影响这些指标的因素较多，也不易精确测定，但可以看出这些性状的变动系数都比较小。

表6-4　兴城种子园49个无性系的花粉性状

	平均值	最小值	最大值	标准差	变动系数
重量/g	0.93	0.78	1.12	0.08	0.08
直径/μm	22.9	19.1	25.6	1.5	0.06
生活率/%	85.6	60.8	96.0	7.4	0.09

第三节　雌雄球花量在无性系内分株间的差异

如上所述，雌雄球花量在无性系间存在显著的差异，那么，在无性系内分株间情况又如何呢?为此，仍以辽宁兴城和河南卢氏两个种子园的观测数据来讨论分株间雌雄球花量的观察结果，归纳如下。

一、雌球花量在无性系内分株间的差异

据 1989 年和 1990 年对辽宁兴城种子园 7 个无性系共 70 个分株雌球花量的调查，同一无性系内各分株间的雌球花量也存在着明显的差异，极值比为 2.25~3.96，变动系数为 0.28~0.44。无性系内的这个变化幅度虽小于无性系间的幅度，但仍比较大；同时，同一无性系在不同年份的变幅也不一样（表 6-5）。

表6-5　兴城种子园7个无性系70个分株内雌球花量的变化

无性系	分株数/株	最大值/株	最小值/株	最大值 / 最小值	变动系数
13*	16	1151	291	3.96	0.29
14*	16	1131	311	3.64	0.33
17	8	1093	440	2.48	0.38
23	8	1295	575	2.25	0.28
23*	6	1418	435	3.26	0.44
31	8	1366	580	2.36	0.28
31*	8	1528	444	3.44	0.42

*为 1990 年调查结果，余为 1989 年调查结果

二、雄球花量在无性系内分株间的差异

1991 年调查辽宁兴城种子园 49 个无性系各 4 个分株的雄球花量。雄球花量经对数转换后作方差分析，各无性系间差异达极显著水平，$F=7.27$，$p<0.0001$，各无性系重复间没有显著差异，但从图 6-14 中可以看出，雄球花量在同一无性系的分株间的变化也很大，各无性系的变动系数为 0.14~1.42，多数为 0.3~0.7。可见，除遗传因素外，环境条件和经营管理上的差别对分株雄球花量也产生了重要的作用。

根据 1987~1989 年、1992~1995 年的 7 年间对卢氏种子园无性系雌雄球花量的调查，

雌雄球花量在无性系间存在极显著差异，但无性系内分株间，差异变幅都较小，除1993年外，没有达到显著水平，多数年份方差分量小于1%。雄球花量的差异要大于雌球花量，到结实盛期，差异有增大趋势。

从两个种子园的调查数据来看，同一无性系的不同分株间也存在差异，有时差异达到显著水平。同一无性系不同分株虽基因型相同，但由于接穗的采集部位和砧木健壮状况可能存在差别，嫁接操作、嫁接苗培育和定植过程等也可能存在差异，此外，分株所处的小环境也不会完全相同。这些因素都会影响植株的营养生长和生殖生长，从而导致同一无性系不同分株产花量的变化。深入研究引起差异的缘由，可以为人工促进结实技术提供线索。

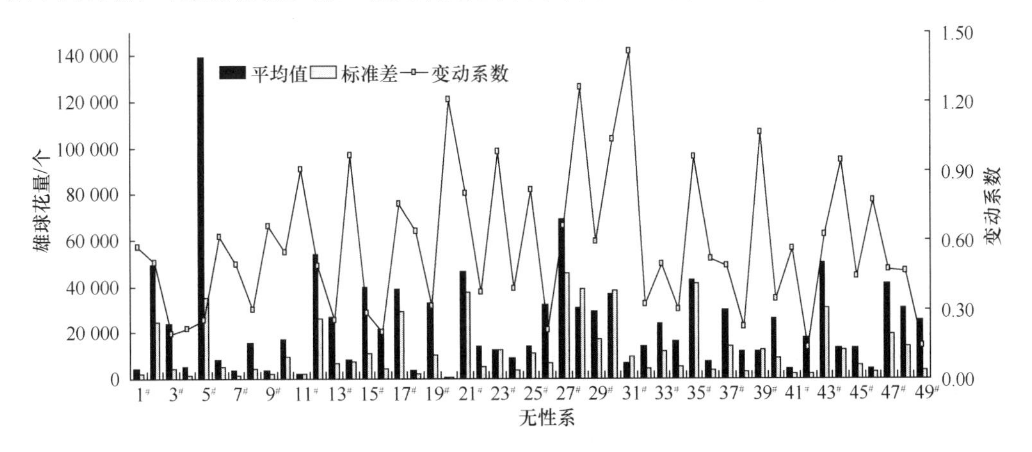

图6-14　兴城种子园49个无性系各4个分株1991年雄球花量平均值、标准差及变动系数

第四节　无性系雌雄球花的相对产量与稳定性

一、无性系雌雄球花的相对产量

油松是雌雄异花同株树木，当按雌球花量选择无性系时，不能不同时考虑雄球花的产量。根据我们对多个种子园的调查，不同无性系不仅雌球花、雄球花产量不同，雌雄球花的比例也是不均衡的。以兴城种子园结实盛期（1991年）49个无性系雌雄球花占全园总花量的百分率绘制图6-15。从该图中可以看出，除一部分无性系雌雄球花产量占全园总花量的百分率大体相仿外，凡是雌球花量占优势的无性系，在雄球花产量上往往居于次要地位，反之，雄球花占优势的，雌球花产量通常也较少。

张华新对卢氏种子园31个无性系的开花结实作过多年调查，他按雌雄球花产量将该园无性系归纳为下列4类：雌雄球花量中等；雌雄球花量较多；雌球花量多，雄球花量少；雌雄球花量少。由该园1995年31个无性系雌雄球花量平均产量占全园的百分率的分布图（图6-16），也可以看出多数无性系雌雄球花量的差别是明显的（图6-16）。

根据河北林业科学研究所对东陵油松种子园前述3个大区无性系花粉产量与种子产量的调查分析，花粉产量高的无性系，种子产量往往偏低，两者呈负相关，相关系数为–0.444，达到显著水平（$\alpha_{0.05}$=0.423）。河北林科所的观察结果与在辽宁兴城种子园、河

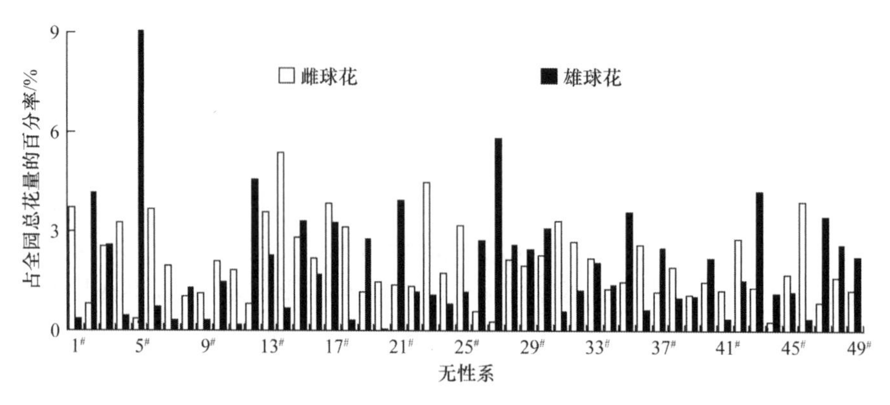

图6-15　兴城种子园49个无性系1991年雌雄球花量占全园总花量的百分率

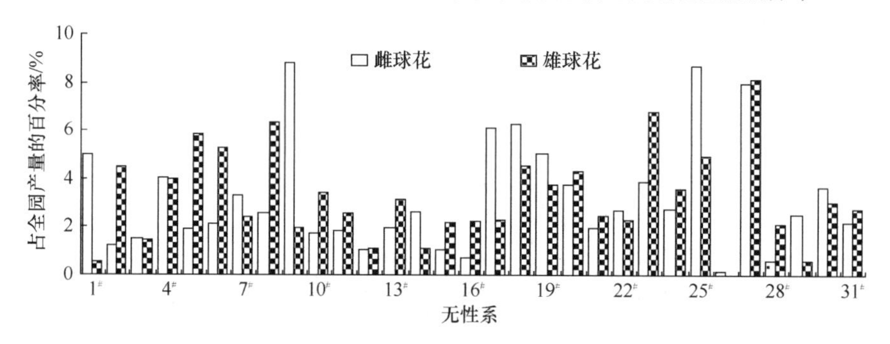

图6-16　卢氏种子园31个无性系雌雄球花量平均产量占全园产量的百分率（1995年）

南卢氏种子园等观察到的结果是一致的，这也说明，油松无性系存在偏雌或偏雄开花习性。所以，生产中常说“油松无性系有偏雌或偏雄现象”，是实际经验的总结。

为提高种子园所产种子的多样性，在无性系再选择中应当关注并控制雌球花量和雄球花量的比例。这是问题的一个方面，但客观世界可能比观察到的现象更复杂。在我们“油松种子园父本分析”试验中，不同无性系间的可配性可能存在差异，在第十二章“种子园父本分析及非随机交配现象”中将要讨论，这是无性系再选择中需要考虑的深层次问题了。

二、无性系雌雄球花产量的稳定性

为了解各个无性系雌球花量的年增长状况，以兴城种子园各无性系雌球花量年平均产量为分母，以该年各无性系雌球花产量为分子，计算了49个无性系雌球花量的增长率（图6-17）。除个别无性系在不同年份雌球花量起伏较大外，多数无性系的花量增长趋势比较稳定，但不同无性系的增长率是不同的，15#无性系1982年增长率高达4.36%。

对1981~1984年及1991年各无性系的雌球花量，分别作了秩相关和简相关分析，各年份无性系的雌球花量均达到极显著相关水平（$p<0.0001=$，Spearman 秩相关系数及简相关系数列于表6-6。又按1–1/F公式估算1981~1991年无性系雌球花花量重复力，为0.92。所以，无性系的结实量应视为稳定的遗传特性。

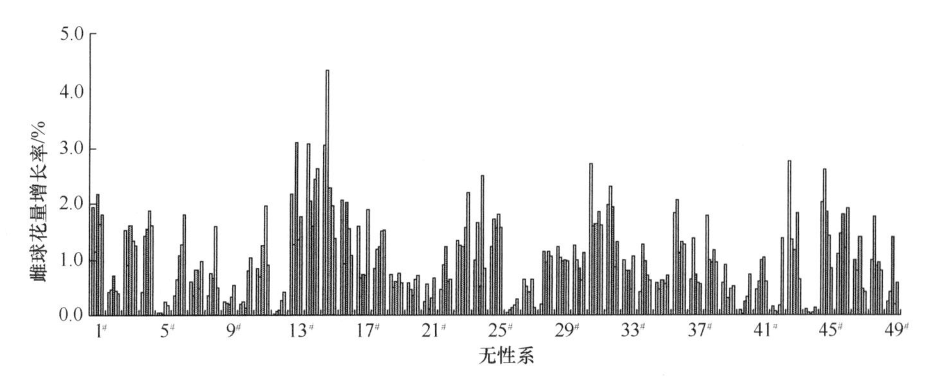

图6-17　1981~1984年及1991年各无性系雌球花量增长率
图中各无性系柱状图从左至右依次为 1981 年、1982 年、1983 年、1984 年及 1991 年增长率

表6-6　兴城种子园不同年份雌球花量序秩相关及简相关分析

年份	1981	1982	1983	1984	1991
1981	1.00	0.76	0.75	0.68	0.58
1982	0.74	1.00	0.73	0.75	0.54
1983	0.72	0.66	1.00	0.69	0.61
1984	0.67	0.65	0.61	1.00	0.61
1991	0.57	0.44	0.59	0.60	1.00

注：上、下半三角分别是 Spearman 秩相关系数和表型相关系数，均达到极显著水平

各无性系的雄球花量经反正弦转换作秩相关及表型相关关系分析，不同年份间的相关系数均达到极显著水平（表 6-7）。同一无性系的雄球花量在不同年份有变动，特别是开花初期变动比较大，但总趋势相对稳定（图 6-11）。

表6-7　兴城种子园不同年份雄球花量秩相关及表型相关分析

年份	1982	1983	1984	1991
1982	1	0.656 58	0.701 56	0.498 59
1983	0.737 5	1	0.968 33	0.662 21
1984	0.741 29	0.957 36	1	0.692 91
1991	0.552 05	0.636 83	0.634 67	1

注：上、下半三角分别是 Spearman 秩相关系数和表型简相关系数，均达到极显著水平

张华新于 1985~1996 年对卢氏种子园 31 个无性系的雌雄球花量连续观察了 11 年，据平均值和表型变异系数，将无性系分为 4 类：高产稳定、高产不稳定、低产稳定、低产不稳定。雌雄球花量年份间呈有规律的波动，大小年周期约为 4 年，雄球花的大小年节律要比雌球花推后 1 年。结实初期雌球花量大小年不很明显，进入盛期，差别显著加大。雄球花大小年没有雌球花明显。4 类无性系的雌雄球花量的年份变化不尽相同，产量较高的无性系年份间变动较大，产量较低的起伏较小。尽管年份间雌雄球花量有较大波动，但各个无性系在不同年份的序次相对稳定；1987~1989 年和 1992~1994 年无性系雌球花量、雄球花量的重复力，均大于 65%和 86%（表 6-8）。

表6-8　卢氏种子园 6个年份无性系雌雄球花量变异分析

年份	雌球花						雄球花					
	平均值/个	变幅/个	CV/%	重复力/%	*F* 值	方差分量/%	平均值/个	变幅/个	CV/%	重复力/%	*F* 值	方差分量/%
1987	47.92	4~146	63.39	72	3.58	39.07	17.69	0~187	254.87	98.04	50.97	92.30
1988	75.07	13~238	61.74	82	5.59	53.45	29.29	0~283	218.70	87.12	7.76	62.83
1989	27.05	2~83	79.53	83	5.88	54.47	206.57	0~2220	246.18	95.17	20.69	82.62
1992	161.46	43~488	56.81	82	5.63	52.47	180.36	3~1089	140.03	93.07	14.43	77.05
1993	151.18	28~344	54.14	73	3.67	38.56	396.05	0~1397	87.48	95.23	20.99	82.28
1994	74.98	9~171	59.64	65	2.87	31.56	255.30	0~734	78.39	86.49	7.40	61.55

注：*F* 值均达到极显著差异水平

雌雄球花量在无性系间、年份间、无性系×年份、年份内分株间的差异均达到显著或极显著水平。其中，雌球花量在无性系间、年份间、无性系×年份的方差分量，分别为 17.8%、33.3%和 12.0%，雄球花量各为 27.9%、17.3%和 37.9%，与雌球花相比，雄球花量无性系×年份效应的方差分量更大。这表明不同无性系对年份环境指数的反应是不一致的，不同无性系的年份稳定性差异较大。根据对 31 个无性系开花稳定性评价，雌球花产量、雄球花产量属稳定的无性系分别有 20 个和 22 个，分别占 65%和 71%。

结　语

从 20 世纪 80 年代初开始，我们在辽宁兴城种子园、河南卢氏种子园、内蒙古宁城种子园及河北东陵油松种子园对不同无性系的雌雄球花量所作的观察分析，总结了油松无性系雌雄球花量的空间和时间变化规律。在结实盛期，80%的雌球花着生在树冠各侧枝的顶梢及一级侧枝 1~3 年生二回侧枝上。雌球花着生在树冠外缘空间的习性，限制了油松种子园单位面积的种子产量。将树冠垂直划分成上、中、下三层，中层雌球花量最多，约占总量的半数；树冠中下层因幅面较上部大，花量较上层多，层间花量有显著的差异。雌球花量在树冠上层各方位间比较接近；树冠中层、下层以光照条件较好的南向最多，东向、西向次之，北向最少。雄球花在树冠内的分布特点恰与雌球花相反，主要分布在树冠中层、下层内膛长势中等或细弱的 9~12 年生轮生枝的 1~3 年生侧枝上。雌雄球花以顶梢着生为主。雌雄球花侧梢着生花量之比为 0.2~0.3，不同无性系顶梢和侧梢着生之比变幅较大。

兴城种子园开花盛期的雌球花量是开花初期的 19.7 倍，49 个无性系中雌球花量最多的无性系为花量最少无性系的 21 倍。雄球花量在无性系间的差别更大，开花初期 2 个无性系的花量占种子园总花量的 57%。雄球花量的不平衡现象随树龄增长趋于缓和，但差异仍然明显存在，到开花盛期最高与最低产雄球花量无性系间之比仍高达 166∶1。兴城种子园开花盛期花粉产量估算为 160kg/hm^2，东陵种子园 3 个大区的花粉产量估算为 93.3~118.2kg/hm^2。了解雄球花产量在无性系间的变异以及花粉产量随年龄增长的趋势，对科学经营种子园以及开发花粉产业有重要意义。雌球花量占优势的无性系，雄球花产量往往居次要地位，无性系存在偏雌或偏雄现象。同一无性系不同分株的雌雄花量因多种非遗传因素的影响也存在较无性系要小的差异，合理的栽培管理措施能缩小这种差异。不同年份开花结实量有起伏，无性系雌雄球花量×年份互作达到极显著水平，种子产量大小年周期约为4年。

种子园无性系雌雄球花产量存在时空不平衡现象，但产量相对稳定，这是种子园无性系开花结实的特征。在多个年份子代测定中，家系优劣排序有时并不完全一致，这与不同年份开花、传粉、受精状况不同有关。了解无性系开花结实的这一特征，对无性系的再选择以及制定合理的经营管理措施，保证种子高产、稳产、优质十分重要。

参 考 文 献

陈铁英，衣俊鹏，王丽娟，等.1992.樟子松种子园开花结实规律的研究. 见：沈熙环.种子园技术. 北京：北京科学技术出版社：191-198

陈晓阳，沈熙环，杨萍，等，1996. 四个杉木种子园的花量和种子产量的观测与分析.北京林业大学学报，（1）：39-46

陈建新. 1980. 杉木优树无性系开花习性. 广东林业科技，（4）：11-13

福建洋口林场. 1977. 杉木优树子代测验方法及其效果. 中国林业科学，（2）：43

河北省林业科学研究所.1996.《油松良种高产技术、亲本的再选择及应用的研究》科研成果技术报告

匡汉晖. 1991. 油松种子园开花结实习性及管理的研究. 北京林业大学硕士学位论文

秦国峰，汪名昌. 1991. 马尾松开花结实规律的初步研究. 林业科学研究，（3）：328-332

沈熙环，匡汉晖，张华新，等. 1992. 提高油松种子园产量和品质的若干对策. 见：沈熙环. 种子园技术. 北京：北京科学技术出版社：169-177

沈熙环，李悦，王晓茹.1985.辽宁兴城油松种子园无性系开花习性的研究.北京林学院学报，（3）：1-13

谭健晖.2001.马尾松种子园无性系开花习性研究. 广西林业科学，（2）：76-78

王晓茹，沈熙环. 1989. 对由胚珠败育和空粒引起油松种子园减产的分析. 北京林业大学学报，（3）：60-65

翁殿伊. 1989. 东陵林场油松种子园产种量剧增. 河北林业科技，（1）：57

俞新妥，陈存及，白育玲，等. 1981. 杉木花芽分化的观察. 林业科学，（1）：46-49

张华新，沈熙环.1996.油松种子园无性系球果性状的变异和空间变化.北京林业大学学报，（1）：30-38

张华新. 2000. 油松种子园生殖系统研究. 北京：中国林业出版社：41-53

张瑞阳，胡先菊，伍孝贤，等. 1992. 华山松种子园无性系开花结实习性研究. 见：沈熙环. 种子园技术.北京：北京科学技术出版社：185-177

Chung M S.1981. Flowering chracteristics of *Pinus sylvestris* L.with special emphasis on the reproductive adaptation to local temperature factor. Acta Forestalia Fennica，169

Erikson G，et al. 1973. Flowering in a clone trial of *Picea abies* Karst. Studia Forestalia Suecica Nr，110

Jonsson A，et al. 1976. Flowering in a seed orchard of *Pinus sylvestris* L. Studia Forestalia Suecica Nr，135

Shen X H. 1986. Disequilibrium of flowering and seed-bearing of different clones，comprising the first generation production seed orchard of *Pinus tabulaeformis.* IUFRO Conference Proceedings on Breeding Theory，Progeny Testing，Seed Orchard. Williamsburg，Virginia，USA. 173-181

第七章　球果性状、败育与提高种实产量措施

球果种鳞和胚珠数量及其不同的发育状态，统称为球果性状。球果性状是构成种子产量的重要因素，它受遗传和环境因素双重影响。了解球果性状在不同无性系间、无性系内分株间以及树冠不同方位的变化、与种子产量的关系，是林木种子园经营管理的重要内容。雌球花从开花、传粉、受精到球果成熟长达 16 个月，在发育过程中，诸如花粉数量不足、花粉缺乏生活力、自交、病虫害以及不适宜的气候等生物和非生因素，都可能引起球果枯萎脱落，胚珠不能正常发育，造成球果或胚珠败育。由于球果和胚珠败育，只有部分胚珠能形成饱满的种子，严重影响种子产量。球果和胚珠败育是造成油松种子园低产的主要原因之一。辅助授粉，种实害虫的防治，改善光照、营养和水分条件是提高种子产量的主要途径。

20 世纪 70 年代后，国外对小干松（Dick et al.，1990；Smith et al.，1988）、花旗松（Owens et al.，1991）、欧洲云杉（Skroppa and Tho，1990）、白云杉（Ho，1984）、火炬松（Matthews and Bramlett，1986）、欧洲赤松（Sarvas，1962）、辐射松（Griffin and Lindgren，1985）等树种，研究过球果和胚珠败育及种子生产潜力，花粉产量和生活力对种子生产潜力、饱满种子率与种子产量的关系。国内对杉木（叶培忠等，1981；陈晓阳等，1994）和马尾松（秦国峰和王培蒂，1992；秦国峰，2003；谭健晖，2001）等树种也作过类似的研究。20 世纪 80 年代初起我们持续研究了引起油松球果、胚珠败育的内外因素及提高种子产量的途径和措施（沈熙环等，1985，1992；王晓茹和沈熙环，1989；匡汉辉，1991；马晓红，1995；张华新和沈熙环，1996；张华新等，1997，1999）。

本项试验地点、时间和取材情况如下：包括①辽宁兴城种子园于 1975 年定植，观察区含 49 个无性系。于 1984~1985 年调查了嫁接树树冠上、中、下三层球果及兴城种子园 13 年生油松人工林球果，人工林株行距 5m×5m；1988 年调查时由顶梢向下，尚保留 10 个轮层。调查结实量不等的 6 个无性系各 4 个分株。②河南卢氏种子园 1981 年定植，于 1986~1987 年调查了 12 个无性系球果及卢氏种子园 14 年生母树林球果；1987~1990 年，1993~1994 年采集 5~31 个无性系球果及分株不同方位球果。③内蒙古黑里河种子园于 1981 年定植，1993~1996 年采集 13 个无性系球果；1994 年采集 6 个无性系各 3~4 个分株不同层次的球果。④1990 年和 1994 年在卢氏种子园和黑里河种子园做了半双列控制授粉，1987 年和 1993 年花期在卢氏种子园对 9 个无性系做辅助授粉试验。⑤在河北东陵种子园、陕西陇县八渡种子园、甘肃中湾种子园做过施肥灌溉试验。

本章讨论了球果性状在不同无性系及无性系内分株间的差异和稳定性，球果性状的空间分布特点；球果性状与种子产量关系；球果和胚珠败育进程与变化特点；引起球果和胚珠败育的内外因素；以及控制败育、增加种子产量的途径和措施等。

第一节　球果性状分析

球果种鳞按能否着生种子分为可育种鳞和不可育种鳞两类。雌球花开放时只有球果上半部的种鳞能接受花粉，受精后形成种子。可育种鳞外形较宽大，球果干燥后种鳞间开张度较大。每枚可育种鳞上能着生2粒种子。所以，每个球果生产种子的潜力＝可育种鳞数×2。种子生产潜力是一个球果可能生产种子的最大数量。不可育种鳞主要分布在球果的下部，球果顶端也常有1~2片不着生种子，这类种鳞外形较窄小、排列紧密，干燥后也不开裂。球果性状主要是指两类种鳞的数量、可育种鳞中饱籽（饱满种子）、空籽（空粒种子）及发育不完全种子的数量。分析球果性状的变化规律以及对种子产量的影响是本节讨论的内容。

一、球果性状在无性系间和无性系内的变化及稳定性

据1986年对兴城种子园部分无性系球果所作的分析，无性系可育种鳞数平均为31.8枚，不可育种鳞为57.8枚，总种鳞为89.6枚。在不同无性系间，可育种鳞数、不可育种鳞数和总种鳞数差异达极显著的水平，F值分别为6.75**、12.60**和9.29**。例如，4#无性系可育种鳞数高达33.6枚，而34#仅为15.9枚，相差达1倍以上。1987年再次观察，2年观察数据比较稳定（图7-1）。这3个指标的变动系数为0.10~0.15。

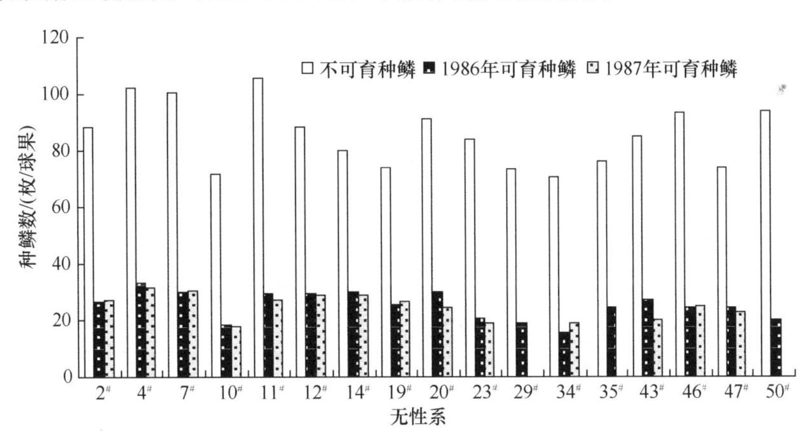

图7-1　兴城油松种子园部分无性系球果种鳞组成状况（1986年、1987年）

1993~1994年分析了卢氏种子园5个无性系球果性状。每个球果的可育种鳞数为21~36枚，各无性系分株平均值的变幅为21.8~34.6枚，其中，29#无性系最少，23#无性系最多；饱籽数为9~36粒，4#最少，仅9.5粒，23#最高，为35.2粒；发育不完全的种子数变幅大，为1~13粒，4#较少，23#和29#较多；各无性系产籽率的变幅为17.7%~53.4%（表7-1）。

1994年对黑里河种子园6个无性系的球果性状的分析，种子园平均每个球果可育种鳞数变幅为21~29枚，各无性系分株平均值为23.5~25.9枚，差别小；饱籽数变幅为24~39粒，其中8#最少，为30.3粒，1#最多，为34.7粒，在无性系间差别也不大；空籽数和

产籽率变幅也较小，后者变幅为55%~80%（表7-1）。

对上列球果性状作数据分析，在卢氏种子园无性系间差异极显著，但黑里河种子园无性系间差异不显著（表7-2）。黑里河种子园球果性状的变幅较卢氏种子园要小，产籽

表7-1　卢氏种子园和黑里河种子园不同无性系及分株间球果性状分析

地点	无性系	可育种鳞/枚			饱籽数/粒			空籽数/粒			产籽率/%		
		分株平均	变幅	变异系数	分株平均	变幅	变异系数	分株平均	变幅	变异系数	分株平均	变幅	变异系数
卢氏种子园	3#	25.9	24~26	0.94	27.5	27~28	2.31	6.7	4~8	30.5	53.4	52~55	3.12
	4#	26.7	23~29	12.9	9.5	9~11	15.6	1.8	1~2	15.1	17.7	14~21	18.73
	11#	30.9	28~32	7.03	26.3	21~34	25.2	7.9	6~9	23.6	41.9	37~50	17.71
	23#	34.6	34~36	2.87	35.2	34~36	3.22	11.1	10~12	5.52	50.8	50~51	1.06
	29#	21.8	21~23	2.35	11.6	11~13	12.5	11.1	10~13	12.0	27.1	22~32	18.65
黑里河种子园	1#	25.1	23~29	12.4	34.7	33~38	7.64	6.3	3~11	63.1	68.8	66~73	5.15
	2#	23.5	22~25	6.39	33.5	31~37	9.69	4.2	3~5	25.1	69.7	64~73	6.64
	5#	25.9	24~28	8.45	31.5	27~37	15.5	4.0	2~6	44.7	60.8	55~65	8.82
	7#	23.9	21~27	13.3	30.8	24~36	17.3	4.3	2~6	33.4	66.7	59~73	8.66
	8#	23.7	21~26	9.47	30.3	30~31	2.03	3.4	1~5	53.4	65.3	62~70	6.96
	10#	25.2	23~29	12.8	37.2	35~39	5.37	3.4	2~5	49.2	73.3	68~80	8.39

表7-2　卢氏种子园和黑里河种子园球果性状的数据分析

地点	球果性状	无性系间				无性系内分株间	
		平均	变幅	*F*值	方差分量/%	*F*值	方差分量/%
卢氏种子园	可育种鳞/枚	29.4	23.2~36.8	52.61**	53.29	1.11	<1
	产籽率/%	37.9	18.9~50.1	61.91**	59.76	0.73	<1
	饱籽数/粒	22.6	10.4~36.3	126.02**	67.93	0.57	<1
	饱籽率/%	73.0	53.2~84.1	26.10**	51.69	1.67	2.03
	空籽数/粒	8.5	2.1~14.2	43.89**	55.02	1.26	<1
	空籽率/%	14.6	3.9~25.3	42.26**	56.15	1.61	1.49
	米籽数/粒	4.4	1.5~11.9	622.47**	66.41	0.67	<1
	米籽率/%	7.7	2.9~20.8	284.49**	61.98	1.32	1.32
	败籽数/粒	27.4	19.7~44.3	47.09**	58.72	1.16	<1
	败籽率/%	40.3	26.3~57.3	23.46**	41.58	1.12	<1
黑里河种子园	可育种鳞/枚	22.9	21.2~24.8	1.66	2.96	2.13*	12.33
	产籽率/%	65.0	57.8~68.3	0.63	<1	1.4	6.93
	饱籽数/粒	29.9	25.0~33.9	2.46	5.13	1.17	2.38
	饱籽率/%	86.5	82.7~89.5	0.99	<1	0.89	<1
	空籽数/粒	3.9	2.6~ 5.2	1.1	<1	1.89	9.73
	空籽率/%	8.5	6.0~11.1	2.09	3.68	0.8	<1
	米籽数/粒	2.0	1.2~ 2.7	1.54	1.29	0.59	<1
	米籽率/%	4.3	2.2~ 6.0	1.8	2.39	1.15	<1
	败籽数/粒	12.5	10.9~14.6	3.25	1.89	1.1	19.81
	败籽率/%	27.1	23.4~31.3	1.21	<1	1.32	8.79

率比较高，这是两个种子园球果性状不同的地方。同一无性系不同分株所处立地条件、砧木、接穗状况以及嫁接过程等不尽相同，分株的球果性状存在一定差异，但分株间的差异远小于无性系间的差异。除黑里河种子园可育种鳞数外，在卢氏和黑里河两个种子园中，无性系分株间的可育种鳞数、饱籽数、空籽数、产籽率虽有变动，但都没有达到显著水平。同时，可以看到黑里河种子园的这些性状倾向于在较高的数值范围内变动（表7-1）。卢氏种子园可育种鳞数虽比黑里河种子园多 6.5 枚，但饱籽数和饱籽率却相应低 7.3 粒和 13.5%，原因尚需研究（表 7-2）。

为了解球果性状年度变化的稳定性，对卢氏种子园 15#、22#、30#和 31#无性系 1987~1990 年各年度的球果性状作了方差分析。1989 年 12 个球果性状的重复力都在 0.85 以上，变异系数为 3.31%；1990 年性状重复力都大于 0.80；其他年份重复力也都在 0. 68 以上。这说明油松球果性状主要受遗传控制，不同无性系的差异在年度间有较高的重复性。因此，可以把可育种鳞数和饱籽数作为提高种子产量的指标来考虑，与子代测定结合，挑选种子生产潜力大的无性系营建种子园。

二、球果性状在树冠内的分布特点

球果性状在嫁接植株树冠的不同方位表现也不尽相同，1993 年和 1994 年在河南卢氏种子园，调查了 5 个无性系各 3 个分株树冠不同高度轮生枝和不同方向上着生的球果状况，综述如下。

1. 垂直变化

对卢氏种子园 5 个无性系，共 15 个分株，由顶梢往下 1~7 个轮生枝上的球果作了解剖分析。球果性状在轮层间有一定差异，但不显著。一般树冠中部饱籽数最多，下部较少（图 7-2 左），不同年度变化趋势相仿。不同无性系球果中空籽数量自树梢而下递增，贴近地面第 7 轮的空籽数最多，如 23#从冠顶至第 7 轮，空籽数从 10.1 粒增加至 20.9 粒（图 7-2 右）。但不同无性系的变化梯度不同。空粒种子的多少与雌配子自交率有关。除个别无性系外，米籽数在树冠垂直方向的变化趋势不明显。

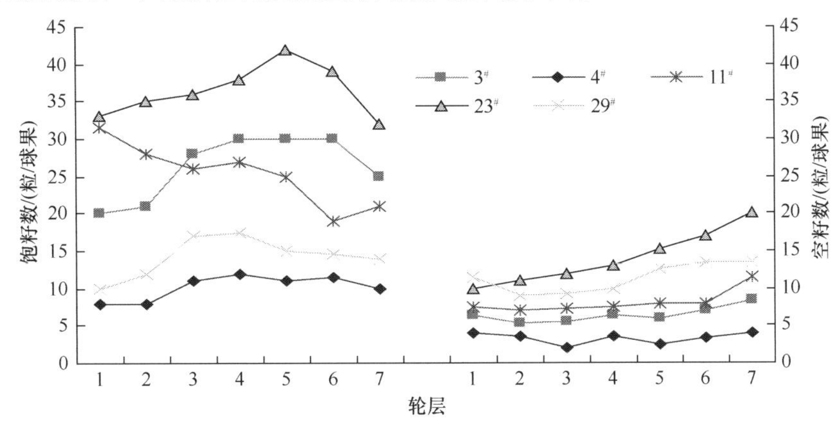

图7-2　卢氏种子园5个无性系球果饱籽数（左）和空籽数（右）在树冠内的垂直分布趋势

黑里河种子园球果性状的垂直变化与卢氏种子园稍有不同。树冠上、中、下三层每个球果平均可育种鳞数，分别为 20.9 枚、23.8 枚和 24.0 枚，饱籽数分别为 27.5 粒、31.9 粒和 30.4 粒，空籽数分别为 3.4 粒、3.2 粒和 5.1 粒。不同无性系树冠 3 个高度的可育种鳞数、饱籽数、空籽数存在一定差异，多数无性系树冠中部球果的饱籽数较多，下部空籽数和败籽数较多，观察值没有达到统计上的显著差异水平。

2. 水平变化

卢氏种子园树冠不同方向球果的空籽数和空籽率差异达到显著水平，开花期树冠迎风向（北向）的球果内饱籽数一般较多，东向较少，如 23#无性系树冠北向的球果平均饱籽数高达 42.3 粒，东向仅有 28.1 粒，两者相差 14.2 粒；3#无性系也是北向比东向平均多 11.2 粒；北向球果中空粒和败育种子最少，但没有达到显著差异。不同年份球果性状的水平变化趋势相似。与轮层间变异相比，树冠不同方向间的差异较小。黑里河种子园 6 个无性系所有球果性状在树冠 4 个方向间都没有显著差异。

三、球果性状与种子产量

球果性状是决定种子产量的重要因素。种子园要获得好收成，要具备两个条件：①健康、成熟的球果数量多；② 单个球果中饱籽数量多。1987~1990 年和 1993 年在卢氏种子园从 22#、15#、31#、30#和 31#无性系上各随机采集 100 个健康球果，比较种子产量。1987 年、1988 年、1989 年、1990 年和 1993 年高产与低产无性系生产种子数相应为 1838 粒对 313 粒，1000 粒对 200 粒，2220 粒对 250 粒，1667 粒对 133 粒，4010 粒对 720 粒。高产无性系生产饱满种子的数量分别为低产无性系的 5.9 倍、5.0 倍、8.9 倍、12.5 倍和 5.6 倍。

据对卢氏种子园 1988 年、1989 年和 1993 年 15 个无性系各 3 个分株的平均球果采收量和种子产量作秩相关分析，两者呈极显著相关，球果产量序次在年度间，种子产量在 1988~1989 年也呈极显著相关（表 7-3）。这说明球果和种子产量是比较稳定的性状，球果产量较高的无性系，种子产量也较高。

表7-3 卢氏种子园15个无性系3个年度球果和种子产量秩相关分析

	1988 年球果	1988 年种子	1989 年球果	1989 年种子	1993 年球果	1993 年种子
1988 年球果	1	0.74	0.71	0.53	0.79	0.69
		0.002	0.003	0.041	0.001	0.005
1988 年种子	0.55	1	0.67	0.57	0.72	0.68
	0.005		0.006	0.026	0.002	0.006
1989 年球果	0.54	0.45	1	0.68	0.58	0.53
	0.005	0.020		0.006	0.023	0.045
1989 年种子	0.41	0.38	0.49	1	0.39	0.37
	0.033	0.053	0.012		0.152	0.177
1993 年球果	0.60	0.49	0.37	0.28	1	0.93
	0.002	0.011	0.054	0.151		＜0.0001
1993 年种子	0.49	0.53	0.33	0.28	0.77	1
	0.012	0.006	0.083	0.151	＜0.0001	

注：上、下两个三角分别为 Spearman 和 Kendall 相关系数

第二节　球果和胚珠败育进程与变化特点

种子产量受球果败育的影响极大。引起球果和胚珠败育的原因不同，发生时间不一，败育症状也不一样，本节讨论球果和胚珠败育的症状、败育在无性系间和年度间的差异以及与球果着生部位的关系。

一、球果和胚珠败育征状及球果败育进程

1 年生球果败育表现为中轴变褐色，果柄皮层腐烂，球果枯萎脱落；2 年生球果败育由青色转褐色，枯萎但不脱落。开花当年，在雌球花原基分化后不久胚珠就可能发生败育，有的大孢子囊内没有分化雌配子体，表现为只有发育正常的种翅而无种粒，或仅有米粒状种粒（米籽）；第二年胚珠败育通常表现为种子发育不完全，空瘪，种皮萎蔫，可形成半透明或透明的米籽；或者种皮完好，但空瘪。球果和胚珠在不同时间发生的败育形态征状描述如表 7-4 所示。关于胚珠败育的解剖结构参阅第五章第三节。

表7-4　不同时间发生的球果和胚珠败育形态表征

球果败育	1 年生	球果中轴变褐色，果柄皮层腐烂，球果枯萎脱落
	2 年生	球果由青色转褐色，枯萎但不脱落
胚珠败育	1 年生	有种翅，无种粒；有种翅及米粒状籽
	2 年生	种皮皱缩，种子不饱满，胚珠半透明或透明

据 1987~1990 年在卢氏种子园、黑里河种子园、兴城种子园的观测，1 年生球果的败育情况都很严重。1987~1988 年卢氏种子园和黑里河种子园 1 年生球果的败育率分别为 44.0%和 41.3%；1989 年相应为 54.6%和 35.1%。兴城种子园最严重，球果总的败育率在 90%左右。小球果败育随球果发育而减缓，如 1988~1989 年卢氏种子园的小球果在雌球花受粉后头一个月的败育率为 24.7%，随后 2 个月分别为 4.4%和 4.1%，球果停止生长到翌年受精前的败育率为 6.5%。卢氏和黑里河两个种子园球果败育进程的趋势相同（图 7-3）。因此，如能控制小球果的前期败育，将能显著提高种子的产量。

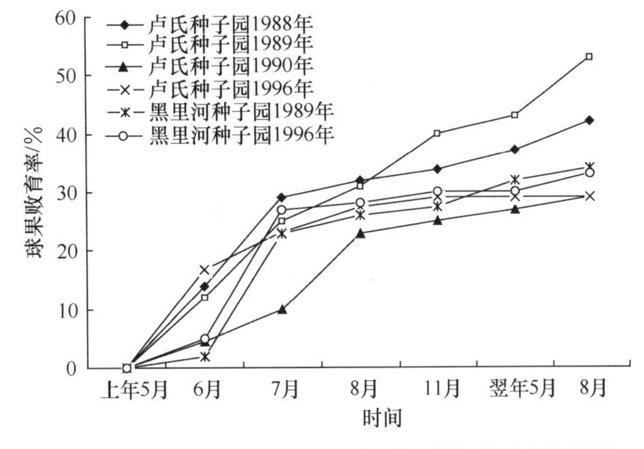

图7-3　卢氏种子园和黑里河种子园油松球果败育进程

二、球果败育在无性系间和年度间的差异

根据对卢氏种子园和黑里河种子园前后共 7 年的观测，不同年度球果败育率有极显著差异（F=8.97**），种子收成少的年份，败育多，大年败育少。1994 年为小年，3#、6#、8#、10#和 12# 5 个无性系的球果败育率平

均高达 61.2%，而 1995 年大年时，该 5 个无性系的败育率为 29.9%。

种子园不同无性系和不同年份球果保存率是变动的，根据对卢氏种子园的多年观测，31 个无性系 1988 年、1989 年和 1996 年 3 年球果平均保存率分别为 44.7%、51.3% 和 66.6%，相应变动为 29%~80%、12%~76%和 31%~93%，变动系数为 0.24、0.33、0.25（图 7-4）。根据对各无性系 3 年球果平均保存率的方差分析，在无性系间有差异，但没有达到显著水平（F=1.56，Pr=0.07）；在年度间有极显著差异（F=21.01，p<0.001=；无性系球果各年度的平均保存率秩次相关分析，Spearman 相关系数没有达到或接近显著差别的水平（$r_{s\ 1989\sim1996}$=0.343，p=0.058）。可见无性系球果保存率受环境的影响大，环境因素掩盖了可能存在的遗传差异。

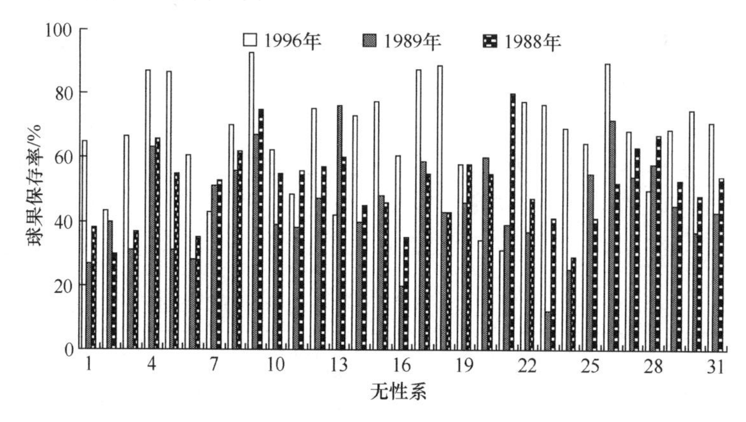

图7-4　卢氏种子园30个无性系1988年、1989年和1996年的球果保存率

三、球果败育与球果着生部位

1996 年黑里河种子园 13 个无性系树冠下层、上层的球果平均保存率分别为 56.1% 和 75.1%；卢氏种子园 5 个无性系树冠下层、上层的球果平均保存率分别为 49.6%和 73%。其中一些无性系上层与下层球果保存率差别显著（图 7-5）。树冠上部受粉和光照条件好，枝条生长旺，是球果保存率较高，败育率较低的原因。

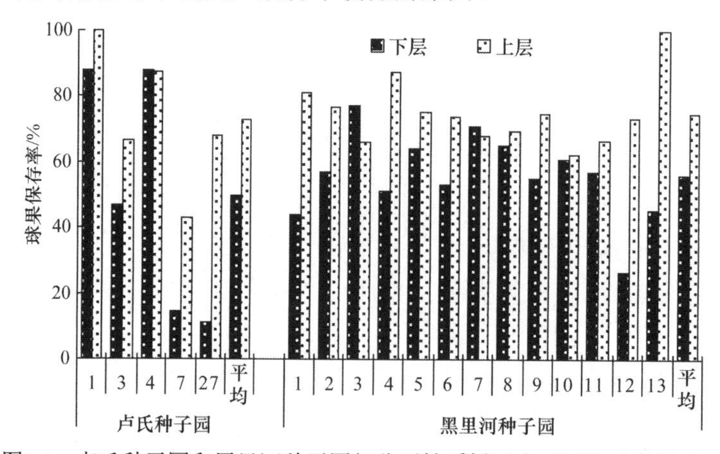

图7-5　卢氏种子园和黑里河种子园部分无性系树冠上下层的球果保存率

第三节　球果和胚珠败育因素分析

亲本无性系组成及其配置、雌雄球花产量和在树冠中的分布、开花物候、花粉传播、交配亲和性、自交、树体营养、气候、病虫害以及种子园园址等遗传与环境因素，都可能单独或综合引起球果或胚珠的败育。本节讨论我们在试验中观察到的引起球果和胚珠败育的因素。

一、胚珠败育与授粉期花粉密度

花粉数量不足和花粉生活力低是造成胚珠败育和空粒的主要因素。根据 1986 年的球果分析，胚珠败育在兴城种子园为 44.4%，而卢氏种子园为 72.7%，比当地 14 年生母树林高出 1 倍以上（图 7-6）。实测种子园当年的花粉密度仅为 57 粒/（cm^2·d），而母树林的花粉密度为 160 粒/（cm^2·d）。种子园开花初期，花粉量不足，部分无性系花期又不遇，是当时造成胚珠败育的主要原因。兴城种子园 1985 年花粉产量为 3kg/hm^2，该年胚珠败育率为 58.6%，1986 年花粉产量上升到 7kg/ hm^2，胚珠败育率为 43.1%。那几年为培养嫁接苗，兴城种子园在不同大区采摘过接穗，各区采穗强度不同。1984 年检测种子园东区的花粉密度为 38 粒/（cm^2·d），而西区为 26 粒/（cm^2·d）。1985 年两个区中单个球果的平均出籽率相应为 22.6 粒和 17.4 粒。这是花粉量多少与第一年胚珠败育相关的另一佐证（王晓茹和沈熙环，1989）。1986~1995 年卢氏种子园花粉产量由 0.1kg/hm^2 上升至 15kg/hm^2，胚珠败育率比结实初期下降了 25%，平均败育率约为 45%。

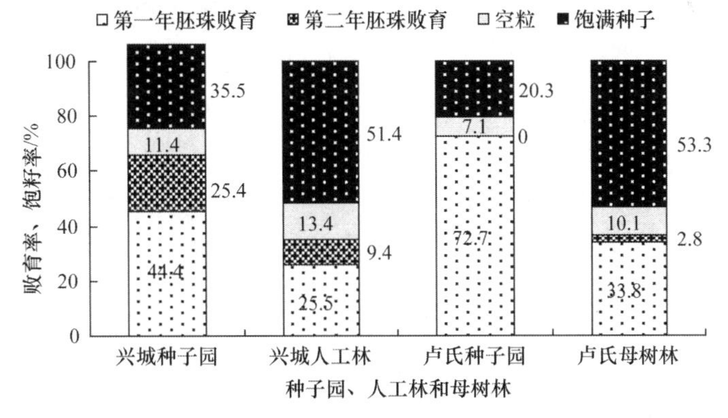

图7-6　兴城和卢氏种子园开花初期人工林和母树林种子败育的比较（1986年）

据对河南卢氏种子园、内蒙古黑里河种子园无性系球果性状的多年分析，卢氏种子园无性系单个球果胚珠败育率变幅为 49.9%~81.2%，黑里河种子园无性系胚珠败育率变幅较小，为 31.7%~42.3%，不同无性系胚珠败育差异也极显著。

二、自交、异交与败育

开花第二年胚珠败育通常表现为空籽。根据对受精胚的解剖观察，败育胚由乳白色逐渐呈透明状，转而萎缩，胚乳组织细胞排列疏松，细胞内储藏物稀少，胚的发育远落后于正常胚的发育，最后成空瘪籽粒（张华新等，1997a）。

油松是雌雄同株树木，在自由授粉条件下，第二年胚珠败育率的高低，与无性系的自交和异交状况、花粉生活力，以及虫害有关。为了解空籽率与植株所产花粉量及自交间的关系，在开花结实初期，按植株当年是否着生雄球花分为两类，再按树冠上、中、下 3 个层次采集球果作分析。对 1986 年和 1987 年兴城种子园球果性状分析数据作方差分析，当年不着生雄球花的植株，树冠 3 个层次的空籽率差异不显著，而着生雄球花的植株不同层次的空籽率差异显著。下层空籽率比上层高出约 20%。1986 年两类植株上、中、下 3 层总的空籽率分别为 19.5%、22.0%和 30.0%；1987 年相应为 21.2%、24.9%和 30.2%。数据分布的这个特点，恰与雄球花主要分布在树冠下层，雌球花在上层，中部着生雌雄球花有关。按照生雄球花量的多少，把植株分成 4 类，再按树冠 3 个层次，对 2 年中球果空籽率绘成图 7-7。图 7-7 表现出较有规律的变化趋势，即空籽率由树冠上层向下层递增；开雄球花少的植株的空籽率比花量多的要少（王晓茹和沈熙环，1989）。

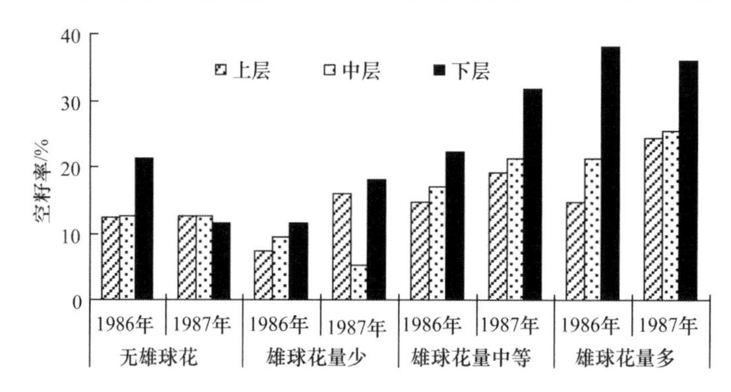

图7-7　兴城种子园球果空籽率与无性系雄球花量及树冠层次关系

兴城种子园开花初期各个无性系所产花粉量在总花粉量中所占的比例相差悬殊（参见第六章）。例如，按贡献率大小，把无性系分成 4 组：花粉贡献率＞5%；花粉贡献率为 1.5%~5%；花粉贡献率为 0~1.5%；花粉贡献率为 0。根据 1984~1986 年 3 年的观察，同样可以看到花粉产量大的无性系，空籽率有规律的比较高（表 7-5）。

表7-5　兴城种子园无性系花粉产量与球果空籽率

无性系组	1984 年			1985 年			1986 年		
	无性系数	花粉贡献率/%	平均空籽率/%	无性系数	花粉贡献率/%	平均空籽率/%	无性系数	花粉贡献率/%	平均空籽率/%
＞5%	7#	69	33.9	9#	73.3	37.5	6#	66.5	24.4
1.5%~5%	9#	24.6	24.6	7#	19.7	24.8	7#	16.2	22.2
0~1.5%	20#	6.5	18.4	26#	7	24.8	23#	7.1	18.3
0	15#	0	15	2#	0	19.8	10#	0	13.7

张华新对卢氏种子园Ⅰ区内3#、4#、11#、23#和29# 5个无性系的9个分株以及花期上风向3个方向毗邻的无性系18个分株，调查1993年的花粉产量，估算自交和异交同步指数得出：凡无性系自身花粉量大，自交同步指数就高；上风向毗邻无性系花粉量少，且异交同步指数低的，自交概率增大，球果空粒种子增加，饱满种子减少；反之则饱满种

子增加，空粒减少（表7-6）。例如，23#无性系1号分株花粉量高达575ml，自交同步指数为0.612，其球果空籽数高达19.3粒。4#无性系2个分株的花粉量少，分别为128ml和31ml，自交同步指数均为0.415，上风向毗邻无性系花粉产量较高，球果空粒种子就明显减少，仅为2.4粒和2.1粒。4#无性系1号分株树冠东、西、南、北4个方向球果饱满种子分别为12.8粒、15.5粒、12.0粒和10.8粒，紧邻其西部上风向2#花粉产量为285ml，两者异交同步指数较高，因此树冠西向球果饱满种子较高。同样，4#树冠东、西、南、北方向球果空粒种子分别为5.0粒、1.3粒、1.8粒和1.5粒，东向背风，球果空籽数较多，树冠西北向的球果空籽数较少，其余无性系结果相似。对1987~1989年和1993年30个无性系花粉产量与球果空粒种子数作相关分析，各年份相关系数分别为0.79、0.85、0.73和0.83。上风向毗邻无性系花粉产量与饱满种子数的相关系数分别为0.81、0.83、0.77和0.85。无性系平均异交同步指数与饱满种子数的相关系数分别为0.80、0.72、0.82和0.85。可见，无性系球果性状不仅受遗传控制，而且还受种子园内无性系开花物候、配置方式和花期主风方向等因素的影响。

表7-6　样株花粉量、自交同步指数及无性系间异交同步指数

无性系	分株	自身		西向			西北向			北向		
		花粉量/ml	sp	无性系	花粉量/ml	op	无性系	花粉量/ml	op	无性系	花粉量/ml	op
3#	1	404	0.501	2#	296	0.442	22#	319	0.688	23#	503	0.533
	2	90		2#	585	0.442	21#	595	0.445	22#	117	0.533
4#	1	128	0.415	2#	285	0.535	9#	25	0.493	10#	507	0.649
	2	31		3#	404	0.611	22#	319	0.504	23#	503	0.273
11#	1	167	0.578	10#	503	0.660	29#	135	0.512	30#	144	0.421
	2	213		28#	94	0.782	29#	45	0.512	30#	10	0.421
23#	1	575	0.612	22#	117	0.346	10#	412	0.524	11#	33	0.281
29#	1	22	0.602	28#	644	0.691	16#	370	0.711	17#	14	0.412
	2	45		28#	94	0.691	16#	217	0.711	17#	22	0.412

注：sp为自交重叠指数，op为异交重叠指数

根据 1984 年对兴城种子园 8 个自交组合种子状况分析，平均空籽率高达 85.7%。1989 年卢氏种子园 6 个无性系异交的平均产籽率 / 饱籽率为 30.2%，而自交组合产籽率仅有 6.4%，两者相差 23.8%，其中 16#无性系相差达 30%；异交球果平均空籽率为 8.9%，而自交球果平均空籽率高达 29.8%，相差 21%，其中 18#无性系相差 42%。从上述分析可以得出，在不考虑虫害因素干预的情况下，自交是形成空籽率的主要原因。

在种子园进入结实盛期后，花粉数量不再是限制因素，为了解授粉方式对保存率和种子产量的影响，于 1993 年在卢氏种子园和黑里河种子园做了控制授粉、辅助授粉、自由授粉、自交和不授粉试验。在卢氏种子园 5 种授粉方式的球果保存率分别为 67.1%、69.3%、77.4%、52.9%和 15.2%，前 4 种授粉方式对球果保存率没有显著影响，而没有授粉对保存率有极显著影响。在黑里河种子园，经 5 种授粉方式处理，球果保存率分别为 37.9%、31.7%、24.7%、31.8%和 40.9%，保存率没有显著差异。对没有授粉却正常膨大的 50 个球果进行解剖，种子外形也正常，但都是空粒。从这个试验中看到，不同无性系的雌球花对授粉与否反应不同，有的无性系不授粉，球果就败育，而另一些无性系，球果不败育，仍可膨大，但却都是空粒。

为了解不同亲本间传粉受精对饱满种子产量的影响，于 1990 年和 1994 年在卢氏种子园和黑里河种子园分别对 4 个无性系和 6 个无性系作了含自交的半双列控制授粉，发现不同组合所得的饱满种子差异明显，出籽率变幅为 4.2%~56.7%，空籽率为 3.3%~21.0%，米籽率为 0~31.2%。其中 16#×12# 组合出籽率高达 56.7%，而 17#×21# 组合出籽率最低，仅为 4.2%。多数组合空籽率小于 10%，而 16#×6# 组合最高，为 22.2%。初步试验表明，不同亲本组合影响到饱满种子产量。

三、种实害虫

虫害是导致油松球果败育的重要因素。在我们工作的一些油松种子园中，种实害虫猖獗，球果受虫害严重，辽宁兴城油松种子园是一例。球果梢斑螟和球果瘿蚊对 1 年生球果的危害率曾分别达到 22.4%和 45.5%，1985~1988 年该种子园 2 年生球果受害率分别为 6.5%、29.5%、44.4%和 87.6%，被害株率从 1985 年的 90%，到 1986 年的 100%；1 年生球果受害率 1991 年和 1992 年分别为 90.3%和 65.0%。卢氏种子园 1989 年球果虫害率仅为 15%，1993 年上升到 50%。黑里河种子园虫害较轻，种子产量稳步上升，平均亩产种子达 2.4kg。关于球果和种实虫害将在第八章中讨论。

四、雌球花产量与受光状况

充足的光照，是保证油松正常结实的必要条件。随着树龄增长，树冠扩大，相互挡光，会严重影响开花结实，导致种子低产到不产。在种子园同一个地段范围内，缺株可造成毗邻地段光照条件的差异。1991 年在兴城种子园同一个大区内，在 11 个无性系中挑选受光条件不同的毗邻分株，按 1978 年、1979 年、1980 年和 1981 年 4 个轮层，对比调查同一无性系受光条件不同分株的雌球花量（表 7-7 和图 7-8）。受光条件好的分株基部雌球花量比光照差的植株高出近 20 倍，但树冠上层的差别趋小。随着树龄增长，植株基部的枝条逐渐衰退，雌球花量减少，这是普遍现象，但受光条件好的，衰退程度较轻，结实层上升缓慢。这与树冠受光条件不同关系极大。

表7-7　光照条件对着生雌球花量的影响

轮层	郁闭		受光正常		花量比值（正常/郁闭）
	个数	占合计比例/%	个数	占合计比例/%	
1978 年	6	1	119	5	19.83
1979 年	99	18	632	26	6.38
1980 年	93	17	542	22	5.83
1981 年	349	64	1120	46	3.21
合计	547	100	2413	100	4.41

又据对卢氏种子园树冠侧枝重叠状况不同的4个无性系分株雌球花量的调查，侧枝重叠1~1.2m 的分株，1993年和1994年的雌球花量分别相当于树冠不重叠分株的0.25~0.55和0.05~0.32（表7-8）。树冠郁闭削弱了光照，严重影响雌球花产量。实测各点光照强度，结果如下：空旷处光强为67 000lx，重叠0~0.5m 地段为7500~9000lx，重叠0.5~1m 为

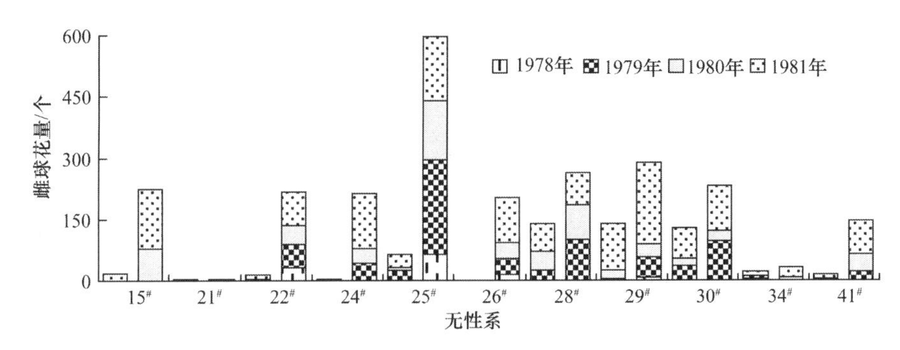

图7-8　兴城种子园11个无性系各2个分株在不同光照条件下4个年轮层雌球花量对比
左柱：树冠郁闭；右柱：周围较开放

表7-8　卢氏种子园树冠交叠程度对雌球花产量（个）的影响（1993~1994年）

树冠间交叠距离	5#		8#		12#		14#	
	1993 年	1994 年	1993 年	1994 年	1993 年	1994 年	1993 年	1994 年
1~1.2m	33	23	59	4	77	15	64	8
0.5~1m	56	22	64	7	94	34	86	7
0~0.5m	113	40	126	13	134	70	109	12
无交叠	134	72	181	79	199	113	116	28

6000~8000lx，而重叠 1~1.2m 地段仅为 3000~5000lx。显然，树冠郁闭导致光照衰减，是造成这种差异的直接原因，光是影响开花的重要因素。针对油松喜光的这一特点，种子园进入结实盛期，为提高种子园产量，必须及时人为干预，改善树冠的受光条件。

油松种子园定植株行距一般采用 5m×5m，到 10 年生后，树冠扩大，相互挡光，影响开花结实。为改善种子园、母树林的光照条件，普遍采用的措施是去劣疏伐，这一措施在杉木等树种中取得了良好效果（邓绍林和卢天玲，1992）。截顶能改善树冠通风透光条件，削弱母树顶端优势，促进开花结实；修剪弱枝、重叠枝、枯死枝，也有一定效果。在油松种子园中也做过一些试验，见本章第四节。

五、土壤营养和水分状况

土壤营养和水分状况是保证正常开花结实的重要因素之一。在 20 世纪 80 年代协作组曾组织专门小组研究土壤营养、水分状况与开花结实的关系。树木营养诊断涉及面广，影响因素不稳定，检测所需时间长，不易取得确切的答案，但我们在多个油松种子园中做的施肥和灌溉试验，肯定这些措施有促进开花结实的效果，这些试验也提供了正确制订实施方案的重要线索（见本章第四节）。

第四节　增加种子产量的主要措施

本节着重介绍控制球果和胚珠败育，增加种子园种子产量的几种有效的技术措施和操作方法。

一、辅助授粉可显著减少胚珠败育

辅助授粉是目前生产上广泛用以减少胚珠败育的技术措施。尤其在种子园结实初期，辅助授粉可显著提高种子产量。我们曾在多个油松种子园中进行过这项试验。据河北省林科所翁殿伊报道，1983 年和 1984 年在东陵油松种子园作了辅助授粉，2 年的球果出籽率分别比对照提高了 0.58%和 1.03%，在球果产量相同的情况下，可使种子产量分别提高 14.4%和 33.6%，增产效果显著。

结实初期对卢氏种子园 29 个无性系采用辅助授粉，球果饱籽率和产籽率等较自由授粉有显著的提高，种子败育率减少 10.7%，产籽率和出籽率可相差数倍。辅助授粉比自由授粉球果平均出籽率提高 1.14%，在种子园球果产量相同的情况下，辅助授粉可使种子产量提高 33.9%（张华新等，1999）。可见，当种子园花粉量不足，无性系雄配子组成不平衡，花期不遇时，辅助授粉是增加种子园产量，提高种子品质的有效手段。但当种子园进入盛果期后，辅助授粉的增产效果不大，如 1993 年对 29 个无性系辅助授粉及自由授粉球果作分析，两种处理球果的产籽率无明显差异。图 7-9 示卢氏种子园部分无性系开花结实初期和盛期辅助授粉对球果平均饱籽数的作用。

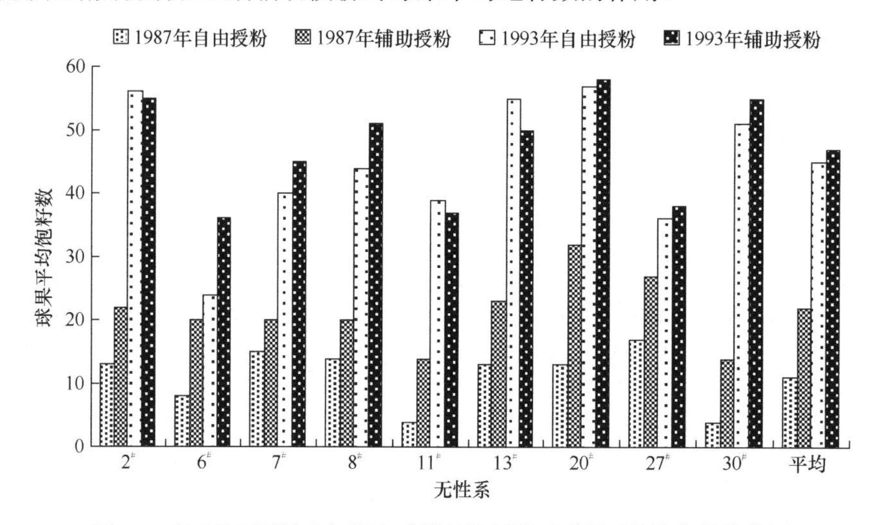

图7-9　卢氏种子园结实初期和盛期辅助授粉对球果平均饱籽数的作用

不同无性系对辅助授粉的反应不同。效果最明显的是 17# 无性系，自由授粉出籽率由 2.0%提高到 4.3%；对 9#、14#和 33#无性系的效果也比较明显，出籽率提高了 1.0%以上；但对另一些无性系，如 0#、36#和 43#无性系等的作用不显著（表 7-9）。

二、适度疏枝和截顶有促花效果

北京林业大学李悦等于 1993 年春在兴城油松种子园对 1975 年定植的两个大区，1981 年定植的采穗圃做过截顶和疏枝试验（李悦等，1998）。1993 年种子园植株 19 年生，

表7-9　授粉方式对不同无性系球果、种子重量和出籽率的影响

无性系	辅助授粉			自由授粉			提高出籽率/%
	球果重/g	种子重/g	出籽率/%	球果重/g	种子重/g	出籽率/%	
0#	3 000	150	5	2 500	125	5	0
9#	1 200	70	5.8	800	35	4.4	1.4
10#	325	20	6.2	375	20	5.3	0.9
14#	7 000	300	4.3	5 900	175	3	1.3
17#	3 500	150	4.3	3 250	65	2	2.3
33#	3 900	345	6.3	1 350	70	5.2	1.1
36#	1 150	50	4.3	4 200	180	4.3	0
43#	10 000	410	4.1	13 400	525	3.9	0.2
69#	950	45	4.7	800	30	3.8	0.9
77#	3 000	105	3.5	1 900	50	2.6	0.9
83#	1 500	45	3	475	10	2.1	0.9

平均高 8m 左右，冠幅 6.5m 左右；采穗圃 12 龄，树高和冠幅相应约为 5m 和 4.5m。所有植株都处于结实盛期。3 种处理分别是：①疏枝；②截顶+疏枝；③截顶+疏枝+多效唑 3000mg/kg；参试无性系 6 个，各 2 个分株；定干高度，种子园 19 龄植株 4m 以上，采穗圃约为 3m；截顶部位前者在 1987~1988 年轮层间，即截去顶梢 5 年主干，后者在 1989~1990 年轮层间，即截去顶梢 3 年主干。

3 种处理对雌雄球花的效果，也因植株树龄、轮层位置不同而异。分析 3 种处理的枝均雌花量，其中后两种处理与对照的差异达到显著水平。处理对雄花量在统计上虽没有达到显著差异水平，但在多数情况下观测值小于对照值，其中处理 3 和处理 2 的雄花量仅约为对照的一半。处理 19 年生植株的促花效果要优于 12 年生植株。截去 12 年生植株顶端 3 年主梢后，侧枝替代主干，形成“多头”现象，且胸径生长明显下降。两种截顶处理对 1987 年轮枝层的效果要高于疏枝，3 种处理对 1984 年轮层雌球花的促进作用不大，处理对 12 年生植株的促花效果没有达到统计上的显著水平。截顶和疏枝对 19 年生植株促进雌球花的持续效果要比 12 年生植株强，但从第二年后渐趋下降。3 种处理对不同树龄植株、不同轮层上枝平均雌球花量与对照的比较，见表 7-10。

表7-10　3种措施对不同树龄植株、不同轮层上枝平均雌球花量与对照的比较　（单位：%）

处理		疏枝			疏枝＋截顶			疏枝＋截顶＋多效唑		
树龄/年	轮层	1994 年	1995 年	1996 年	1994 年	1995 年	1996 年	1994 年	1995 年	1996 年
19	1987 年	260	230	150	680	430	270	780	440	390
19	1984 年	140	160	150	360	310	180	180	390	130
12	1989 年	130	120	50	210	300	130	280	310	130
12	1986 年	120	150	40	200	360	110	210	320	60

陕西省林业科学研究所杨培华等在陇县八渡油松无性系种子园做过截顶试验。八渡油松种子园是该所的主要试验基地之一。该种子园位于关山山脉尖山支脉的东端浅山区，地处北纬 34°33′，东经 106°21′，海拔 1180~1280m，年均温度 8.6℃，年均降水量 672mm，无霜期 184 天。坡度 15°~25°，坡向东南或西南，土壤为褐土。该种子园始建于 1977 年，密度 5m×5m。

1996 年母树 15 年生，于冬末春初树液流动前 1 个月截去主梢 1~2 轮层，同时修剪

树冠内膛重叠枝。通过截顶，母树高生长受到限制，促进了侧枝生长，扩大了树冠，增加了结实面积，提高了产量。母树经截顶，对提高雌球花和球果产量作用显著，平均增加了雌球花量 51%，球果产量 26%，对不同无性系的作用差异明显；1998 年雌球花量与 1997 年比较稍有增加，可见，截顶有后续作用。对雄球花量的作用不稳定，有减少趋势。无性系胸径平均增长 15%，冠幅平均增大 16.5%。1997 年的生长与结实情况见表 7-11（杨培华等，2002）。

表7-11　油松种子园母树截顶对生长与结实的影响（1997年）

无性系	胸径/cm			冠幅/m			雌球花/个			雄球花/个			球果数/个		
	处理	对照	相当于对照/%	处理	对照	相当于对照/%	处理	对照	相当于对照/%	处理	对照	相当于对照/%	处理	对照	相当于对照/%
Yn4	11.3	9.5	119	4.2	3.6	118	473	453	104	5200	8577	61	28	21	153
Yn5	10.5	8.3	127	4.1	3.2	127	204	116	176	6612	2766	239	37	16	231
D10	9.2	8.1	114	4.2	3.7	114	369	277	133	249	9191	2.7	26	17	153
D12	9.22	7.6	121	3.7	2.7	138	268	251	107	1880	2748	68.4	21	16	131
H13	15.8	14.2	111	5.6	5.0	112	227	47	483	28 160	—	—	62	45	138
H9	16.9	15.3	110	6.1	5.9	104	202	7	289	13 194	1615	816	104	4	2600
平均	12.2	10.5	116	4.6	4.0	115	290	192	151	9216			47	20	235

三、种子园树体矮化是我国山地种子园发展方向

我国种子园多营建在山高坡陡的地方，不可能实施机械化管理。树长高了，球果采收极不方便，还存在安全采种问题。笔者认为，我国种子园必须采取树体矮化的措施。近年福建在杉木、马尾松种子园中成功地做了矮化、整形修剪处理；广东省台山、信谊等良种基地也做了这方面的试验。不同树种生长习性不同，控制树体难易有异。2008 年我国南方很多地区遭遇雨雪冷冻灾害，广西咸水杉木种子园植株严重受冻害，笔者 2009 年和 2013 年两次走访过该园。该园受害后 5 年，树体自然矮化明显，长势旺，结实未受影响。2014 年 10 月笔者到四川筠连县杉木良种基地考察，该园于 2010～2012 年在谢和平主持下对 400 多亩成龄种子园全面实施了截顶和疏伐，树干矮化明显，结实良好。迄今杉木截干试验技术还没有全面总结，但已给我们提供了重要启示，杉木整形修剪是可能的（见彩图Ⅳ、Ⅴ）。

四、疏伐促进结实效果好

1. 辽宁兴城种子园试验

李悦等于 1993 年春在上述兴城油松种子园和采穗圃做疏伐试验。采取 2 种疏伐处理：①伐去位于调查植株阳面的 3 株遮光树；②伐去调查植株正南面 1 株，但阳面侧方保留，8 个无性系各处理 2 个分株，共 16 株；对照，四周植株保留。疏伐后第 3 年，处理 1 的轮枝总雌花量和枝均雌花量分别为对照的 2.4 倍和 2.7 倍，处理 2 分别为对照的 1. 6 倍和 1. 5 倍，处理间差异达到统计上的极显著水平；保留植株受光条件越好，雌花量增加越多；疏伐后雄花量有所降低，但没有达到差异显著水平。同时，雌球花量、雄

球花量在无性系间存在显著差异。处理显著促进各轮层雌球花量，但促花效果在上下轮层间不同，下层极显著地优于中层、上层。总雌花量和枝平均雌花量与对照比，1984年处理 1 轮层为对照的 3. 0 倍和 3. 5 倍；处理 2 为对照的 1. 9 倍和 2. 0 倍；1987 年层处理 1 是对照的 1. 9 倍和 2. 0 倍，处理 2 是对照的 1. 3 倍和 1. 2 倍（李悦等，1998）。

2. 陕西陇县八渡种子园试验

1992 年陕西省林业科学研究所在陇县八渡油松种子园去劣疏伐。他们认为，疏伐后母树郁闭度宜保持为 0. 25~0. 40，互不遮阴，通风透光。当时，郁闭度为 0.30，每公顷约保留 270 株。按下列公式估算每公顷保留株数。式中d为平均冠幅（直径），P为期望郁闭度。

$$N=\frac{10\,000\times P}{\pi\left(\frac{d}{2}\right)^2}$$

无性系的再选择，即去劣疏伐无性系的主要依据是两个指标，即家系生长量大小和无性系结实量多少。由于子代生长与无性系产种量间不存在相关，可利用这两个统计值制定各无性系的选择指数。家系生长量数据来自子代测定林试验，结实状况依据对种子园各无性系结实量的调查。对这两个指标要分别给予权重，由于所产种子的遗传品质重于种子数量，一般对子代的表现给予较高的权重。对子代生长量的评价重于结实量，伐去子代表现差的无性系，能有效地改善种子园遗传组成，提高种子的遗传品质。

按无性系的选择指数公式，综合评价建园的各个无性系，排序，决定优先保留哪些无性系，最先淘汰哪些无性系，对排在中间的无性系，可以保留，也可以伐除，视植株周围疏密状况而定。陕西省林科所评价无性系的选择指数 I 的公式如下，式中：P_1、P_2 为子代材积和无性系结实量；W_1、W_2 为子代材积和无性系结实量权重，分别规定为 0.7 和 0.3。

$$I=P_1W_1+P_2W_2$$

根据疏伐前和疏伐后第 2 年开花期及第 3 年球果成熟期的调查，疏伐后雌球花、雄球花产量分别为疏伐前的 2.60 倍和 1.75 倍，是对照的 3.26 倍和 2.12 倍。疏伐后单株结实量分别是疏伐前和对照的 140%和 166%。疏伐后种子出种率、发芽率和千粒重分别比对照平均值提高了 0.46%、3.1%和 10.6g。疏伐对母树的结实具有非常明显的促进作用（郭俊荣等，2003；谢斌等，1999）。

3. 疏伐要根据实际情况

如果掌握的资料齐全，种子园无性系的选择可以考虑更多的因素，如性状的遗传力、无性系花期同步性参数等。在辽宁兴城油松种子园中曾试用过考虑不同性状的增益、遗传力，选择指数 I 公式如下：

$$I=w_1h_1^2(x_1-\overline{x_1})+w_2h_2^2(x_2-\overline{x_2})$$

式中，x_1，h_1 是子代生长量的现实增益和遗传力；x_2，h_2 是相对产籽数和遗传力；w_1 和 w_2 分别是两个性状的经济权重。

去劣疏伐的时间、强度和次数是值得关注的问题。在植株树冠相互影响之前，宜及早进行去劣疏伐，以便保证植株能及时得到充足的发育空间，有利于种子产量的稳步增长，种子遗传品质也能尽快得到提高。但早期疏伐，对无性系的性状表现往往不能完全了解，所以初次疏伐，强度不宜过大，通常只伐去子代表现最差的无性系及子代表现中庸的无性系中生长差的分株，伐去株数可控制在总株数的 1/5~1/4。种子园疏伐次数，取决于种子园经营期的长短，但为施工方便，也不宜太频繁，可考虑分两三次进行。

选留无性系数量多少影响子代遗传增益和种子产量。一般来说，随着保留无性系数量减少，子代的遗传增益递增，但当保留数目降到一定量后，种子遗传多样性降低，自交率会增加，外源花粉污染的概率也会提高，种子产量也可能降低，在第十一章中讨论了这个问题，但笔者在美国东南部考察火炬松种子园时见到过疏伐后的种子园仅保留 3~5 个无性系。因此，保留多少无性系适宜，是一个复杂、需要深入探讨的问题。答案未必只有一个，会因种子园组成和自然环境条件而异，也会因经营者的需求、造林地的条件和管理集约程度等不同而有多种处理方法。参照种子园现行标准规定，改建种子园的无性系数量为初级种子园的 1/3~1/2，可考虑保留 15~20 个无性系。

20 世纪我国营建的初级油松种子园和母树林，多数郁闭度已经很大，已到了不进行疏伐就不能生产种子，或只能生产有限种子的境地。近年笔者不时接到各地关于种子园去劣疏伐问题的咨询：基地缺乏家系生长方面的完整资料，没有全部家系子代的数据，或只有种子园部分家系子代林和苗期的数据，对无性系开花结实习性的了解也不全面，该怎么办?鉴于去劣疏伐在杉木等树种（邓绍林等，1994）中的效果，笔者的回答是：从实际情况出发，降低标准也要疏伐。

去劣疏伐的具体做法只能根据现在已有的工作基础，掌握的数据，灵活采用多种方法。如果没有家系子代林数据，只能参考家系苗期生长状况，同时考虑各个无性系嫁接植株的干形和生长状况；对种子园无性系结实状况，将无性系分成三四类，除结实特别少或特别多的无性系外，表现一般的无性系不必太关注。有些无性系花粉产量明显多，为保证所产种子的遗传多样性，对这类无性系可适当多伐去一些。每次疏伐强度可稍低，分批进行。去劣疏伐的原则确定后，在实施前组织熟悉情况、有经验的人员到现场逐株调查评定，依据对无性系的评价、无性系分株生长表现以及植株周围郁闭状况，决定每个植株的去留。这项工作很重要，必须审慎对待。

对没有家系生长数据的良种基地，必须抓紧补做子代测定。子代测定是种子园工作的基础，没有子代测定数据，种子园就无法更新换代。只要今后还要经营种子园，一定要做子代测定工作。

五、适度施肥和灌溉能促进开花结实

为了解改善土壤营养条件与开花结实和败育的影响，在辽宁兴城种子园、河南卢氏种子园、甘肃子午岭种子园、陕西陇县种子园、河北东陵种子园做过施肥灌溉试验。试验没有统一的方案，分析方法也不完全一致，但各地取得的基本结论有助于今后开展这方面的工作。

兴城油松种子园　处理包括：①灌水，但不施肥；②灌水+氮磷钾混合肥 0.75kg/株；③灌水+氮磷钾肥+微量元素硫酸铜 10g+四硼酸钠 30g+硫酸锌 30g/株；④对照（不施肥，不灌水）；1989 年 4 月 19 日施肥，于 4 月 19 日、5 月 6 日和 5 月 20 日，灌水 3 次，每次 120kg/株。有 9#、13#、14#、15# 4 个无性系参加试验。

施肥灌水的翌年调查了兴城种子园 64 个植株雌球花量，结果见表 7-12。无性系花量差异极显著，施肥灌水的作用达到极显著水平。各处理与对照都存在极显著差异，灌水处理比对照高 90%，施氮磷钾混合肥＋灌水组合处理比对照高出 77%，施混合肥＋微量元素＋灌水组合比对照高出 55%，但不同施肥灌水处理间差异不明显。在兴城种子园施肥、灌水是提高种子园雌球花产量的关键，且灌水的作用大，施肥+灌水与灌水之间差异不大。这可能与辽宁兴城降水量小，特别是 1988~1989 年两年连续干旱有关。试验中也看到了处理对不同无性系雌球花量有显著不同的影响。

表7-12　兴城种子园施肥灌水对雌球花产量的影响（1989~1990年）　（单位：个）

无性系	9#	13#	14#	15#	合计	平均
对照	1010	780	2254	1935	5979	374
灌水	1141	2055	3948	3434	10 578	661
施肥＋灌水	1529	1200	3219	3345	9303	581
施肥＋微量元素＋灌水	1234	2054	3689	4373	11 350	709
合计	4914	6089	13 110	13 087	37 200	
平均	307	380	820	818	552	

卢氏种子园　于 1989~1990 年和 1993~1995 年对 5 个无性系做了 4 种施肥处理试验：①0.5kg 尿素+0.5kg 磷肥+0.5kg 钾肥+0.08%硼酸溶液；②0.5kg 尿素+0.5kg 磷肥+1000 ppm 多效唑；③0.5kg 尿素+1500ppm 多效唑+1000ppm B9；④1500ppm 多效唑+1000 ppm B9。混合肥料配比：N∶P_2O_5∶K_2O＝23∶7∶7，施肥量：每株尿素 0.5kg，磷肥 0.5kg，钾肥 0.5kg，四硼酸钠 25g。灌水量：120kg/(株·次)。第一次施肥灌水时间为 4 月中旬，以促进新梢发育和树体生长，提高球果保存率；第二次 6 月上旬。施肥前在树冠投影下全面松土，环状沟施。1989 年、1990 年两年连续施肥。

1989年4种处理的保存率分别为97.1%、87.9%、87.3%、86.9%，对照为45.0%，各处理对球果保存率有极显著作用（F=5.93**）。4种处理分别比对照提高52.1%、42.9%、42.3%和41.9%；在1995年4种处理的球果保存率差异显著（F=3.76*），保存率分别为93.6%、92.3%、93.3%、89.5%，对照为72.1%，4种处理分别比对照提高21.5%、20.2%、21.2%和17.4%。施肥可有效地降低球果败育。树体生理营养的平衡是影响球果败育的因素。

1990 年研究生匡汉辉分析了对照和施用氮磷钾复合肥后针叶中的氮、磷、钾的含量，处理组针叶中氮含量比对照增加 6%~16.7%，磷增加 5%~20%，钾增加 26%~80%。为了解激素对球果发育的影响，他于 1994~1995 年在黑里河种子园选择 3 个无性系，叶面喷施 GA_3、2,4-D、NAA、BA 等激素溶液，经处理的无性系球果保存率未见提高。这说明树体营养水平和营养平衡在球果发育中起关键作用，而激素并不是影响球果发育的重要因素。

子午岭林管局中湾林科所种子园　该所油松种子园位于甘肃省东南部子午岭南端，试验区土壤为黄土母质上形成的褐色土和碳酸盐褐土，土层深厚，但肥力较差。试验地

$0.8hm^2$，地势平坦，光照充足，施肥试验实施时母树为 17 年生，密度为 615~735 株/hm^2。将试验区划分成 12 个小区。每个小区 $0.067hm^2$。其中 3 个为对照，9 个作为试验小区。采用 L9（3^4）正交试验设计。4 个因素，包括氮、磷、钾 3 种肥料及施肥时间；各因素 3 个水平，氮肥：0.3kg/株、0.5kg/株、0.7kg/株；磷肥：1.0kg/株、1.5kg/株、2.0kg/株；钾肥：1.0kg/株、2.0kg/株、3.0kg/株。用含氮量 80%的尿素和颗粒磷肥。1996 年 4 月 5~10 日，6 月 15~20 日，8 月 15~20 日分 3 次施肥。连续观察了 3 年（1996~1998 年），整理 3 年数据，计算每个试验小区单位树冠体积的平均产种量，施肥处理小区在 $3.03g/m^3$ 以上，对照是 $1.40g/m^3$，处理产种量为对照的 216%，增产效果明显。最佳施肥方案是：夏季每株母树施磷肥 2.0kg 以上，氮肥 0.3kg 左右（强占鸿和俞兆忠，2001）。

陇县八渡油松种子园 陕西林业科学研究所于 1992 年 4 月和 7 月在该种子园做施肥试验。在施肥树树冠投影下挖深 15~20cm、宽 30~40cm 的沟，每株施用尿素 0.5kg，过磷酸钙 0.5kg，氯化钾 0.2kg。参试无性系 5 个。据 1992 年和 1994 年调查，施肥后无性系平均产球果 89.4 个/株，折合 2.98kg/株，对照平均产球果 60.8 个/株，折合 2.03kg/株，平均增产 47%。施肥对球果产量产生显著影响，不同无性系对施肥的反应不同（杨培华等，2002）。

遵化东陵油松种子园 河北省林科所翁殿伊等在该种子园布置了比较规范的施肥试验。试验时植株 13 年生，采用 L18（6×3^6）正交试验设计方案，包括 4 因素，3~6 个水平。参试无性系 6 个；尿素量 3 个（0.25kg/株、0.75kg/株、1.00kg/株）；有机肥量 3 个（0kg/株、50kg/株、100kg/株）；施肥时间分为 5 月上旬、6 月下旬、9 月上旬。该试验于 1987 年实施，到 1993 年结束，每年调查雌球花、球果数和种子重。经极差和方差分析，除有机肥作用不明显外，其他 3 个因素在 1992 年前有极显著或显著的作用。按各因素对雌球花量、球果数、种子重的作用排序，无性系＞施肥期＞尿素＞有机肥。施肥处理的最佳组合是，5 月上旬每株施用氮肥 0.75kg。他们得出的结论是，尿素增产作用明显，能提高雌球花量 19.6%~21.3%；球果产量增加 15.8%~16.4%；种子重增加 14.6%~19.5%。不同无性系对施肥的反应不同，种子产量低的无性系，促进了枝条生长。种子园郁闭度大光照不足，削弱施肥的作用（翁殿伊等，2000）。

上述试验为制订实施方案提供了重要线索。要取得好的效果，施肥种类和施肥量要根据当地土壤状况而定。油松种子园土壤多较贫瘠，氮肥普遍有效，成龄树施肥量 0.5kg/株；施肥和灌溉时间一般多安排在雌雄球花形态发端期前，或春季生长加速期。试验中多以春末-仲夏为好；不同无性系对施肥的反应不同，从经济上考虑可以选择反应强的无性系施肥；施肥的持续期约为 3 年。

结　语

球果可育种鳞和不可育种鳞、饱籽数、空籽数、米籽数和败籽数等是影响种子产量的重要因素，是林木种子园经营管理的重要内容。不同无性系的总种鳞数、可育种鳞数、饱籽数等不同，存在极显著差异，可育种鳞数变动为 33.6~15.9 枚；不同无性系的差异在年度间的重复性较高。同一无性系分株的球果性状存在一定差异，但这种差异远小于无性系间的差异。球果和种子产量是比较稳定的遗传性状，球果产量较高的无性系，种子产量也较高。因此，可以把可育种鳞数作为提高种子产量的因素来考虑。球果的上述性状在树冠轮层间有一定差异，一般树冠中部饱满种子量多，下部较少，树冠各方向的变化趋势与轮层间的变化相似，但变幅较小。

根据对 3 个种子园多年的观测，1 年生球果的败育率都很高，河南卢氏种子园 31 个无性系球果保存率是有差异的，不同年份有变动，差异没有达到显著水平。无性系球果保存率受环境的影响大，环境因素掩盖了遗传上可能存在的差异。黑里河种子园 13 个无性系中，有些无性系树冠上下层球果保存率差别显著。

引起球果和胚珠败育的原因和时间不一，表现形式多样，败育严重影响种子产量。卢氏种子园结实初期胚珠败育率高达 70%，进入盛期后约为 45%，黑里河种子园为 35%，兴城种子园球果败育率在 90%上下。卢氏种子园 31 个无性系球果保存率有极显著差异，且不同无性系在不同年份球果败育率相对稳定。雌球花坐果后第一个月球果败育率最高，约占全年的 25%，降低头 1 个月球果败育是提高种子园种子产量的关键。球果败育与球果在树冠内的空间分布有关，黑里河种子园树冠上下部球果败育率分别为 25%和 46%，卢氏种子园相应为 27%和 51%。不同无性系雌球果的发育对授粉与否反应不同。多数无性系没有授粉的球果保存率低，有的球果虽能正常膨大，但种子都是空粒。

辅助授粉可显著提高结实初期的种子产量，进入结实盛期，辅助授粉能改善种子遗传组成。花粉数量和生活力是造成胚珠败育和空粒的主要因素。各个无性系所产花粉量与空籽率有关，花粉产量大的无性系，空籽率也高；与球果着生的位置也有关，树冠上层空籽率比下层少；也与无性系开花物候、配置等有关。

树冠受光状况与雌球花量、树势衰弱进程快慢有直接关系。根据在兴城种子园的观察，进入正常结实期后，11 个无性系光照条件好的分株，基部花量是光照条件差的分株的 288%，且结实层上升缓慢。树冠郁闭后枝条交叠处的光强仅为林冠外的 1/20~1/7，在树冠内每下降一个轮层，光强减弱 1/10。从树冠外缘向内膛移 0.5m，光强减弱 1/2。因此，应及时采取疏枝、去劣疏伐或截顶等人为干预措施，并讨论了不同处理方法对促进雌球花结实的效果。我国早期营建的初级种子园已到了必须疏伐的时候，为此，探讨了在缺乏必要数据时该怎么办？油松种子园中没有做过矮化处理，无疑今后应当认真组织开展这项试验。

虫害是导致球果败育的重要因素，多数种子园球果虫害率超过 50%，防治球果和种实害虫是提高种子园产量的关键措施，合理选择园址能有效地减少虫害。合理施肥、灌水能提高种子园雌球花量和球果保存率。种子园结实初期施肥是有效的，为提高效果要依据当地种子园条件，决定适宜的肥料种类、施用量和施肥时间，不同无性系对施肥的反应不同，从节省开支方面考虑可以采取选择性施肥。

参 考 文 献

陈晓阳，黄智慧，潘奇敏，等. 1994. 杉木不同交配组合种子品质的遗传分析. 见：沈熙环. 种子园优质高产技术. 北京：中国林业出版社：172-179

邓绍林，卢天玲. 1992. 杉木优良种源种子园管理技术. 见：沈熙环. 种子园优质高产技术. 北京：中国林业出版社：55-65
郭俊荣，杨培华，谢斌，等.2003.油松种子园疏伐及其效果分析.西北农林科技大学学报（自然科学版），31（26）：33-36
匡汉晖. 1991.油松种子园开花结实习性及管理的研究. 北京林业大学硕士学位论文
李悦，李红云，沈熙环，等. 1998.疏伐及修剪对油松无性系开花和树体的影响.北京林业大学学报，20：1
马晓红. 1995. 油松种子园的整形修剪实验. 北京林业大学硕士学位论文
强占鸿，俞兆忠. 2001. 油松种子园施肥与产种量关系研究. 甘肃林业科技，（3）：6-9
秦国峰，王培蒂. 1992. 马尾松有性生殖过程的研究. 见：沈熙环. 种子园技术. 北京：北京科学技术出版社：177-185
秦国峰. 2003. 马尾松地理种源. 杭州：浙江大学出版社：146-163
沈熙环，李悦，王晓茹.1985. 辽宁兴城种子园无性系开花结实习性的研究. 北京林业大学学院学报，（3）：1-13
沈熙环，匡汉辉，张华新，等.1992. 提高油松种子园产量和品质的若干对策.见：沈熙环. 种子园技术. 北京：北京科学技术出版社：169-176
谭健晖. 2001. 马尾松种子园无性系开花习性研究.广西林业科学，（2）：76-78
王晓茹，沈熙环. 1989.对由胚珠败育和空粒引起油松种子园减产的分析. 北京林业大学学报，11（3）：60-65
翁殿伊，李久东，王忠民，等. 2000. 油松种子园施肥试验.河北林果研究，15（增刊）：119-126
谢斌，郭俊荣，杨培华，等. 1999. 油松无性系种子园疏伐研究. 西北林学院学报，14（3）：28-31
杨培华，郭俊荣，谢斌，等. 2002. 促进油松种子园结实技术研究.河北林果研究，17（3）：207-212
叶培忠，陈岳武，蒋恕，等. 1981. 杉木种子生活力变异的研究. 南京林产工业学院学报，5（3）：22-29
张华新，李凤兰，沈熙环，等. 1997a. 油松无性系雌雄配子体的形成及胚胎发育. 北京林业大学学报，19（3）：1-7
张华新，李军，李国锋. 1997b. 油松无性系雌雄球花量变异和稳定性评价.林业科学研究，10(2)：154-163
张华新，沈熙环，李凤兰，等. 1999. 油松授粉机制和授粉效率的研究.林业科学，35（2）：38-44
张华新，沈熙环.1996. 油松种子园球果性状的变异和空间变化.北京林业大学学报，1996，18（1）：29-37
Dick J M，Leakey R R B，Jarvis P G. 1990. Influence of female cones on the vegetative growth of *Pinus contorta* trees. Tree Physiology，6：151-163
Griffin A R，Lindgren D.1985. Effect of inbreeding on production of filled seed in *Pinus radiata* experimental results and a model for gene action. Theovetisal and Applied Geuetics，71：334-343
Ho R H. 1984. Seed-cone receptivity and seed production potential in white spruce. For Ecol Manage，9：161-171
Lindgren D，El-Kassaby Y A. 1989. Genetic consequences of combining seletive cone harvesting and genetic tinning in clonal seed orchards. Silvae Genetica，38（2）：65-70
Matthews F R，Bramlett D L. 1986. Pollen quantity and viability affect seed yields from controlled pollinations of Loblolly pine. South J Appl For，10：78-80
McKinley C R，Cunningham M W. 1983. Theoretical effects of seed orchard roguing on selfing and percent filled seeds. Can J For Res，13：187-190
Owens J N，Colangeli A M，Morris S J.1991. Factors affecting seed set in Douglas-fir（*Pseudotsuga menziesii*）. Can J Bot，69：229-238
Sarvas R.1962. Investigation on the flowering and seed crop of *Pinus sylvestris*. Commun Inst For Fenn，53：1-198
Skroppa T，Tho T. 1990. Diallel crosses in Picea abies：1. Variation in seed yield and seed weight. Scand J For Res，5：355-367
Smith C C，Hamrick J L，Kramer C L. 1988.The effects of stand density on frequency of filled seeds and fecundity in Lodgepole pine（*Pinus contorta* Dougl.）. Can J For Res，18：453-460

第八章　油松球果虫害及其防治

随着林木良种事业，尤其是种子园的发展，为生产大量健康种子，对球果和种子害虫越来越重视，研究日益增多（王平远，1989；李宽胜，1992；Lennoxa et al.，2009）。根据 Yates（1986）报道，全世界种实害虫超过 360 种，隶属于 7 目 35 科。球果种子害虫危害引种栽植的外来树种受到特别关注（Lennoxa et al.，2009；Coralie et al.，2009；Chiang，2010；Lombarderoa et al.，2012）。

我国油松、樟子松、落叶松等树种种实害虫的研究工作始于 20 世纪 50 年代末（李宽胜，1999）。80 年代中后期取得了长足的进步（李宽胜等，1974；李宽胜，1992；张润志等，1990；岳书奎，1990；李镇宇等，1992；钱范俊等，1986），记述害虫种类 101 种，隶属于 7 目 26 科，其中重要的有 40 余种。我国油松种实害虫的研究伴随着油松种子园的建设与发展（沈熙环，1985），代表性的研究报道包括了陕西、内蒙古和辽宁等地的鳞翅目和双翅目昆虫，如松果梢斑螟、微红梢斑螟、松实小卷蛾和油松球果瘿蚊等（李宽胜等，1974；张润志等，1988，1989，1990；匡汉晖，1991；李镇宇等，1992；温俊宝等，1998）。李凤耀等（1992）对山西油松球果害虫进行了研究。对于落叶松球果花蝇，刘振陆和王洪魁（1984）、孙江华等（1996）、高步衢（1996）等都有深入研究。

在 20 世纪种子园建设红火的年代，北京林业大学有一批师生参加了油松球果和种子害虫的研究与防治。本章主要总结了北京林业大学于 1988~1993 年在辽宁兴城油松种子园中开展的对球果害虫的研究及防控工作，先后参加本项研究的人员有李镇宇教授、张执中教授等，主要工作由张润志、匡汉晖、温俊宝等在攻读硕士研究生期间完成，参加工作的还有兴城油松种子园技术人员孙文成、周光、徐文学等。

第一节　主要球果种实害虫

一、油松球果瘿蚊

油松球果瘿蚊（*Cecidomyia weni* Jiang）主要分布于辽宁，是危害油松一年生球果的重要害虫（温俊宝等，1998）。

（一）形态特征（图 8-1）

成虫　雄虫体长 3.0~4.1mm，翅长 3.5~4.1mm；雌虫体长 3.4~4.5mm，翅长 3.2~4.1mm。复眼黑色，几乎占据整个头部；下唇须 4 节，褐色，第 4 节长约为宽的 3 倍。触角褐色，14 节，梗节比柄节稍短，雄虫鞭节约为第 1 鞭节长的 1/3，雌虫鞭节约为第

1 鞭节长的 1/2；雄虫鞭节各亚节呈 3 结状，即分化为基节、中节和端节。中节和端节间仅简单缢缩，不再分化成节间茎。基节和中节之间的节间茎长略大于宽，基节、中节和端节各具一轮放射状刚毛；雌虫鞭节各亚节圆柱状，中部略缢缩，结间茎长和宽大致相等。具 2 轮放射状刚毛，胸部黑褐色，足浅褐色，腹部浅褐色。

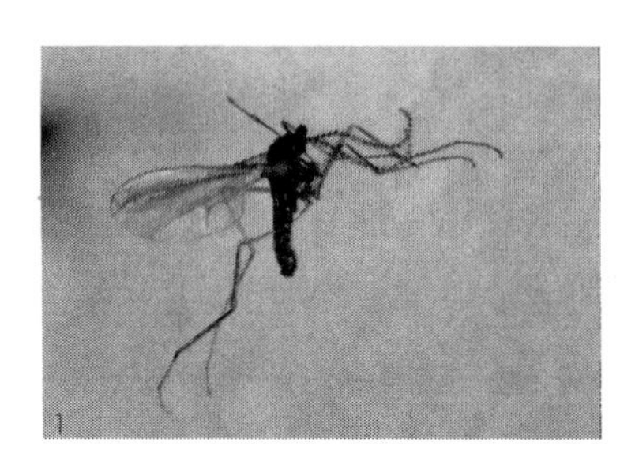

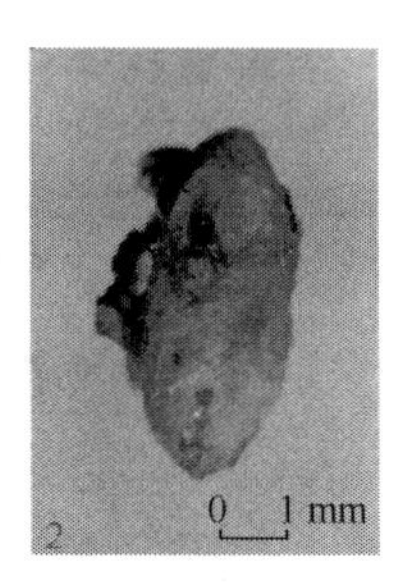

图8-1　油松球果瘿蚊（李镇宇教授提供）

1. 雄成虫；2. 茧

卵　长椭圆形，橘红色，长约 0.5mm，宽约 0.2mm。

末龄幼虫　体长约 5.5mm，橘红色。 腹部有背瘤，有胸骨片；腹气门深褐色，后气门刺细长；第 8 腹节后气门附近具 2 对背侧毛；腹端两侧各具 4 个乳突。

蛹　纺锤形，长约 3.0mm，宽约 1.5mm，鲜红色，腹部橘红色可活动，触角基盾向前突出，距离约 0.3mm，蛹前胸背部前缘具刺 1 对，浅黄色。

茧　膜质，半透明，纺锤形。长约 3.0mm。

（二）生活史

油松球果瘿蚊在辽宁兴城油松种子园 1 年发生 2 代（表 8-1）。以蛹越冬，绝大多数在地表，少数附着在油松枝梢、树干及针叶上。越冬蛹 4 月中旬即开始羽化，4 月下旬至 5 月上旬为羽化盛期，1992 年室内观察得到的成虫日羽化情况如图 8-2 所示。成虫高峰期出现在 4 月下旬；仅 24 日和 25 日羽化的成虫数量就有 88 头和 85 头，分别占总羽化数的 16.3%和 15.7%，4 月 22 日至 5 月 1 日间羽化成虫数 504 头，占总羽化数的 93.2%。成虫在羽化当天即可交尾，大部分产卵于尚未开放的雄球花序，少数产于雌球花上。卵期约 10 天，孵化后幼虫取食雄球花序或小球果鳞片，并刺激这些部位流脂，松脂无色，将幼虫体包被。幼虫活动能力差，在松脂内固定取食至老熟。受害小球果局部果鳞松动，多少膨大，向外凸出，果鳞间露出球果鲜绿色组织，渗出松脂，表现畸形。

每个小球果内虫口数量变化很大，最多可达 20~30 条，一般为数条。为害部位在球果中部外侧。随着幼虫逐渐老熟，小球果果鳞间流脂逐渐停止，球果上的松脂凝固，表面变为白色。老熟幼虫在球果变褐以前爬出球果，部分附着在球果表面、针叶、枝梢及树干上，大部分落到地表，然后化蛹。持续降水有利于幼虫爬出。5 月底即可见蛹，这一代蛹期约为 15 天。6 月初始见第 1 代成虫，一直持续到 8 月上旬，无明显成虫羽化高峰期。这一代成虫也产卵于新鲜健康小球果果鳞间，孵化后的幼虫也取食果鳞，并导致流脂、膨大等症状，9 月中旬开始幼虫老熟，外出，化蛹并越冬。

表8-1　油松球果瘿蚊年生活史（1992年，辽宁兴城）

1~3月			4月			5月			6月			7月			8月			9月			10月			11~12月		
上	中	下	上	中	下	上	中	下	上	中	下	上	中	下	上	中	下	上	中	下	上	中	下	上	中	下
○	○	○	○	○	○	○	○	○																		
				+	+	+	+	+	+																	
				•	•	•	•	•	•	•																
					–	–	–	–	–	–	–	–	–													
								○	○	○	○	○	○	○												
									+	+	+	+	+	+	+											
									•	•	•	•	•	•	•	•										
										–	–	–	–	–	–	–	–	–	–	–	–	–				
																			○	○	○	○	○	○	○	○

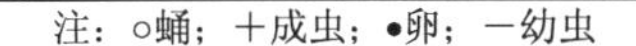
注：○蛹；+成虫；●卵；一幼虫

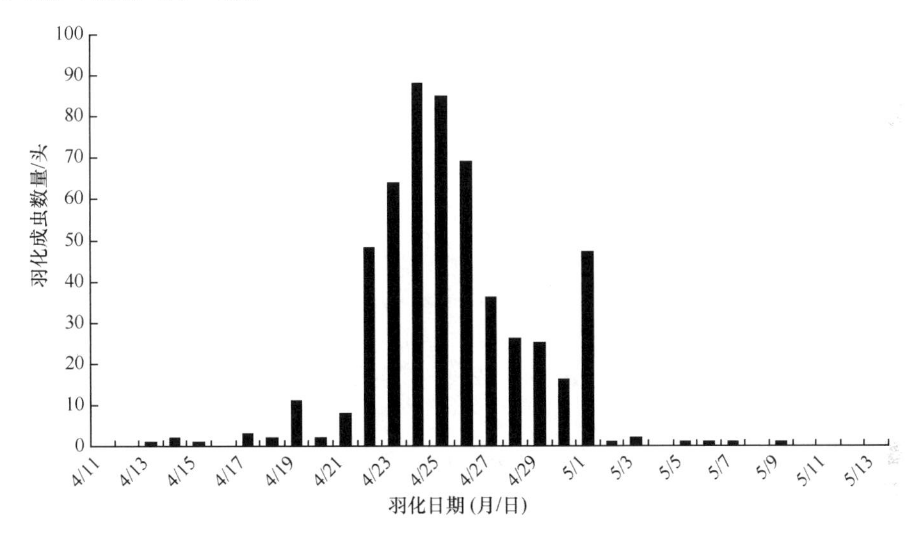

图8-2　越冬代油松球果瘿蚊日羽化成虫数量（1992年）

第2代幼虫（越冬代幼虫）经老熟后爬出球果，被害部位果鳞逐渐变褐，干枯，受第一代瘿蚊危害的部分球果随后脱落，而受越冬代瘿蚊危害的多数干枯球果保留到第二年。解剖被害球果，发现球果组织被取食，但不明显，也无明显虫道和粪便。用针或针叶刺1年生球果，或切除部分果鳞，虽有少量流脂，但很快停止，且球果还能正常发育。而受瘿蚊为害的球果则全部败育。说明流脂致死的小球果可能与瘿蚊的分泌物有关。

（三）生活习性

蛹体由红变黑后不久，虫体突破蛹壳，头部先出壳。蛹衣从头部蜕下，然后靠腹部转动使整个虫体爬出，蛹衣留在蛹壳处。羽化多发生于凌晨，上午较少。刚羽化的成虫体色较红，双翅折叠，翅面呈淡红黑色，且很不活跃，刚从蛹壳内出来时静止不动，虫体和触角颜色逐渐加深，约3min后翅面展开，为淡黑色，具蓝紫色金属光泽，静止时双翅叠于背上，约10min后成虫开始爬动，在地面停留一段时间后飞翔，上午9~10时飞翔活动加剧。羽化后成虫很快排泄少量红色物质。成虫飞翔力较弱，气温高时较活跃。羽化当天的成虫在林间飞舞数小时后即可交尾。成虫寿命约 2 天，每雌虫产卵约 30 粒。成虫具弱趋光性。成虫雌雄性比约为 1∶1。越冬蛹冬季结束后大多数仍为红色，少数由于小蜂寄生而死亡变黑，春季羽化前不久由红变黑。蛹具膜质半透明的茧壳。老熟幼虫遇雨水从小球果果鳞间爬出，落地后弯曲呈“C”形，弹跳，向外扩散，选择化蛹越冬场所。幼虫喜湿怕干。

二、油松球果小卷蛾

油松球果小卷蛾[*Gravitarmata margarotana* (Heinemann)]分布于我国江苏、浙江、安徽、河南、广东、四川、贵州、云南、陕西、甘肃，日本、俄罗斯、土耳其、瑞典、德国、法国也有分布。以幼虫危害油松、马尾松、华山松、白皮松、红松、赤松、黑松、湿地松、云南松、欧洲赤松等。1 年生球果被害后提早脱落，2 年生球果被害后多干缩枯死，严重影响种子产量。

（一）形态特征（图 8-3）

成虫　体长 6~8mm，翅展 16~20mm。体灰褐色。触角丝状，各节密生灰白色短绒毛，形成环带。下唇须细长前伸，末节长而略下垂。前翅有灰褐、赤褐、黑褐 3 色片状鳞毛相间组成不规则的云状斑纹，顶角处有 1 条弧形白斑纹。后翅灰褐色，外缘暗褐色，缘毛淡灰色。雄性外生殖器的抱器中部有明显的颈部，抱器端略呈三角形，两边具刺，表面被毛，阳茎短粗，阳茎针多枚。雌性外生殖器的产卵瓣宽，交配孔圆形而外露，有长短不一的囊突 2 枚。

卵　长 0.9mm，扁椭圆形。初期呈乳白色，孵化前黑褐色。

幼虫　体长 12~20mm，初孵幼虫污黄色。老熟幼虫头及前胸背板为褐色，胴部粉红色。

蛹　长 6.5~8.5mm，赤褐色。腹部末端呈叉状，并着生钩状臀棘 4 对。丝质茧黄褐色。

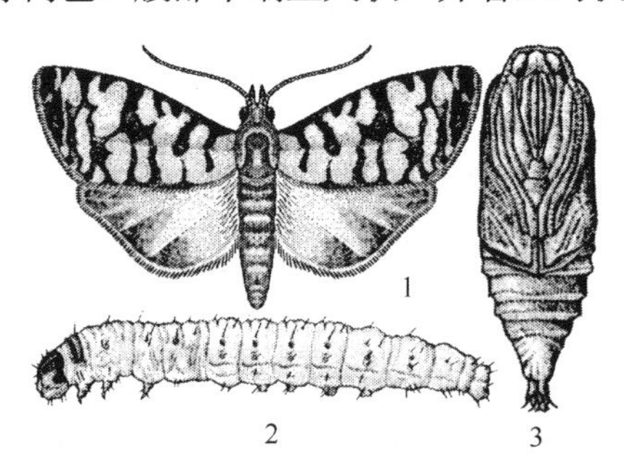

图8-3　油松球果小卷蛾，仿朱兴才（萧刚柔，1992）

1. 成虫；2. 幼虫；3. 蛹

（二）生活史及习性

1 年 1 代，以蛹在枯枝落叶层及杂草下越冬。成虫 2~3 月羽化，幼虫危害期在 3 月中旬至5月中旬。成虫羽化的时间因分布区的不同而异。卵散产于球果、嫩梢及2年生针叶上，一般每果2~3粒，卵期14~22天。初孵幼虫取食嫩梢表皮、针叶及当年生球果，几天后蛀入2年生球果、嫩梢危害，老熟后坠地，在枯枝落叶层及杂草丛中结茧化蛹。

三、松果梢斑螟

松果梢斑螟（*Dioryctria pryeri* Ragonot）又名油松球果螟，主要分布于我国东北、华北、西北，江苏、浙江、安徽、台湾、四川（张润志，1988；李镇宇等，1992）；朝鲜、日本、巴基斯坦、土耳其、法国、意大利、西班牙也有分布。危害油松、马尾松、华山松、火炬松、赤松、红松、黑松、黄山松、樟子松、白皮松、落叶松、云杉，幼虫蛀入球果和嫩梢，严重影响树木的生长和种子产量。

（一）形态特征（图8-4）

成虫　体长9~13mm，翅展20~30mm，体灰色具鱼鳞状白斑。前翅红褐色，近翅基有一条灰色短横线，波状内横线、外横线带灰白色，有暗色边缘；中室端部有1新月形白斑；靠近翅的前缘、后缘有淡灰色云斑；缘毛灰褐色。后翅浅灰褐色，前缘、外缘、后缘暗褐色，缘毛灰色。

卵　长0.7~1.0mm，扁椭圆形，淡黄色，孵化前粉红色。

幼虫　体长14~22mm，蓝黑色到灰色，有光泽，头部红褐色，前胸背板及腹部第9~10节背板为黄褐色，体上具较长的原生刚毛。腹足趾钩为双序环，臀足趾钩为双序缺环。

蛹　长9~14mm，红褐色，腹末端具钩状臀棘6根。

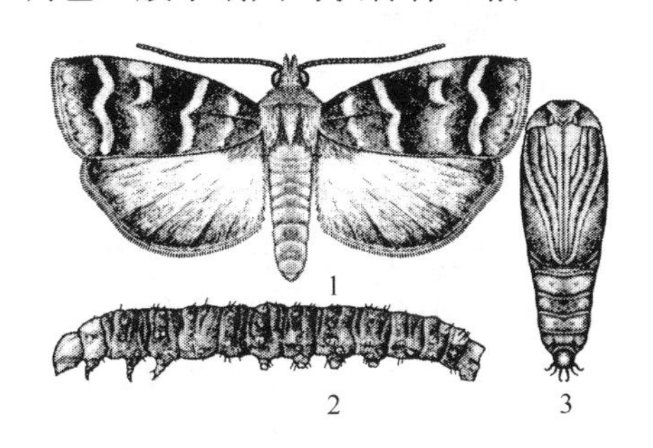

图8-4　松果梢斑螟，仿朱兴才（萧刚柔，1992）

1. 成虫；2. 幼虫；3. 蛹

（二）生活史及习性

每年发生世代因地区而异，辽宁、陕西1年1代，河南1年2代，四川1年4代。辽宁兴城生活史见表8-2。以幼虫在上年被害干枯球果及松梢内越冬，比例为83.6%和16.4%，5月初越冬幼虫开始转移危害1年生、2年生球果，部分幼虫先取食1年生球果，后转移到松梢及2年生球果内，占总数的80.4%。另一部分幼虫直接蛀入2年生球果，占总数的19.6%。6月初幼虫在2年生球果及松梢内化蛹，蛹期至7月底。6月下旬至7月下旬为成虫期，7月上旬为高峰期。7月上旬至中旬在被害球果及枯梢中开始出现下一代幼虫。

表8-2 松果梢斑螟年生活史（1987年，辽宁兴城）

1~3月			4月			5月			6月			7月			8月			9月			10月			11~12月		
上	中	下	上	中	下	上	中	下	上	中	下	上	中	下	上	中	下	上	中	下	上	中	下	上	中	下
(–)	(–)	(–)	(–)	(–)	(–)	–	–	–	–	–	–	–	–													
									○	○	○	○	○	○												
											+	+	+	+	+											
												•	•	•	•	•										
												–	–	–	–	–	–	–	–	–	–	–	–	(–)	(–)	(–)

注：○蛹；+成虫；•卵；–幼虫；（–）越冬幼虫。下同

四、微红梢斑螟

微红梢斑螟（*Dioryctria rubella* Hampson）又名松梢螟，分布于我国各地，朝鲜、日本、俄罗斯、欧洲也有分布。危害马尾松、黑松、油松、红松、赤松、黄山松、云南松、华山松、樟子松、火炬松、加勒比松、湿地松、雪松、云杉。幼虫蛀害主梢、侧梢、枝干，使松梢枯死，是松树的重要枝梢害虫（张润志等，1987；温俊宝等，1998）；蛀食球果，影响种子产量。中央主梢枯死后，引起侧梢丛生，使树冠畸形呈扫帚状，严重影响树木的生长，被害木当年生长的材积仅为健康木的1/3；如果连年受害，损失更严重。

（一）形态特征（图8-5）

成虫 雌虫体长10~16mm，翅展26~30mm，灰褐色；雄虫略小。触角丝状，雄虫触角有细毛，基部有鳞片状突起。前翅灰褐色，有3条灰白色波状横带，中室有1个灰白色肾形斑，后缘近内横线内侧有1个黄斑，外缘黑色，径脉分为4支，R3、R4基部合并。后翅灰白色，M2、M3共柄。足黑褐色。

卵 椭圆形，长约0.8mm，一端尖，黄白色，有光泽，将孵化时樱红色。

幼虫 共5龄。老熟幼虫体长20.6mm，体淡褐色，少数淡绿色。头、前胸背板褐色，中、后胸及腹部各节有4对褐色毛片，上生短刚毛。腹部各节的毛片，背面的2对小，呈梯形排列；侧面的2对较大。腹足趾钩双序环式，臀足趾钩双序缺环式。

蛹 长11~15mm，黄褐色，羽化前黑褐色。腹部末节背面有粗糙的横纹，末端有1块深色的横骨化狭条，其上着生3对钩状臀棘，中央1对较长，两侧2对较短。

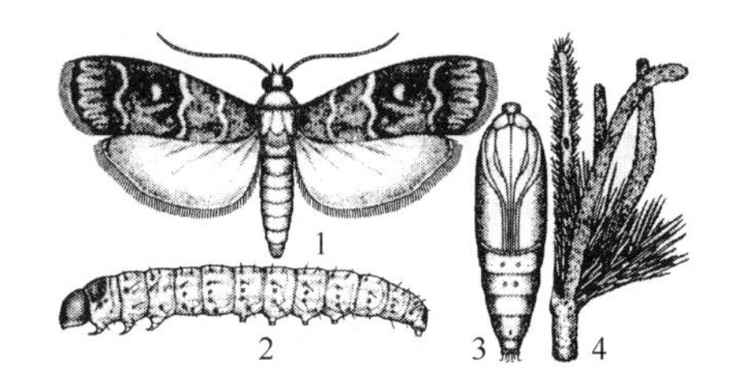

图8-5 微红梢斑螟，仿田恒德（1989）

1. 成虫；2. 幼虫；3. 蛹；4. 危害状

（二）生活史及习性

在吉林 1 年发生 1 代，北京、辽宁、河南 1 年发生 2 代，长江流域 1 年发生 2~3 代。辽宁兴城 1 年发生 2 代，以 3~4 龄幼虫在松梢内越冬。4 月上旬开始在松梢内继续取食，1992 年发现少量危害 2 年生球果，越冬代幼虫 5 月上旬开始化蛹，5 月中下旬为高峰期，第一代幼虫危害 2 年生球果及松梢，并在其内化蛹、羽化，幼虫期为 6 月中旬至 7 月下旬，7 月中旬为始蛹期，8 月上旬成虫开始羽化，8 月中旬至 9 月初为第一代成虫高峰期，8 月中旬小幼虫取食当年生梢头，准备越冬（表 8-3）。

表8-3　微红梢斑螟年生活史（1986年，辽宁兴城）

1~3 月			4 月			5 月			6 月			7 月			8 月			9 月			10 月			11~12 月		
上	中	下	上	中	下	上	中	下	上	中	下	上	中	下	上	中	下	上	中	下	上	中	下	上	中	下
(–)	(–)	(–)	–	–	–	–	–	–	–	–	–															
						○	○	○	○	○	○	○														
									+	+	+	+	+	+												
										•	•	•	•	•	•											
										–	–	–	–	–	–	–	–									
													○	○	○	○	○	○	○							
															+	+	+	+	+	+						
																•	•	•	•	•						
																–	–	–	–	–	–	–	–	(–)	(–)	(–)

五、松实小卷蛾

松实小卷蛾[*Retinia cristata*（Walsingham）]分布于我国华北、东北、华南、西南、陕西（李镇宇等，1992），国外分布于朝鲜、日本。危害松类和侧柏，春季第 1 代幼虫蛀食当年生嫩梢，使之弯曲呈钩状，逐渐枯死，影响高生长。夏季第 2 代幼虫蛀食球果，使其枯死，种子减产。

（一）形态特征（图 8-6）

成虫　体长 4.6~8.7mm，翅展 11~19mm，黄褐色。头深黄色，有土黄色冠丛。下唇须黄色。触角丝状，静止时贴伏于前翅上。前翅黄褐色，中央有 1 条较宽的银色横斑，靠臀角处具 1 个肾形银色斑，内有 3 个小黑点，翅基 1/3 处有银色横纹 3~4 条，顶角处有短银色横纹 3~4 条。后翅暗灰色，无斑纹。

卵　长约 0.8mm，椭圆形，黄白色，半透明，将孵化时为红褐色。

幼虫　体长约 10mm，体表光滑，无斑纹。头部及前胸背板黄褐色。

蛹　长 6~9mm，纺锤形，茶褐色，末端有 3 个小齿突。

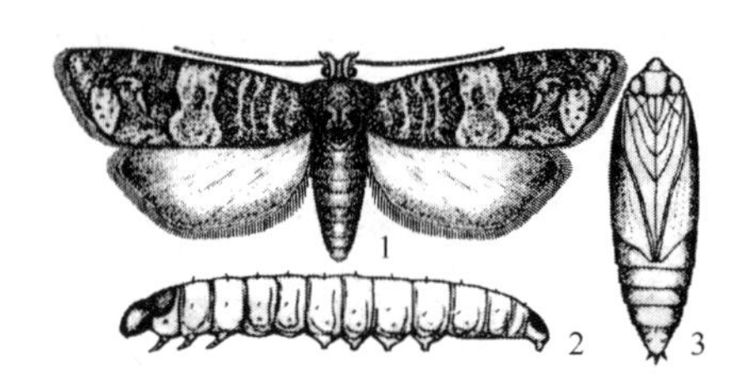

图8-6　松实小卷蛾，仿田恒德（萧刚柔，1992）

1. 成虫；2. 幼虫；3. 蛹

（二）生活史及习性

辽宁兴城1年发生2代（表8-4，张润志等，1990），以蛹在枯梢及球果内结茧越冬，越冬代成虫出现于5月上旬至6月上旬。5月中旬开始出现第1代幼虫，危害松梢和刚膨大的2年生球果。1992年观察到其大量为害1年生小球果，与松果梢斑螟同时取食，后转移危害松梢和2年生球果，幼虫在被害梢基部和2年生球果内越冬、化蛹，第一代成虫期为6月中旬至8月中旬，7月中旬开始出现越冬代幼虫，危害膨大后期至成熟期的球果，9月中旬开始化蛹于球果和松梢中，并在其中越冬。1992年4月中旬即见越冬代成虫。

表8-4　松实小卷蛾年生活史（1987年，辽宁兴城）

1~3月			4月			5月			6月			7月			8月			9月			10月			11~12月		
上	中	下	上	中	下	上	中	下	上	中	下	上	中	下	上	中	下	上	中	下	上	中	下	上	中	下
○	○	○	○	○	○	○	○	○																		
						+	+	+	+																	
							•	•	•	•																
							–	–	–	–	–	–	–													
										○	○	○	○	○	○	○	○	○	○							
											+	+	+	+	+											
												•	•	•	•	•										
													–	–	–	–	–	–	–	–	–					
																			○	○	○	○	○	○	○	○

第二节　危害及产量损失

一、害虫种类及其危害

（一）害虫危害概况

危害油松雌雄球花、1年生小球果、2年生大球果、种子和新梢的害虫有9种（表8-5），在兴城以油松球果瘿蚊和松果梢斑螟最为严重，松实小卷蛾次之，微红梢斑螟主要危害主梢和顶梢，其余虫种为害较轻。另外，赤松毛虫（*Dendrolimus spectabilis*）和松针小卷蛾（*Epinotia rubiginosana*）取食针叶，可使个别枝条上的球果死亡，油松球蚜（*Pineus pinitabulaeformis*）、松沫蝉（*Aphrophora flavipes*）和松大蚜（*Cinara pinitabulaeformis*）刺吸危害，会使枝条萌发、生长和球果发育受到影响，但却少见导致球果死亡。

表8-5　油松种实害虫种类及其危害情况

分类地位	中名	学名	危害部位					
			♂花	♀花	小球果	大球果	种子	新梢
双翅目瘿蚊科	油松球果瘿蚊	*Cecidomyia weni* Jiang	+	+	+			
鳞翅目螟蛾科	松果梢斑螟	*Dioryctria pryeri* Ragonot	+	+	+	+	+	+
鳞翅目卷蛾科	松实小卷蛾	*Retinia cristata*（Walsengham）	+	+	+	+		+
鳞翅目螟蛾科	微红梢斑螟	*Dioryctria rubella* Hampson				+	+	+
同翅目蝽科	金绿宽盾蝽	*Poecilocoris lewisi* Distant				+		
同翅目沫蝉科	松沫蝉	*Aphrophora flavipes* Uhler	+	+				
鞘翅目朽木甲科		Alleculidae	+					
缨翅目管蓟马科		Phloeothripidae						+
鞘翅目象甲科	大盾象	*Magdolis* sp.						+

注：+代表昆虫为害油松的部位

（二）主要种实害虫的季节性危害周期

油松球果在整个生长发育过程中均有害虫危害，但多年观察发现危害具有一定的季节性。危害期一般在5~10月，以5月、6月最为集中，且与油松的开花结实等物候密切相关（表8-6），如5月上旬、中旬当油松开花授粉时，正是松果梢斑螟越冬幼虫转移危害期，是防治该主要害虫的关键时期。在无性系的开花盛期，及时防治可望收到良好效果。

表8-6　油松球果害虫的季节性危害与油松相应的物候

比较项目	月份	4		5			6			7			8			9			10		
	旬	中	下	上	中	下	上	中	下	上	中	下	上	中	下	上	中	下	上	中	下
虫种及危害期	油松球果瘿蚊			×	×	×	×	×	×	×	×	×	×	×	×	×	×	×	×		
	松果梢斑螟			×	×	×	×	×	×	×	×	×	×	×	×	×	×	×			
	松实小卷蛾				×	×	×	×	×	×	×	×	×	×	×	×	×	×	×		
	微红梢斑螟			×	×	×	×	×	×	×	×	×	×	×	×	×	×	×	×		
	朽木甲			×	×	×															
	金绿宽盾蝽												×	×	×	×	×	×	×	×	
油松物候期	球花发育期	×	×		×	×															
	雌球花可授粉期				×	×															
	雄球花散粉期			×	×	×															
	小球果生长期					×	×	×	×	×	×	×	×	×	×	×	×	×	×	×	×
	球果膨大期			×	×	×	×	×	×												
	球果膨大后期									×	×	×	×	×	×	×					
	球果成熟期																×	×	×	×	

注：×表示各虫种危害期与寄主的物候期

（三）油松球果害虫的危害特点

兴城油松种子园种实害虫危害越来越重。根据 1985~1988 年对 2 年生球果受害率调查，相应为 6.5%、29.3%、44.4%和 87.6%，被害株率 1985 年为 90%，1986 年后达 100%。油松球果瘿蚊主要危害 1 年生小球果，松果梢斑螟和松实小卷蛾则对 1 年生、2 年生球果均造成严重危害，微红梢斑螟除严重危害主梢外，对 2 年生球果也有相当危害。因多种害虫危害期相互交错或重叠（表 8-6），4~9 月整个生长季均有害虫危害松梢和球果，没有很明显的受害高峰期，虫口稳中有升，连年成灾。由于虫体小，钻蛀性强，生活隐蔽，加之树体高大，林相单一，有利于害虫扩散而不利于防治，害虫从无到有，从少到多，从局部发生到广布全园。受害株树冠上、中、下各层和各方位都有害虫。

二、油松球果生命表

球果生命表是研究球果不同时期的死亡率及死亡原因的重要方法，用于分析害虫种群在球果整个生命过程中的消长变化规律，探索害虫种群自然死亡原因，以便有效制定控制害虫种群的措施（温俊宝等，1997）。

（一）油松球果生命表

表 8-7 列出了 1992 年油松 1 年生球果的生命表，从表 8-7 中可以看出，从雌球花出现到 11 月 17 日的整个观察期内，1992 年 1 年生球果总的死亡率为 64.98%，致死因子有油松球果瘿蚊、松果梢斑螟、松实小卷蛾、朽木甲、败育和失踪等。其中最主要的致死因子为油松球果瘿蚊，由其致死数占球果总数的 19.58%；其次为松果梢斑螟危害，为 16.04%，松实小卷蛾为 12.64%，朽木甲为 12.89%，败育为 3.25%，失踪为 0.34%。流脂从 6 月开始出现，由第一代油松球果瘿蚊引起，但比例较小。8 月、9 月两个月流脂较为集中，由越冬代油松球果瘿蚊引起，8 月 3 日至 10 月 3 日之间流脂 1 年生球果占 1 年生球果流脂总数的 55.78%，松果梢斑螟的侵害期在 5 月 3 日至 7 月 3 日，受害球果在 5 月 13 日至 6 月 3 日最多，占受松果梢斑螟危害球果总数的 84.05%，发现朽木甲也危害小球果，在雌球花开放初期危害最烈，5 月 3~13 日即危害达 8.07%，占此类危害的 62.60%。松实小卷蛾新发现危害 1 年生小球果，危害期为 5 月、6 月，也以雌球花刚开放的 5 月为烈，5 月 3~ 23 日危害占此类危害总数的 66.93%。败育主要集中在雌球花出现的初期，5 月败育球果占总败育球果的 83.33%。总的来说，雌球花和 1 年生小球果的损失在前期（5 月、6 月）主要以两种鳞翅目害虫和朽木甲为主，后期则以油松球果瘿蚊引起的流脂为主。

表 8-8 列出了 1992 年采穗圃 2 年生球果部分生命表，各致死因子汇总于表 8-9，从 5 月 3 日至 10 月 3 日球果采收的整个观察过程中，2 年生球果总的受害率为 79.41%，主要致死因子有松果梢斑螟、松实小卷蛾、微红梢斑螟以及松果梢斑螟和松实小卷蛾共同危害；危害 2 年生球果的比例分别为 27.57%、38.60%、3.31%和 9.19%。其中最主要的危害因子是松实小卷蛾，其次为松果梢斑螟，两者共同危害也占相当比例。人为和其

表8-7　油松1年生球果生命表（1992年）

时期（月.日）	果龄/月	球果存活数/个	死亡因子	死亡球果数/个	死亡百分率/%	累计死亡率/%
5.3~5.13	0~1	2033	松实小卷蛾	51	2.51	13.28
			松果梢斑螟	22	1.08	
			败育	33	1.62	
			朽木甲	164	8.07	
			小计	270	13.28	
5.13~5.23	0~1	1763	朽木甲	78	3.84	31.33
			松实小卷蛾	121	5.95	
			松果梢斑螟	144	7.08	
			败育	22	1.08	
			失踪	2	0.10	
			小计	367	18.05	
5.23~6.3	1~2	1369	朽木甲	20	0.98	42.45
			松实小卷蛾	68	3.34	
			松果梢斑螟	130	6.39	
			败育	3	0.15	
			失踪	5	0.25	
			小计	226	11.12	
6.3~6.13	1~2	1170	松实小卷蛾	11	0.54	44.02
			松果梢斑螟	14	0.69	
			败育	2	0.10	
			油松球果瘿蚊	5	0.25	
			小计	32	1.57	
6.13~6.23	1~2	1138	松实小卷蛾	4	0.20	45.94
			松果梢斑螟	14	0.69	
			败育	6	0.30	
			油松球果瘿蚊	15	0.74	
			小计	39	1.92	
6.23~7.3	2~3	1099	松实小卷蛾	2	0.10	47.02
			松果梢斑螟	2	0.10	
			油松球果瘿蚊	18	0.89	
			小计	22	1.08	
7.3~7.13	2~3	1077	油松球果瘿蚊	27	1.33	48.35
7.13~7.23	2~3	1050	油松球果瘿蚊	32	1.57	49.93
7.23~8.3	3~4	1018	油松球果瘿蚊	7	0.34	50.27
8.3~8.13	3~4	1011	油松球果瘿蚊	27	1.33	51.60
8.13~8.23	3~4	984	油松球果瘿蚊	50	2.46	54.06
8.23~9.3	4~5	934	油松球果瘿蚊	72	3.54	57.60
9.3~9.13	4~5	862	油松球果瘿蚊	15	0.74	58.34
9.13~9.23	4~5	847	油松球果瘿蚊	34	1.67	60.01
9.23~10.3	5~6	813	油松球果瘿蚊	24	1.18	61.19
10.3~11.3	5~6	789	油松球果瘿蚊	77	3.79	64.98
11.3	6	712	总计	1321	64.98	64.98

表8-8　油松2年生球果生命表（1992年）

时期（月.日）	果龄/月	球果存活数/个	死亡因子	死亡球果数/个	死亡百分率/%	累计死亡率/%
5.3~5.13	12~13	272	松实小卷蛾	4	1.47	1.47
5.13~5.23	12~13	268	松实小卷蛾	46	10.91	48.51
			松果梢斑螟	62	22.79	
			D.P＋R.C	20	7.35	
			小计	128	47.06	
5.23~6.3	13~14	140	松实小卷蛾	10	3.68	56.25
			松果梢斑螟	8	2.94	
			D.P＋R.C	3	1.10	
			小计	21	7.72	
6.3~6.13	13~14	119	松实小卷蛾	2	0.74	58.82
			松果梢斑螟	3	1.10	
			D.P＋R.C	1	0.74	
			微红梢斑螟	1	0.37	
			小计	7	2.57	
6.13~6.23	13~14	112	松实小卷蛾	2	0.74	61.03
			D.P＋R.C	1	0.37	
			微红梢斑螟	1	0.37	
			小计	6	2.21	
6.23~7.3	14~15	106	松实小卷蛾	14	5.15	68.38
			微红梢斑螟	4	1.47	
			D.R＋R.C	2	0.74	
			小计	20	7.35	
7.3~7.13	14~15	86	松实小卷蛾	3	1.10	69.85
			微红梢斑螟	1	0.37	
			小计	4	1.47	
7.13~7.23	14~15	82		0	0	69.85
7.23~8.3	15~16	82	松实小卷蛾	2	0.74	70.96
			微红梢斑螟	1	0.37	
			小计	3	1.10	
8.3~8.13	15~16	79	松实小卷蛾	7	2.57	73.53
8.13~8.23	15~16	72	松实小卷蛾	5	1.84	75.74
			微红梢斑螟	1	0.37	
			小计	6	2.21	
8.23~9.3	16~17	66	松实小卷蛾	6	2.21	77.94
9.3~9.13	16~17	60	松实小卷蛾	4	1.47	79.41
9.13~9.23	16~17	56		0	0	79.41
9.23~10.3	17~18	56			0	79.41
10.3~采收	18	56	合计	216	79.41	79.41

注：D.P＋R.C 为松果梢斑螟和松实小卷蛾共同为害；D.R＋R.C 为微红梢斑螟和松实小卷蛾共同为害

表8-9　油松球果生命表中各致死因子分析

致死因子	雌球花和1年生球果						2年生球果			
	种子园第一大区				采穗圃		种子园第一大区		采穗圃	
	1987年		1991年		1992年		1987年		1992年	
	数量/个	比例/%	数量/个	比例/%	数量/个	比例/%	数量/个	比例/%	数量/个	比例/%
朽木甲					262	12.9				
松实小卷蛾					257	12.6	71	19.2	105	38.6
松果梢斑螟	382	22.4	576	46.5	326	16.0	115	31.2	75	27.6
油松球果瘿蚊	758	44.5	433	35.0	398	19.6				
微红梢斑螟							10	2.7	9	3.3
D.P＋R.C									25	3.2
败育	209	12.3	81	6.5	66	3.3				
失踪	39	2.3	28	2.3	7	0.3	10	2.7		
其他							7	1.9	2	0.7
合计	1388	81.4	1118	90.3	1321	65.0	213	57.3	216	79.4
健康	317	18.6	120	9.7	712	35.0	156	42.8	56	20.6

注：D.P＋R.C为松果梢斑螟和松实小卷蛾共同为害

他自然损失极少。松果梢斑螟对2年生球果危害期与其危害1年生球果基本一致，在5月13日至6月23日之间以5月13~23日最为集中，占此类危害总数的82.67%，两代松实小卷蛾均为害2年生球果，5~9月整个生长季均有危害。造成危害比较集中的是5月14~24日，占此类危害总数的43.8%。1992年与1987年相比，情况变化较大，表现在松实小卷蛾和松果梢斑螟的地位互换，松实小卷蛾的危害期提前，且两者共同危害同一个球果比例较大，2年生球果总的受害率（79.4%）有较大幅度增加（1987年为57.2%）。

（二）害虫对油松球果发育的影响分析

由表8-10还可以看出松果梢斑螟对球果的侵入进程。5月13日以前，只发现少量松果梢斑螟幼虫蛀食1年生小球果，尚未发现蛀食2年生球果，5月13~23日发现大量幼虫蛀食1年生、2年生球果，这说明了大部分越冬幼虫转移后先危害1年生球果，后再转移至2年生球果，5月13~23日是松果梢斑螟侵入危害1年生、2年生球果的高峰期，此期间侵害的1年生、2年生球果占其总危害数的44.2%和82.7%，以后侵害球果的数量逐渐下降。

表8-10　松果梢斑螟各时期危害球果比例（1992年）

时期（月. 日）	5.3~5.13		5.13~5.23		5.23~6.3		6.3~6.13		6.13~6.23		6.23~7.3		合计	
	数量/个	比例/%	数量/个	比例/%	数量/个	比例/%	数量/个	比例/%	数量/个	比例/%	数量/个	比例/%	数量/个	比例/%
2年生	0	0	62	82.7	8	10.7	3	4	2	2.7	0	0	75	100
1年生	22	6.8	114	44.2	130	39.9	14	4.3	14	4.3	2	0.6	326	100

1992年还观察到松果梢斑螟、松实小卷蛾、微红梢斑螟3种害虫共同危害同一个2年生球果的情况，这种情况极少见到。松果梢斑螟和松实小卷蛾共同危害较多出现在5月。由于食料竞争结果，出现部分虫口死亡，说明一般情况下害虫对球果取食有选择性。油松从雌球花的花芽分化到球果成熟历时2年多，球果生命表就是分析这一时期引起雌球花、1年生球果和2年生球果各死亡因子及其比例。1992年1年生、2年生球果保存率仅分别为35.02%、20.59%。如翌年2年生球果损失比例相同，球果一生中保存率仅为7.21%，考虑到膨大后期至成熟受害的2年生球果可产部分种子，得到的种子产量也仅为潜在种子产量的10%。90%的种子产量损失主要由昆虫危害导致。

三、害虫对种子产量和质量的影响

（一）球果种子受害情况

1992年对采收球果检查，健康球果占70.41%，虫害球果占29.6%（表8-11）。采收的虫害球果绝大多数是后期受害，主要为越冬代松实小卷蛾和第一代微红梢斑螟危害所致，且存在两者共同为害同一球果的情况，但数量较少。松实小卷蛾和第一代微红梢斑螟入侵部位和危害球果症状不同，前者主要从中下部侵入，只有一侧果鳞变色、干枯、流脂，流脂量较大，果形弯曲，不提早翘裂；后者主要从中上部侵入，果鳞变色干枯，流脂较少，被害部位疏松，果形不弯曲，提早翘裂。绝大多数球果受松实小卷蛾危害（温俊宝等，1997）。

表8-11　采收后油松球果受害情况

受害级别	0	I	II	III	Σ
球果数量/个	3989	412	571	693	5665
比例/%	70.41	7.27	10.08	12.23	100.00

据对4个无性系5个球果受害等级的鲜果重、种子重、千粒重、出籽率及发芽率的测定，不同受害等级的球果，其鲜果重、种子重、千粒重、出籽率都存在极显著差异，而发芽率差异不显著。在无性系间上述各项差异也不显著。健康球果与虫害球果在鲜果重、种子粒数上差异均显著，即虫害明显影响球果鲜重、种子粒数。除Ⅰ级受害果外，健康球果与其他虫害球果在种子重上均有明显差异。说明球果轻微受害将不显著影响种子重，而中等及严重受害球果的种子重将明显下降。健康球果和虫害Ⅰ级、Ⅱ级球果的出籽率和千粒重差异不显著，和虫害Ⅲ级、Ⅳ级球果的出籽率和千粒重差异极显著，即只有严重受害球果才显著降低出籽率和千粒重（表8-12）。

（二）昆虫为害对树木生长的影响

微红梢斑螟、松果梢斑螟和松实小卷蛾都能危害油松的顶芽、顶梢和侧梢等部位。其中微红梢斑螟是最主要的枝梢害虫，幼虫蛀食顶梢、主梢甚至多年生枝条，对幼树危害更甚，影响高生长和树型。害虫对枝梢危害的综合表现为：①害虫致死顶芽、顶梢，使雌花芽不能产生或致死；②小球果受害枯死后，害虫从果柄处向下直接蛀入梢内；③受害枝梢为下一代球果害虫提供越冬场所。这说明枝梢害虫对球果有间接危害。微红梢斑螟虽不是主要球果害虫，但在种子园中不容忽视。

表8-12　不同受害级别球果种子差异性比较

级别	鲜果重		种子重		出籽率		产种粒数		千粒重	
	平均重/g	水平0.01	平均重/g	水平0.01	平均出籽率/%	水平0.01	平均粒数/个	水平0.01	平均重/g	水平0.05
0	297.5	A	14.7	AB	4.87	ABC	358	A	41.85	ab
Ⅰ	261.5	AB	10.9	ABC	4.14	ABC	280	B	38.26	bc
Ⅱ	236.5	BC	7.1	BCD	3.00	BCD	195	C	36.18	bc
Ⅲ	183.8	D	3.7	CDE	2.52	CD	97	D	35.15	c
Ⅳ	94.0	E	0.0	DE	0.00	D	0			

注：Fisher 差异显著性，同一列字母有相同者表示两者差异不显著

微红梢斑螟为害对树型的影响　受害特征大致可分下列各类：①打枝，一个或多个侧枝受害致死，树干并不弯曲；②弯曲，由于顶梢被破坏，侧枝生长超过受害顶梢，使树干弯曲；③分叉，两个或多个侧枝占优势，如果一个侧枝占优势，分叉也可以引起弯曲；④丛枝，每轮枝条数目比正常情况多，由于主梢上部被破坏，下部不定芽萌发长出大量枝条；⑤枯梢，害虫侵害导致顶枝枯死，而不定芽也不发育，树顶枯死。实际上，在同一棵树的主干上可能同时存在上述几种受害类型。树干畸形可能一直存在，也可能在害虫停止为害后恢复正常。1992 年调查采穗圃上年仅上半部受害的 264 个主梢，有 39.4%不能产生新梢，而在正常情况下，平均每轮侧梢数为 4~5 个。主梢上部受害后不正常萌梢累计可达 35.7%，丛枝现象较为普遍。

1978~1987 年对 1975 年定植嫁接树的连续调查表明，油松主梢受微红梢斑螟危害随树龄增加而加重，10 年生左右最严重，再往后则有所下降。1988 年对历年营造的第 4~10 年生油松幼林主梢受害率调查也有同样的结果。1992 年对 100 株 10 年生采穗圃幼树的调查，主梢受害率趋势相同（表 8-13）。在一大区结合去劣疏伐修枝后对 100 株树的主干受害历史的调查表明：主梢未受害的只占 10%，分别受害 1~4 次的分别为 50%、24%、8%、8%。主梢连年受害的情况极少，调查 250 株只发现有 20 例，占 8%。10 年生以后主枝受害情况并无明显规律，但总的受害率都不会超过 20%。

表8-13　采穗圃幼树和种子园植株主梢受害率

年份	1979	1980	1981	1982	1983	1984	1985	1986	1987	1988	1989	1990	1991	1992
采穗圃/%						0	1	8	8	11	18	7	30	30
种子园/%	13	17	15	20	13	13	8	12	10	17	8	2	1	7

微红梢斑螟危害对树高生长的影响　主梢受害后，大部分将由上年侧梢替代，而油松顶端优势很强，主梢一般较侧梢生长量大，所以调查时所得到的受害年高生长较正常年高生长稍小。微红梢斑螟危害后对树高生长的影响与主梢受害次数有关。次数越多，

高生长降低越多。不同年份主梢受害导致高生长降低程度不尽相同，平均为 39.6%。

第三节 球果害虫的生态学

一、不同无性系的油松球果瘿蚊发生情况比较

在辽宁兴城油松种子园调查了 14 个无性系，各 5 株，共 70 株树下的瘿蚊蛹数量，方差分析表明无性系之间差异极显著［$F_{(13, 56)}=20.44$］，经多重比较，9#无性系树下越冬代瘿蚊蛹数量与其他无性系间差异极显著，而其他无性系间差异不显著（表 8-14）。

表8-14 不同无性系越冬代瘿蚊蛹数量变动情况

无性系	46#	14#	16#	10#	8#	31#	28#	22#	44#	13#	27#	15#	32#	9#
均数/个	2.0	3.8	4.0	4.4	5.2	5.6	6.4	7.2	8.0	9.6	12.8	14.4	15.2	140.4
标准差	2.00	3.12	2.92	2.61	3.63	6.69	2.19	3.63	5.56	7.13	11.10	8.29	3.35	63.14
变异系数	1.00	0.82	0.73	0.59	0.70	1.19	1.56	0.50	0.71	0.74	0.87	0.58	0.22	0.45

各无性系内树下越冬代瘿蚊蛹数量的变动系数相差很大，9#、22#和 32#无性系蛹量的变动系数最小，每株树下的越冬蛹量较稳定。经方差分析，无性系间雌花花期早晚、雌花数量多少与越冬代瘿蚊蛹数量无关。9#无性系下越冬代瘿蚊蛹数量最大，数量变动范围也较小。

二、两种球果害虫的竞争关系

松果梢斑螟越冬幼虫主要危害油松球果及当年生枝梢，且大部分先蛀食 1 年生球果后转移为害 2 年生球果，松实小卷蛾第一代幼虫主要危害松梢及刚膨大的 2 年生球果。在一般年份，两者很少蛀食同一球果，只有在两种害虫数量较大，且遇上结实不良的情况下，才有较多的油松球果在 5 月、6 月同时受到这两种害虫的危害。如表 8-15 所示，1992 年共同危害比例明显高于 1991 年。松果梢斑螟和松实小卷蛾的竞争并不经常发生，只有当两种害虫的种群数量相对于结实小年的球果数量很高，且两者同时集中危害 2 年生球果时，两种球果害虫危害同一球果的可能性才增加，食料竞争才激烈起来。

表8-15 2年生球果受害情况（1991~1992年）

地点	年份	受害球果数/个	D.P 危害球果/%	R.C 危害球果/%	D.P+R.C 危害球果/%
采穗圃	1991	100	50.00	46.00	4.00
采穗圃	1992	200	36.00	50.00	14.00
种子园	1991	100	52.00	44.00	4.00
种子园	1992	100	41.00	42.00	17.00

注：D.P 指松果梢斑螟；R.C 指松实小卷蛾；D.P+R.C 指共同危害

第四节　害虫防治与综合管理

一、化学防治

按表 8-16、表 8-17 中不同药剂防治效果排序，2.5%三氟氯氰菊酯乳油（俗称功夫）为最佳药剂，浓度为 3000 倍，可最终提高 1 年生、2 年生球果保存率 32.0%和 38.9%。菊酯类药剂排序一般优于有机磷类药剂，主要由于其持效期较长。用功夫菊酯处理，不论短期和长期的保存率都较高（表 8-16、表 8-17）。

本试验所选择的防治时期为 1992 年 5 月 3~17 日两次，此时正是松果梢斑螟越冬幼虫转移危害球果和松实小卷蛾初龄幼虫危害球果的盛期，也是油松球果瘿蚊越冬代成虫大量出现的时期。5 月 24 日、6 月 11 日、8 月 11 日和 10 月 3 日 4 次检查两次施用 2.5%三氟氯氰菊酯乳油、20%灭扫利乳油（甲氰菊酯）、40%氧化乐果乳油、50%杀螟松乳油（杀螟硫磷）、50%甲胺磷乳油、20%速灭杀丁乳油（氰戊菊酯）6 种农药的效果，施药提高了 1 年生、2 年生球果保存率，也就是降低了松果梢斑螟和松实小卷蛾等害虫对球果的危害率。5 月 24 日检查的防治结果经方差分析表明，1 年生、2 年生球果各种药剂、两种浓度处理与对照的差异均极显著（$F_{1\,(12,\ 212)}=6.30$、$F_{2\,(12,\ 209)}=4.12$）。由于大量虫口由 1 年生球果大量转移到 2 年生球果，对照 2 年生球果的被害率达 52.1%。多重比较结果，对 1 年生球果防治效果，只有 2.5%功夫乳油 2000 倍液和 3000 倍液与对照差异极显著，灭扫利 2000 倍液，杀螟松乳油 800 倍液，50%甲胺磷 1200 倍液和 800 倍液与对照差异显著；对 2 年生球果防治效果只有功夫乳油 2000 倍液与对照差异显著。

表 8-16　不同药剂处理 1 年生球果的害虫防治效果（1992 年）

药剂种类	检查时间			5月24日			6月11日			8月11日			10月3日	
	浓度/倍	株数/株	球果总数/个	排序	好果率/%	差异	排序	好果率/%	差异	排序	好果率/%	差异	排序	好果率**/%
灭扫利	3000	17	502	10	92.2	A*	11	71.3	A	8	59.5	A	7	49.4
灭扫利	2000	17	408	7	94.6	A	3	85.5	AB	3	81.1	A	1	75.7
氧化乐果	1000	15	439	12	87.0	A	12	64.2	A	10	54.9	A	8	46.9
氧化乐果	750	13	285	11	90.8	A	10	72.2	A	5	63.5	A	5	57.5
功夫	3000	17	395	8	93.6	AB	2	87.3	A	1	84.0	A	2	71.6
功夫	2000	15	339	1	96.7	AB	1	90.5	AB	2	82.8	AB	3	63.7
杀螟松	1200	17	628	9	93.6	A	8	74.2	A	9	59.5	A	6	49.6
杀螟松	800	19	566	4	95.7	AB	5	78.4	A	11	51.5	A	9	45.7
甲胺磷	1200	18	300	3	96.0	AB	9	73.0	A	7	61.3	A	10	42.3
甲胺磷	800	17	474	5	95.3	AB	6	76.5	AB	6	62.2	A	11	41.7
速灭杀丁	3000	13	342	2	97.9	A	7	75.4	A	12	49.4	A	12	33.3
速灭杀丁	2000	10	312	6	94.8	A	4	82.7	A	4	71.7	A	4	59.6
对照		37	1990		84.9	AC		56.8	AC		47.8	AC		39.7

*同一列标有不同字母的差异显著性 $P \leqslant 0.05$；**该列数值两两间无显著性差异。下同

表8-17 不同药剂处理2年生球果的害虫防治效果（1992年）

药剂种类	检查时间			5 月 24 日			6 月 11 日			8 月 11 日		10 月 3 日	
	浓度/倍	株数/个	球果总数/个	排序	好果率/%	差异	排序	好果率/%	差异	排序	好果率/%	排序	好果率/%
灭扫利	3000	14	39	7	71.7	A*	5	66.6	A	3	61.5	3	48.7
灭扫利	2000	15	57	4	80.7	A	3	77.1	A	2	63.1	2	54.3
氧化乐果	1000	12	74	11	54.0	A	11	44.5	A	10	28.3	9	27.0
氧化乐果	750	15	43	6	75.0	A	8	56.2	A	7	41.6	7	37.5
功夫	3000	14	57	2	96.4	A	2	85.9	A	1	73.6	1	66.6
功夫	2000	17	88	1	97.7	AB	1	92.0	AB	4	60.2	4	47.7
杀螟松	1200	19	116	9	69.8	A	6	62.9	A	9	33.6	10	25.8
杀螟松	800	17	81	12	48.1	A	12	40.7	A	12	20.9	12	14.8
甲胺磷	1200	17	72	10	62.5	A	10	45.8	A	11	22.2	11	18.0
甲胺磷	800	17	70	8	71.4	A	9	54.2	A	8	40.0	8	27.1
速灭杀丁	3000	14	86	5	76.7	A	7	61.6	A	5	57.4	5	46.5
速灭杀丁	2000	16	123	3	84.5	A	4	70.7	A	6	45.5	6	39.0
对照		35	281		52.3	AC		46.9	AC		35.2		27.7

二、人工防治

1992 年 6 月，在松果梢斑螟和松实小卷蛾集中危害 2 年生球果及松梢时，在采穗圃连片对 100 株油松全部采集和剪除前期受害果梢。采收前检查后期球果受害情况，表明枝梢内虫口数略高于球果内虫口数，松果梢斑螟虫口占总虫口的 80.5%，而松实小卷蛾虫口只占总虫口的 19.5%。采集前期受虫害果梢，可降低后期球果受害率 34.2%。

1993 年早春 4 月，在采穗圃连片人工剪除去年受害球果及枝梢，减少越冬虫口，1993 年 5 月底抽样调查当年受害情况说明可以有效降低当年 1 年生、2 年生球果和枝梢受害率（表 8-18）。

表8-18 采集上年受害果梢对降低当年受害的效果（1993年）

项目	调查株数	1 年生球果		2 年生球果		枝梢	
		总数/个	受害/%	总数/个	受害/%	总数/个	受害/%
处理	30	156	23.7	647	15.6	777	1.7
对照	40	172	56.4	483	42.7	1135	14.5
降低			32.7		27.0		12.9
防治效果			58.0		63.2		89.0

三、生物防治

（一）天敌种类及其保护

寄生于油松球果瘿蚊越冬蛹的天敌有 3 种：球果瘿蚊啮小蜂（*Aprostocetus* sp.）、瘿蚊黄足啮小蜂［*Aprostcetus*（*Aprostcetus*）*rhacius*（Walker）］和球果瘿蚊短喙金小蜂

（*Capellia coni* Yang）。这3种寄生小蜂均为单蛹寄生，总寄生率可达20.9%。春季天气转暖后，重点收集有油松球果瘿蚊越冬蛹的地表枯枝落叶，集中置于林内，用细纱覆盖，既阻止瘿蚊成虫羽化后飞走，又可保护蛹寄生蜂正常扩散。

已知寄生3种鳞翅目球果害虫幼虫的天敌有4种：长距茧蜂（*Macrocentrus* sp.）、愈腹茧蜂（*Phanerotoma* sp.）、日本黑瘤姬蜂［*Coccygomimus nipponicus*（Uchida)］、低缝姬亚科中低缝姬蜂族（*Porizontini* sp.）。长距茧蜂主要寄生于微红梢斑螟幼虫，也可寄生于松果梢斑螟幼虫。

（二）芫菁夜蛾线虫防治球果害虫初探

1992年，用芫菁夜蛾线虫Beijing品系，用量为5000条/虫，对30头微红梢斑螟3~4龄幼虫处理，经71h后全部死亡，对照组死亡率为16.7%。芫菁夜蛾线虫Beijing品系对15头松实小卷蛾3~4龄幼虫处理，经24h后全部死亡，对照组死亡率为6.7%。芫菁夜蛾线虫Beijing、All、Agriotos和Mexlcapow四个品系各处理30头松果梢斑螟3~4龄幼虫，经24h后全部死亡，对照组死亡率为6.7%。1993年仍用芫菁夜蛾线虫Beijing品系，用量分别是50条/虫和200条/虫，对松实小卷蛾3~4龄幼虫经96h后死亡率分别达90%和93.3%（供试昆虫均为30头），对照组死亡率为20%。线虫用量200条/虫，对30头松果梢斑螟3~4龄幼虫处理经96h后死亡率达90%，对照组死亡率为20%。总之，芫菁夜蛾线虫对3种鳞翅目球果害虫均有明显毒杀作用。

四、球果害虫综合管理

预防为主，综合管理，各种方法各具特点（表8-19）。防治球果害虫，要根据具体情况选择不同方法，协调开展综合防治。园址应远离天然林分；选优树时即考虑抗虫指标，包括抗种实害虫的指标；在建园早期种实害虫较少且树体较小时就及时及早防治；把害虫消灭在蛀入球果之前，尽可能从根本上杜绝或减少种实害虫发生的可能性。在园址与附近油松林分距离较近的情况下，应监测附近林分的病虫害情况，以指导园内病虫害的测报和控制工作。

表8-19　油松球果害虫几种防治措施的比较

措施名称	优点	缺点
营林技术措施	有效期长，可治本	费工，见效慢
剪除虫害果枝	压低虫口，减少危害	费时费工，操作不便
农药常规喷雾	迅速压低虫口，见效快	杀伤天敌，污染环境
寄生蜂保护器	保护天敌	见效慢
集中收集瘿蚊蛹	有效压低虫口	费时费工，专业性强，地表要整洁
灯光诱杀	可监测虫情，降低虫口	费用高，专业性强
性引诱剂诱杀	简单，方便，可行	不能太大面积使用

根据多年的研究结果，制订了球果害虫综合管理的年度日程表，实际执行时，由于不同的年份，球果、害虫、天敌动态和气候等环境条件均不会完全相同，所采用的措施

也可能有很大差异。全年的防治管理措施按季节分述如下。

（一）冬春季

以种子园经营管理措施为主，将虫害控制在发生和危害之前。冬季或早春剪除干枯的虫害果枝，集中置于林间坑内，在春季害虫和天敌羽化时，用纱笼罩住，既可防止松果梢斑螟和微红梢斑螟越冬幼虫逃走和松实小卷蛾蛹羽化后逃匿，又可以使其中的寄生天敌安全返回林内。春季天气转暖后，组织专人在林下有重点地收集油松球果瘿蚊越冬蛹，置于林内“寄生蜂保护器”内，也可有效地降低油松球果瘿蚊的虫口，并保护其天敌。3 月、4 月清除杂灌木，以利于正常的林间作业，施化肥和有机肥以增强树势，提高抗虫能力。4 月中旬至 5 月，设置黑光灯，监测和诱杀松实小卷蛾和油松球果瘿蚊成虫。

（二）夏季

以化学防治为主，辅以生物防治和人工防治，直接控制害虫危害。5 月，油松开花散粉期，即松果梢斑螟越冬幼虫转移危害 1~2 年生球果和松梢过程中，以及松实小卷蛾幼虫孵化期，掌握宁早勿晚的原则，进行树冠喷雾，喷洒化学药剂（如功夫菊酯、灭扫利、甲胺膦、速灭杀丁、溴氰菊酯等），最好每隔 10 天喷 1 次，共 2 次。4 月在油松球果瘿蚊成虫羽化高峰期，地面喷洒菊酯类化学药剂。6 月、7 月，待松果梢斑螟和松实小卷蛾幼虫或蛹集中于 2 年生球果和松梢时采集虫害果梢置于林内，用纱笼罩住，灭虫保天敌。在整个夏季，设置黑光灯诱杀微红梢斑螟、松实小卷蛾和松果梢斑螟。夏季清除林下杂草灌木，有利于林地作业，并可就地沤施绿肥。

（三）秋季

以种子园的管理和人工防治为主，降低越冬虫源，减少来年的发生和危害。10 月结合采收球果，将树上的虫害球果全部采回，集中处理，一方面降低来年林内虫口，又可保护虫害果内的天敌。部分受虫害球果可产少量健康种子，增加种子产量。进入冬季之前，清理种子园。

结　语

在辽宁兴城油松种子园中共发现 6 种球果害虫：油松球果瘿蚊、松果梢斑螟、松实小卷蛾、微红梢斑螟、朽木甲和金绿宽盾蝽。其中油松球果瘿蚊危害 1 年生球果和雌球花。油松球果瘿蚊对 1 年生小球果危害严重，受害率为 25%~45%。发现寄生于油松球果瘿蚊越冬蛹的天敌有 3 种：球果瘿蚊啮小蜂、瘿蚊黄足啮小蜂和球果瘿蚊短喙金小蜂，总寄生率可达 20.9%。微红梢斑螟主要危害油松主梢和顶梢，对幼树危害尤为严重，以打枝、弯曲、分叉、丛枝和枯梢等方式影响正常树型；使当年高生长较正常的降低约 40%。芫菁夜蛾线虫对 3 种鳞翅目球果害虫均有很好的室内毒杀作用，线虫用量为 50~200 头/虫。人工防治球果害虫在种子园易于开展，对幼树尤其重要，人工采集前期受害球果可有效降低后期球果受害率。冬春季剪除虫害果梢可有效降低越冬虫口，减轻为害。常规树冠喷雾化学防治短期内能降低球果受害率，增加球果种子产量，但随着时间推移，若不采取其他措施，效果会逐渐下降。农药以具有强烈触杀作用的功夫等菊酯类药剂效果较好。适时适药防治最终可使 1 年生、2 年生球果保存率分别提高 32.0%和 38.9%。

参 考 文 献

高步衢. 1991. 落叶松种实害虫防治技术论文集. 哈尔滨：东北林业大学出版社

高步衢. 1996. 落叶松种实害虫防治技术研究. 哈尔滨：东北林业大学出版社

匡汉晖. 1991. 油松种子园开花结实习性及管理的研究. 北京林业大学硕士学位论文

李凤耀，刘随存，宋耀珍，等. 1992. 山西省油松种实害虫种类及生活习性的观察. 见：李宽胜. 油松种实害虫防治技术研究. 西安：陕西科学技术出版社

李宽胜. 1992. 油松种实害虫防治技术研究. 西安：陕西科学技术出版社

李宽胜. 1999. 中国针叶树种实害虫. 西安：陕西科学技术出版社

李宽胜，张玉岱，李养志，等. 1974. 陕西省油松球果小卷蛾初步研究. 昆虫学报，17（1）：16-28

李宽胜，唐国恒，金步先，等. 1981. 赤眼蜂防治油松球果小卷蛾的研究. 陕西林业科技，（4）：38-46

李镇宇，匡汉辉，张润志，等. 1992. 辽宁兴城油松种子园虫害研究. 见：沈熙环. 种子园技术. 北京：北京科学技术出版社：229-235

刘振陆，王洪魁. 1984. 黑胸球果花蝇生物学及其防治的初步研究. 沈阳农学院学报，（1）：37-45

钱范俊，于和. 1986. 樟子松两种钻蛀害虫生物生态学特性的研究. 东北林业大学学报，（2）：152-156

沈熙环. 1985. 当前我国种子园建设刍议. 北京林学院学报，7（3）：28-32

田恒德，严敖金. 1989. 微红梢斑螟的研究. 南京林业大学学报，13（1）：54-63

孙江华，Roques A，方三阳. 1996. 黑胸球果花蝇的生物学与落叶松球果发育的关系. 林业科学，32（3）：238-242

王平远. 1989. 针叶树嫩梢球果种子害虫区系及其综合治理途径评述. 见：侯陶谦. 森林昆虫研究进展. 杨凌：天则出版社：68-82

温俊宝. 1993. 辽宁兴城油松种子园球果害虫研究与防治. 北京林业大学硕士学位论文

温俊宝. 1998. 微红梢斑螟危害对种子园油松生长的影响. 森林病虫通讯，（2）：1-2

温俊宝，李镇宇，沈熙环. 1998. 油松球果瘿蚊的研究. 林业科学，34（3）：80-86

温俊宝，李镇宇，沈熙环. 1997. 油松球果生命表分析及其虫害球果品质测定. 北京林业大学学报，19（3）：33-38

萧刚柔. 1992. 中国森林昆虫（第二版增订本）. 北京：中国林业出版社

岳书奎. 1990a. 樟子松种实灾害研究（一）. 哈尔滨：东北林业大学出版社

岳书奎. 1990b. 樟子松种实灾害研究（二）. 哈尔滨：东北林业大学出版社

张润志. 1988. 辽宁兴城油松种子园球果害虫的研究. 北京林业大学硕士学位论文

张润志，李镇宇，沈熙环，等. 1987. 油松无性系对油松球蚜的抗性测验. 中国森林病虫，4：38-41

张润志，张勇，徐文学，等. 1988. 微红梢斑螟对不同年龄油松幼林危害程度调查. 森林病虫通讯，（4）：24

张润志，李镇宇，李继纲，等. 1989. 应用微红梢斑螟性诱剂测报虫情. 森林病虫通讯，（1）：18-19

张润志，李镇宇，沈熙环. 1990. 辽宁兴城油松种子园球果害虫的研究. 北京林业大学学报，12（1）：41-48

Collins B J，Rhoades C C，Hubbard R M，et al. 2011. Tree regeneration and future stand development after bark beetle infestation and harvesting in Colorado lodgepole pine stands. Forest Ecology and Management，261（11）：2168-2175

Coralie Bertheaua, Aurélien Sallea, Jean-Pierre Rossib, et al. 2009. Colonisation of native and exotic conifers by indigenous bark beetles (Coleoptera: Scolytinae) in France. Forest Ecology and Management, 258 (7): 1619-1628

Lennoxa C L, Hoffmannb J H, Coutinhoc T A, et al. 2009. A threat of exacerbating the spread of pitch canker precludes further consideration of a cone weevil, *Pissodes validirostris*, for biological control of invasive pines in South Africa. Biological Control, 50 (2): 179-184

Lombarderoa M J, Alonso-Rodrígueza M, Roca-Posadab E P. 2012. Tree insects and pathogens display opposite tendencies to attack native vs. non-native pines. Forest Ecology and Management, 281: 121-129

Yates H O. 1986. Biological control agents of cone and sedd insect and mite pests of world conifers. *In*: Roques A. Proceedings of the 2nd Conference of the Cone and Seed Insects Working Party. France: 15-25

第三篇
影响生产优质种子因素分析与对策

经营种子园、母树林追求的目标是，生产遗传品质优良、遗传增益高、数量多的种子。这一理念贯彻油松良种选育研究的全过程。影响种子品质的因素多，相互影响，有时又相互制约。在第二篇中着重讨论了增加种子产量的各个方面，本篇将着重分析影响生产优质种子的因素以及可能采取的措施。如在第二篇引言中所说，种子产量与品质在不少情况下是相互关联的，如开花物候和开花同步性、花粉的传播特征，既影响种子的遗传品质，也与种子产量有关。两者相辅相成，不能严格区分。全书分篇，只是侧重面不同。

种子园亲本的育种值越高，遗传改良的潜力就越大，生产优良种子的可能性也大。要实现这种可能性需要满足哪些条件？在经营种子园过程中，会碰到很多目前尚难确切回答的问题。例如，无性系雌雄球花的花期有早有晚，亲本开花不同步，雌雄配子数量又不相等，对种子园传粉受精，最终对所产种子品质有何影响？花粉在种子园内以及种子园周围是如何传播的，种子是否往往是由邻近植株花粉受精产生的，花粉的有效传播距离有多远，花粉传播具有何种规律？花粉传播如何受气象因素的影响，外源花粉对种子园的作用，受外源花粉污染的程度有多大，如何防范？除上述影响种子园配子贡献的因素外，雌雄配子间是否存在相互作用和选择机制？种子园整枝和去劣疏伐是否也会影响到种子园无性系间配子的贡献率，从而影响种子的品质？由遗传组成、亲缘远近不同亲本组成的群体所产生的种子，在遗传上有何异同？为回答这些深层次问题，我们做过一些工作，讨论了下列问题。

（1）雌雄球花的形态发育阶段，无性系开花物候特征及影响因素；种子园开花物候同步性、配子的贡献和平衡指数以及用同一个种子园不同年份收获的种子造林，在生长等性状上的差异及其原因。

（2）在种子园开花期间花粉密度的时空动态变化规律；在低山丘陵地形条件下花粉在种子园内外的传播特征。

（3）种子园无性系、子代和人工林 3 个群体交配系统指标的时空变化；种子园去劣疏伐对交配系统的影响；外源花粉对种子园的污染程度及可能采取的措施。

（4）通过油松种子园种子试样的父本分析，构建种子园内植株间传粉受精的示意图，并分析影响传粉受精的因素；探讨种子园内可能存在的非随机交配现象。

（5）油松子代测定林结果表明，子代测定是提高油松种子遗传品质的必要措施；分析了家系×试验地点的交互作用，并讨论了种子的调用问题。

本篇共包括 5 章，即油松开花物候、同步性和配子贡献，油松花粉在种子园内外的传播，油松不同群体和种子园交配系统分析，种子园父本分析及非随机交配现象，油松子代测定。

第九章　油松开花物候、同步性和配子贡献

雌雄球花的形态发育进程及其阶段的划分，对物候的观测记载、杂交制种日程的安排、开花同步性的研究都很重要。种子园经营的目标是，生产大量遗传品质优良的种子，即生产的种子遗传品质要高，遗传组成要多样。种子园亲本育种值高，无疑遗传改良的潜力就大，但是，要实现这种潜力，除亲本育种值高外，还必须满足多个方面的要求。概括起来，主要包括下列条件：只有种子园无性系雌球花、雄球花花期同步，无性系间才有机会相互交配；亲本雌球花、雄球花产量相近，即亲本的配子贡献率相仿，在种子园所产种子中各亲本提供的雌雄配子率才会接近；亲本不存在选择性受精，能随机交配（panmixis）；建园无性系自交率低；外源花粉对种子园的污染率低，以及种子园无性系配置合理等。其中，建园无性系间雌球花、雄球花花期同步及配子贡献率接近，亲本育种值高，是减少自交和背景花粉的影响，丰富种子园所产种子的遗传组成，实现优质高产的重要条件，是决定能否实现种子园经营目标，或能做到何种程度的关键因素。这些工作是种子园经营管理的重要内容之一。

20 世纪八九十年代，国内外在这领域对主要选育树种做过不少研究（Copes and Sniezko，1991；El-Kassaby and Ritland，1986；El-Kassaby et al. 1988；El-Kassaby and Reynolds, 1990；Alizoti et al.，2007；Askew and Blush, 1990；沈熙环等，1985；陈晓阳等，1995）。

本项观察研究在辽宁兴城油松种子园、河南卢氏油松种子园和内蒙古赤峰黑里河油松种子园进行，其中：①辽宁兴城油松种子园始建于 1974 年，观察区有 49 个无性系，各含 3~4 个分株，从 9 年生开花初期到 21 年生开花盛期，从 1982~1994 年连续观察了 12 年的开花物候；②河南卢氏油松种子园于 1981 年定植，1986~1994 年观测原产于河北东陵的全部 31 个无性系，各含 3 个分株，1993~1995 年增加当地起源的无性系 15 个及具有代表性的无性系 6 个；③1993~1994 年观察内蒙古赤峰黑里河油松种子园 10~29 个无性系。

本章包括雌雄球花的形态发育阶段、无性系开花物候特征与影响因素分析以及开花物候同步性和亲本配子贡献分析 3 节。

第一节　雌雄球花的形态发育阶段

在油松球花开放期间，雌雄球花主要物候的起迄时间规定如下：雌球花绽开，从芽鳞中露出，进入可授期；珠鳞增厚，裂口全部闭合，呈紫红色时，为受粉结束期；雄球花失水变软，小孢子囊从基部绽开，花粉散出，进入散粉期；小孢子囊全部破裂，花粉

散尽，小孢子叶球呈黄褐色，为散粉结束期。在这一期间，每天下午定时、定株、定位进行物候观察和记载。

一、雌球花形态发育

雌球花着生在枝条顶端，多 1~3 个花芽着生在一起，个别可达 10 个以上。在兴城种子园中 5#、15#、28#、35#等少数无性系，个别雌球花与雄球花共同着生在新梢基部。为便于观察记载雌球花发育，从冬芽至授粉结束，雌球花的发育形态可划分为如下阶段（图 9-1）。

阶段 0　雌花芽尚未萌动，紧贴新梢顶端，外覆芽鳞，到新梢开始萌动、伸长，花芽露出顶梢，但仍有芽鳞被覆（图 9-1A）。

阶段 I　花芽膨大，芽饱满，侧离梢的顶端，伸展（图 9-1B、图 9-1C）。

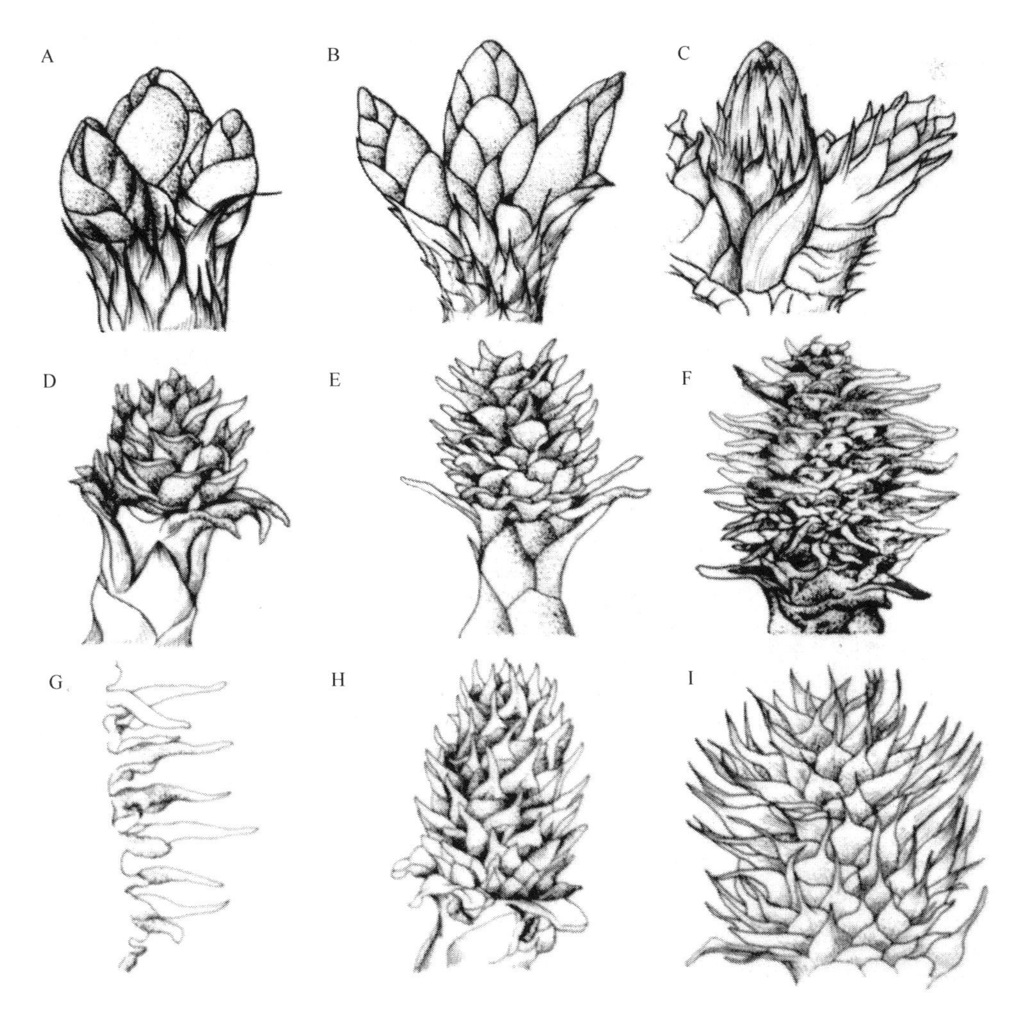

图9-1　雌球花的形态发育阶段示意图
（由北京林业大学胡冬梅女士绘制）

阶段Ⅱ 花芽绽开，可细分为：阶段Ⅱa；花芽前端芽鳞绽开，显露红色、黄色或粉红色的珠鳞；阶段Ⅱb（图 9-1C），雌球花芽鳞继续绽开，可达全长 1/2 以上，伸展，但珠鳞尚未张开（图 9-1D）。

阶段Ⅲ 受粉期。珠鳞开张，花粉可由裂口进入珠鳞和苞片间。依据雌球花伸出芽鳞状况和珠鳞开展程度，可细分为两个阶段：阶段Ⅲa，雌球花尚未完全伸出芽鳞，部分芽鳞仍未展开（图 9-1E）；雌球花呈红色，多近球形；阶段Ⅲb，雌球花全部伸出芽鳞，鳞片全部展开，从侧面可见花轴，花色转深（图 9-1F）。在我们的观察记载中，规定无性系处于阶段Ⅲ的雌球花占观察总花量 15%以上时，该无性系已进入授粉期。

阶段Ⅳ 珠鳞增厚，珠鳞和苞片间隙由部分闭合（图 9-1H）转向全部闭合（图 9-1I），球花呈紫红色，授粉期结束（见彩版Ⅵ）。

雌球花和发育阶段持续期的长短，受开花期内气候条件的影响，同时与雌球花着生部位也有一定关系。据 1984 年在兴城种子园的观察，各阶段延续期如下：阶段Ⅰ，3~12 天；阶段Ⅱa、Ⅱb，各 1~3 天；阶段Ⅲa，1~2 天，阶段Ⅲb，1~4 天。隔离套袋，作控制授粉宜在阶段Ⅰ进行；授粉宜在阶段Ⅲ实施。

二、雄球花形态发育

雄球花可在上年 8 月下旬依据新梢顶端膨大状况初步辨认，越冬时雄花芽长约 2mm，早春按外部形态特征，可分下列 4 个阶段。

阶段Ⅰ 冬芽膨大，芽饱满，呈钝圆状，仍包被于褐色鳞片中，花芽尚未外露。

阶段Ⅱ 显花芽。芽随新梢伸长，冬芽芽鳞开裂，雄花芽显露，膨大，簇聚排列于新梢基部，雄球花由黄褐色半透明的膜质芽鳞所包覆。

阶段Ⅲ 花芽绽开。膜质芽鳞从顶端绽开，排列整齐、紧密，呈黄绿色或紫红色的小孢子叶显露，雄球花不断伸长，至 2cm 左右，增粗，呈黄色，历时 15~26 天。

阶段Ⅳ 雄球花失去水分，变软，小孢子囊从雄球花基部绽开，散粉。当花轴伸长约 1/3 时，小孢子囊全部破裂。散粉毕，球花呈浅黄褐色。凡占观察总花量 15%以上的雄球花处于阶段Ⅲ时，通常认定该无性系已进入散粉期。雄球花变软，色泽转浅，是采集雄球花，调制花粉的最佳时期（见彩图Ⅵ）。

从小孢子囊初裂到散粉完毕延续时间，取决于天气状况。在兴城，散粉期遇到高温、刮风天气，散粉过程历时数小时到十数小时；低温高湿时，可持续 2~3 天。

第二节　无性系开花物候特征与影响因素分析

无性系球花的开花物候特征是指始花期、终花期、散粉期、可授期、花期持续期等。开花物候不仅受无性系遗传因素制约，同时受当年的气象因素、无性系分株所处小环境以及球花在树冠内着生方位等的影响。

一、种子园无性系开花物候特征

北京林业大学于 1982~1984 年观察了辽宁兴城种子园 49 个无性系的花期。无性系受粉期的早晚相差明显，如 9#、28#、34#和 15#无性系的受粉始期早，而 14#、27#、3#、8#、29#和 7#无性系较晚，相差可达 7~8 天。因此，按开花时间的先后，可以将无性系分成早花型、中花型和晚花型。同时，不同无性系的受粉期的长短也有差异。1983 年花期长的无性系延续达 15 天，短的仅 5 天。不同年份不同无性系受粉始期也有变动，1984 年比 1982 年晚 2~6 天。1983 年受粉期一般持续 8 天，但 1984 年仅为 5 天。花期早的无性系，受粉期一般较长。在连续观察的 3 年中，49 个无性系散粉始期分别相差 6 天、4 天和 5 天。各无性系散粉期变动为 2~5 天，多数为 3~4 天。无性系的开花物候在不同年份虽有变化，但多数无性系受粉期的早晚和长短、散粉始期的先后次序都是相对稳定的。同时观察到，除 27#、3#、26#、8#、17#等少数无性系的散粉期比受粉期早外，多数无性系的受粉始期比散粉期要早，散粉期都处在受粉期之内，受粉期与散粉期重叠（沈熙环等，1985）。

据 1987~1989 年（结实初期）和 1993~1995 年（盛期）在河南卢氏种子园的观测，无性系开花物候特征与兴城种子园相仿。可授期比散粉期来得早，且持续时间长，散粉期处于可授期内（图 9-2）；无性系开花始期在不同年份差别较大，正常年份始花期为 4 月 29 日，不同年份可能提前或推后 2~3 天；种子园中无性系开花次序在不同年份相对稳定；不同年份花期的长短不同，正常年份为 10~12 天，但 1989 年和 1993 年花期持续到 5 月 18 日才结束，持续了 20~23 天，这与花期内有 2 次降雨有关。

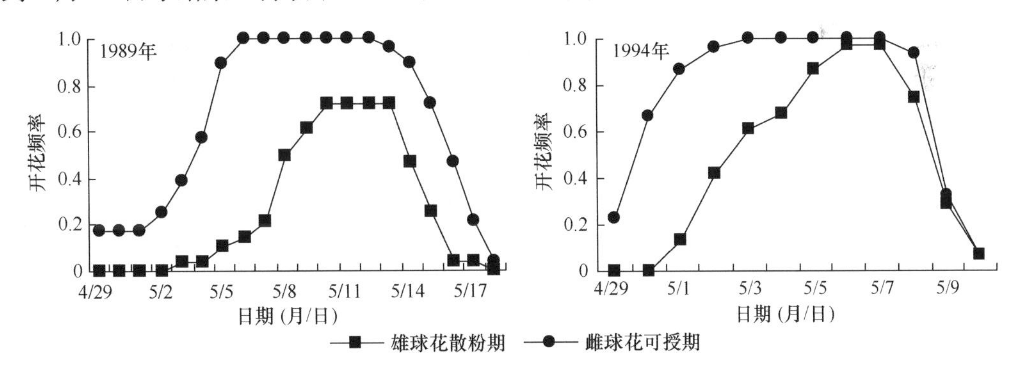

图9-2　河南卢氏种子园不同年份雌雄球花的可授期与散粉期

内蒙古黑里河种子园始花期在 5 月末 6 月初，比卢氏种子园要晚 1 个月。根据 1993~1994 年对 39 个无性系的观察，散粉期和受粉期基本重合，雌雄球花开放的同步性较好。

同一无性系雌雄球花开放期同步，会增加自花授粉的机会，同时也不利于种子园内无性系间相互传粉，减少可能的交配组合。早花型无性系散粉早，花粉在自然条件下也能存活相当长时期，在雌球花珠鳞增厚闭合前都存在授粉的机会，增加早花型无性系与其他无性系交配的概率。

二、开花物候特征与气象因素

1. 始花期

油松种子园始花期在不同年份差别较大。北京林业大学于 1983~1985 年连续 3 年对兴城种子园雄球花物候观察，由于每年气候条件的差异，雄球花成熟的时间也有差异，散粉起始期前后也不一致。雄球花发育成熟到散粉要求开花当年≥10℃的有效积温为 110~120℃（参见第十章第一节）。

根据卢氏种子园 1987~1989 年、1993~1995 年 6 年间对早、中、晚开花类型受粉和散粉始期与当年≥5℃，≥10℃有效积温的分析表明，6 年中雌球花受粉期≥5℃的平均积温变动为 258.1~304.7℃，变动系数为 11.4%~12.8%；≥10℃的平均积温为 95.9~122.6℃，变动系数为 23.8%~27.3%。雄球花散粉期≥5℃的平均积温变动于 274.3~337.6℃，变动系数为 11.8%~13.3%；≥10℃的平均积温为 105.4~122.8℃，变动系数为 21.5%~24.7%。从各个年份的变动系数看，似以≥5℃的积温估测花期为宜。早、中、晚类型散粉期≥10℃的年平均积温分别为 105.4℃、122.8℃和 139.8℃（表 9-1），与兴城种子园的估算接近。

表9-1　卢氏种子园6个年份可授期和散粉期开始日期与积温的关系

花期类型			1987 年	1988 年	1989 年	1993 年	1994 年	1995 年	平均	变异系数
可授期	早花型	始期（月/日）	4/29	5/1	4/29	4/26	4/29	4/29		
		≥5℃	288.4	290.9	280.7	219.4	241.6	227.8	258.1	11.4
		≥10℃	108.0	128.9	114.7	82.4	93.7	47.5	95.9	27.3
	中花型	始期（月/日）	4/30	5/3	5/3	4/27	4/30	5/2		
		≥5℃	303.4	323.9	309.7	232.3	260.0	263.9	282.2	11.5
		≥10℃	118.0	151.9	123.7	90.5	107.1	68.6	109.9	23.8
	晚花型	始期（月/日）	5/3	5/5	5/6	4/28	5/1	5/4		
		≥5℃	328.4	350.6	345.6	245.8	279.5	278.5	304.7	12.8
		≥10℃	128.8	168.6	144.6	99.0	121.6	73.2	122.6	25.0
散粉期	早花型	始期（月/日）	4/30	5/2	5/2	4/26	4/30	5/1		
		≥5℃	303.4	307.9	300.2	219.2	260.0	255.4	274.3	11.8
		≥10℃	118.0	140.3	119.2	82.4	107.1	65.1	105.4	23.7
	中花型	始期（月/日）	5/5	5/5	5/5	4/27	5/3	5/5		
		≥5℃	344.5	350.6	332.0	232.3	296.3	288.1	307.3	13.3
		≥10℃	134.9	168.6	136.0	90.5	129.2	77.8	122.8	24.7
	晚花型	始期（月/日）	5/8	5/9	5/10	4/29	5/7	5/7		
		≥5℃	370.1	357.9	393.3	262.0	328.6	313.6	337.6	12.5
		≥10℃	145.5	175.9	172.3	110.2	141.5	93.3	139.8	21.5

2. 花期持续期

进入散粉期后，温度、湿度、降水量和风速等因素决定了散粉期的长短，不同年份花期长短不一，花粉密度的日变化类型也有变化。1984 年兴城种子园散粉期内气温持续较高、空气干燥，该年散粉期短而集中，又因 17 日一场大风，刮走了大量花粉，18 日花粉量急剧下降。1985 年散粉期内湿度大，18~19 日阴雨，散粉期延长（参见第十章第一节）。

根据对河南卢氏种子园6年中雌球花可授期和雄球花散粉期持续天数与花期内平均温度、降雨天数和风速等作相关分析，雌球花可授期的长短与前列各因子的相关系数分别为–0.72、0.85和0.25，与散粉期长短的相关系数各为–0.80、0.91和–0.76。除可授持续期与风速不紧密相关外，都达到极显著水平。可授期和散粉期的长短，是温度、降雨、湿度和风速等因素综合影响的结果。雄球花散粉始期对气象因子的反应比雌球花强烈。进入散粉期后，干燥、高温、大风会使散粉期缩短，整树的花粉会在1~2天内散尽。反之，低温、湿润的天气可使花期延长。可以推断，只有开花期相同的无性系，才能够充分自由传粉。因此，在建园选择无性系时要考虑到这点。

三、开花物候特征与无性系分株和树冠方位

于1995年对卢氏种子园31个无性系各3个分株在向阳面各固定10个雌雄球花芽，观测开花物候。同一无性系不同分株间开花物候没有明显差异，8#无性系3个分株散粉期完全一致，多数无性系分株散粉期相差1~2天，28#无性系分株间差别最大，为3天。分株间可授期与散粉期类似，多数只相差1~2天，差异最大的27#无性系有4天（图9-3）。可见，开花物候主要由遗传因素控制。同一无性系不同分株间散粉期和受粉期的同步，无疑会增加自交概率，在种子园无性系配置中应考虑到这点。

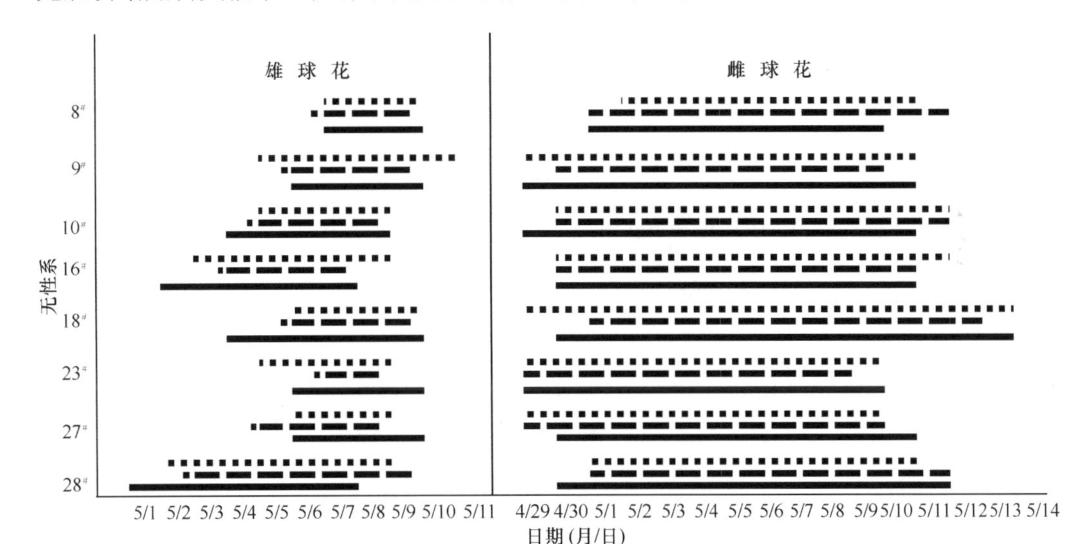

图9-3　卢氏种子园无性系内不同分株受粉期和散粉期差异

1995年花期观测了卢氏种子园31个无性系在树冠中、下两层和东、西、南、北4个方位雌雄球花芽的开花物候。不同无性系雌球花期的共同特点是，树冠东、西、南3个方向授粉始期早1天，结束也早，北面的授粉始期晚1天，而结束期基本相同；4个方向开花频率比较接近。而雄球花的散粉始期在树冠东向、西向、南向比北向早1天，结束也较早，开花频率差异大。例如，6#和25#无性系东向、西向、南向树冠在5月9~10

日已近散粉末期，而北向尚处于散粉状态。由于雄球花散粉对阳光和湿度比较敏感，树冠方位对雄球花散粉的影响较大。树冠中层、下层球花授粉期和散粉期的差别不明显。在观察记载无性系物候时要注意雌雄球花在方位间的差异，观察样枝的方位要保持一致。

第三节　开花物候同步性和亲本配子贡献分析

一、开花物候同步性

开花物候观测数据，通常用时间轴或在规定时间段内，以雌雄球花所处发育阶段的数量用直方图来表示，但这类方法不能定量说明无性系间花期重叠的程度。随后一些研究人员提出了定量估算种子园中无性系间花期同步性水平的方法。

Askew 和 Blush（1990）提出了用重叠指数（PO_{ij}）定量估算雌雄球花授粉期与散粉期重叠的程度。重叠指数（同步指数）反映一对亲本在开花期间母本接受父本花粉的概率。概率的大小取决于双亲的散粉期和可授期重叠的天数和雌雄球花开放频率。当两个亲本雌雄花期完全重叠时，开花重叠指数为 1，完全不重叠时为 0，部分重叠时为 0~1。

1. 开花物候同步指数估算公式

种子园亲本间可授期和散粉期重叠程度，采用 Askew 提出的开花同步指数的基本思路，并对表达式作了如下简化。

令，第 i 个亲本与第 j 个亲本的开花同步指数（PO_{ij}）为：

$$PO_{ij}=\sum_{k=1}^{n}\min(M_{ki},P_{kj})\Big/\sum_{k=1}^{n}\max(M_{ki},P_{kj}) \tag{9-1}$$

第 i 个亲本作父本的平均同步指数（$PO_{i.}$）和第 j 个亲本作母本的平均同步指数（$PO_{.j}$）为：

$$PO_{i.}=\sum_{j=1}^{t}PO_{ij}/(t-1) \tag{9-2}$$

$$PO_{.j}=\sum_{i=1}^{t}PO_{ij}/(t-1) \tag{9-3}$$

当 $i=j$ 时，PO_{ij} 为亲本内开花的同步指数。

式（9-1）~式（9-3）中，M_{ki} 为第 i 个亲本雄球花在第 k 日的散粉比率；P_{kj} 为第 j 个亲本在第 k 日处于可授期的频率；n 为雌雄球花两者中最早开花至最晚结束的天数；t 为亲本数目。当两个亲本雌雄花期完全重叠时，则 $PO=1$；完全不重叠时，$PO=0$；部分重叠时，$0<PO<1$。

2. 开花物候与开花同步性

张华新等对卢氏种子园 27 个无性系在 5 年（1987~1989 年、1994~1995 年）中分别作父本、母本时的开花物候同步指数作了估算。作父本时，变动为0~0.49、0~0.65、0~0.66、0.12~0.64、0.13~0.63，作母本时相应为0.11~0.16、0.23~0.33、0.19~0.47、0.28~0.41、0.16~0.42。1988年和1994年可分别代表种子园结实初期和盛期的情况，27个无性系的开花同步指数如表9-2所示。在1988年所有无性系都已着生雌球花，但只有少数无性系着生雄球花。这一期间无性系作父本、母本或自交时，平均同步指数都较低，多数无性系作母本时要比作父本时的同步指数要高。进入结实盛期，所有无性系都已着生雄球花，开花同步程度明显提高，且相对稳定，同一个无性系作父本或母本时的同步指数相对接近，两者同步指数的大小因交配组合同步性差异而有增减。

表9-2　卢氏种子园27个无性系结实初期和盛期的开花同步指数

无性系	父本		母本		自交		无性系	父本		母本		自交	
	1988年	1994年	1988年	1994年	1988年	1994年		1988年	1994年	1988年	1994年	1988年	1994年
1#	0	0.62	0.33	0.36	0	0.66	18#	0	0.21	0.28	0.37	0	0.31
3#	0.59	0.44	0.29	0.28	0.55	0.36	19#	0.30	0.42	0.29	0.34	0.32	0.42
4#	0.35	0.34	0.30	0.35	0.36	0.35	20#	0.30	0.36	0.31	0.36	0.31	0.37
6#	0.34	0.46	0.32	0.36	0.36	0.49	21#	0.55	0.38	0.3	0.38	0.58	0.43
7#	0	0.33	0.32	0.41	0	0.42	22#	0	0.16	0.32	0.41	0	0.22
8#	0.44	0.15	0.30	0.35	0.42	0.29	23#	0.58	0.50	0.3	0.31	0.56	0.39
9#	0.65	0.18	0.30	0.35	0.62	0.16	24#	0.52	0.42	0.3	0.36	0.57	0.44
10#	0.50	0.39	0.29	0.39	0.53	0.44	25#	0	0.39	0.31	0.32	0	0.35
11#	0.42	0.63	0.30	0.38	0.48	0.74	27#	0.50	0.19	0.28	0.33	0.51	0.14
13#	0.65	0.27	0.29	0.32	0.65	0.24	28#	0.36	0.58	0.29	0.34	0.29	0.59
14#	0	0.12	0.33	0.33	0	0.19	29#	0	0.61	0.33	0.40	0	0.73
15#	0	0.17	0.32	0.35	0	0.20	30#	0	0.23	0.29	0.37	0	0.24
16#	0.54	0.64	0.3	0.33	0.55	0.57	31#	0.48	0.14	0.31	0.39	0.49	0.17
17#	0.41	0.25	0.27	0.36	0.46	0.27	平均	0.30	0.35	0.30	0.35	0.3	0.37

对各无性系不同年份的同步指数作相关分析，不论作父本、母本或自交，年份间的相关性不稳定，只有少数年份间相关，多数不相关（表9-3）。这说明，不同年份受花期气候等因素的影响，种子园内的传粉状况不同，不同无性系在雌雄配子贡献上是不均衡的。

表9-3　开花同步指数在年份间的相关系数

年份	父本	母本	自交	年份	父本	母本	自交
1987~1988	0.05	–0.05	0.05	1988~1994	0.11	0.31	–0.05
1987~1989	0.03	0.61**	0.08	1888~1995	–0.17	–0.07	–0.30
1987~1994	0.10	0.01	0.22	1989~1994	–0.25	0.05	–0.24
1987~1995	–0.02	0.58**	0.02	1989~1995	–0.40*	0.30	0.41*
1988~1989	0.45*	–0.04	0.55**	1994~1995	0.63**	0.09	0.43*

北京林业大学李悦等在辽宁兴城油松种子园从结实开始连续12年观察了开花物候。无性系作为母本，花期平均同步指数为0.25，变动为0.14~0.56，多数年份小于0.2。气象因素造成同步指数有较大变化，如第21年花期延续阴雨，延长了花期，显著提高了无性系间花期的同步性，同步指数高达0.56。无性系作为父本的花期平均同步指数变动为0.15~0.28，多数年份大于0.2，总体上稍高于作为母本时的同步指数。无性系开花同步指数在年份间有变化，但多数年份变化不大。无性系作为父本估算同步指数，变化较大，个别年份间观测值间呈正的或负的显著相关，但多数年份无显著相关；无性系作为母本估算的同步指数除个别年份外，多数年份间存在正相关，具有较高参考价值，可用于种子园开花结实初期估测结实盛期情况；在多数情况下无性系同时作为父本与母本的花期同步指数没有显著相关。要评估种子园无性系花期的同步性水平宜用多年无性系同步指数的均值。无性系开花同步指数及其年份间的稳定性分析，可以评价种子园无性系间异交、自交和遗传多样性状况（Li et al.，2011）。

3. 开花物候与亲本间异交状况

无性系雌球花的授粉期与雄球花的散粉期完全不同步会造成异交组合数减少。根据对卢氏种子园27个无性系1987~1989年、1994~1995年5个年份同步指数的估算，为0的组合数分别为416个、319个、216个、0个、0个，各占总组合数729个中的57.1%、43.8%、29.6%、0和0。由于不同无性系的可授期与散粉期相遇程度不同，造成不同组合开花同步指数的差异。例如，1995年在30个无性系共870个可能的异交组合中，同步指数最小的为0.02，最大的为0.77。1989年31×16、1×16、4×16、7×21、11×13、11×28等组合的同步指数高达0.78~0.81，而23×8、27×8、23×19、27×19、23×27等组合的同步指数却只有0.14~0.18（表9-4）。假设上述无性系花粉和种子产量相等，那么前者生产的种子比率高，而后者低，最终造成种子园中无性系配子贡献的不平衡。

表9-4 无性系组合开花同步指数

组合	1987年	1988年	1989年	1994年	1995年	组合	1987年	1988年	1989年	1994年	1995年
9×8	0.18	0.41	0.36	0.12	0.24	20×1	0.28	0.58	0.68	0.61	0.50
10×8	0.23	0.43	0.35	0.14	0.21	21×1	0.33	0.56	0.65	0.67	0.45
11×8	0.23	0.42	0.44	0.11	0.21	22×1	0.30	0.55	0.65	0.72	0.34
13×8	0.19	0.42	0.38	0.02	0.30	22×2	0.29	0.57	0.58	0.45	0.33
15×8	0.25	0.49	0.42	0.30	0.27	23×2	0.31	0.59	0.37	0.35	0.30
17×1	0.16	0.40	0.71	0.59	0.43	24×2	0.28	0.60	0.68	0.40	0.23
18×1	0.15	0.45	0.61	0.66	0.38	25×2	0.28	0.57	0.61	0.34	0.37
19×1	0.24	0.48	0.63	0.60	0.43	27×2	0.24	0.54	0.37	0.37	0.30

为进一步分析这种差异，选择了结实初期（1989年）和盛期（1994年）的物候数据，分别按雄球花的散粉期和雌球花的可授期的早晚对无性系作了分类。规定1989年雌球花在4月29日至5月1日达可授期的无性系为早花型，5月2~5日为中花型，5月6日以后的为晚花型；无性系雄球花散粉期在5月3~5日，为早花型，5月6~8日为中

花型，9 日以后为晚花型。1994 年雌球花在 4 月 29 日达到可授期的为早花型，30 日为中花型，5 月 1 日以后为晚花型；雄球花在 5 月 1~2 日到达散粉期的为早花型，3~5 日为中花型，6 日以后为晚花型。依此，计算了 2 个年份各开花类型组合同步指数的平均值（表 9-5）。结果表明，晚花型×早花型、中花型×中花型的同步指数高；早花型×中花型、早花型×晚花型的低；中花型×早花型的同步指数大于中花型×晚花型的组合。这是由于该种子园中有 27 个无性系雌雄球花花期早晚不整齐，雄球花散粉晚的无性系，不能随机交配，只有雌球花在中期和晚期开放的，才有可能交配。因此，在可能交配的组合中，有 1/3~1/2 的组合没有机会传粉授粉，使种子园所产种子的遗传基础变窄。

表9-5　雌雄球花不同开花型的平均同步指数

散粉期	可授期（1989 年）			可授期（1994 年）		
	早花型	中花型	晚花型	早花型	中花型	晚花型
早花型	0.49	0.62	0.68	0.49	0.52	0.53
中花型	0.37	0.50	0.55	0.25	0.29	0.30
晚花型	0.28	0.42	0.46	0.15	0.19	0.20

当无性系间开花同步指数低，而无性系本身开花同步性较高时，会导致种子园自交率增加。假设种子园是由 N 个亲本组成的一个随机交配群体，种子园的异交组合数应为 N^2-N，自交率为 $1/N$。实际上，由于无性系开花不同步，种子园交配群体可能被分割成连续的 n 个亚群体。在极端情况下，如亚群体间无性系数相等且高度不能交配，则异交组合数就降为 $N^2/n-N$，亚群体内的自交率为 n/N，是随机交配的 n 倍。油松种子园的无性系可依据花期早晚，划分为早花型、中花型和晚花型 3 类。虽然 3 个类型无性系间的花期有重叠，但是花期同步程度低于属于同类的无性系（表 9-5），因而，其自交概率必定比随机交配时高。张华新等于 1987~1989 年和 1994~1995 年分别观测的 27#、30#、28#、31#、30#无性系，若按随机交配计算，自交率应各为 0.037、0.033、0.036、0.032、0.033，但按同步指数计算，自交率则各为 0.134、0.303、0.347、0.384、0.348，分别是前者的 3.6 倍、9.2 倍、9.6 倍、12 倍、10.5 倍。

二、配子贡献与配子贡献平衡指数

配子贡献是指种子园所产种子中各亲本提供的雌雄配子数量的比率。配子贡献平衡指数是以比率形式反映种子园中各个亲本配子的贡献及各交配组合频率的一致性程度。这是一个定量指标，可用于比较不同种子园或同一个种子园不同年份亲本贡献的平衡程度及其子代遗传基础的大小，也可作为优化种子园亲本组成的指标。无性系之间开花同步指数存在的差异，是造成种子园无性系雌雄配子贡献不平衡的重要因素之一。特别是花期过早或过晚的无性系，即使雌雄球花量较大，在种子园传粉、授粉峰期，实际参与交配的配子数量少，因而在种子园所产种子中雌雄配子的贡献也较少。

关于种子园各亲本配子贡献的平衡性，一般根据各亲本的雌雄配子和种子产量占全园总产量的比率来评价。美国在湿地松种子园研究中曾提出过 20%的无性系提供种子园中 80%的花粉量。对油松种子园中各无性系雄球花产量的不平衡性，曾用过圆形扇面图表示（沈熙环等，1985），可参见第六章介绍。这类表述虽也都属于定量描述种子园中雄配子贡献存在的差异，但很难准确反映种子园中配子贡献的平衡状况。

Askew（1987）提出，以各无性系雌配子、雄配子的贡献率的方差比来评价亲本对子代贡献的一致程度。但是，在亲本贡献很不一致，少数无性系占垄断地位的情况下，计算出来的平衡值仍在 90%以上。北京林业大学黄智慧和陈晓阳等（1993）以贵州黎平东风林场杉木种子园无性系雌球花量、雄球花量为试材，采用球花数量的面积比及开花物候重叠指数，探讨了评估种子园配子贡献平衡性的方法，用以评价不同种子园和同一个种子园不同年份无性系配子的贡献及其交配组合频率的一致程度。

1. 种子园配子贡献平衡指数估算公式

配子贡献是种子园所产种子中各组成亲本所提供的雌配子、雄配子的比率；配子贡献平衡指数是反映种子园中各亲本配子贡献及其交配组合频率一致程度的数量化指标。

令 M_i、F_j 分别为第 i 个和第 j 个亲本的花粉数量、胚珠数量，则第 i 个亲本的雄配子比率（PM_i）和第 j 个亲本的雌配子比率（PF_j）为：

$$PM_i = PO_{i.}M_i \Big/ \sum_{k=1}^{n} PO_{i.}M_i \tag{9-4}$$

$$PF_j = PO_{.j}F_j \Big/ \sum_{k=1}^{n} PO_{.j}F_j \tag{9-5}$$

第 i 个亲本与第 j 个亲本组合的比率（PC_{ij}）为：

$$PC_{ij} = PO_{ij}M_iF_j \Big/ \sum_{i=1}^{t}\sum_{j=1}^{t} PO_{ij}M_iF_j \tag{9-6}$$

亲本配子贡献的平衡指数（U）采用如下公式估算，即：

$$U = 2\left[1 - \int f(x)\mathrm{d}x\right] \tag{9-7}$$

式中，$f(x) = (1-\mathrm{e}^{-bx})/(1-\mathrm{e}^{-b})$

2. 开花同步性与无性系配子贡献

为了分析开花物候差异对种子园配子贡献的影响，假设各无性系花粉粒和胚珠数相等，根据各无性系分别作父本或作母本时同步指数的平均值，估算出种子园不同年份的配子贡献平衡指数（表 9-6）。卢氏种子园和黑里河种子园无性系作母本时的配子贡献平衡指数较高，各年份均在 0.8 以上；平衡指数在结实初期和盛期时差别不大。作父本时卢氏种子园开花初期很多无性系还没有雄球花，这些无性系与其他无性系交配组合的同步指数为 0，导致总的平衡指数下降，但其余年份的平衡指数也都在 0.74 以上。总的来说，散粉期对配子贡献的影响要比可授期大。种子园到开花盛期后，同步指数对作父母本时的配子贡献平衡指数影响较小。然而，根据交配组合同步指数估算出来的平衡指数相对较低，其中 1987 年最小，仅为 0.30。这说明开花物候的差异对交配组合平衡性的影响较大。因此，在种子园开花结实初期改善传粉状况十分重要。

表9-6　根据开花同步性估算的配子贡献平衡指数

种子园	卢氏种子园								黑里河种子园
年份	1987	1988	1989	1994	1995	1993*	1994*	1995*	1993	1994
作父本	0.33	0.55	0.65	0.74	0.80	0.93	0.78	0.88	0.86	0.83
作母本	0.95	0.96	0.90	0.95	0.91	0.97	0.94	0.82	0.96	0.87
交配组合	0.30	0.51	0.59	0.70	0.73	0.83	0.68	0.70	0.77	0.57

*河南当地优树嫁接无性系

3. 开花同步性和配子产量与无性系配子贡献

以卢氏种子园 31 个无性系结实初期和盛期材料为例，根据花期和雌雄配子数量估算出配子贡献及平衡指数（表 9-7）。雌雄配子贡献率在无性系间存在很大差异，开花结实初期比盛期差异更明显，配子贡献的平衡性也较差。根据开花物候，初期无性系间雌雄配子平衡指数较低，进入盛期后无性系间差距缩小，平衡指数分别由初期的 0.815 和 0.584 提高到 0.950 和 0.741，散粉期对配子贡献影响比可授期大。根据配子数量估算，开花结实初期雌雄配子贡献率在无性系间的差异较大，平衡指数也较低，进入盛期后，虽然差异有所缩小，但减幅不大，对平衡性改善十分有限，仅为 0.467 和 0.394，其中雌配子对配子贡献的影响较大。将开花物候和配子数量结合起来，无性系间在配子贡献上的差异进一步增大，尤其是交配组合频率的差异更明显。估算 1989 年和 1994 年组合平衡指数仅为 0.171 和 0.365（表 9-8）。可见，配子数量对种子园配子贡献的影响比开花物候要大，说明在种子园内通过调节无性系雌雄配子数量来改善配子贡献平衡性的潜力较大。

根据雌球花估算的配子贡献平衡指数在年份间变化不大，在 0.7 左右。根据胚珠数和种子数估算的平衡指数在结实初期较小，随年龄增大，进入结实盛期后保持相对稳定。根据雄配子估算的平衡指数在年份间变化较大，结实初期都小于 0.25，配子贡献平衡性差，进入结实盛期后，平衡指数明显增大，最大的 1995 年雄球花达到 0.661。总的来看，无性系雌球花配子贡献平衡性较好。由于种子园不同无性系分株数目不同，种子园实际的配子贡献状态与无性系平均状态有一定差异（表 9-8），但年份间的变化规律类似。

辽宁兴城种子园亲本的配子贡献是按各个无性系雌球花量平均值占无性系雌雄花量总和的比例估算的。分别估算各无性系作为父本、母本和父母本时的配子贡献，无性系年配子贡献平均值在 0.02 左右。结实初期无性系年平均配子贡献变幅较大，变异系数达到 55.4%，表明种子园结实初期各无性系的配子贡献率存在的差异大，从而使不同无性系对种子园配子库的贡献差异也大。在观测的 12 年中，对无性系分别作为父本、母本和父母本时估算了配子贡献的相关程度。除个别年份（第 21 年）外，其他年份间都存在显著或极显著相关，无性系的配子贡献在观测年份间相对稳定。

三、配子贡献与子代育种值

种子园子代的平均育种值不仅取决于无性系本身的遗传品质，也取决于无性系开花同步性以及配子的数量。在种子园中，一些无性系子代虽表现好，但花期与其他无性系不遇或同步性低，配子产量又低，这些无性系的优良遗传品质在种子园中就不能充分发挥作用。

表9-7　根据开花同步指数和雌雄配子产量估算的无性系配子贡献

无性系	花期同步与配子数量				花期同步				配子数量			
	1989 年		1994 年		1989 年		1994 年		1989 年		1994 年	
	雄花	雌花	雄花	雌花	雄花	雌花	雄花	雌花	雄花	雌花	雄花	雌花
$1^{\#}$	0	0.001	0.002	0.007	0	0.039	0.062	0.036	0	0.001	0.001	0.006
$2^{\#}$	0.011	0	0.044	0.001	0.046	0.036	0.053	0.028	0.014	0	0.031	0.001
$3^{\#}$	0.044	0.202	0.022	0.048	0.054	0.024	0.044	0.028	0.048	0.269	0.015	0.058
$4^{\#}$	0	0.032	0.004	0.036	0	0.042	0.034	0.035	0	0.024	0.004	0.035
$5^{\#}$	0.021	0.003	0.101	0.014	0.052	0.033	0.046	0.036	0.023	0.002	0.071	0.013
$6^{\#}$	0.001	0.027	0.007	0.146	0.045	0.034	0.037	0.033	0.001	0.025	0.007	0.147
$7^{\#}$	0	0.237	0.011	0.036	0	0.047	0.033	0.041	0	0.164	0.013	0.030
$8^{\#}$	0.021	0.011	0.013	0.006	0.034	0.036	0.015	0.035	0.034	0.010	0.034	0.005
$9^{\#}$	0.009	0.009	0.001	0.010	0.048	0.036	0.018	0.035	0.010	0.008	0.003	0.009
$10^{\#}$	0.040	0.200	0.041	0.019	0.058	0.034	0.039	0.039	0.040	0.189	0.039	0.015
$11^{\#}$	0.066	0.003	0.043	0.014	0.051	0.041	0.063	0.038	0.075	0.002	0.026	0.012
$12^{\#}$	0	0	0.006	0.004	0	0	0.016	0.034	0	0	0.014	0.004
$13^{\#}$	0.010	0.001	0.049	0.032	0.046	0.038	0.027	0.032	0.013	0	0.067	0.033
$14^{\#}$	0	0	0.002	0.001	0	0	0.012	0.033	0	0	0.003	0.001
$15^{\#}$	0	0.001	0.001	0.007	0	0.044	0.017	0.035	0	0	0.003	0.007
$16^{\#}$	0.238	0.002	0.069	0.001	0.066	0.032	0.064	0.033	0.211	0.002	0.043	0.001
$17^{\#}$	0	0.016	0.002	0.081	0	0.044	0.025	0.036	0	0.012	0.002	0.076
$18^{\#}$	0	0.010	0.062	0.016	0.047	0.037	0.021	0.037	0	0.009	0.108	0.014
$19^{\#}$	0.001	0.012	0.012	0.008	0.034	0.038	0.042	0.034	0.002	0.010	0.012	0.008
$20^{\#}$	0.012	0.010	0.159	0.041	0.049	0.038	0.036	0.036	0.014	0.009	0.163	0.039
$21^{\#}$	0.400	0.045	0.056	0.006	0.062	0.037	0.038	0.038	0.375	0.039	0.054	0.005
$22^{\#}$	0.029	0.021	0.012	0.052	0.055	0.033	0.016	0.041	0.031	0.021	0.028	0.042
$23^{\#}$	0.016	0.045	0.096	0.225	0.045	0.019	0.049	0.031	0.020	0.076	0.071	0.255
$24^{\#}$	0.015	0.019	0.045	0.007	0.050	0.038	0.042	0.036	0.017	0.016	0.034	0.006
$25^{\#}$	0.007	0.011	0.022	0.037	0.052	0.034	0.039	0.032	0.008	0.010	0.021	0.038
$26^{\#}$	0	0	0	0.035	0	0	0.030	0.036	0	0	0	0.033
$27^{\#}$	0.010	0.031	0.026	0.036	0.038	0.021	0.019	0.033	0.016	0.049	0.051	0.038
$28^{\#}$	0.052	0.031	0.067	0.012	0.064	0.032	0.058	0.034	0.047	0.031	0.042	0.012
$29^{\#}$	0	0.001	0.007	0.007	0	0.039	0.061	0.039	0	0	0.005	0.006
$30^{\#}$	0	0.001	0.009	0.029	0	0.029	0.023	0.037	0	0.001	0.011	0.027
$31^{\#}$	0	0.021	0.010	0.030	0	0.043	0.014	0.039	0.003	0.017	0.028	0.026
平衡指数	0.193	0.273	0.432	0.421	0.584	0.815	0.741	0.950	0.222	0.252	0.467	0.394

表9-8　卢氏种子园无性系交配组合配子贡献平衡指数

类别和年份	1987年		1988年		1989年		1994年		1995年	
	总和	平均	总和	平均	总和	平均	总和	平均	总和	平均
雄配子	0.194	0.119	0.171	0.216	0.248	0.218	0.441	0.434	0.487	0.488
雌配子	0.482	0.535	0.306	0.338	0.408	0.590	0.596	0.687	0.610	0.629
雌配子、雄配子	0.418	0.382	0.318	0.346	0.448	0.488	0.620	0.682	0.655	0.661
交配组合	0.103	0.076	0.066	0.089	0.139	0.169	0.335	0.365	0.386	0.395

1. 种子园亲本子代育种值估算公式

由t个亲本组成的种子园，第j个亲本种子的平均育种值（GA_j）可由式（9-8）表示：

$$GA_j = 1/2\left[\left(\sum_{i=1}^{t} P_{ij} G_i\right) + G_j\right] \tag{9-8}$$

式中，G_i和G_j为第i个或第j个亲本的育种值；P_{ij}为第i个亲本给第j个亲本传粉所生产的种子比率。P_{ij}可根据式（9-9）求出。

$$P_{ij} = PL_{ij} \Big/ \sum_{i=1}^{t} PL_{ij} \tag{9-9}$$

式中，PL_{ij}为第i个亲本给第j个亲本传粉所生产的种子数，可根据i、j两个亲本开花的同步指数、第i个亲本花粉产量（POL_i）和花粉生活力（POV_i）直接计算，即：

$$PL_{ij} = PO_{ij} POL_i POV_i \tag{9-10}$$

整个种子园种子批（子代集合）的育种值（GO）：

$$GO = \sum_{j=1}^{t}\left(GA_j S_j ZD_j \Big/ \sum_{j=1}^{t} S_j ZD_j\right) \tag{9-11}$$

式中，ZD_j为第j个亲本的种子产量；S_j为第j个亲本种子的成苗率。

2. 开花物候、配子产量对子代育种值的影响

种子园子代育种值不仅取决于无性系本身的遗传品质，也取决于无性系开花同步性和配子数量。在种子园中，有些无性系遗传品质虽然比较优良，但花粉和雌球花产量低，花期与其他无性系不遇或同步性低，这些无性系的优良遗传品质就不能充分发挥作用。根据卢氏种子园26个无性系开花初期和盛期的开花同步指数和4年生子代测定林中家系平均树高，估算了这些无性系子代的育种值（表9-9）。如果只考虑开花同步指数对子代育种值的影响，在卢氏种子园结实初期，已开雄球花的无性系，如7#、8#、10#、11#、15#、16#、18#、21#、28#和31#等的树高平均育种值仅为60.9cm，比种子园无性系平均育种值要低4.4cm，使结实初期种子园雄配子的育种值处于平均值以下。因此，在种子园结实初期，1#、3#、4#、6#等无性系子代的育种值普遍比亲本的低。进入结实盛期，种子的育种值比初期明显提高，如1994年1#、3#和4#等无性系子代育种值分别达87.4cm、97.5cm和89.4cm，而1987年相应为30.1cm、41.0cm和33.9cm，仅为1994年的34.4%、42.0%和37.9%。可见，进入盛期后，传粉状况在一定程度上得到了改善。

表9-9　4年生树高（cm）亲本育种值（G_j）与子代平均育种值（GA_j）

无性系	亲本育种值	花期同步与配子数量			花期同步			配子数量		
		1987年	1994年	1995年	1987年	1994年	1995年	1987年	1994年	1995年
1#	60.1	33.0	32.1	33.7	30.1	87.4	62.1	33.0	31.2	34.0
3#	81.9	41.0	44.7	47.8	41.0	97.5	73.9	40.9	43.4	47.0
4#	67.7	33.9	37.5	40.8	33.9	89.4	66.9	33.9	36.3	40.2
6#	72.0	36.0	42.4	48.7	36.0	90.5	70.0	36.0	40.7	54.7
7#	66.8	33.4	39.7	46.7	34.5	87.1	67.5	33.4	38.1	43.8
8#	58.6	34.2	36.8	45.5	31.9	81.8	63.5	36.7	35.8	42.2
9#	77.8	43.7	46.0	53.8	41.3	90.4	72.8	46.7	45.1	51.2
10#	68.9	38.8	43.1	51.1	41.3	85.2	68.6	41.1	41.9	47.9
11#	62.1	38.5	41.0	48.6	41.2	82.0	64.9	41.3	39.6	45.7
13#	58.9	35.6	41.6	48.1	38.5	77.0	64.0	37.9	40.8	45.5
15#	60.1	38.7	41.1	50.2	43.7	74.5	67.6	41.8	40.7	47.4
16#	36.7	31.3	33.3	36.0	34.4	63.4	50.6	34.4	31.8	34.6
17#	70.4	48.2	48.7	53.7	51.9	79.1	67.3	51.5	47.5	51.8
18#	68.3	46.2	49.4	55.3	53.9	76.6	65.8	49.1	49.7	54.3
19#	69.8	50.3	51.7	52.9	54.8	77.1	65.8	54.1	51.9	53.4
20#	85.6	55.6	62.4	65.0	61.1	83.6	74.0	59.1	62.4	64.3
21#	61.2	60.9	53.5	54.6	54.7	70.6	62.0	61.2	53.7	53.7
22#	71.6	67.1	58.4	58.2	61.7	75.2	66.6	67.5	58.4	57.7
23#	73.3	61.7	63.1	63.2	60.7	75.6	67.4	61.4	62.1	63.2
24#	75.4	70.0	65.7	64.0	63.0	76.2	68.4	69.5	64.8	64.3
25#	64.8	60.4	59.8	60.9	56.2	69.7	63.8	61.3	59.6	60.2
27#	52.5	57.9	58.0	57.8	49.8	62.8	57.7	57.9	57.5	57.5
28#	67.8	68.9	65.0	64.1	64.4	69.5	65.7	68.0	64.1	63.8
29#	47.8	59.1	56.5	56.5	55.5	58.7	56.8	58.9	56.4	56.0
30#	60.1	64.2	62.4	62.7	57.3	63.5	62.2	64.6	62.0	62.3
31#	58.6	58.7	63.6	63.3	61.4	62.3	62.5	58.7	63.6	63.2
平均	65.3	43.3	52.9	56.5	48.1	77.7	65.1	44.6	52.0	55.6

由该 26 个无性系组成的种子园，如无性系配子贡献处于平衡状态，那么种子园子代平均育种值等于亲本平均育种值（65.3cm）。又如，胚珠和可育花粉粒数量相等，仅根据 26 个无性系的花期估算，种子园子代的育种值 1987~1989 年、1994~1995 年分别为 48.2cm、50.8cm、50.4cm、77.2cm 和 65.3cm，1987~1989 年分别比亲本平均值小 28.3%、22.2%和 22.8%，1994 年比亲本平均值高出 18.2%，1995 年与亲本平均值基本持平。为了说清楚子代育种值的这种变化，将无性系分为甲、乙两组，甲组的无性系育种值小于平均值，乙组大于平均值，分别计算 3 种假设条件下两组无性系雌雄配子平均贡献率。仅考虑花期，在 1987 年乙组的雄配子贡献为 0.0038，比甲组的 0.0790 小 95.3%，26 个无性系在初期甲组中开花的无性系占绝大多数，因而甲组参与传粉的比率较大，也就是

说种子园内平庸基因的频率高于随机交配状态，造成子代育种值低于亲本的平均值。进入盛期后，1994 年乙组无性系的平均雄配子贡献率增加到 0.0385，比甲组高 33.3%，由于乙组亲本育种值高，传粉比率增大使种子园内优良基因频率要高于随机交配状态，使子代育种值高于亲本的平均值。可见，种子园子代育种值的高低取决于育种值较高的亲本对种子园花粉的贡献。

综合开花同步指数和配子产量估算子代育种值。如果各交配组合同步指数相等，无性系间雌雄配子数量相等，随机交配，子代育种值应与亲本相等。但由于不同无性系的雌雄配子数量存在差异、不能随机交配等原因，子代育种值与亲本育种值往往会有一定差异。5 个年份差异不大，不同无性系子代的平均育种值都小于亲本。如果只考虑同步指数的子代育种值，由雌雄配子数量估算的子代育种值在初期差异不明显，而进入结实盛期，差异增大，如 1994 年和 1995 年相比分别减少了 35.3%和 18.5%。可见，无性系配子产量的差异对子代育种值有较大影响。

辽宁兴城种子园以各无性系树高年平均现实遗传增益作为无性系的育种值，估算了不同年龄各无性系分别作为父本、母本及父母本时对种子园配子库的遗传贡献率。在种子园开花初期，没有着生雌球花或雄球花的无性系，遗传贡献值为 0，而另一些无性系遗传贡献值较高。无性系总的平均遗传贡献值为 0.005 54，变异系数 57.5%，贡献值最大的 15#无性系是贡献值最小的 20#无性系的 21 倍，不同无性系的贡献值差异明显。各无性系在不同年龄时的平均遗传贡献值的变动幅度也大，贡献值是一个动态的变化过程。因此，种子园每年收获的种子的遗传增益不是恒定的。在第 21 年时，所有无性系，特别是育种值较高无性系配子贡献率增加，提高了该批种子遗传增益估值。因此，应该逐步淘汰种子园中遗传贡献低或负值的无性系。

结 语

种子园中不同无性系授粉期的早晚相差明显，特别是来源不同的无性系，相差可达 7~8 天。因此，可以将无性系分成早花型、中花型和晚花型。无性系的开花物候在不同年份虽有变化，但授粉和散粉始期的早晚和长短相对稳定。根据对辽宁兴城和河南卢氏两个种子园的多年观察，无性系散粉期≥10℃的年平均积温变动为 105.4~139.8℃，卢氏种子园以当年≥5℃的有效积温估测无性系受粉和散粉始期时稳定性较好。多数无性系的授粉始期都比散粉期早，散粉期都处在授粉期内，授粉期与散粉期重叠。不同年份开花物候差异主要是温度、降雨、湿度和风速等因素综合作用的结果。同一无性系开花物候主要受遗传控制，分株间散粉期多数只相差 1~2 天，花期的同步增加自交概率，因此，应通过无性系配置降低自交。树冠东、西、南 3 个方向较北向可授期早 1 天，而结束期基本相同。

在卢氏种子园，不同无性系在种子园中的开花同步指数平均值差异较大，无性系作父本时同步指数的变幅要大于作母本时。不同年份因可授期和散粉期不同，无性系间在雌雄配子贡献上是不均衡的。无性系间开花同步性与异交组合数和异交组合的种子数量有密切关系。比较早花型、中花型、晚花型之间的同步性，晚花型×早花型、中花型×中花型的指数高，早花型×中花型、早花型×晚花型的指数低，中花型×早花型组合的指数大于中花型×晚花型组合。种子园无性系内开花同步指数的平均值要高于异交同步指数，异交组合数减少使种子园所产种子的遗传基础变窄，自交概率增大。作母本时用同步指数估算的平衡指数较高，作父本时在结实初期较小，到成龄后达到较高水平。交配组合同步指数估算出的平衡指数较低，开花物候差异对交配组合的影响较大。种子园子代的平均基因型值不仅取决于无性系本身的遗传品质，也取决于交配无性系开花同步性和配子数量。在结实初期收获种子的基因型值普遍比亲本的基因型值低。进入结实盛期后，由于传粉状况改善，无性系间配子数量差异缩小，种子基因型值提高。种子园内配子数量对种子园配子贡献的影响比开花物候要大。因此，通过调节无性系雌雄配子的数量，可以改善种子园配子贡献平衡性。根据对兴城油松种子园同步指数、配子和遗传贡献估算以及不同年份所产种子增益变化的分析，与对卢氏种子园得到的结论在多数情况下趋势一致，但由于两个种子园的自然环境条件、建园无性系、管理情况等不同，上述指标有所变化也属正常，细节的分析有待组织专门的研究。

参考文献

陈晓阳，黄智慧. 1996. 杉木种子园开花物候对种子园种子遗传组成影响的数量分析. 北京林业大学学报，18（3）：1-9

陈晓阳，沈熙环，杨萍，等. 1995. 杉木种子园开花物候特点的研究. 北京林业大学学报，17（1）：10-18

黄智慧，陈晓阳. 1993. 针叶树种子园亲本配子贡献平衡指数的研究. 北京林业大学学报，15（4）：38-43

沈熙环，李悦，王晓茹. 1985. 辽宁兴城油松种子园无性系开花习性的研究. 北京林学院学报，（3）：1-13

张华新. 2000. 油松种子园生殖系统研究. 北京：中国林业出版社：55-61

Alizoti P G，Kilimis K，Gallios P. 2007. Synchronization and fertility variation among *Pinus nigra* Arn. clones in a clonal seed orchard. *In*: Lindgren D. Proceedings of Seed Orchard Conference，Umeå，Sweden，26-28，13-15

Anita Fashler，Oscar Sziklai，1980. The importance of flower phonology in seed orchard design. The Forestry Chronicle，（1）：241-242

Askew G R. 1985 .Quantifying uniformity of gamete production in seed orchard. Silvae Genetica，（34）：186-188

Askew G R. 1988. Estimation of gamete pool compositions in clonal seed ochards，Silvae Genetica，（37）：227-232

Askew G R，Blush Th D. 1990. Short Note：An index of phenological overlap in flowering for clonal conifer seed orchards. Silvae Genetic，39（3-4）：168-171

Copes D L，Sniezko R A. 1991.The influence of floral bud phenology on potential mating system of a wind-pollinated Douglas-fir seed orchard. Canadian Journal of Forest Research，21：813-820

El-Kassaby Y A，Fashler A M K，Sziklai O.1984. Reproductive phenology and its impact on genetically improved seed production in a Douglas-fir seed orchard. Silvae Genetics，33：120-125

El-Kassaby Y A. 1888. Genetics of Douglas-fir seed orchards；expectations and realities. Proc. 20th Southern Forest Tree Improvement Conference，Charleston，South Carolina：87-107

El-Kassaby Y A，Ritland K. 1986. The relation of outcrossing and contamination to reproductive phenology and supplemental mass pollination in a Douglas-fir seed orchard. Silvae Genetica，35：240-244

El-Kassaby Y A，Ritland K，Fashler A M K，et al. 1988. The role of reproductive phenology upon the mating system of a Douglas-fir seed orchard. Silvae Genetica，37：76-82

Kl-Kassaby Y A，Reynolds S.1990.Reproductive phenology，parental balance and supplemental mass pollination in a Sitka spruce seed orchard. For Ecol Manag，31：45-54

Li W，Wang X，Li Y. 2011. Stability in and correlation between factors influencing genetic quality of seed lots in seed orchard of *Pinus tabuliformis* carr. over a 12-year Span. PLoS ONE，6（8）：e23544. doi：10.1371/journal.pone.0023544

Reilly C O，Parker W H，Barker J E. 1982 .Effect pollination period and strobili number on random mating in a clonal seed orchard of *Picea mariana*. Silvae Genetics，31：90-94

Reynolds S，El-Kassaby Y A. 1990. Parental balance in douglas-fir seed orchard-cone crop vs. seed crop. Silvae Genetics，39：40-42

第十章　油松花粉在种子园内外的传播

林木种子品质和产量与花粉的传播和雌球花的授粉状况密切相关。早在20世纪50年代这个问题就引起了林木育种界前辈的关注（Wright，1952）。随后，发表文章渐多，60年代在花旗松（Silen，1962）、湿地松种子园（Wang et al.，1960）中做过花粉传播的研究。笔者于80年代初在瑞典借助同工酶探讨过欧洲赤松种子园中花粉的传播特性，论文（Shen et al.，1981）发表后曾引起国外不少同行的兴趣。随着分析手段的完善，研究树种多了，研究内容也扩大了。有关这方面的问题我们将在第十一章和第十二章中讨论。国内在90年代到21世纪初，在杉木（张卓文和林平，1990；张卓文等，2001；陈晓阳等，1991；陈波涛等，1998；张卓文等，2001）、马尾松（赖焕林和陈天华，1997）等树种中也研究过花粉的传播问题。

欧美国家观察研究地区地势多平坦，影响因素比较单一。20世纪80年代，我们没有能力购置国外已普遍采用的花粉自动采集设备，只能依靠精心组织，用简陋的设备，夜以继日地连续采集花粉样品、镜检，同时观测气象因子，在丘陵山地地形比较复杂的条件下，观察了花粉传播如何受地形、风向、风速，以及无性系开花特性等因素的影响，比较全面、系统地掌握了油松种子园开花结实初期，在地形起伏的坡地上花粉在种子园内外的传播规律，对松类种子园园址的选择、无性系的选择和配置、种子园的设计和经营管理等有指导意义。参加辽宁兴城种子园花粉观察工作的人员很多，主要由王晓茹博士在读硕士研究生期间完成，研究结果曾在《林业科学》上发表（王晓茹和沈熙环，1987）。河北遵化东陵油松种子园的观测工作，由河北省林科所翁殿伊高级工程师组织完成（翁殿伊等，1995）。花粉观察时间、地点，花粉样品采集方法以及气象资料的观测综述如下，个别情况在相应段落另作说明。

观测时间和地点　1984~1986年在辽宁兴城油松种子园第一大区及毗邻地段观察（图10-1）。该大区于1974~1975年营建，含49个无性系园，共37亩，1100株，株行距为5m×5m，观测时平均树高已稍超过4m。当时种子园花粉产量较低，估算为9.5kg/hm^2；1982~1993年在河北遵化东陵油松种子园内连续观测花粉密度的增长变化。东陵油松种子园位于东经117°51′，北纬40°12′，属燕山南麓低山丘陵，海拔140m。1$^\#$、2$^\#$、4$^\#$大区建于1974年，面积为84亩。半阳坡，坡度5°~15°。年均气温10.3℃，7月平均气温25.2℃，1月平均气温–7.3℃，年降水量655mm。

花粉采集点和收集方法　在兴城种子园内外不同地形部位，不同距离设立花粉采样点共23处。花粉采集器为涂凡士林的载玻片，垂直固定在直径约10cm的圆木盘上。每个木盘圆周8个方位安置采集器。水平面设有8个采样器；垂直采样高度分别为2m、4m、6m和8m。调查花粉飞散时变化的观测点，每隔2h取样1次，其他各点每天取样1次。在显微镜下观测30个视野花粉采样器（片）上花粉数量，推算各点各个方位的花粉接收量。

气象观测　在种子园散粉期间，设立风向、风速观测点 1 个，每隔 15~30min 观测 1 次，并从种子园气象观测站取得每天 24h 内的观测数据。

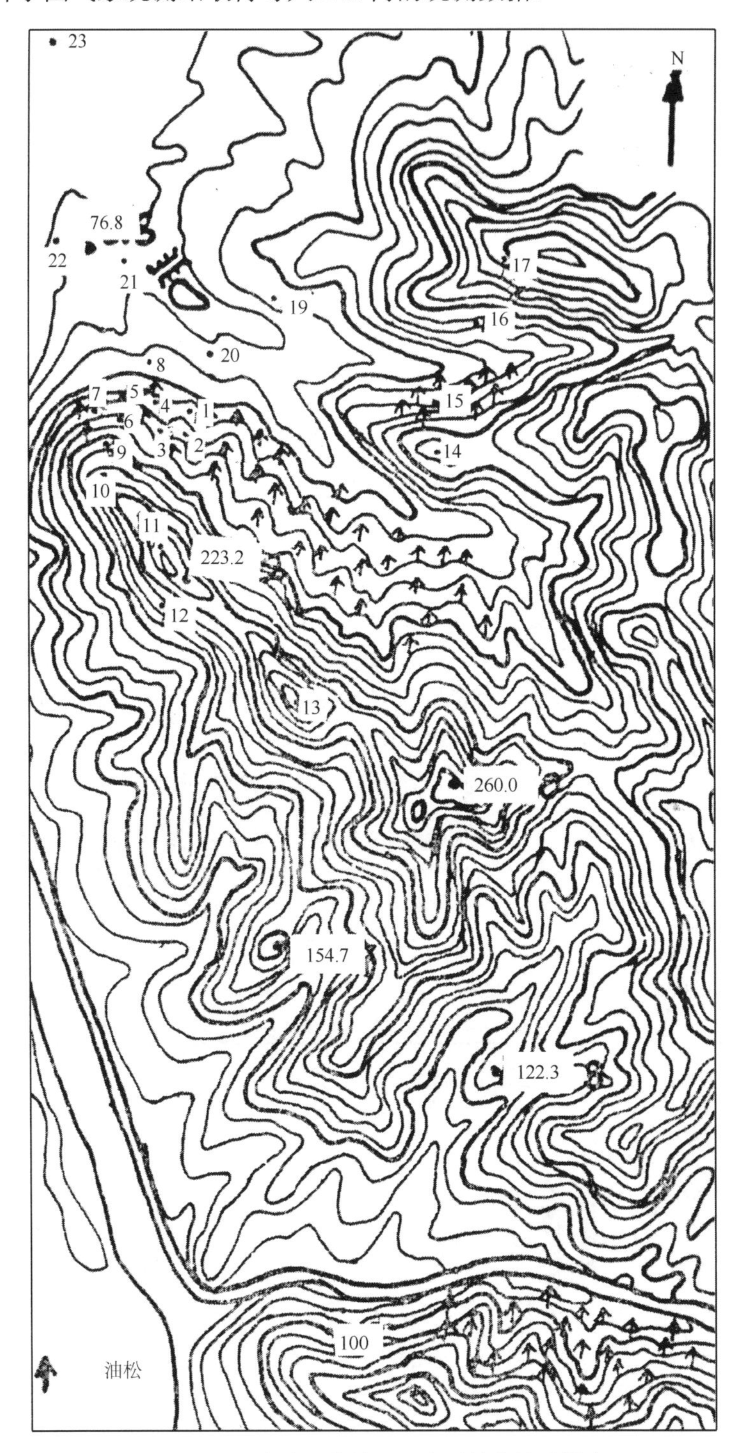

图10-1　观察地区的地形及布置的花粉采样点

第一节　种子园花粉密度的时间分布特征

一、花粉密度日变化

种子园无性系的花期大致可分为早、中、晚三类。不同无性系的花期在不同年份相对稳定。干燥、高温、风速快会使散粉期缩短，一株树上的花粉会在1~2天内散尽。反之，低温、湿润的天气可使花期延长至10天（表10-1）。

表10-1　1983~1985年散粉期内的天气条件与散粉状况

年份	散粉期	历时/天	日平均温度/℃	最高温度/℃	湿度/%	到散粉始期≥10℃积温/℃
1983	5月10~19日	10	16.1	22.0	62.0	111.4
1984	5月13~19日	7	19.2	26.1	39.3	119.3
1985	5月13~21日	9	17.1	21.1	52.2	119.9

从表10-2中可以看到，雄球花发育成熟到散粉要求开花当年≥10℃的有效积温为110~120℃。由于每年气候条件不完全相同，雄球花成熟的时间也有差异，散粉起始期前后也不一致。进入散粉期后，温度、湿度和风速等因素决定了散粉期的长短及花粉密度的日变化类型。1984年散粉期内气温始终较高、空气干燥，该年散粉期短而集中，花粉密度日变化呈单峰型，又因5月17日一场大风，刮走了大量花粉，18日花粉量急剧下降。1985年散粉期内湿度大，散粉期延长，18日、19日阴雨，呈现双峰曲线。此外，从图10-2还可以看出，每年花粉高峰期短，仅2~3天。可以推断，只有开花期相同的无性系，才能够充分自由传粉。因此，在建园无性系筛选时应当考虑到这点。

表10-2　1985~1986年对面坡地上3个采样点与林内花粉粒接收量比较

年度	1985年5月/粒					1986年5月/粒				
日期	15日	16日	21日	Σ	相当林内	11日	12日	16日	Σ	相当林内
林内15#	1303	1617	59	2979	100%	297	1439	524	2260	100%
对坡中16#	1073	696	200	1969	66%	417	1738	296	2451	108%
对坡顶17#	1526	1634	120	3280	110%	865	2632	372	3869	171%

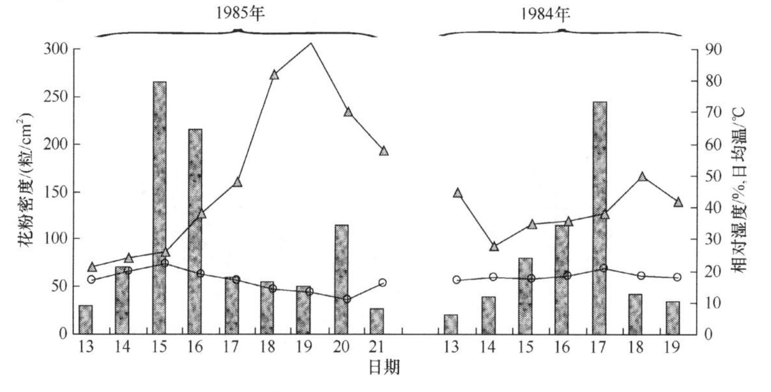

图10-2　5月花粉飞散期内天气状况与采集花粉密度的变化

▲，相对湿度；○，温度；▨，花粉密度

二、花粉密度的时变化

花粉散发是由小孢子囊开裂和花粉散入大气这两个步骤完成的。通过对 1#和 5#两个采样点每 2h 取样一次观测发现，一天内花粉大量散发出现在 10~18 时。清晨阳光最先投射到树冠东面的雄球花上，随着光照增强，温度升高，雄球花基部的小孢子囊首先破裂。由于清晨相对湿度大，且风力小，开裂的小孢子囊中的花粉不能立即散播，所以 8 时前空气中花粉量很低，随着气温上升，湿度下降，空气活动加强，小孢子囊中的花粉被携出，这时树冠其他部位的雄球花也不断散粉，在稳定的气候条件下使空气中的花粉密度维持在比较高的水平。夜间温度低、湿度大、空气稳定，没有新的花粉来源，采集的花粉量少（图 10-3）。光照、温度和湿度对成熟的雄球花花粉囊的开裂起决定作用，而风速对花粉的散发起了强烈的促进作用。

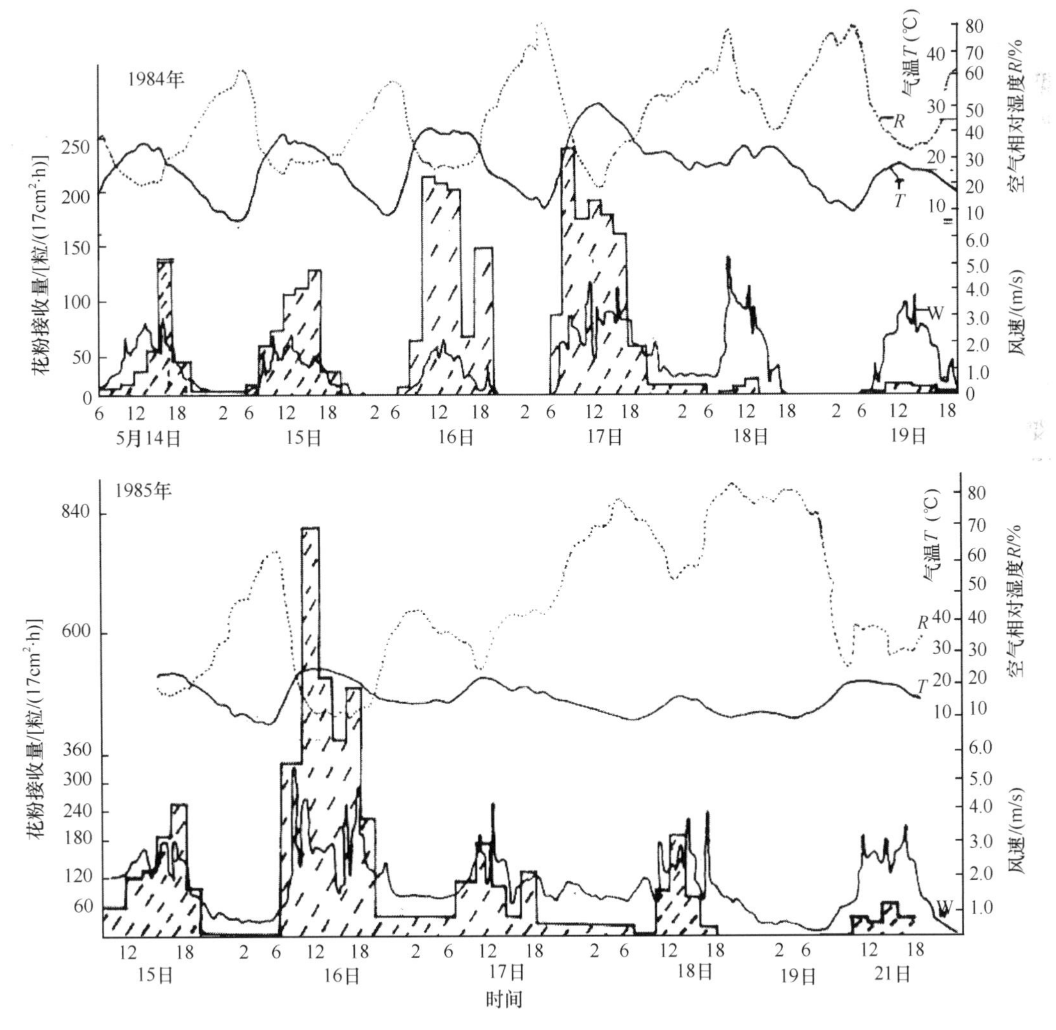

图10-3　空气中花粉含量与气温、相对湿度和风速的关系

R：空气相对温度；*T*：气温；*W*：风速；▨花粉量

第二节　花粉在低山丘陵地的传播

花粉采样点按地形在坡地不同部位设置，地形及布点情况见图 10-1。依花粉的接收量对地形、坡位和传播距离作如下分析。

一、花粉在对面坡间的传播

以 15#采样点 8m 高处的花粉接收量表示林分的花粉量水平。在林分对面 150m 外的迎面坡的中部和下部设立 16#、17#两个采样点，设置在主风下方位对坡面上采样点上的花粉接受量，与花粉源采样点相比，花粉密度虽有涨落，但没有下降趋势。根据 2 年在 3 个采样点上花粉接收量（表 10-2）的观测，在地形起伏地区，一个坡地上的林木花粉能容易地传送到对面坡上，会对传粉受精产生显著的影响。因此，在山地区划设计种子园时，要考虑花粉飞散的这个特点，慎重处理花粉的隔离问题。

二、花粉在坡地不同部位上的传播

兴城种子园第一大区位于 10°~15°的坡地上，坡长约 250m，在坡的下方有一小片人工林。为调查花粉在坡地上的传播状况，在片林上方各相距约 100m 处，设置了 3 个花粉采样点。在 1985 年花期观测的 5 天中，5 月 15 日和 16 日的花粉量与其他 3 天有极显著差异（$F=7.35$，$p<0.01$）。但上、中、下 3 个采样点上接收的花粉量没有显著差异（$F=0.54$，$p=0.60$）（图 10-4）。可见，携带花粉的气流，白天随着温度升高会沿坡地向上攀升，山坡的上部处于富含花粉的气流中。因此，种子园不宜营建在坡下有同种树种分布的山地上。

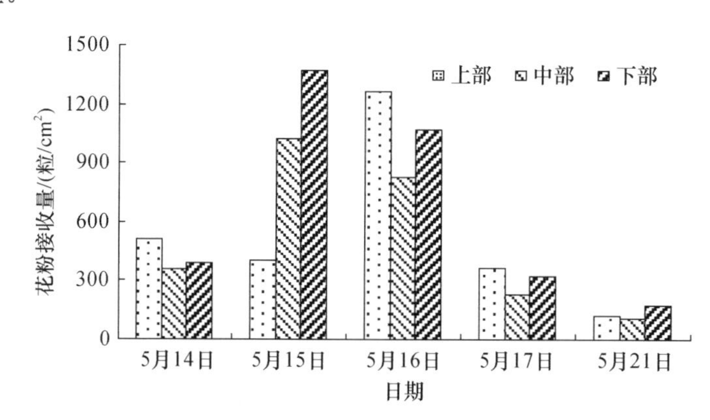

图10-4　兴城种子园第一大区不同坡位采样点上的花粉接收量（1985年）

三、花粉在低山丘陵地的传播

在兴城种子园第一大区的东南方、相距 1500~1800m，海拔 100m 左右处，有一片油松人工林（图 10-1）。该人工林是种子园第一大区东南方向唯一的主要花粉源。为了解该林分花粉在丘陵地形条件下的传播情况，沿着种子园生产区坡地的山脊，设置了10#、11#和13#花粉采样点，采样点的海拔在200m左右。迎风面花粉接收量是指与花期主风方向垂直的180°范围内收集到的花粉；花粉接收总量是指8个方位采样器上接收到的全部花粉量。在种子园第一大区内设置的1#和5#采样点，以8m高处采样器上的花粉平均接收量，表示该种子园内的花粉平均密度。在东南主风向时，以这些点迎风面花粉收集量/花粉总量的值，估算该人工林对其下风方向种子园的影响程度。

由山脊上的各采集点上各方位上的花粉接收量，计算出迎风面对总量的比值。1985年观测期间，主风向稳定，都是东南风，也就是说该油松人工林位于上风方向。在园内平均、10#和11#各收集点的比值，分别为86%、86%和79%。1986年花期内主风向不稳定，当主风为东南向时，园内平均、10#、11#和13#各采集点的比值分别为0.73、0.85、0.88和0.84；当主风为西北一北向时，这4个点的迎风面花粉/总量值分别为0.78、0.79、0.91和0.89。根据2年观察，这一比值变动为0.73~0.91，可见，不论是东南风还是西北风，迎风面的花粉收集量明显高于背风向。

对山脊上各点，在东南主风向时花粉采集量与种子园内外各点花粉采集量作比较，以园内采集点总花粉量和迎风面花粉接收量都按100%计，1985年10#点为74%对74%；11#点为62%对58%；1986年，10#、11#和13#点相应为43%对50%、81%对97%、50%对58%。根据表10-3数据计算，在1985年和1986年山脊上各点花粉总收集量相当于园内采集点花粉量的0.62~0.68、0.43~0.81，2年平均分别为0.68和0.58。这说明，1500m外的那片油松人工林的花粉对该种子园第一大区有显著的影响。

表10-3 设置在山脊上的各采集点上的花粉接收量

1985年5月/粒					1986年5月/粒								
15日	16日	17日	总量	迎/总	11日	12日	16日	总量	迎/总	13日	15日	总量	迎/总
主风向东南					主风向东南					主风向西北一北			
2094	1750	510	4354	0.86	861	2313	1398	4572	0.73	875	850	1725	0.78
1973	1351	419	3743		571	2088	683	3342		762	590	1352	
517	2167	557	3241	0.86	511	1347	111	1969	0.85	926	1926	2852	0.79
432	2027	327	2786		434	1154	83	1671		599	1645	2244	
667	1578	475	2720	0.79	571	2919	211	3701	0.88	876	1677	2553	0.91
475	1280	399	2154		524	2558	172	3254		736	1583	2319	
					366	1779	150	2295	0.84	693	1375	2068	0.89
					309	1508	121	1938		576	1266	1842	
										363	607	970	0.66
										299	337	636	

为了解花粉越过山脊后对坡下的影响程度，在山脊的背坡上设立了12#采样点，该坡上没有油松。当主风为西北、北向时，12#的花粉总接收量及迎风面接收量分别占山脊

10#、11#和 13#点相应接收量平均值的 39%和 30%。这说明富含花粉的气流越过山脊后，在一段时间内仍以水平方向运动为主，在背面坡沉积下来的花粉约占总量的 1/3。按山脊上接收到 60%的外源花粉估算，如有 1/3 沉落到坡下的种子园生产区中，那就是说，1500m 外的那片人工林花粉，在该种子园营建 11 年后的 1986 年，当花粉产量为 9.5kg/hm^{2}时，外源花粉对种子园的污染率约为 20%。在我们观测的丘陵地区条件下，松类花粉可大量传播到花期主风下方直线距离 2km 或更远的地段。

20 世纪 80 年代末，笔者应邀再次去瑞典，在 Umeå 参与了欧洲赤松花粉迁移的观测研究，证实花粉飞越数百千米后仍能保持近 100%的生活力（Lindgren et al.，1995）。可见，在丘陵地区，松类林分的花粉可大量传播到花期主风下方直线距离 2km 或更远的地段。外源花粉对种子园的污染已成为提高种子园增益的严重障碍，已引起国外种子园经营者的广泛关注。这个问题将在第十一章中讨论。

四、花粉在坡地下方开阔地段上的传播

为了解坡地种子园产生花粉对开阔地段的扩散影响，以种子园第一大区为花粉源，在离该区不同距离处设立采样点（图 10-1）。当散粉期主风向为东南向时，即坡地上的气流吹向下风方向的开阔平地时，开阔地带风速加大，在距坡地花粉源较近的地段，风速加大能增加单位时间内的花粉接收量，所以在 400m 范围内花粉接收量没有明显的削弱。但风速加大，湍流加强，花粉扩散和稀释速度也随之加快，所以到相距 1000m 时已减少到可以忽略的水平。花粉在开阔地段上的传播，具有明显不同于坡地的传播特点（表 10-4）。

表10-4　在兴城种子园第一大区下风开阔地段距花粉源不同采样点上花粉观测数据

日期 \ 样点与距离	1#、5#	8#	20#	19#	21#、22#	23#
	0m	50m	80m	180m	400m	1000m
1986-5-11/粒	412	312	310	283	242	18
1986-5-12/粒	1507	1191	1192	869	1254	152
1986-5-16/粒	493	312	199	112	122	4
Σ/粒	2412	1815	1701	1264	1618	174
相对量/%	100	75	71	52	67	7

第三节　花粉在种子园内的传播

正如在第二篇第六章“油松无性系雌雄球花量的时空变化”等章节中分析的，不同无性系着生的雌雄球花量差别大。由于种子园建园无性系组成不同，无性系开花量不平衡，物候不一致，嫁接植株所处小地形和环境条件也不尽相同。为了解这些因素综合作用对种子园内花粉分布产生的影响，于 1984 年和 1985 年在兴城种子园第一大区内布置了水平和垂直花粉采样点，2 年中观测了各点花粉采集量。同时，河北省林业科学研究

所翁殿伊等在河北东陵油松种子园第 1、第 2、第 4 大区内，于 1982~1993 年期间，即在种子园定植后 8~19 年的 12 年间，设置了 5 个花粉固定采样点，作了系统观测。两地的观察结果归纳分述如下。

一、兴城种子园园内花粉垂直和水平传播

兴城种子园 7 个水平采样点的数据表明，不同点的花粉收集量差异大，花粉密度最大与最小的点相差近 5 倍，2 年内各点观测值的变动系数分别为 0.45 和 0.49。同时可以看到，仅相隔 1 年平均花粉量增加了 170%（图 10-5 左列）。

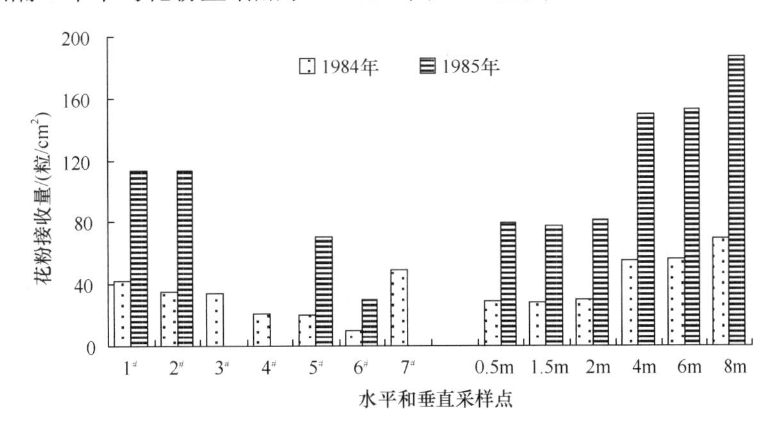

图10-5　兴城种子园1984~1985年水平和垂直采样点花粉收集状况

左为水平采样点；右为垂直采样点

对垂直采样点花粉收集量数据分析，如以 2m 高处花粉量为 100%，4m 和 6m 处接近 200%，8m 处的收集量为 230%，但 0.5~1.5m 处，为 2m 点的 90%左右（图 10-5 右列）。在种子园树冠没有郁闭前，花粉密度呈上高下低的垂直分布特点。分析其原因有：在树冠下，风速低，水平交流频度低；由于定植距离较大，观测时树冠尚未郁闭，空气上下交流还没有受到抑制，随着气温的升高，能将富含花粉的空气抬升到林冠上空；种子园植株沿山坡种植，坡地有利于花粉的水平和垂直方向的混合和传播。

花粉收集量不仅在不同高度间存在差异，在不同方位上也存在明显的不同，且每个采样点不同垂直高度处各个方位的花粉采集量的变化规律也不尽相同。林冠层上方 4m 和 8m 处，各方位花粉采集量的变化趋势基本与风频一致［图 10-6（a)、图 10-6（b)］，而 2m 处的接收量不仅与风向、风频有关，与四邻植株雄球花量的多少也有密切关系。花粉最大接收量往往出现在 15m 范围内着生雄球花量多的嫁接植株的下风方位[图 10-6（d)、图 10-6（e)］。距采样点最近植株着生雄球花量的多少对花粉接收量影响最大。由此，在四邻雄球花量不等时，短暂的阵风也可以传送大量的花粉，从而出现 2m 高处花粉采集量与风频不一致的现象［图 10-6（c)、图 10-6（f)］。树冠的阻挡，削弱花粉的传播，但较强的花粉源，通过 1~2 个树冠后仍可能传播大量的花粉。不平衡性是种子园内花粉水平和垂直分布特征。

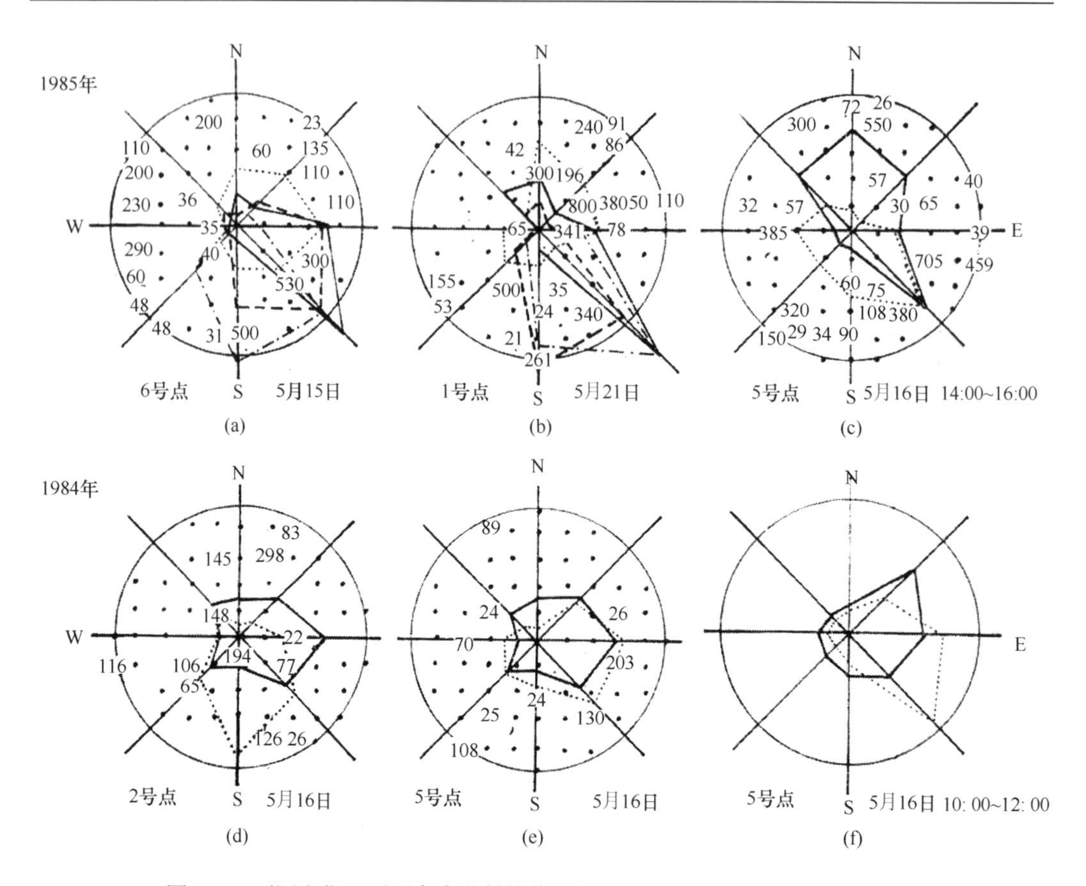

图10-6　不同方位、不同高度花粉接收量与风频、植株着生雄球花量的分析

风频 8m 高处花粉接收量，4m 高处花粉接收量，2m 高处花粉接收量

各圆点为采样点位置，数字为该处植株着生雄球花枝数，无数字的圆点表示雄球花数＜20 朵/枝

二、东陵油松种子园 12 年间花粉量增长及变化

在东陵油松种子园定植后 8~19 年共 12 年间，5 个花粉采样点花粉密度随年龄增加了近百倍。1990 年 3 个生产区的花粉量变动于 93.3~118.2kg/hm^2。各区花粉密度的变动系数为 0.13~0.69，多数为 0.3~0.4。花粉密度的变化与采样点附近嫁接植株着生雄球花的量以及风力和风向有关。散粉期内风力大，风向多变，则采样点间花粉密度差异小。各区内花粉密度峰值出现的早晚，与嫁接砧木年龄有关。第 1 大区为 5~7 年生砧木，峰值出现最早；第 4 大区为 3 年生砧木，峰值出现晚，到 1992 年，第 1 大区花粉量已有下降趋势，见图 10-7。

结　语

油松雄球花发育到成熟散粉，要求开花当年≥10℃的有效积温 110~120℃；散粉期的长短取决于散粉期内的温度、湿度和风速，散粉高峰期一般持续 2~3 天。每天花粉浓

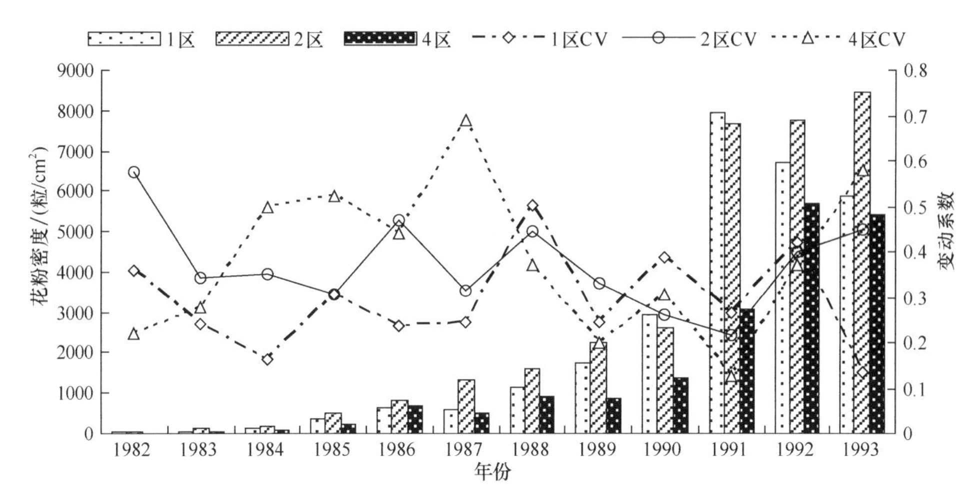

图10-7　河北东陵油松种子园于1982~1993年3个大区花粉密度增长和变动状况

度最大值出现在 10~18 时。根据在辽宁兴城种子园的观测，在丘陵山地花粉传播受地形、风力和风向的综合作用。在山坡上、中、下部位接收量有明显的差异；在风力较大时，花粉源对其下风方向 150m 外对面坡的影响是显著的，被地形抬升起来的花粉在传送 1500m 后花粉密度仍不可忽视；富含花粉的气流，越过山脊后，约有 1/3 的花粉沉落下来；在开阔地带，1000m 外的影响已经削弱到可以忽略的水平。在种子园营建 11 年后，在花粉产量为 9.5kg/hm^2 时，外源花粉对种子园的污染率约为 20%。在兴城种子园生产区对 7 个采样点 2 年的观测，不同采样点的花粉密度可相差近 5 倍，2 年各点观测值的变动系数为 0.45 和 0.49。在树高约 4m，树冠没有郁闭前，兴城种子园 2m 高处的花粉量约为林冠上层 4m 和 8m 高处的一半；林冠层上部花粉量的方位变化与风频一致，而 2m 高处各方位的花粉接收量则显著受到风向以及 15m 范围内植株雄球花量多少的影响。根据河北林研所翁殿伊对东陵油松种子园从开花初期到盛期（定植后 8~19 年）间连续、定点观测，花粉密度增加近百倍，估算定植后 16 年时的花粉产量为 93.3~118.2kg/hm^2；各区花粉密度的变动系数为 0.13~0.69，集中分布在 0.3~0.4。可见，花粉密度在时间和空间上的不平衡性，是油松种子园花粉分布的特征。

参 考 文 献

陈波涛，王欣，张贵云，等．1998．杉木种子园花粉管理技术研究．贵州林业科技，(1)：1-8
陈晓阳，松丙龙，杨祖华，等．1991．杉木种子园内花粉飞散的观测与分析．北京林业大学学报，(2)：48-53
赖焕林，陈天华．1997．马尾松种子园及其附近人工林群体间的基因流动．南京林业大学学报，(1)：39-43
沈熙环，李悦，王晓茹．1985．辽宁兴城油松种子园无性系开花习性的研究．北京林学院学报，(3)：1-13
王晓茹，沈熙环．1987．油松种子园花粉飞散规律的研究．林业科学，22 (1)：1-9
翁殿伊，王润泽，王忠民，等．1995．油松种子园花粉密度的动态变化与种子生产．河北林业科技，(3)：1-6

张卓文，唐靖，黄子锋，等. 2001. 崇阳杉木无性系种子园花粉散发与空间分布特性研究. 种子，(5)：15-17

张卓文，林平. 1990. 杉木花粉生态学特性研究. 林业科学，(5)：410-418

Adams W T，Birkes D S，Erickson V J. 1992. Using genetic markers to measure gene flow and pollen dispersal in forest tree seed orchards. *In*：Wyatt R. Ecology and Evolution of Plant Reproduction. Chapman and Hall，New York，NY，37-61.

Lindgren D，Ladislav P，Shen Xihuan，et al. 1995. Can viable pollen carry Scots pine genes over long distances? Grana，34：1-6

Shen X H（沈熙环），Rudin D，Lindgren D. 1981. Study of the pollination pattern in a Scots pine seed orchard by means of isozyme analysis. Silva Genetica，30：7-15

Silen R R. 1962. Pollen dispersal consideration for Douglas fir. Jour For，60：790-795

Wang C，Perry T O，Johnson A G. 1960. Pollen dispersion of slash pine（*Pinus elliottii* Engelm.） with special reference to seed orchard management. Silvae Genetica，9：78-86

Wright J W. 1952. Pollen Dispersion of Some Forest Trees. USDA Forest Service Station. 46

第十一章　油松不同群体和种子园交配系统分析

群体交配系统（mating system）是指群体中所研究个体的配子形成合子的属性，如群体的异交率、自交率、近交率；交配系统并不改变群体中等位基因的频率，但会影响群体中基因型的频率；遗传和环境因素都可能导致反映群体和个体交配系统指标的差异（White et al.，2007）。群体的交配系统是林木遗传育种中的重要理论问题，也与良种生产密切相关。研究种子园交配系统的目的，是了解建园无性系及其分株异交率、自交率、近交率以及污染率等的时空变化规律，确保种子园生产种子的遗传品质。

20 世纪 70 年代末林木遗传育种者开始应用淀粉凝胶电泳同工酶技术，研究群体的交配系统等问题，到 80 年代后期，包括 RFLP、RAPD、AFLP 和 SSR 等在内的 DNA 分子标记技术有所发展，研究内容和领域也不断扩大。国外在交配方式与授粉类型、种子园污染以及多样性等方面有不少报道（El-Kassaby and Ritland，1986；Fries et al.，2009；Burczyk et al.，1996；Slavov et al.，2005），在遗传图谱的构建方面也有应用。从 20 世纪末开始国内也有研究报道。胡新生等采用同工酶分析过兴安、长白及华北落叶松天然群体交配系统（胡新生和 Enn，1999）；南京林业大学用同工酶分析过马尾松种子园和周边林分的异交率（赖焕林和王明庥，1997）；还用简单重复序列（simple sequence repeat，SSR）分析了福建白砂林场马尾松实生种子园自由授粉子代的异交率；树冠上层异交率＞中层＞下层（张薇等，2009）。

20 世纪 80 年代多数油松种子园进入正常结实期。掌握不同经营阶段种子园、无性系和分株的异交率、自交率、近交系数、污染率等的时空变化规律，了解各个父本对子代的繁殖贡献率，以及父本与母本的分布距离、开花物候、开花期气候等因素对交配系统的影响，以制定提高种子品质和产量技术措施的依据。北京林业大学李悦、张春晓、张冬梅和孙佩光等师生先后参加这一领域的研究（张春晓和李悦，1999；张冬梅等，2000；张冬梅等，2001）；本章采用淀粉凝胶电泳同工酶技术，研究了下列问题。

（1）估算辽宁兴城油松种子园、油松天然次生林和油松种子园子代测定林 3 个群体的交配系统指标，并比较不同群体间的差异；分析 3 个群体雌雄配子库的等位基因组成，比较其异同；探讨影响指标变化的因素。

（2）在种子园经营各阶段，分析并比较雌雄配子库等位基因频率的变化；去劣疏伐前后雌雄配子库等位基因频率的变化；在树冠不同层次交配系统指标的变化。

（3）估算种子园不同阶段、树冠不同层次的花粉污染率，探讨影响污染率的因素及可能采取的措施。

第一节　不同群体的交配系统分析

研究采用水平淀粉凝胶电泳同工酶技术，种子试样共分析了 13 种酶系统的 16 个位点，各年份采用的酶系统稍有不同。1984 年为研究群体的遗传结构采用了酸性磷酸酯酶（acid phosphatase，ACP，E.C.3.1.3.2）、亮氨酸氨肽酶（leucine-amino-peptidase，LAP，E.C.3.4.11.1）、天冬氨酸转氨酶（aspartate aminotransferase，GOT，E.C.2.6.1.1）、莽草酸脱氢酶（shikimate dehydrogenase，SKD，E.C.1.1.1.25）、乙醇脱氢酶（alcoholdehydrogenase，ADH，E.C.1.1.1.1）、磷酸葡萄糖变位酶（phosphoglucomutase，PGM，E.C.5.4.2.2）、葡萄糖六磷酸盐脱氢酶（glutamate-6-phosphate dehydrogenase，G6PD，E.C.1.1.1.49）、苹果酸酶（malic enzyme，ME，E.C.1.1.1.40）和异柠檬酸脱氢酶（isoditrate dehydrogense，IDH，E.C.1.1.1.42）9 种酶系统。1987 年用过谷氨酸脱氢酶（glutamate dehydrogenase，GDH，E.C.1.4.1.2）和荧光酯酶（FEST，E.C.3.1.1.-）。1993 年和 1996 年分析群体试样采用：ACP、LAP、GOT、PGM、苹果酸脱氢酶（malate dehydrogenase，MDH，E.C.1.1.1.37）和 ADH 的各一个位点，SKD 和维生素 K3 还原酶（menadione reductse，MNR，E.C.1.6.99.2）各两个位点。样品提取液、电泳和凝胶缓冲液、酶谱参见有关文献（Shen et al.，1981；Wang et al.，1991；张春晓和李悦，1999）。

数据分析采用 Ritland 编写的多位点混合交配系统测定模型 MLT 程序（Ritland，1990），估算多位点异交率（t_m）和单位点异交率（t_s）。该模型通过最大似然程序可以同时得到 3 个参数：期望最大法估算花粉库等位基因频率、Newton-Raphson 法估算异交率、后代矩阵法估算母株基因型。种子园的花粉污染程度采用 Adams 和 Burczyk 编写的 GENFLOW 程序估算。

一、3 个油松群体交配系统的指标分析

3 个群体和种子试样　试验包括种子园群体、天然次生林群体和子代测定林群体，分别由兴城种子园无性系、天然次生林和子代林中采集种子组成。兴城种子园采样区于 1974 年定植，共含 49 个无性系，分别来自辽宁抚顺、兴城和内蒙古宁城黑里河等 10 多个天然林和人工林优树，按 7×7 顺序错位排列，株行距 5m×5m。种子园群体是从 34 个无性系上采集的种子组成；天然次生林距种子园 4km，面积 50hm^2 以上，树龄 30~100 年，密度为 500~800 株/hm^2。该群体由 32 个单株上采集的种子组成。子代测定林用种子园 1984 年自由授粉种子育成的苗木营建，位于兴城首山西麓，地势较平坦，周围有自然分布的油松林，含 52 个家系和对照，8 株小区，5 次重复，按完全随机区组田间设计，采种时植株 12 年生。该群体由自由授粉子代测定林的 43 个家系的种子组成。

分析种子试样于 1993 年采集。种子园群体种子试样是从 34 个无性系上采集的，用于同工酶分析用种子 300 粒；天然次生林从结实较多、相距 80m 以上的 32 株树冠上部

各采集球果 5 个，同工酶分析用 250 粒种子；从自由授粉子代测定林采集 43 个家系分析用种子 300 粒。

群体交配系统指标的估算　根据 MLT 程序估计群体与个体多位点异交率（t_m）、单位点异交率（t_s）、固定指数（F）（王中仁，1996）。混合交配系统模型假定种子是随机交配的结果，模型中，每一个母本基因型的后代代表着基因频率为 P 的花粉库以 t_m 的概率异交，以（$1-t_m$）概率自交的胚珠发育而来的子代系列。假设受精后不存在突变与选择，也不存在选型交配及花粉库频率的变异。固定系数（F）：表示偏离哈迪—温伯格平衡预期的程度。

$$F = 1 - H_o / H_e$$

式中，H_e 为预期杂合子频率，H_o 为观察杂合子频率。

本项研究采用根据以上公式用 Fortran 语言编制的程序 Biosys-Ⅰ估算群体遗传结构的各个参数（Swofford and Selander，1989）。

二、3 个群体交配系统指标分析

群体多位点异交率高，表明自交程度低，$1-t_m$ 表示自交率；单位点与多位点间异交率的差异（t_m-t_s）在理论上表示群体内的近交程度，数值大，近交程度高。10 个酶位点对 3 个群体交配系统指标估算结果列于表 11-1。3 个群体的 t_m 和 t_s 不同。种子园与子代林的 t_m 值接近，两者都高出天然林约 10%，说明天然林内的自交程度较种子园和子代林高。t_s 在 3 个群体间差异较大，由天然林的 0.638 到种子园的 0.821，子代林介于其间，接近平均值；天然林的近交率比子代林高出约 7%，种子园近交程度最低。3 个群体的固定指数都显著大于 0，反映出 3 个群体的杂合子相对不足，纯合子较多。

表11-1　3个群体的交配系统指标

估算指标	天然林	种子园	子代林	平均值
多位点异交率（t_m）	0.864（0.048）	0.962（0.019）	0.953（0.021）	0.926（0.029）
自交率（$1-t_m$）	0.136（0.048）	0.038（0.019）	0.047（0.021）	0.074（0.029）
单位点异交率（t_s）	0.638（0.049）	0.821（0.044）	0.742（0.023）	0.734（0.039）
近交指数（t_m-t_s）	0.226（0.042）	0.141（0.035）	0.211（0.019）	0.193（0.032）
固定指数（F）	0.259（0.062）	0.211（0.083）	0.477（0.029）	0.316（0.058）

括号中为标准误

为了解种子园内各个无性系、子代测定林不同家系以及天然次生林中单株异交率在群体内的分布情况，分别统计了上述 3 个不同群体内的无性系、家系和单株的异交率，从 10 个位点的综合分析结果看，3 个群体内的个体异交率都表现出一定的差异，一些个体异交率很高，而有的则较低。在各群体中异交率高于 0.9 的均超过 80%，且分布基本一致（图 11-1），都呈单峰分布。天然林、种子园和子代测定林中大于 0.9 的单株分别为

80.6%、85.3%和 88.3%。3 个群体内，异交率较低的个体较少，没有出现异交率小于 0.6 的个体。

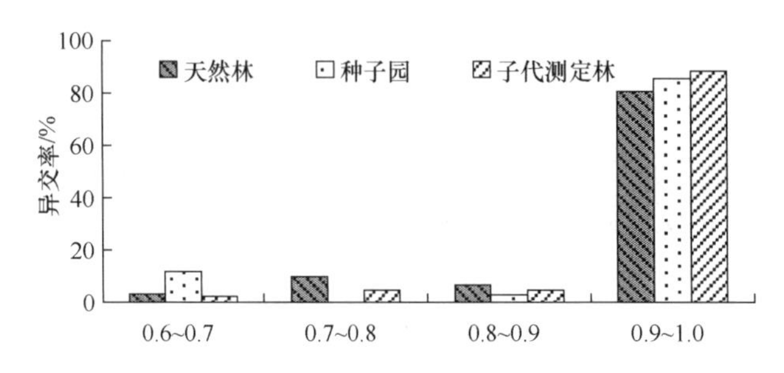

图11-1　种群体内无性系个体异交率分布趋势图

三、3 个群体的配子库基因频率比较

根据对天然林、种子园、测定林 3 个群体的雌配子、雄配子库中基因频率的估算，各群体雌雄配子库在一些位点的同一等位基因频率间存在明显差异。在雌配子库中，在较多位点上较高频率的等位基因数超过雄配子库。天然林、种子园、测定林 3 个群体中，雌配子库中高频等位基因频率超过雄配子库的位点数依次分别为 7 个、6 个和 6 个，共 19 个，占 30 个总位点数的 63%；而在 3 个群体雄配子库中高频等位基因频率超过雌配子库的位点，总共只有 11 个，占 37%。出现高频等位基因更容易通过雌配子传递给下一代的现象。图 11-2 示种子园群体中雌雄配子库中在 10 种酶系统 30 个位点上雌雄配子的比率。

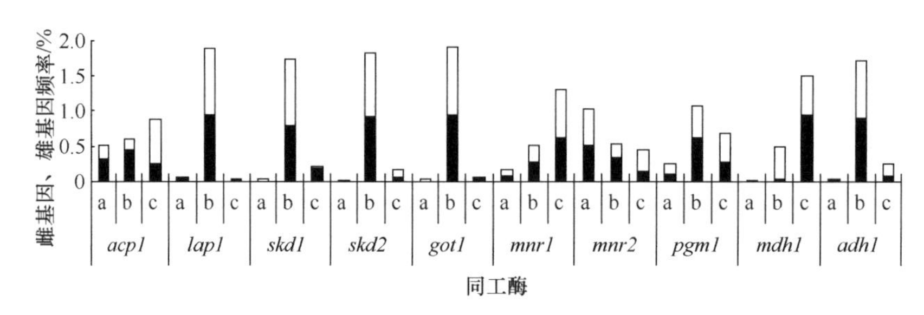

图11-2　种子园子代配子库中在10种酶上雌基因、雄基因频率对比

□：雌配子库；■：雄配子库

在天然林、种子园、测定林 3 个群体的雌配子库和雄配子库中，同一位点上相同等位基因的频率大多存在差异。然而，在不同群体中，各位点上频率较高的等位基因，表现比较接近。在雌配子库中，只有 *pgm1* 出现差异，90%频率较高的基因在相应位点的同一等位基因上表现比较一致；在雄配子库中，只有 *acp1* 和 *mnr1* 位点的频率较高的等位基因在群体间表现不同，80%频率较高基因表现比较一致。从这一点看，3 个群体的遗传基础既相似，又有些差异。图 11-3 是天然林、种子园和子代测定林 3 个群体雌配子库的基因频率对比示意图。

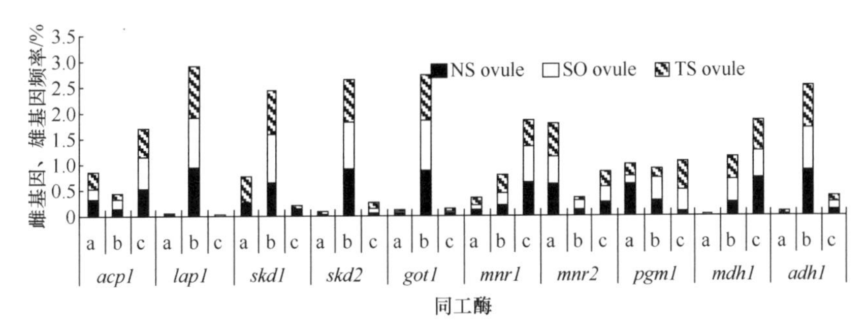

图11-3　天然林（NS）、种子园（SO）、子代测定林（TS）群体雌配子库等位基因频率对比

第二节　种子园交配系统的时空变化及去劣疏伐的影响

种子园经营期长，树木生活周期也长，从幼年到成龄过程中，要经历各种自然或人为选择压的影响，使种子园交配系统发生时空变化。建园无性系的组成、花期同步性及配子贡献、无性系配置方式、无性系再选择、去劣疏伐强度等人为和环境因素，都可能影响种子园的交配系统。

为了解种子园交配系统的变化，对兴城种子园不同结实阶段的种子试样作了同工酶分析。种子试样采自不同无性系及不同分株、不同冠层的种子，包括结实初期（1984年、1987年）、盛期（1993后）、疏伐前（1984年、1987年、1993年）和疏伐后（1996年、2000年、2004年）的种子，历时20年。本项试验是在兴城种子园开花结实、传粉调查研究基础上开展的。

一、种子园不同时期及无性系的交配指标估算

兴城种子园第一大区于1993年春根据子代林测定结果、无性系结实状况以及保留植株间的密度，以1/3选择强度实行去劣疏伐。分析用种子分别于1984年、1993年、1996年和2000年秋从不同无性系5个分株的树冠上部采集，经调制种子，混匀，各取7~20粒种子试样分析。其中，1984年17个无性系25个分株，分析种子试样共200粒；1993年34个无性系，分析种子300粒；1996年24个无性系，分析种子200粒；2000年15个无性系，分析种子120粒。采种时平均树高分别为3.5m、5.7m、6.6m和8.2m。

为了解种子园不同时期整体的交配状况，利用MLT程序分析了种子园结实初期（1984年）、疏伐前盛期（1993年）、疏伐后盛期（1996年）和结实后期（2000年）共4个年份采集的种子试样，分析结果如表11-2所示。1984年和1993年种子试样的t_m值差别不大，分别为0.975和0.962；多位点自交率变化小，分别为0.025和0.038。同样，去劣疏伐后的1996年和2000年，种子试样的t_m值差别也不大，分别为0.795和0.801，但都较疏伐前小。尽管兴城种子园4个年份的种子试样都存在近交及自交，但疏伐前的1984年和1993年自交并不严重，而强度疏伐后的1996年和2000年自交率急剧增加，

分别达到0.205和0.119。

为进一步了解种子园不同时期无性系单株的交配状况，单株异交率按 0.2~0.4、0.4~0.6、0.6~0.8及大于0.8归类（图11-4）。可以看出，在1984年试样中，有17个无性系中异交率在0.4~0.6范围的占11.8%，大于0.8的占82.4%，而1993年种子园34个无性系中没有出现异交率小于0.6的，大于0.8的无性系占了88.2%。疏伐后的1996年和2000年，种子园内单株异交率在0.2~0.4范围内的无性系，分别占8.3%和6.7%；异交率在0.4~0.6范围内的无性系数量也比疏伐前大幅增加，分别占总数的25%和13%；同时，异交率大于0.8的无性系要比疏伐前减少，分别为46%和40%。由此可见，疏伐后种子园内单株的自交程度显著升高了。

表11-2　不同时期油松种子园交配系统指标

采种年份/无性系个数	1984/17	1993/34	1996/24	2000 /15	平均
多位点异交率（t_m）	0.975（0.039）	0.962（0.019）	0.795（0.056）	0.801（0.046）	0.883
单位点异交率（t_s）	0.900（0.035）	0.821（0.044）	0.453（0.067）	0.562（0.075）	0.684
近交指数（t_m–t_s）	0.076（0.028）	0.141（0.035）	0.341（0.052）	0.239（0.040）	0.199
多位点自交率（1–t_m）	0.025（0.000）	0.038（0.019）	0.205（0.056）	0.199（0.046）	0.117

括号内为标准误

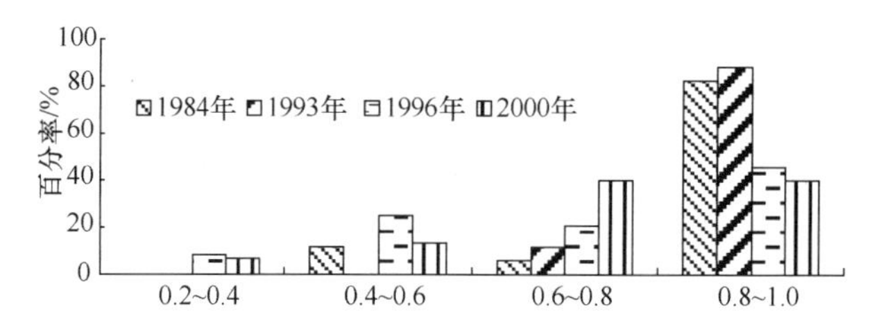

图11-4　在4个年份中种子园无性系按异交率大小的分布状况

上面所说的异交率是按Fyfe（1951）等提出的“混合交配模型”（mixed mating model）估算的。该方法主要是根据显性-隐性等位基因控制的形态性状，统计母本自由授粉的子代群体中显性和隐性个体的数目，用最大似然法（maximum likelihood）估算异交率。在这一模型中，假定每个合子不是自交，就是异交，并假定从授粉到遗传测试期间不受选择作用的影响。通过最大似然法估算出的单株异交率，反映了该单株由其他植株的花粉形成子代的比率。

通过对兴城油松种子园4个年份种子试样交配系统的分析，平均单株异交率相应为0.90、0.95、0.74和0.73。对不同年份同一无性系的异交率对比发现，疏伐前的1984年与1997年比较，除37#无性系外，2#、6#、9#、19#、20#、26#、30#、41#和47#无性系单株异交率差别不大（图11-5），但疏伐后的1996年与2000年，除22#无性系的单株异交率大幅上升，1#、11#稍有增加，其他7个无性系都有不同程度的降低（图11-6）。同样，比较疏伐前后邻近2年（1993年、1996年）种子园内同一无性系的单株异交率（图11-7），除16#的异交率升高外，6#、38#、39#、44#和47#持平，而1#、19#、31#、32#、36#和37#都有不同程度的降低。显然，疏伐降低了种子园整体及无性系单株的异交率，增加了自交率。

分析造成这一后果的原因，强度疏伐使无性系数量和植株锐减，增加了母株接受自身花粉的机会。对比疏伐前后种子园的遗传多样性时发现，疏伐后 2 年（1996 年和 2000 年），每个位点的平均等位基因数和多态位点百分率都有不同程度的降低，分别减少了 7%和 17%（张冬梅等，2001）。这在一定程度上减少了种子园的遗传多样性，造成一部分等位基因的丢失，从而使自交率显著升高。

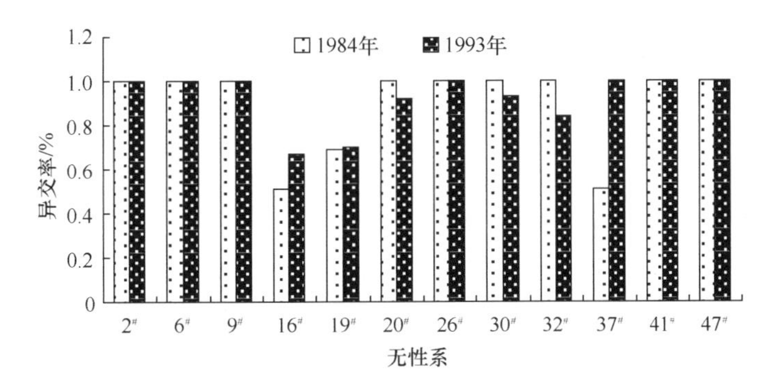

图11-5　种子园疏伐前无性系单株异交率

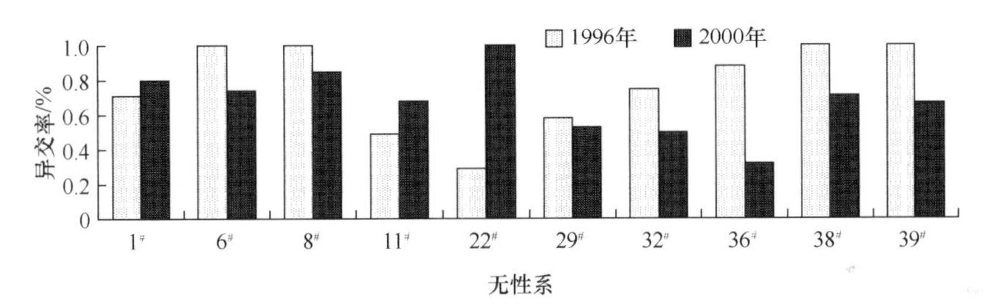

图11-6　种子园疏伐后无性系单株异交率

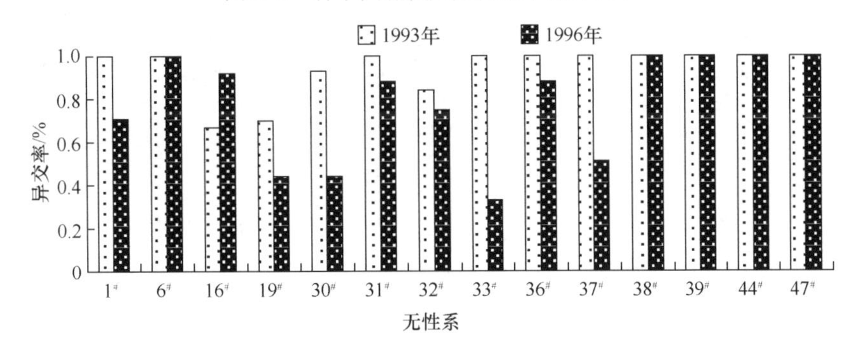

图11-7　去劣疏伐前后种子园不同无性系单株的异交率

1984 年和 1993 年种子园整体的异交率虽然都很高，但 1984 年园内自交率较高的单株比率要比 1993 年的高，也就是说，结实初期种子园单株实际自交程度要比结实盛期的高。1983 年该种子园开雄球花的无性系虽已达到 40 个，但各无性系的花量极不平衡，其中 48#、21#和 5#等少数无性系的雄花量占了总花量的 50%以上。结实初期种子园内雌雄配子不平衡是限制个体间随机交配的原因之一。

二、去劣疏伐前后种子园配子库基因频率比较

通过分析种子园 1993 年和 1996 年两个年份种子试样，估算去劣疏伐前后 1992 年和 1995 年种子园的雄配子库、雌配子库的等位基因频率，结果见图 11-8、图 11-9，从中可以看到各等位基因频率的变化很大。在雄配子库中，1996 年的 10 个酶位点中有 7 个高频等位基因频率降低，3 个位点（*mnr2*、*mnr1* 和 *acp1*）的频率增加。雌配子库的情况不尽相同，在 1996 年，有 50%位点的高频等位基因频率减少，在 *mnr2*、*pgm1*、*adh1* 和 *mdh1* 4 个位点上常见等位基因频率明显增加；在 *acp1* 位点上，常见等位基因出现在不同的等位基因上，*acp1* 中的 *c* 基因频率由 1993 年的 0.638 减小到 1996 年的 0.148，而 *b* 基因频率由 1993 年的 0.162 增加到 1996 年的 0.519。从这个结果可以看出，去劣疏伐对雌配子库造成的影响要比雄配子库大。

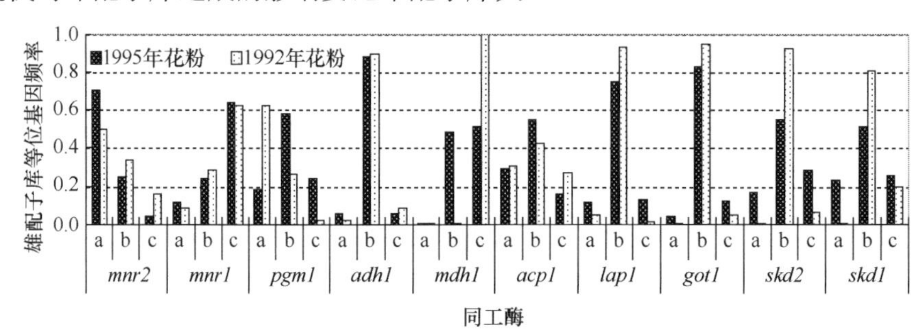

图11-8　疏伐前后种子园子代的雄配子库等位基因频率对比

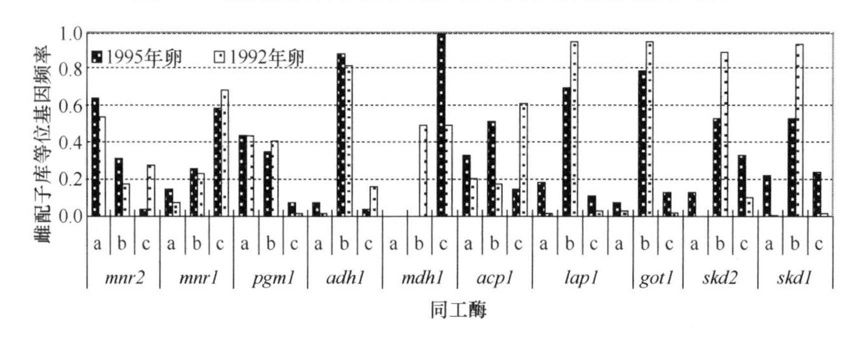

图11-9　疏伐前后种子园子代的雌配子库等位基因频率对比

从各基因频率在去劣疏伐前后的变化看，雌配子库、雄配子库的 30 个等位基因中有 22 个变化趋势相同。推测去劣疏伐对父本群体和母本群体遗传结构的效应是相似的，雄配子库受外源花粉等难以调控因素的影响，而雌配子库则易受人为控制，母本一些位点上的等位基因频率变幅大，极有可能是由这些因素造成的。

三、种子园交配系统的空间变化

为了解不同高度树冠层交配系统指标的空间变化，分析了 5 个无性系分株树冠不同

层位上采集的种子试样，结果综述如下。

（一）树冠不同层次种子的交配指标对比

对兴城种子园 1987 年从 4#、5#、19#、31#和 43#无性系的 5 个分株上，分别从树冠的上、中、下 3 层采集球果，每个分株各层取 50~70 粒种子分析。在 7 种酶的 10 个位点上（*pgm1*、*lap1*、*lap2*、*got1*、*got2*、*gdh1*、*skd1*、*fest*、*mdh1*、*mdh2*），根据 MLT 程序估算不同冠层之间交配指标的情况，如表 11-3 所示。

表11-3　种子园无性系树冠不同层次种子的交配系统指标

指标	上层	中层	下层	平均值
多位点异交率（t_m）	0.910（0.098）	0.909（0.098）	0.900（0.049）	0.906
单位点异交率（t_s）	0.750（0.046）	0.865（0.132）	0.860（0.077）	0.825
近交指数（t_m-t_s ）	0.160（0.057）	0.044（0.057）	0.040（0.053）	0.081
多位点自交率（$1-t_m$）	0.090（0.098）	0.091（0.098）	0.100（0.049）	0.094

括号内为标准误

从整体看，油松种子园不同冠层种子的异交率差异不大。上层多位点异交率为 0.910，下层为 0.900。但冠层间的单位点异交率变幅较大，上层单位点异交率最低，为 0.750；中层最高，为 0.865。但上层种子自交率（0.090）低于下层（0.100）。由于用于交配系统分析的无性系数较少，其中上层只有 4 个（19#无性系上层没有种子样），所以，可能造成单位点异交率的估值偏低（Swofford and Selander，1989）。

张冬梅用 MLT 程序估算了不同无性系单株树冠不同部位的异交率（表11-4），交配情况差异很大。4个无性系上层的异交率变幅是0.83~1.16，各无性系的异交率普遍较高；5个无性系中层异交率变幅为0.70~2.00，其中19#无性系的自交水平较高，为0.30，4#无性系的异交率为2.00，表明信息不足，其余3个无性系的异交率较高；下层各无性系异交率的差异很大，31#和19#无性系的自交程度较严重，异交率分别为0.55和0.63。对同一无性系不同冠层种子试样分析，4#、19#、43#在不同层次表现一致，19#各冠层的自交率都较其他无性系高，而4#各冠层异交率都很高，31#上下冠层异交率变动大。结果显示，下层更易接受自身花粉，各无性系的传粉受精既有普遍性，又有特殊性。

表11-4　不同冠层无性系多位点异交率估算

无性系	多位点异交率（t_m）		
	上层	中层	下层
4#	1.16（0.11）n=46	2.00（0.00）n=47	1.03（0.19）n=71
5#	0.83（0.06）n=55	0.96（0.09）n=51	1.02（0.08）n=48
19#	—	0.70（0.09）n=49	0.63（0.18）n=52
31#	0.96（0.09）n=53	1.27（0.13）n=50	0.55（0.12）n=52
43#	1.12（0.06）n=50	0.99（0.07）n=51	0.87（0.09）n=51

括号内为标准误

（二）不同冠层的配子库基因频率比较

从配子库的等位基因组成看，树冠上、中、下3层的配子库中等位基因种类分别为30个、29个、28个，上层略高于中层、下层。从配子库基因频率整体水平看（图11-10），3层的雌雄配子库在所有位点上的高频等位基因表现一致。但在各层稀有等位基因在不同位点上稍有差别。在上层 *pgm1*位点上出现了中层、下层配子库所没有的稀有等位基因，中层 *mdh1*位点出现了上层和下层没有的稀有等位基因。在 *got1*位点，上层、下层都具有第3个稀有等位基因，而中层未出现。同样，在 *got2*位点的上层、中层配子库都具有第3个稀有等位基因，而下层未出现。基于配子库的基因频率在不同冠层的分配状况，高频等位基因在各位点上的分配是一致的。但稀有等位基因的分配不均衡，在一定程度上反映了一个分株在不同层次上接受外源花粉的情况。另外，由于雌雄球花在树冠不同部位分布量不同，树冠各层产生的花粉量差异可能是导致稀有等位基因在各层分布不均衡的另一个原因。

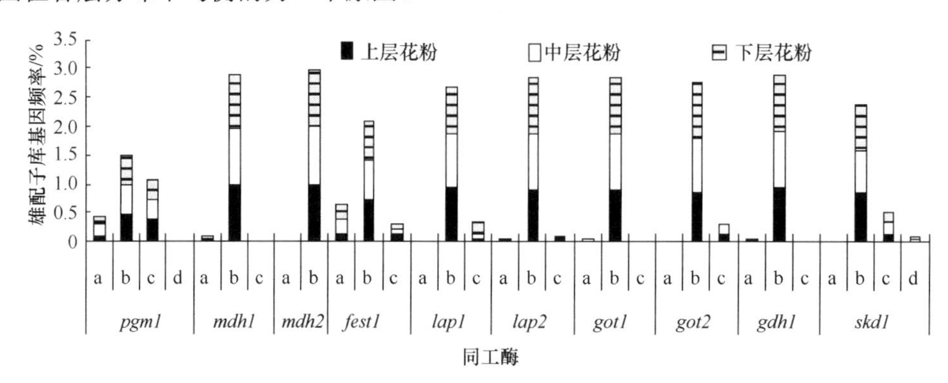

图11-10 上、中、下3层种子的雄配子库基因频率对比

第三节 种子园外源花粉污染

种子园受外源花粉污染是影响种子遗传品质的重要因子。要想提高种子园遗传增益，了解种子园受外源花粉污染状况，估算外源花粉迁入水平以及受污染的时空变化规律，是种子园管理技术研究中的主要内容。

一、种子园亲本和子代基因频率分析

分别利用 1984 年采集的 17 个无性系种子试样的胚和胚乳，对没有采集到种子试样的 32 个无性系，于 2000 年春采集这些无性系的当年生芽，作同工酶分析。根据实验分析数据，排列组合出种子园第一大区中 49 个无性系的多位点基因型，然后用多位点估算程序（MLT）分析了 1984 年、1993 年、1996 年和 2000 年 4 个年份采集的同工酶数据，得出种子园亲本及 4 个年份种子在 8 个位点（*got1*、*got2*、*lap1*、*lap2*、*acp1*、*pgm1*、 *skd1*、*adh1*）上的等位基因频率。从表 11-5 中可以看到，在 4 个年份的种子试样中，在 *got2*、*lap1* 以及 *lap2* 等的 A 等位基因上，都出现了种子园亲本无性系所没有的等位基因。1993 年种子在 *lap1*、*lap2* 和 *acp1* 三个位点上出现了哑等位基因，这也是亲本没有的。此外，1993 年和 1996 年的种子在 *pgm* 位点的 E 等位基因上，也出现了外源花粉的基因。可见，种子园第一大区明显受到外源花粉的污染。

表11-5　兴城种子园4个年份的子代和亲本基因频率对比

位点	等位基因	无性系	1984 年	1993 年	1996 年	2000 年
got1	A	0.031	0.025	0.042	0.112	0.050
	B	0.949	0.907	0.942	0.826	0.899
	C	0.020	0.068	0.017	0.062	0.050
got2	A	0.000	**0.014**	**0.017**	**0.158**	**0.050**
	B	0.969	0.970	0.958	0.736	0.945
	C	0.031	0.016	0.025	0.106	0.005
lap1	A	0.000	**0.010**	**0.006**	**0.115**	**0.014**
	B	0.980	0.977	0.936	0.722	0.968
	C	0.020	0.013	0.036	0.152	0.018
	D	0.000	0.000	0.000	0.000	0.000
	E	0.000	0.000	0.000	0.000	0.000
	F	0.000	0.000	**0.019**	0.000	0.000
lap2	A	0.000	**0.018**	**0.045**	**0.152**	**0.037**
	B	0.980	0.980	0.877	0.761	0.927
	C	0.020	0.002	0.045	0.087	0.037
	D	0.000	0.000	0.000	0.000	0.000
	E	0.000	0.000	0.000	0.000	0.000
	F	0.000	0.000	**0.034**	0.000	0.000
acp1	A	0.255	0.055	0.381	0.191	0.128
	B	0.459	0.286	0.314	0.506	0.725
	C	0.286	0.658	0.217	0.237	0.147
	D	0.000	0.000	0.053	0.000	0.000
	E	0.000	0.000	0.000	0.000	0.000
	F	0.000	0.000	**0.036**	0.000	0.000
skd1	A	0.020	0.161	0.107	0.248	0.115
	B	0.724	0.698	0.862	0.540	0.725
	C	0.255	0.141	0.030	0.211	0.161
pgm1	A	0.082	0.051	0.097	0.025	0.119
	B	0.357	0.327	0.300	0.220	0.468
	C	0.439	0.474	0.481	0.522	0.353
	D	0.122	0.148	0.119	0.202	0.060
	E	0.000	0.000	**0.003**	**0.031**	0.000
adh1	A	0.041	**0.125**	0.106	0.031	0.156
	B	0.673	0.770	0.883	0.866	0.784
	C	0.286	0.105	0.011	0.102	0.060

注：黑体数字是指亲本群体中没有的等位基因

二、种子园花粉污染率估算

利用 Genflow 程序对由同工酶分析得到的 4 个年份种子试样的基因频率，分别估算了各年份外源花粉迁入种子园的情况（表 11-6）。由于用同工酶方法分析的外源花粉中，有一部分基因型与园内花粉基因型相同，不能被检测出来。因此，种子园实际的污染水平要比估算值高。种子园第一大区在 1984 年、1993 年、1996 年和 2000 年的观测污染率分别为 0.326、0.450、0.532 和 0.385。

表11-6　兴城种子园49个亲本4个年份的花粉污染率估算

年份	位点	配子数	观测污染率	*d* 值	污染水平
1984	8	182	0.326	0.922	0.354
1993	8	149	0.450	0.914	0.492
1996	8	154	0.532	0.914	0.583
2000	8	109	0.385	0.922	0.418
平均					0.462
1984	8	48 上风	0.333	0.922	0.361
		134 下风	0.328	0.923	0.356

Genflow 是通过对每个花粉配子和种子园中所有无性系的多位点基因型的比较，把与种子园中无性系产生的多位点基因型不同的所有花粉配子，除以样品总的花粉配子数（n），得到观测污染率（b）。由于该方法无法鉴别出外源花粉中与园内花粉一致的基因型，因此，用这种方法估算出来的污染率，常称为最低污染水平（Nagasaka and Szmidt，1985；Wang et al.，1991；Paule et al.，1993）。在了解种子园试样所有位点等位基因与背景花粉配子比率（d）的情况下，用 b/d 来校正观测污染率。经校正，4 个年份种子花粉污染率分别为 0.354、0.492、0.583 和 0.418，平均污染水平达到 0.462。从这一结果看，1996 年的花粉污染率与 1993 年相比，大幅上升了。分析这个结果与 1993 年种子园实施强度疏伐措施有关。

为了进一步了解种子园中无性系的位置对污染率的影响，分别估算了 1984 年种子园上风方向和下风方向的种子污染率，分别是 0.361 和 0.356，上风方向种子的污染率与下风方向污染率差别不大（表 11-6）。用同样的方法对 1987 年种子园不同冠层种子试样的花粉污染率作了估算（表 11-7），树冠下层的污染率（0.273）要高于中层（0.138）和上层（0.121）。以往关于树冠不同部位花粉污染状况的研究报道不多。树冠上层空气流通，比起树冠中层、下层因枝叶阻挡气流缓慢，接受外源花粉的概率要大，按此推论，上层受污染的程度应大于下层，不能很好地说明分析得出的结果。考虑油松花粉小且具

表11-7　兴城种子园49个无性系树冠不同部位花粉污染率估算

冠层	配子数	观测污染率	*d* 值	平均污染水平
上层	186	0.108	0.891	0.121
中层	255	0.123	0.891	0.138
下层	211	0.243	0.891	0.273
平均		0.158	0.089	0.177

气囊，在气流抬升作用下，增加了上层雌球花接受种子园内花粉的概率，因此，上层受污染程度小也是可能的。

三、种子园花粉污染原因的分析

当种子园内的花粉产量增加达到一定水平时，种子园花粉污染率理应降低。但兴城油松种子园 4 个年份花粉污染率都在 30%以上，甚至达到 58%，污染水平始终较高，分析其原因有如下几个。①取样造成的误差。1984 年和 1993 年的种子试样都是储存多年的种子，由于自交和近交产生的种子生活力低，经长期储藏后往往不发芽，不能参与分析，而外源花粉都属异交，生活力强，从而提高了分析种子试样中外源花粉授粉产生种子的比率。②种子园去劣疏伐主要依据子代林的表现和无性系的结实量多少，而结实量低的无性系往往是雄球花产量比较高，如伐去较多的 29#、37#和 48#无性系，1983 年、1986 年和 1991 年的花粉产量都比较高。在外源花粉量不变的情况下，园内花粉量的减少，必然增加接受外源花粉的概率。③园内部分无性系花期不同步，加重了花粉污染。④树种本身的遗传特性、种子园的地理位置都可能是导致高污染的原因。对兴城种子园 1984 年上风和下风方向种子试样污染率的分析比较，污染率没有明显差异。

为减少外源花粉对种子园的污染，可能采取如下两种措施。①空间隔离。种子园建立在没有同种树种分布的地区，这是最理想的，但要选择周围完全没有同一树种的园址，也非易事，用遗传品质优良的无性系或家系在种子园周边营建大面积的人工林，可能是解决办法。②采取人工辅助授粉。在第七章“球果性状、败育与种子产量”中讨论过，在种子园开花结实初期，这一措施对增加种子产量是有效的。我们认为，用优良无性系的花粉辅助授粉，增加种子园内遗传品质优良的无性系花粉密度，对提高种子品质应该是有效的，但采用哪些无性系的花粉是需要研究的另一个问题。

结　　语

交配系统是生物有性繁殖过程中配子结合类型、模式、影响因素的反应，决定了繁衍群体的遗传结构。对油松不同群体交配系统的分析表明，由于种子园建园无性系来源及配置上具有的特点，异交率明显高于天然次生林和种子园子代群体。子代测定林具有较高的异交率，是与研究时林分雄花量较少、受外源花粉的作用大有关。各群体雌雄配子库等位基因频率有显著差异，雌配子库中出现高频等位基因较雄配子库多。3 个群体的固定指数均大于 0；个体异交率在 3 个群体内均有相似的偏峰分布，反映了油松具有高度异交的特性。

通过对种子园不同经营阶段的 4 个年份（1984 年、1993 年、1996 年和 2000 年）的试样分析，多位点异交率下降，相应为 0.975 和 0.962、0.795 和 0.801；近交率有上升的趋势，由 1993 年的 0.038 到疏伐后的 0.205 和 0.199。近交系数相应为 0.141、0.341 和 0.239；这些参数的变化与 1993 年春实施的强度疏伐有关；去劣疏伐后种子园的每个位点的平均等位基因数（A）和多态位点百分率（P）都有不同程度的下降。从种子园不同树冠层采集的种子试样，其多位点异交率差异不大。但单位点异交率变幅较大。不同部位的种子近交程度不同，中层、下层的自交率要高于上层；同时，去劣疏伐等措施对种子园的配子库基因频率产生一定影响，对不同冠层基因组成分析也显示，树冠不同层的基因组成和基因频率有差异，但差异不大。这些问题都是林木良种生产实践中值得关注的问题。

种子园4个年份的种子试样，都出现了种子园亲本无性系所没有的等位基因。可见，种子园内受到外源花粉的污染。估算4个年份种子的花粉污染率分别为0.354、0.492、0.583和0.418，平均污染水平达到0.462。疏伐后的1996年的花粉污染率比疏伐前的1993年大幅上升。利用多位点估算程序对比分析了种子园4个年份种子的花粉污染状况，剖析了高水平花粉污染的可能原因，并提出了可能采取的技术措施。

参考文献

胡新生，Enn R A.1999. 我国兴安、长白及华北落叶松种的天然群体交配系统研究．林业科学，(1)：23-27

赖焕林，王明庥. 1997. 马尾松人工群体交配系统研究．林业科学，(3)：219-224

沈熙环，李悦，王晓茹. 1985. 辽宁兴城油松种子园无性系开花习性的研究. 北京林学院学报，(3)：1-13

谭小梅，周志春，金国庆，等. 2011. 马尾松二代无性系种子园子代父本分析及花粉散布．植物生态学报，(9)：937-945

王中仁. 1996．植物等位酶分析．北京：科学出版社

张春晓，李悦．1999．油松同工酶位点选择研究．北京林业大学学报，21（1）：11-16

张冬梅，李悦，沈熙环，等．2000．油松改良系统中的三种群体交配系统．北京林业大学学报，22（5）：11-18

张冬梅，李悦，沈熙环，等. 2001．去劣疏伐对油松种子园交配系统及遗传多样性影响的研究．植物生态学报，25（4）：483-487

张冬梅，孙佩光，沈熙环，等．2009．油松种子园自由授粉与控制授粉种子父本分析．植物生态学报，33（2）：302-310

张薇，龚佳，季孔庶. 2009. 马尾松实生种子园交配系统分析．林业科学，(6)：22-26

Adams W T，Hipkins V D，Burczyk J，et al. 1996. Pollen contamination trends in a maturing Douglas-fir seed orchard. Canadian Journal of Forest Research，27：131-134

Burczyk J，Adams W T，Shimizu J Y. 1996. Mating patterns and pollen dispersal in a natural knobcone pine（*Pinus attenuata* Lemmon.）stand. Heredity，77：251-260

El-Kassaby Y A. 2009. Breeding without breeding. Proc. IUFRO Working Party 2.09.01 Jeju，Korea，3-4

El-Kassaby Y A，Ritland K. 1986. The relation of outcrossing and contamination to reproductive phenology and supplemental mass pollination in a Douglas-fir seed orchard. Silvae Genetica，35：240-244

Fries A，Torimaru T，Wang X R，et al. 2009. Pollination patters in Scots pine seed orchards. Proc. IUFRO Working Party 2.09.01 Jeju，Korea

Marshall T C，Slate J，Kruuk L E，et al. 1998. Statistical confidence for likelihood-based paternity inference in natural population. Molecular Ecology，7：639-655

Nagasaka K，Szmidt A E. 1985. Multilocus analysis of the external pollen contamination of a Scots pine（*Pinus sylvestris* L.）seed orchard. Lecture Notes in Biomathematics，60：134-138

Nakamura R R，Wheeler N C. 1992. Pollen competition and parental success in Douglas-fir. Evolution，46：846-851

Paule L，Lindgren D，Yazdani R. 1993. Allozyme frequencies，outcrossing rate and pollen contamination in *Picea abies* seed orchards. Scand J For Res，8：8-17

Ritland K. 1990. A series of FORTRAN computer programs for estimating plant mating systems. J Hered，81：235-237

Shen X H，Rudin D，Lindgren D. 1981. Study of the pollinated pattern in a Scots Pine seed orchard by means of isozyme analysis. Sil Genet，30（1）：7-15

Slavov G T，Howe G T，Adams W T. 2005. Pollen contamination and mating patterns in a Douglas-fir seed orchard as measured by single sequence repeat markers. Canadian Journal of Forest Research，35（7）：1592-1603

Smith D B，Adams W T. 1983. Measuring pollen contamination in clonal seed orchards with the aid of genetic markers. *In*：Proceedings of the 17th Southern Forest Tree Improvement Conference.Athens，GA，69-77

Stewart S C. 1994. Simultaneous estimation of pollen contamination and pollen fertilities of individual trees. Theoretical and Applied Genetics，88：593-596

Swofford D L，Selander R B. 1989. BIOSYS-I：A computer program for the analysis of allelic variation in population genetics and biochemical systematic-User's manual. University of Illinois，Urana

Wang X R，Lindgren D，Szmidt A E，et al. 1991. Pollen migration into a seed orchard of *Pinus sylvestris* L. and the methods of its estimation using allozyme markers. Scand J For Res，6：379-385

Wheeler N，Jech K. 1986. Pollen contamination in a mature Douglas-fir seed orchard. *In*：Proceedings of the International Union of Forest Research Organizations（IUFRO），Conference on Breeding Theory，Progeny Testing and Seed Orchards. Williamsburg，VA，160-171

White T L，Adams W T，David B. 2007. Forest Genetics. Wallingford，UK：CABI Publishing，102

第十二章　种子园父本分析及非随机交配现象

随着分析方法的完善，分析试验精度的提高，探索领域不断扩大，可信度提高。父本分析（paternity analysis）是现代林木遗传育种学科中研究热点。所谓父本分析，是分析群体中所研究个体（母株）的交配状况，即对种子试样父本来源所做的分析。父本分析要回答所研究的种子是由哪个父本产生的，贡献率（概率）有多大，并剖析影响贡献率的因素。父本分析及交配系统研究既是林木遗传育种中的理论问题，又是种子园生产大量优质种子的技术基础。父本分析与交配系统研究的内容密切相关，是交配系统研究发展的结果。

几年前，El-Kassaby 提出"breeding without breeding"（El-Kassaby，2009），认为可以通过分子标记技术鉴别表现型，而不需要常规育种中子代测定工作步骤，以达到提高种子品质的目的。这一提法曾引起林木育种界的热议。我们做过油松的父本分析研究，主要工作由张冬梅完成（张冬梅等，2009，2001）。本章讨论了下列两个问题：

（1）通过种子试样的父本分析，了解种子园内不同无性系、分株及不同冠层的花粉传播规律，构建种子园内植株间传粉受精的示意图，分析影响传粉受精的因素；

（2）讨论种子园内非随机交配现象，探讨无性系选择受精问题。

第一节　种子园的父本分析

本项研究先后采用水平淀粉凝胶电泳同工酶和 SSR 分析方法。各种分析方法各有特点，可参阅有关文献（陈晓阳和沈熙环，2005）。同工酶分析技术在第十一章中已经介绍。用同工酶对组成群体的各母株所产生的种子进行酶谱分析，在一定程度上可以了解父本对子代的贡献率、父本与母本之间分布距离对成功交配的影响、开花物候和开花期气候因素对传粉受精等因素的影响。在同工酶谱研究基础上开展了 SSR 分析。

试材及 DNA 提取　试材由兴城油松种子园 49 个无性系植株上采集嫩梢各 6~8 条，长 3~6cm 以及由 11#和 24#无性系控制授粉和自由授粉种子萌发得到的整株幼苗组成。嫩梢及幼苗总的 DNA 的提取采用 1.5%的 CTAB 法：1.5%CTAB，75mmol/L Tris-HCl（pH8.0），15mmol/L EDTA（pH8.0），1.05mol/L NaCl。SSR 分析用 12 对多态性引物的 11 个位点。据 SSR 12 对引物的 12 个位点（表 12-1），对试样进行父本分析。采用小源凝胶图像分析系统对所得的银染照片判读。

林木种群父本分析采用 Cervus（3.0）程序。该程序由英国爱丁堡大学的 Tristan Marshall 教授于 2006 年基于最大似然分配法原理编写，要求共显性分子标记数据，且标记是在常染色体上，能独立遗传；用于等位基因频率分析、亲本分析模拟、亲本分析和相似性分析，在一定的显著性水平下对双亲已知或只知亲本之一的子代推断其可能的父本（Marshall et al.，1998）。

表12-1　SSR引物的12个位点

位点	引物序列	重复序列	带数	位点	引物序列	重复序列	带数
RPTest11	F）AGGATGCCTATGATATGCGC R）AACCATAACAAAAGCGGTCG	（CAT）7	5	Cjgssr124	F）AAAATGGGTCATGTCATGT R）CATTCTCCATCTCACTACCTAT	（GT）36	8
PtTX2123	F）GAAGAACCCACAAACACAAG R）GGGCAAGAATTCAATGATAA	（AGC）8	7	PR203	F）TGGGACCCCATATTCTGATG R）CATTCCACTAGTTCTCTCGCAC	（GA）14	10
PtTX4001	F）CTATTTGAGTTAAGAAGGGAGTC R）CTGTGGGTAGCATCATC	（GT）15	8	PR4.6	F）GAAAAAAAGGCAAAAAAAAGGAG R）ACCCAAGGCTACATAACTCG	（CA）21（TA）6	7
PtTX3116	F）GCTTCTCCATTAACTAATTCTA R）TCAAAATTGTTCGTAAAACCTC	（GTT）10	10	PR011	F）TGAGGAATCCATTGACATGC R）TGATCCGTGTGATCATCTTATG	（CT）21（CA）8	8
PtTX4011	F）GGTAACATTGGGAAAACACTCA R）TTAACCATCTATGCCAATCACTT	（GT）20	7	RPTest1	F）GATCGTTATTCCTCCTGCCA R）TTCGATATCCTCCCTGCTTG	（ATA）7	6
RPS160	F）ACTAAGAACTCTCCCTCTCACC R）TCATTGTTCCCCAAATCAT	（ACAG）3AGGC（ACAG）3	8	PtTX2146	F）CCTGGGGATTTGGATTGGGTATTTG R）ATATTTTCCTTGCCCCTTCCAGACA	（GCT）21	7

一、各无性系分株种子的父本分析

1984 年和 2000 年秋，采集种子作为父本分析试样，并于 1987 年从 4$^{\#}$、5$^{\#}$、19$^{\#}$、31$^{\#}$和 43$^{\#}$五个无性系分株，分别在树冠的上、中、下三层各采集 50~70 粒的种子，以了解种子园内不同冠层的花粉传播。此外，于 2000 年 2 月采集种子园 32 个无性系的 1 年生芽，供建园无性系酶谱的辅助分析用。将 49 个无性系作为候选父本，利用 Cervus（3.0）程序进行父本分析。

首先，对兴城油松种子园于 1984 年采集的 17 个无性系的种子试样作了父本分析，每个分株分析 8 粒种子，共 200 粒。分析结果见表 12-2。不同无性系种子的花粉来源不同，情况各异，其中，有 89 粒种子，在概率保证大于 80%的情况下检测出花粉来源。例如，6$^{\#}$(14)*，花粉来源单一，全部来自 1$^{\#}$无性系；26$^{\#}$（25）种子试样中，50%的花粉来自 31$^{\#}$无性系；20$^{\#}$（1）种子试样 62.5%的花粉来自 47$^{\#}$无性系。多数无性系种子的父本分析结果显示的父本来自多个无性系，如 2$^{\#}$（13）、9$^{\#}$（6）、13$^{\#}$（33）、16$^{\#}$（44）、17$^{\#}$（4）、37$^{\#}$（46）和 41$^{\#}$（45）可能的花粉来源多达 6 个无性系。从表 12-2 可以初步推断出：15$^{\#}$和 27$^{\#}$无性系的散粉期，恰在 9$^{\#}$、16$^{\#}$、19$^{\#}$和 47$^{\#}$无性系的可授期内；25$^{\#}$的散粉期和 2$^{\#}$、11$^{\#}$、13$^{\#}$、19$^{\#}$、37$^{\#}$和 41$^{\#}$无性系的受粉期相遇；同样，47$^{\#}$无性系的散粉期和 9$^{\#}$、15$^{\#}$、16$^{\#}$、20$^{\#}$和 37$^{\#}$无性系的受粉期同步；而 31$^{\#}$无性系的散粉期恰好在 11$^{\#}$、17$^{\#}$、26$^{\#}$和 30$^{\#}$无性系雌球花的受粉期内。

表12-2 不同无性系分株种子试样花粉来源分析

母本	子代							
	1	2	3	4	5	6	7	8
2$^{\#}$（13）	41$^{\#}$（–）	37$^{\#}$（–）	37$^{\#}$（+）	25$^{\#}$（*）	10$^{\#}$（–）	4$^{\#}$（+）	45$^{\#}$（–）	45$^{\#}$（–）
6$^{\#}$（14）	1$^{\#}$（*）	1$^{\#}$（*）	1$^{\#}$（*）	1$^{\#}$（*）	1$^{\#}$（*）	1$^{\#}$（*）	1$^{\#}$（*）	1$^{\#}$（*）
9$^{\#}$（6）	41$^{\#}$（0）	25$^{\#}$（–）	25$^{\#}$（–）	19$^{\#}$（0）	33$^{\#}$（–）	2$^{\#}$（–）	47$^{\#}$（+）	47$^{\#}$（–）
9$^{\#}$（23）	2$^{\#}$（–）	25$^{\#}$（–）	27$^{\#}$（+）	27$^{\#}$（+）	27$^{\#}$（–）	27$^{\#}$（+）	2$^{\#}$（+）	15$^{\#}$（+）
11$^{\#}$（5）	25$^{\#}$（–）	31$^{\#}$（*）	9$^{\#}$（*）	9$^{\#}$（*）	9$^{\#}$（*）	9$^{\#}$（–）	25$^{\#}$（0）	25$^{\#}$（*）
13$^{\#}$（33）	45$^{\#}$（+）	25$^{\#}$（+）	25$^{\#}$（+）	25$^{\#}$（+）	19$^{\#}$（–）	41$^{\#}$（–）	25$^{\#}$（+）	1$^{\#}$（–）
15$^{\#}$（2）	17$^{\#}$（–）	12$^{\#}$（+）	7$^{\#}$（+）	47$^{\#}$（+）	39$^{\#}$（–）	x	27$^{\#}$（+）	27$^{\#}$（+）
16$^{\#}$（44）	17$^{\#}$（*）	16$^{\#}$（*）	16$^{\#}$（*）	15$^{\#}$（+）	27$^{\#}$（+）	27$^{\#}$（0）	47$^{\#}$（*）	x
17$^{\#}$（4）	15$^{\#}$（+）	17$^{\#}$（+）	31$^{\#}$（*）	44$^{\#}$（0）	44$^{\#}$（0）	44$^{\#}$（0）	44$^{\#}$（0）	31$^{\#}$（+）
19$^{\#}$（41）	19$^{\#}$（–）	25$^{\#}$（+）	25$^{\#}$（+）	27$^{\#}$（+）	31$^{\#}$（-）	2$^{\#}$（+）	27$^{\#}$（+）	50$^{\#}$（–）
19$^{\#}$（42）	35$^{\#}$（–）	2$^{\#}$（+）	15$^{\#}$（*）	15$^{\#}$（*）	17$^{\#}$（-）	19$^{\#}$（+）	19$^{\#}$（+）	15$^{\#}$（–）
20$^{\#}$（1）	38$^{\#}$（–）	48$^{\#}$（*）	47$^{\#}$（0）	47$^{\#}$（+）	47$^{\#}$（+）	47$^{\#}$（+）	47$^{\#}$（+）	47$^{\#}$（+）
26$^{\#}$（25）	47$^{\#}$（0）	31$^{\#}$（+）	31$^{\#}$（*）	31$^{\#}$（+）	31$^{\#}$（0）	31$^{\#}$（*）	x	x
27$^{\#}$（28）	15$^{\#}$（0）	31$^{\#}$（0）	31$^{\#}$（0）	x	15$^{\#}$（0）	15$^{\#}$（0）	15$^{\#}$（0）	15$^{\#}$（0）
30$^{\#}$（10）	27$^{\#}$（0）	31$^{\#}$（+）	31$^{\#}$（*）	44$^{\#}$（0）	15$^{\#}$（0）	44$^{\#}$（0）	15$^{\#}$（0）	27$^{\#}$（–）
32$^{\#}$（18）	27$^{\#}$（+）	27$^{\#}$（+）	17$^{\#}$（–）	x	27$^{\#}$（+）	27$^{\#}$（+）	27$^{\#}$（+）	27$^{\#}$（–）
37$^{\#}$（46）	25$^{\#}$（*）	45$^{\#}$（–）	25$^{\#}$（+）	17$^{\#}$（–）	6$^{\#}$（–）	7$^{\#}$（*）	47$^{\#}$（+）	47$^{\#}$（+）
41$^{\#}$（45）	25$^{\#}$（+）	25$^{\#}$（+）	19$^{\#}$（–）	1$^{\#}$（+）	33$^{\#}$（+）	45$^{\#}$（–）	45$^{\#}$（–）	43$^{\#}$（+）
47$^{\#}$（21）	29$^{\#}$（–）	15$^{\#}$（+）	18$^{\#}$（+）	48$^{\#}$（–）	48$^{\#}$（+）	48$^{\#}$（+）	48$^{\#}$（+）	48$^{\#}$（+）

注：2$^{\#}$（13）表示 2 号无性系的第 13 分株，余同；(*)表示差异紧密显著（误差<5%）；(+)表示松散显著（误差<20%）；(–）表示差异不显著（概率>20%）；(0）表示可信度为 0；x 表示花粉来源绝对不在该大区内

同一无性系不同分株种子的父本也存在差异。$9^{\#}$（6）的种子试样，花粉主要来自 $47^{\#}$无性系，而 $9^{\#}$（23）分株种子花粉来自 $27^{\#}$无性系的可能性最大。$19^{\#}$无性系及 $47^{\#}$无性系各 2 个分株也有类似现象。$19^{\#}$（41）分株的种子花粉来源，按可能性大小依次为 $25^{\#}$、$27^{\#}$和 $2^{\#}$无性系，但 $19^{\#}$（42）分株的种子试样，相应为 $15^{\#}$、$19^{\#}$和 $2^{\#}$无性系；$47^{\#}$（21）试样，花粉可能的来源相应为 $48^{\#}$、$15^{\#}$、$18^{\#}$，而 $47^{\#}$（8）花粉来源为 $27^{\#}$、$15^{\#}$和 $48^{\#}$。

用同样方法对种子园 2000 年 15 个无性系的 120 粒种子试样作了父本分析，其中 40 粒种子在概率保证大于 80%的情况下检测出花粉来源（张冬梅等，2009）。种子园中同一无性系的不同分株在不同年份的花粉来源差别较大。例如，1984 年 $6^{\#}$（14）分株种子试样花粉全部来自 $1^{\#}$无性系，而 2000 年 $6^{\#}$（10）分株的种子花粉来自 $44^{\#}$无性系的可能性最大；1984 年 $11^{\#}$（5）种子试样接受 $9^{\#}$、$25^{\#}$和 $31^{\#}$无性系的花粉的坐果成功率较大，而 2000 年 $11^{\#}$（15）分株接受 $12^{\#}$无性系的花粉比例较高；1984 年 $20^{\#}$（1）种子试样 62.5%的花粉来自 $47^{\#}$无性系，而 2000 年 $20^{\#}$（5）的分析种子中仅有 1 粒种子的花粉来自 $47^{\#}$无性系，来自 $3^{\#}$无性系的可能性较大。根据 2000 年种子试样的父本分析结果，同样可以推断，$27^{\#}$无性系的散粉期在 $32^{\#}$和 $46^{\#}$无性系的受粉期内；$47^{\#}$无性系的散粉期和 $7^{\#}$、$20^{\#}$无性系的受粉期同步（沈熙环等，1985）。这一结果同样也反映出散粉期间的气象因素、无性系花粉产量等对坐果成功率的影响很大。

根据对 1984 年 200 粒种子和 2000 年 120 粒种子花粉来源的分析，并查对种子园栽植配置图（张冬梅等，2000），1984 年 20 个单株种子的花粉来自距母株 10m 范围内的父本，占总数的 44.5%；距母株 10~20m 内的，占 39.1%；距母株 20~30m 的，占 16.4%（图 12-1）。2000 年 15 个无性系母树，接受的花粉来源小于 10m 范围内的，

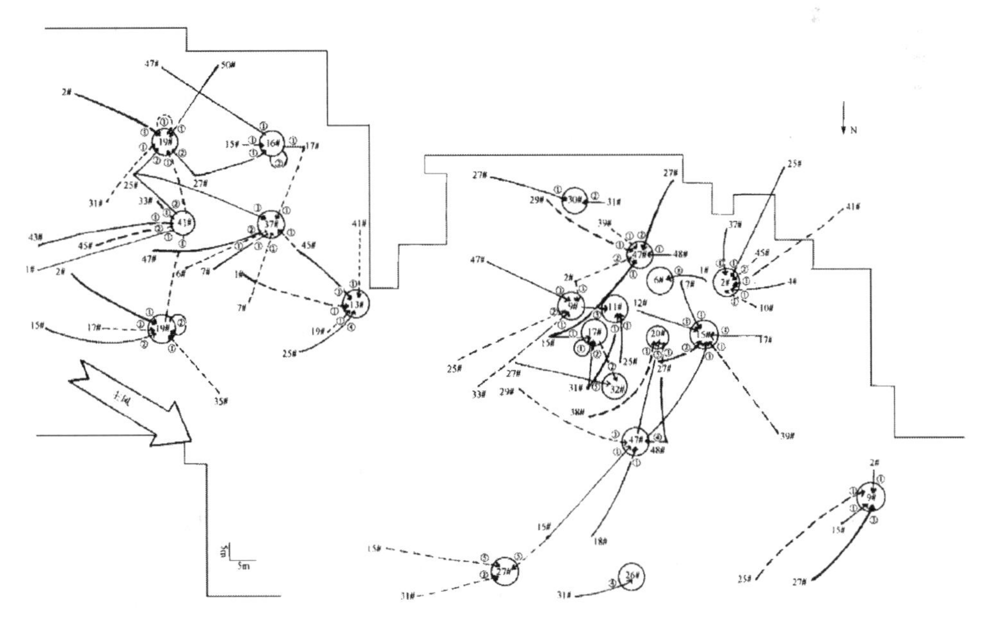

图12-1　种子园第一大区12个无性系20个分株的200粒种子试样的花粉来源分析

$4^{\#}$→$2^{\#}$（13）示 $2^{\#}$无性系第 13 个分株的 1 粒种子在 p＜20%的情况下来自 $4^{\#}$无性系；

$10^{\#}$-->$2^{\#}$（13）示 $2^{\#}$无性系第 13 个分株的 1 粒种子在 p＞20%的情况下来自 $4^{\#}$无性系

占总数的 30.2%；来自 10~20m 内父本花粉的，占 38.6%；来自 20~30m 内父本花粉，占 24.2%，大于 30m 的花粉占 7%。两个年份的分析结果趋势是一致的，种子园中父本交配成功率，随与母株距离的增加而减小，在距母株 20m 范围内的父本植株，交配成功率为 60%~80%。对此，在种子园无性系定植配置时应予关注。

兴城种子园开花结实初期（1984 年和 1987 年），种子园内花粉的有效传播范围在半径 30m 范围内，两年的趋势一致。2000 年试样分析与这两年稍有不同，10~20m 范围内花粉的比例较 10m 内的有所增加，还有 7%的花粉来自距母株 30~50m。分析其原因，结实初期种子园内缺株少，在散粉期间，当风向和温度有利于传粉时，邻近植株优先授粉，花粉有效传播距离较短，1993 年对种子园实行了强度疏伐，保留母株间的距离明显增大，另外，采种试样单株四周缺株较多，有利于园内花粉远距离传播。

二、无性系植株不同冠层种子试样的父本分析

为了解种子园中同一无性系植株树冠不同部位的传粉受精状况，采用 Cervus（3.0）程序，分析了于 1987 年分层采集的 5 个无性系分株试样的同工酶数据。各分株不同冠层种子的花粉可能来源见表 12-3。不同无性系种子的花粉可能来源有一定的差异，在概率保证大于 80%的情况下，4#无性系的 163 粒种子中，28 粒种子的花粉可能来自 4#、5#、17#、19#、20#、29#和 31#无性系；5#无性系的 154 粒种子中检测出了 18 粒种子的花粉可能的主要来源，分别为 4#、5#、17#、19#、20#、29#、31#、38#和 43#无性系；19#无性系分株中层、下层的 101 粒种子中，概率大于 80%的条件下没有检测出种子可能的父本来源；31#无性系 155 粒种子试样中，有 30 粒鉴定出花粉可能来自 1#、20#、31#、32#、35#、43#、44#和 47#无性系；而 43#无性系的 151 粒种子中，有 30 粒种子试样的花粉，可能来自 1#、4#、15#、17#、18#、20#、28#、31#、35#、36#、38#、43#和 47#共 13 个无性系。从这 5 个无性系接受花粉的情况看，31#无性系的花粉授粉成功概率最大。在分析的 4#、5#、31#和 43#无性系的种子中都可能存在 31#花粉，从而可以推断，31#无性系的散粉期和这 4 个无性系雌球花的受粉期重叠。4#无性系的花粉授粉成功的概率次之，在分析的 4#、5#和 43#种子中都可能有 4#无性系的花粉存在。然而在 31#无性系的种子试样中却没检测到 4#的花粉，因此，推断 4#无性系的散粉期可能晚于 31#无性系的受粉期。

查证 1987 年花粉量调查数据，1986 年属种子园开花初期，31#和 4#无性系的雄花量都很少。可见，种子园中无性系的花粉产量并不总是与其授粉坐果率成正比。这一事实表明，种子园亲本间可能存在非随机交配现象。为了验证是否存在非随机交配现象，在本章第二节中对部分无性系做了控制授粉试验，将进一步讨论这个问题。

同一无性系分株不同冠层的种子试样中花粉来源稍有差异。从接受花粉总的趋势看，在 p＜20%的情况下，除了 43#无性系的上层花粉组成少于下层外，其他 3 个无性系都表现为上层接受的花粉种类最多。分析的 5 个无性系中都存在着不同程度的自交。在不同无性系同一冠层中的交配状况差别很大。在树冠上层，仅 4#无性系的自交率为 3.0%，

表12-3　兴城种子园5株母树所产种子花粉可能来源分析

母	4#			5#			31#			43#			19#	
父	上	中	下	上	中	下	上	中	下	上	中	下	中	下
1#							1*	1*		1*		1*		
		1–	4–	2–	3–	1–	2–	3–	2–			2–		
4#	1*	6*	1*			1*					1*	2*		
		5+	3+		1+	1+								
	7–	2–	2–	2–	3–	2–					1–			1–
5#	1*	1+			1+									
		7–	16–		8–	4–					2–			
8#													1–	
9#						1–								
10#										1–	2–	1–		
14#	1–													
15#	1–		1–		4–	3–					1*	1–		1–
16#	1–													
17#	1+					1+				1+		1+		
	1–													
18#				1–										
19#		1*	1*		1*	1*				1+		1*		2–
	4–		1+		3+	1+				1–			1–	
20#			2+	1+			1+			2+				
	1–	3–	11–	1–	2–		7–	4–	3–			1–		
23#		3–	2–			1–		2–			2–	2–		
28#											4*		1–	
											2–			

母	4#			5#			31#			43#			19#	
父	上	中	下	上	中	下	上	中	下	上	中	下	中	下
29#	1+			2+									3–	
	7–	9–	7–	25–	6–	6–						2–		2–
30#														
31#		2*	1*		1*			2*	1+			1*		
												1+		
	3–		1–				5–		7–			1–		
32#								1*	1*					
								1–						
34#											14–			
35#							2*	3*	2*	1*		2+		2–
	1–						3+		1–			2–	7–	
36#										3*		1*		
38#				1+			1–			1+	2*			
43#						1*	4*	1*	1*					
						1+		2+				1+		
	2–	3–		2–	1–			12–	2–	14–	6–	6–		
44#			2–	1–			1–	2*	1*					9–
47#							1*				1*			
											4–			
N1	4	15	9	4	7	7	12	12	6	10	9	11	0	0
N	46	47	70	55	51	48	53	50	52	50	50	51	49	52

*表示紧密显著，$p>95\%$；+表示松散显著，$p>80\%$；–表示差异不显著，$p<20\%$；N1 表示检测出差异显著的父本种子数（$p>95\%$或$p>80\%$）；N 表示同工酶分析种子数

其他 3 个无性系都没有自交；在树冠中层，除 43#无性系没有自交外，其余 3 个无性系的种子试样中自交率都很高，4#、5#和 31#的自交率分别为 25.6%、2.9%和 5.9%；在树冠下层，4#、31#、43#无性系的自交率分别为 7.3%、4.8%和 3.4%。这些结果与利用 MLT 家系估算程序得出的结果基本上一致。分析其原因，这与风媒树种的传粉特性有关。在散粉期，花粉在强大的气流作用下被抬升到树冠的上空，树冠上层会形成高密度的花粉云，为着生在树冠上层的雌球花提供了丰富的花粉来源，因而树冠上层较中层、下层异交率要高。在树冠中层、下层，由于枝叶相互阻挡，妨碍花粉远距离交流，接受自身花粉的机会较多，是自交率较高的原因。

根据无性系单株在种子园内的实际分布（张冬梅等，2000），5 个无性系树冠各层种子试样接受的花粉都来自母株周围 30m 范围内的植株，其中来自 20m 范围内的花粉，占 50.9%；来自 20~30m 内的花粉，占 28.9%。同时，树冠上、中、下 3 层的种子，在 2 个距离段范围内接受花粉的比例趋势一致（表 12-4）。

表12-4 可能坐果的花粉在母树周围不同距离梯度内的分布比例

无性系	冠层	$X\leqslant 20$m	20m$<X\leqslant$30m	无性系	冠层	$X\leqslant 20$m	20m$<X\leqslant$30m
4#	上	8.00%+40.00%	4.00%+26.80%	31#	上	33.48%+17.39%	5.40%+10.43%
	中	6.64%+30.00%`	3.24%+30.00%		中	31.26%+56.24%	0.00%+12.50%
	下	4.08%+40.02%	6.12%+38.78%		下	23.77%+23.81%	0.00%+14.29%
	平均	**6.24%+36.67%**	**4.45%+31.86%**		**平均**	**29.50%+32.48%**	**1.80%+12.41%**
5#	上	9.75%+56.13%	4.55%+27.27%	43#	上	30.77%+2.56%	4.54%+8.33%
	中	2.05%+39.18%	4.76%+33.33%		中	21.05%+59.39%	2.63%+2.63%
	下	22.09%+33.33%	5.54%+32.56%		下	12.07%+32.01%	27.27%+4.55%
	平均	**11.30%+42.88%**	**4.95%+31.05%**		**平均**	**21.30%+31.32%**	**11.48%+5.17%**
19#	中	0.00%+58.96%	0.00%+33.33%	**平均**	上	20.5%+29.02%	4.60%+18.21%
	下	0.00%+20.00%	0.00%+68.20%		中	12.20%+48.75%	2.13%+22.36%
	平均	**0.00%+39.48%**	**0.00%+50.77%**		下	12.40%+29.85%	7.79%+31.68%
				总平均		**15.03%+35.87%**	**4.84%+24.08%**

注：4#上：8.00%+40.00%，表示距离母树 20m 范围内检测出差异显著的花粉占 8.00%，差异不显著的占 40.00%。下同

三、对 11#和 24#两个无性系分株自由授粉种子的分析

利用 SSR 技术对 11#和 24#无性系 2 个分株自由授粉种子试样进行分析（张冬梅等，2009）。在 11#无性系 69 粒分析种子试样中有 27 粒，即 39.1%，在 80%~95%的可置信水平下可判定唯一的亲本来源，分别来自 14 个无性系的花粉，占种子园亲本总数的 28.6%，其中，16#、17#、20#、21#、23#、40#共 6 个无性系对种子的花粉贡献率达到 70.3%。这些无性系的花粉活力均在 88%以上。通过对 27 粒单一父本种子的花粉源定位，发现 22.2%来自母株周围 10m 内的邻株，37.0%花粉来源于 10~20m 半径范围内的邻株，11.1%来自母株周围 20~30m 内的邻株。花粉的迁移距离在 7~46m 范围内，平均为 27.2m。推断这些无性系散粉期与母株的受粉期重叠。在 11#分株上采得的 69 粒种子用父本排除法分析，种子园中有 27 个无性系的花粉贡献率为 0，另有 10 粒种子的父本来源不清楚，

可能来自种子园以外的群体（表 12-5）。

表12-5　11#和24#母树自由授粉子代父本分析结果

母本 父本来源	11#			母本 父本来源	24#		
	种子数	花粉贡献率（>80%置信水平）	距母树/m		种子数	花粉贡献率（>80%置信水平）	距母树/m
21#	1（*） 5（+） 3（-）	22.2	15、36	23#	4（*） 4（+） 8（-）	17.02	36
17#	3（+） 5（-）	11.1	7	2#	5（+） 3（-）	10.64	16
20#	3（+） 1（-）	11.1	46	22#	5（+） 1（-）	10.64	10、36、45
40#	1（*） 2（+） 1（-）	11.1	16	1#	4（+） 1（-）	8.51	47
16#	2（+） 3（-）	7.41	44	3#	4（+）	8.51	15
23#	2（*）	7.41	26	8#	3（+） 6（-）	6.38	14
7#	1（+） 3（-）	3.7	50	5#	2（+） 2（-）	4.26	18
14#	1（+） 2（-）	3.7	38	36#	2（+） 1（-）	4.26	14
30#	1（+） 2（-）	3.7	18	39#	1（+） 3（-）	2.13	32
12#	1（+） 1（-）	3.7	5	11#	1（+） 2（-）	2.13	29
13#	1（+） 1（-）	3.7	10	37#	1（+） 1（-）	2.13	26
6#	1（+）	3.7	45	4#	1（+） 1（-）	2.13	85
3#	1（+）	3.7	7	19#	1（+） 1（-）	2.13	25
22#	1（+）	3.7	23	13#	1（+）	2.13	23
2#	1（-）		41	14#	1（+）	2.13	21
8#	3（-）		19	17#	1（+）	2.13	5
19#	1（-）		39	27#	1（+）	2.13	14
35#	1（-）		27	28#	1（+）	2.13	20
36#	1（-）		21	38#	1（+）	2.13	10
38#	1（-）		35	6#	1（+）	2.13	21
44#	1（-）		27	7#	1（+）	2.13	20

表示误差<5%；+表示误差<20%；－表示误差>20%；1（）表示 1 粒种子的花粉来源于该行无性系，估计误差<5%；下同；花粉贡献率只计算置信水平>80%的种子数

根据对 24#无性系分株的分析，在 80%~95%的可置信水平下，92 粒种子中有 47 粒，即 51.1%，可判定为单一父本来源，分别来自 22 个无性系的花粉，占种子园亲本总数的 44.9%。通过对单一父本在种子园内的定位，17.0%的花粉来自母株周围 10m 内的邻株，40.4%的花粉来源于母株 10~20m 半径范围内，来自母株 20~30m 内的占 12.8%。花粉的迁移距离在 5~85m 的范围内，平均为 24.4m。22 个无性系中，23#、2#、22#、1#、3#、8#、5#、36#共 8 个无性系对子代的花粉贡献率达到 70.2%。在这 8 个无性系中，除 8#和 36#两个无性系花粉活力较低，为 75.2%和 71.2%外，其他无性系都在 85%以上。推断这几个无性系的散粉期与母树的可授期重叠。分析数据见表 12-5，表 12-5 中没有列入未知父本来源的种子。

2004 年和 2005 年开花期间，种子园主风向为东南风，气温较低。在概率＞80%的

条件下，无性系分株接受来自主风方向的花粉比来自逆风方向的多。这与利用等位酶分析的结果一致。依据采种无性系分株及周围无性系的定植位置图，并以母株优先接受同一无性系最近分株的花粉为条件，绘制出 $11^{\#}$和 $24^{\#}$母树接受花粉的趋势图（图 12-2）。

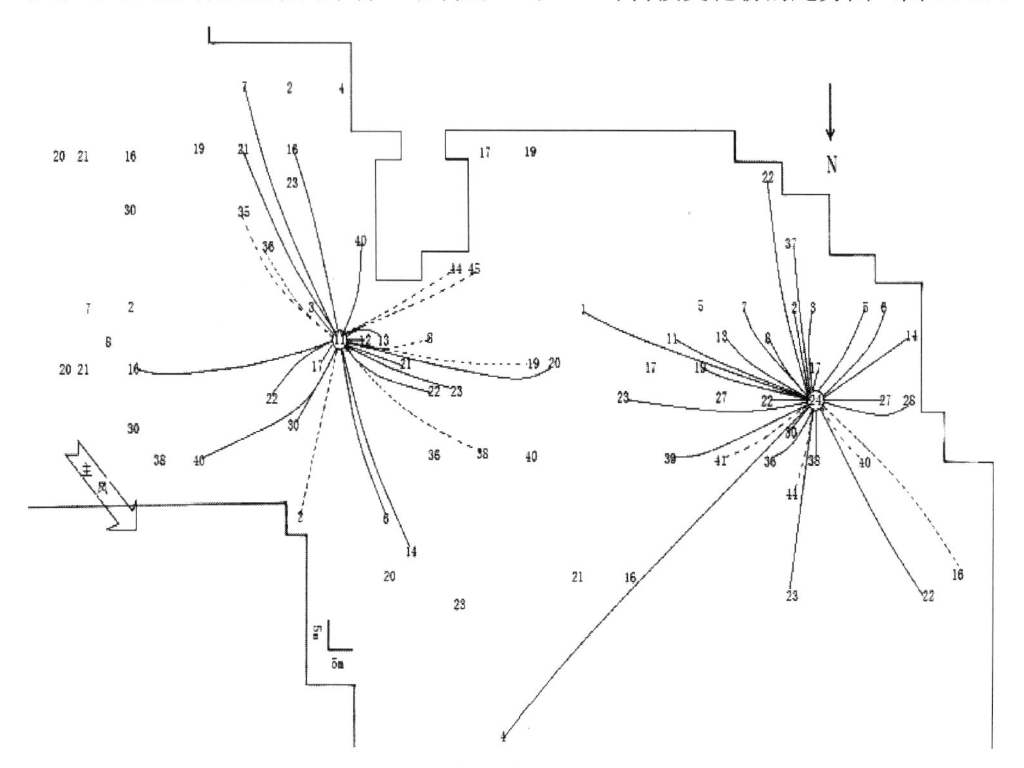

图12-2　种子园第一大区$11^{\#}$、$24^{\#}$母树自由授粉种子花粉来源分析

16—11示$11^{\#}$母树在$p<20\%$的情况下接受来自$16^{\#}$无性系的花粉，$16^{\#}(p<20\%)$；2---11示$11^{\#}$母树在$p>20\%$的情况下接受来自$2^{\#}$无性系的花粉，$2^{\#}(p>20\%)$

第二节　种子园内非随机交配现象

一、种子试样中父本组分与无性系花粉产量

1984 年、1987 年和 2000 年的父本分析结果表明，种子园内可能存在非随机交配现象。根据对辽宁兴城种子园 1983 年、1986 年和 1991 年花量的调查，尽管种子园在 1983 年已有 40 个无性系着生雄球花，但在这些无性系中，$48^{\#}$、$21^{\#}$、$5^{\#}$、$35^{\#}$和 $19^{\#}$无性系的雄球花产量占总花量的 56%；1986 年种子园无性系已全部着生雄球花，而 $2^{\#}$、$21^{\#}$、$48^{\#}$、$27^{\#}$和 $29^{\#}$无性系的花量仍占总量的 46%；1991 年各无性系的雄球花量趋于平衡，但部分无性系，如 $5^{\#}$、$27^{\#}$、$12^{\#}$、$43^{\#}$、$2^{\#}$、$21^{\#}$和 $35^{\#}$的雄球花量仍处于优势地位。如果不存在选择受精，雄球花量多的无性系，应该是种子园雄配子的主要贡献者。然而，在 1984 年的 200 粒种子试样中没有发现雄花量较多的 $21^{\#}$、$5^{\#}$和 $35^{\#}$无性系的花粉，与此相反，当年雄花量较少的 $25^{\#}$、$15^{\#}$、$31^{\#}$、$47^{\#}$和 $1^{\#}$无性系，却在试样中检测到了较多花粉的存

在。同样，根据 1987 年种子试样花粉来源分析，5 个无性系分株的 600 多粒供试种子中，31#、4#无性系是检测到的最可能的花粉来源，但这 2 个无性系的雄花量在 1986 年却很少。关于雄球花的产量的动态变化可参阅第六章第二节。种子园中花粉的产量并不总是与其授粉坐果率成正比，种子试样中父本组分与无性系花粉产量并不成正比。这种现象表明，种子园中可能存在非随机交配。

二、2 个无性系分株控制混合授粉种子的父本分析

为了解无性系是否存在选择受精现象，于 2004 年在兴城油松种子园选择雌球花量较多的 11#和 24#无性系的 2 个分株，在树冠同一个方位各套袋 60 个，用 2#、3#、5#、7#、9#、16#、17#、19#、24#、25#、26#、28#、33#、34#、35#、37#、41#、44#、47#、48#、50#共 21 个无性系花粉等量混合，进行控制混合授粉，重复授粉 2 次。21 个无性系的散粉期与 11#和 24#无性系受粉期同步，采用当年花粉，生活力都在 85%以上。且翌年秋采集 11#、24#无性系混合授粉种子，用 SSR 方法分析了种子试样（表 12-6）。在 11#无性系控制授粉种子中，参与控制混合授粉的 21 个无性系，通过简单的排除分析，仅 2 个无性系花粉没有参与所获得的 81 粒种子中。81 粒种子都能找到最相应的父本，但有的未达到显著水平。15 个无性系被确定为单一可能的父本，其中 50#、7#、25#、33#共 4 个无性系的花粉对子代的贡献率达到 53.85%。在 24#无性系控制授粉种子中，参与控制授粉的 21 个无性系花粉，通过排除分析，有 7 个无性系没有参与。13 个无性系被确定为单一可能的父本，其中同样是 50#、7#、25#、33#共 4 个无性系花粉对子代的贡献率达到 57.69%。

表12-6　11#、24#无性系控制授粉子代父本分析结果

11#			24#		
候选父本	子代数	种子数（>80%置信度）	候选父本	子代数	种子数（>80%置信度）
50#	17	7（+）	25#	14	5（+）
7#	13	6（+）	7#	5	5（+）
25#	4	4（+）	33#	3	3（+）
33#	7	4（+）	50#	2	1（+），1（*）
5#	4	3（+）	34#	4	1（+），1（*）
37#	5	3（+）	2#	2	2（+）
19#	4	3（+）	3#	1	2（+）
2#	3	2（+）	48#	2	1（*）
35#	5	1（+）	26#	1	1（+）
34#	2	1（*）	41#	1	1（+）
44#	2	1（+）	47#	1	1（+）
47#	1	1（+）	16#	1	
16#	2	1（+）			
17#	4	1（+）			
48#	1				
24#	2				
26#	1				
28#	1				
3#	1				
总计	81	39		39	26

三、无性系花粉活力、花粉粒大小与花粉贡献率没有相关性

为了解授粉成功率与花粉活力、花粉大小是否有关，对 11#控制授粉种子在 80%的置信度下被确认为单一父本的无性系的花粉贡献率、花粉生活力和花粉粒大小进行相关分析，都未达到相关显著水平，相关系数分别为 0.495、–0.106（临界值为 0.514）；同样，24#控制授粉种子被确定为单一父本的无性系的花粉贡献率、花粉生活力和花粉粒大小

间相关系数分别为 0.408、–0.564（临界值为 0.576），也未达到相关显著水平。该研究结果显示，无性系花粉生活力、花粉粒大小对花粉贡献率的影响不大。但由于分析试样和组合较少，结论的可靠性需要进一步验证。

张华新于 1995 年花期在河南卢氏种子园，对 43 个无性系的花粉生活力用 TTC 染色法作了测定。其中，9 个无性系的花粉生活率在 95%以上，但部分无性系的花粉生活率仅为 36%~19%，差异大，不同无性系的花粉生活力存在极显著差异。镜检败育花粉，体积要比正常的小 1/3 以上。在扫描电镜下，可观察到生活力低的无性系的花粉中，外形异常的花粉高达 70%，花粉体和气囊空瘪［图版 5-Ⅰ-23］，与饱满的正常花粉外形明显不同（图版 5-Ⅰ-24）。张华新在河南卢氏种子园观察的花粉试样比较多，得到了与辽宁兴城种子园不同的结论。在种子园内观察到的非随机交配现象究竟是偶然现象，还是反映了客观规律，尚需进一步研究。

结　语

通过对种子园 3 个年份试样的父本分析，探讨了时空动态变化中传粉受精实况，构建了种子园内植株间传粉受精的示意图。种子园结实初期传粉授粉距离一般在距母株 30m 的范围内，交配成功率有随母株距离增大而减小的趋势。1993 年兴城种子园经强度疏伐，使雌球花接受花粉的状况稍有改变，7%种子的花粉来自距母株 30~50m 的范围内。种子园中无性系雄球花量与种子试样中检出的雄配子数量并不成正比。不同年份花期的气象因子，如风向、风力、气温及湿度等对交配成功的影响不容忽视。

根据对 11#和 24#两个无性系分株用 21 个无性系混合花粉作控制辅助授粉，取得的种子用 SSR 作谱带分析，通过简单排除法在两个无性系共 120 粒种子试样中，50#、7#、25#、33#共 4 个无性系雄配子量占总检出亲本的 53.85%~57.69%。不同无性系花粉贡献率大小与无性系花粉活力、花粉粒大小都没有关系。种子园所产种子试样中揭示出来的非随机交配现象，是偶然现象，还是反映了客观规律，尚需进一步研究。

科学技术的进步，使我们现在可以做到过去做不到的事情，由宏观到微观，由表象到事物的内部，深化了对客观世界的认识。我们投入过不少人力和时间，付出过辛劳，对种子园授粉机理等的认识是提高了一步，但迄今取得的一些结论仍然不是确凿的。常规育种中制种－测定等操作，既繁琐，又耗时，但目前仍然回避不了。不经过这些步骤而能达到准确评估育种资源遗传特性的目标，是我们的理想和追求。因此，改革试验方法，完善分析技术，仍然是今后努力的方向。

参 考 文 献

陈晓阳，沈熙环. 2005. 林木育种学. 北京：高等教育出版社：192-197

张东梅，李悦，沈熙环，等. 2000. 油松改良系统中的三种群体交配系统. 北京林业大学学报，22（5）：11-18

张冬梅，沈熙环，何田华，等. 2001. 利用同工酶对油松无性系种子进行父本分析. 植物生态学报，

25（2）：165-173

张冬梅，孙佩光，沈熙环，等. 2009. 油松种子园自由授粉与控制授粉种子父本分析. 植物生态学报，33（2）：302-310

El-Kassaby Y A. 2009. Breeding without breeding. Proc. IUFRO Warking Party 2.09.01 Jeju, Korea, 3-4

Marshall T C，Slate J，Kruuk L E，et al. 1998. Statistical confidence for likelihood-based paternity inference in natural population. Molecular Ecology，7：639-655

Nagasaka K，Szmidt A E. 1985. Multilocus analysis of the external pollen contamination of a Scots pine（*Pinus sylvestris* L.）seed orchard. Lecture Notes in Biomathematics，60：134-138

Paule L，Lindgren D，Yazdani R. 1993. Allozyme frequencies，outcrossing rate and pollen contamination in *Picea abies* seed orchards. Scand J For Res，8：8-17

Ritland K. 1990. A series of Fortran computer programs for estimating plant mating systems. J Hered，81：235-237

Shen X H，Rudin D，Lindgren D. 1981. Study of the pollinated pattern in a Scots pine seed orchard by means of isozyme analysis. Sil Genet，30（1）：7-15

Shen X H，Zhang D M，Li Y，et al. 2008. Temporal and Spatial Change of the Mating System Parameters in a Seed Orchard of *Pinus tabulaeformis* Carr. *In*：Lindgren D. Proceedings of Seed Orchard Conference，Umeå，Sweden，221-228

Swofford D L，Selander R B. 1989. BIOSYS-I：A computer program for the analysis of allelic variation in population genetics and biochemical systematic-user's manual. University of Illinois，Urana

Wang X R，Lindgren D，Szmidt A E，et al. 1991. Pollen migration into a seed orchard of *Pinus sylvestris* L. and the methods of its estimation using allozyme markers. Scand J For Res，6：379-385

第十三章　油松子代测定

为实现提高人工用材林单位面积木材产量和林分适应性这个目标，要不断完善良种的遗传品质，提高遗传增益。当今有性繁殖仍然是针叶树种的主要繁殖方式，对油松来说，是提供规模化造林所需种苗的唯一方式。因此，油松的遗传测定通常也就是指子代测定。

子代测定的目的，归纳起来，不外是：①提供评估亲本性状的遗传－育种参数，如一般配合力（general combining ability，GCA）、特殊配合力（special combining ability，SCA）、遗传力、遗传增益等，这些参数是亲本再选择的依据，是评价改良工作的指标，也是提高良种水平，有效地制订育种计划的依据；②筛选性状表现优异的子代及其亲本，提供营建新种子园的繁殖材料。子代测定是良种选育工作的基础，是提高种子遗传品质的保证。没有子代测定，不掌握家系的测定数据，要提高生产种子的品质是无源之水，无本之木，良种建设就丧失了发展的前提（见彩图Ⅲ中）。

从20世纪80年代后期到2012年，北方的红松、樟子松、油松、落叶松，南方的马尾松（谭小梅，2011）、华山松、云南松、思茅松，外来树种湿地松、火炬松、加勒比松及其杂种，都做过试验研究。据不完全统计共约有150项报道。在针叶造林树种中，杉木、马尾松的研究较多，进展也比较快（杨章旗，2006；金国庆等，2008；季孔庶等，2005）。自1983年油松种子园纳入国家科技攻关项目后，在统一组织下，至1988年末协作组成员营建子代林1500亩以上，近年也有些报道（王娟娟等，2006）。

第一节　测定材料来源和数据分析

要提高良种基地生产种子的遗传品质，必须拥有子代测定的数据和材料。有了数据和材料，才能进行种子园无性系的再选择，才能为营建新一轮种子园提供新的建园材料。不营建子代测定林，没有子代测定数据，要提高生产种子的品质是无源之水，无本之木。有鉴于子代测定对油松良种工作发展和提高的重要性，早在20世纪80年代多数油松基地做过自由授粉种子的子代测定，少数单位也开展了单交、测交和双列杂交等谱系清楚的交配试验。由于杂交组合少，种子数量也少，种植面积小，管护又不善，迄今存留数量不多。子代测定是油松良种基地建设中普遍存在的薄弱环节。为使油松良种基地建设尽早走上健康发展的道路，我们必须把这项工作尽快、尽好地抓起来。

关于子代测定材料的来源、花粉调制和控制授粉操作，虽属常识性内容，考虑到当前工作的需要，在本节中归纳了我们做过的工作，同时，也简要地介绍了与后面列举试例有关的数据分析内容和参数。有关子代测定分析的详细方法可参阅文献（沈熙环，

1990；陈晓阳和沈熙环，2005；黄少伟和谢维辉，2001）。

一、子代测定材料来源与交配设计

为完成子代测定的多种功能，要采用不同的制种方式，制定不同的交配设计方案，生产父母亲本组合不同的家系种子，育苗造林后提供不同的子代测定数据，不同的数据用途也不尽相同。对父本和母本双亲杂交组合所作的具体安排，称为交配（mating）设计。交配设计很多，主要可分为父本不确切了解的不完全谱系交配设计和双亲明确的完全谱系交配设计两类。这两类交配设计产生的种子，能提供不同的数据，作用不完全一样。对常用的制种方式简要归纳如表 13-1 所示。

表13-1　常用制种方式应用及其优缺点

交配设计	应　用	优　点	缺　点
直接从优树上采集种子	种子园亲本再选择和去劣疏伐，有可能提供新一轮建园材料	在选优同时采种，缩短选育周期，评估母本 GCA	优树上往往采集不到种子 不能提供 SCA 估量
采集种子园无性系自由授粉种子	亲本再选择和去劣疏伐	评估母本 GCA，需等待开花结实，子代增益较高	不能提供 SCA 估量，子代不能提供新一轮建园材料
多系授粉	同种子园自由授粉种子	能比较精确评估母本的 GCA	需要花粉调制，控制授粉等操作
单　交	提供没有亲缘的子代，与其他交配设计同时，特别有利于高世代育种	工作量较小，能提供无亲缘关系的子代	不能提供 GCA 和 SCA 的估量
全双列杂交	用于遗传育种参数的估算，为多世代改良提供无亲缘关系的材料	提供信息量最大，能估算各种遗传参数，提供大量无亲缘关系的个体	工作量大，当测定亲本数多时，难于采用
半双列杂交	同全双列杂交	较全面地估算遗传参数，生产无亲缘关系子代	同全双列杂交，工作量减少一半以上
测交系设计	用于遗传育种参数估算，提供新的繁殖材料	能提供 GCA 和 SCA 估量及无亲缘关系的子代	无亲缘关系的子代数目受测交系数目的限制

直接从优树上采集的种子，或从种子园按无性系采集的种子，通称为自由授粉种子（open-pollinated seed）。自由授粉种子属父本不确知的不完全谱系种子，即所谓的半同胞（half sib）或单亲家系种子。但是，要说明一点，这种称谓严格来说并不确切。因为半同胞应该指只具有一个共同亲本的种子（子代），而在自由授粉种子中，实际上不仅含半同胞家系种子，还包含自交种子和双亲相同的种子。在生产实践中，由于一般没有条件去鉴别究竟属于上述哪一类种子，所以往往通称为半同胞家系种子。

优树或种子园自由授粉种子都能提供一般配合力数据，根据这个数据可以鉴别亲本无性系的优劣，但两者是有区别的。从同一个种子园采集、培育成的半同胞家系，由于不同无性系花期相互传粉受精，存在亲缘关系，不能用于新一轮种子园的营建，而直接从优树上采集的种子，实际上也可能存在亲缘关系，但由于不同家系种子的花粉来源相隔距离远，且组成广泛，生产中可以认为不存在亲缘关系。从这类子代测定林中可以选择新的育种材料，因不需要等待开花结实，缩短了制种-测定周期，这是利用优树自由授粉测定的优点。但由于优树种子的父本未经选择，子代的增益可能较小，且由于优树所处的环境光照往往不足，从优树上通常采集不到种子，这是它的缺点。从种子园采集的种子，因父母本都经过选择，子代增益要大些，但需要等待植株开花结实，育种周期较长，且存在亲缘关系，不能用于再选择，营建新的种子园，这是种子园半同胞材料的特点。

不完全谱系交配设计中，除自由授粉种子外，常用的还有多系授粉（polycross），又称多系混合授粉，就是对待测的每个无性系用本系以外，表现中庸的 10 个左右无性系的等量花粉混合授粉。多系授粉的主要优点是，所产各个家系种子的可比性强，评价的可靠性要比自由授粉种子高。这种交配设计在美国北卡罗来纳火炬松协作组中应用较多（McKeand and Bridgwater，1998）。

在完全谱系交配设计中常用的交配方式有：单交（single pair mating），就是在一个育种群体中，一个亲本只与另一个亲本交配，而不再与第二个亲本交配，在高世代育种中为选育没有亲缘关系的子代常采用。完全双列杂交（full diallel），在一个交配群体中，每个亲本既作父本，又作母本，包括了所有可能的交配组合。由于完全双列杂交工作量大，演变产生了双列杂交的多种形式。其中，半双列杂交（half diallel）是最常用的一种，即不包括反交和自交的完全双列杂交。测交，是由表现中庸的少量无性系与待测无性系交配，规定参与交配的少数无性系，称测交系（tester）。测交系可以作父本，也可以作母本，但多用作父本。交配设计示意图参见第十四章。在发展高世代育种过程中，又提出了下列交配设计。

正向选型交配（positive assortative mating，PAM），适用于增加期望遗传增益的控制授粉设计，如将性状优劣排序为第一和第二的亲本组配，第三和第四的亲本组配。采用这种交配设计提高最佳基因型的频率，供进一步选育之用。

互补交配设计（complementary mating schemes），在同一个群体中，为达到不同的育种目的，综合采用多种交配设计。最常用的方法是将半同胞测定和控制授粉结合起来，如将多系授粉和部分双列杂交制种联合使用。如果已对育种材料作过一般配合力的评定，优先挑选其中一般配合力高的材料，作特殊配合力的测定。这不仅可以减少工作量，更重要的是可以缩短提供优良选育材料所需的时间。

二、花粉采集和控制授粉

在第二篇中，已介绍了油松雌雄球花着生特点和发育过程。雌球花头年春末夏初开放，到第二年秋才能收获种子，从传粉到采集球果需要 18 个月。观察开花物候，准确掌握杂交亲本雌雄球花发育阶段，及时收集花粉和适时人工授粉，是保证杂交制种成功的重要环节（沈熙环，1990）。

花量调查　在确定控制授粉组合前，必须调查拟参与控制授粉无性系的雌雄球花量，只有了解了各无性系雌球花量、雄球花量的基本情况，才可能制定好交配组合方案。通常雌球花量较多的无性系作为母本，雄球花量大的无性系作为父本。花量调查在早春主要根据花芽外部形态判断，雄球花着生在 1 年生枝条基部，比较容易鉴别。雌球花芽多在枝条顶端，花芽萌动，开始膨大后才容易鉴别（参见第九章）。最好根据无性系历年开花结实状况，评估植株雌雄球花着生能力。

雄球花采集　一般直接从树上采集雄球花或雄花枝。适时采集雄球花是关键。过早，花粉发育不健全，调制不出花粉，过晚，已撒粉。雄球花在上年 8 月下旬可初步辨认，越冬时雄花芽长约 2mm，早春按外部形态特征，雄球花从冬芽膨大到散粉可分 4 个阶段。当芽鳞从顶端绽开，雄球花不断伸长，至 2cm 左右，增粗，呈黄色，历时 15~26 天。当雄球花失水，变软，色泽变浅时，是采集雄球花，调制花粉的最佳时期（参见第六章）。

花粉调制　如果随采随用，且要求花粉量不大时，调制操作比较简单。采集的雄球花可放入透气、坚韧的纸袋，袋口折叠 2 回，用回形针或夹子扣紧。标明系号，防止混淆。要防止袋子破裂，花粉撒出，相互污染。装有花粉的纸袋，可挂置在加温的室内木架或铁架上，见图 13-1（a），室温控制在 25℃上下。经 2~3 天待雄球花干燥并撒粉后，可直接供授粉用。如果要收藏花粉，花粉可用 50 目网过筛，除去芽鳞、枝叶等杂质，操作时严防花粉飞散。

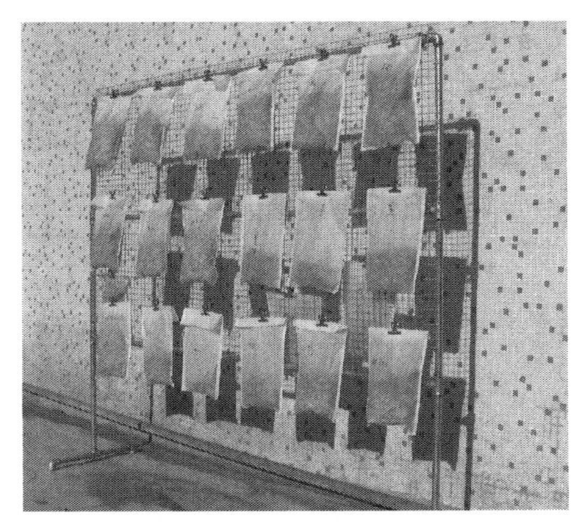

(a)干燥花粉架

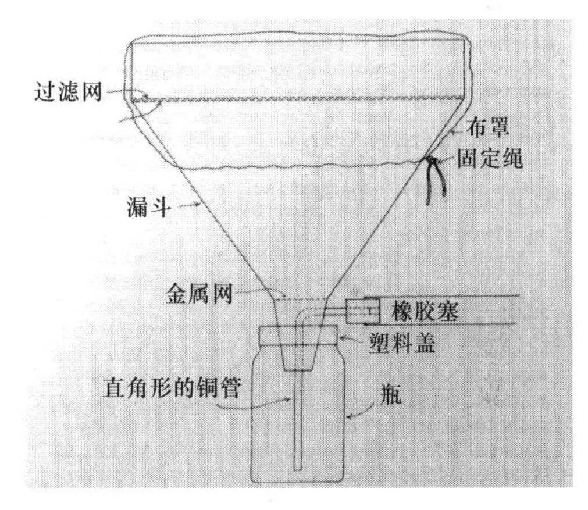

(b)密封的漏斗式花粉提取器

图13-1　花粉调制装备

笔者在北欧和美国考察时，所有访问地的种子园，都拥有花粉处理装备。密封漏斗式花粉收集器是最常用的装置，见图 13-1（b）。多个收集器可以相互连接，再与干燥空气压缩机连通，在空间不大的房间内同时可以处理数十个无性系的花粉，互不混杂。近年，广东等地采用装有密封盖的网筛，在超净工作台上调制花粉，设备简单，操作方便，可以试用。

除去杂质的花粉，要干燥后才能储藏。花粉自然干燥进程慢，也不易干透。为此，常采用干燥器。干燥器内放置氯化钙，在 0℃时可控制相对湿度为 32%；用相对密度为 1.45 的硫酸，在 4℃条件下相对湿度为 30%；用硅胶可干燥到 5%左右；用乙酸钾饱和溶液，可使湿度保持在 22%；用石灰约可保持湿度 25%。干燥过程中，储存花粉的容器不能装满，也不宜盖严，以免妨碍气体交换。多数针叶树种花粉最适宜的储藏含水量为 8%~10%，当干燥到这个程度时，花粉松散，不黏附在玻璃器皿壁上，倾倒时能像水一样流动。经干燥的花粉可以分装到指形管或其他小容器中，以便长期储藏或交换（Franklin，1981）。

花粉储藏 两个亲本的花期接近，才能杂交。如果在预定杂交组合中，无性系雌球花授粉适期比雄球花散粉期早 3~5 天，对油松来说花期就难于人工调节了。简便的办法是使用头年储藏的花粉做杂交。花粉寿命的长短，因树种而异。低温、干燥、黑暗有利于保持花粉生活力。美国北卡罗来纳州树木改良协作组储藏南方松花粉的含水量为 8%~10%，储藏温度为 4℃，效果好，可以保持生活力 1 年以上。油松花粉只要储藏前降低含水量，保存在低温下，可供来年杂交用。

套袋隔离 松类开花结实过程长，只能用树上杂交。为防止非目的花粉的侵入，人工授粉必须在雌球花突破芽鳞前套袋隔离。油松雌球花着生在当年生嫩枝顶端，并随嫩枝伸长，一直到授粉期结束。要根据雌球花着生枝条的具体情况，选用大小适宜的隔离袋，一般宽 10~20cm，长 25~40cm，以便嫩枝有伸展的余地。隔离袋宜采用耐水湿、透光、透气、坚韧的材料，最好用羊皮纸。隔离袋两端开口，下端缚在硬枝上，上端叠两折，用回形针夹住，以防非目的花粉进入。

控制授粉 雌球花进入可授粉期时即可授粉。授粉时可采用毛笔蘸花粉，打开隔离袋上端，用毛笔轻刷雌球花，也可用授粉器，或用改装的喉头喷雾器向雌球花喷射花粉。为减少污染概率，授粉宜在清晨，因空气湿度大，花粉不易飞散，且树上的雄球花尚未散粉，授粉完毕要及时封闭袋口。为了保证充分授粉，可隔日重复授粉一次。授粉工具要专用，避免交叉污染。在授粉雌花枝条上挂牌标记，并作记录。授粉 3~10 天后，雌球花珠鳞增厚，闭合，这时应拆除隔离袋，以免妨碍球果发育。为防虫、鸟危害，可改套网袋。

三、子代数据分析内容与主要参数

为减少试验中的误差，子代林田间试验设计中应遵循重复、随机和局部控制 3 原则。油松子代测定林的数据，主要分析家系间差异显著水平，筛选优良家系和无性系，估算遗传力和遗传增益、配合力以及家系－地点交互作用。

1. 方差和差异显著性分析

林木经济性状基本属于数量性状。数量性状是连续变异的性状，容易受到环境的影响，通常要借助数理统计方法分析。为提高遗传测定的准确性，方差分析是数据分析的基本方法。以单株观测值为统计值，根据试验的不同，分别采用了双因素交叉分组及单因素方差分析，双因素交叉分组分析的线性模型为：

$$Y_{ijk} = \mu + F_i + R_j + FR_{ij} + e_{ijk}$$

式中，Y_{ijk} 为 i 家系在 j 重复中 k 株的观测值；μ 为试验群体平均数；F 为家系主效应；R_j 为重复效应；FR_{ij} 为家系与重复的互作效应；e_{ijk} 为随机误差。

数据分析采用 SAS 程序（黄少伟和谢维辉，2001）。由于试验普遍存在小区内株数或小区缺失，采用 GLM 作方差分析，家系间差异的显著性水平和均方分量用随机模型估算。

2. 遗传力和遗传增益

遗传力（heritability）反映遗传变量占表型变量的比率，是估算遗传增益的一个重要参数。遗传力与采取的选择育种方法有关。油松通过种子繁殖，关心的是狭义遗传力，即亲本通过有性过程能传递给子代的遗传变量。在没有试验地点重复的条件下，用于估算单株遗传力（h_s^2）和家系遗传力（h_f^2）的公式如下：

$$h_s^2=\frac{4\sigma_f^2}{\sigma_e^2+\sigma_{fb}^2+\sigma_f^2} \qquad h^2{}_f=\frac{\sigma_f^2}{\dfrac{\sigma_e^2}{nb}+\dfrac{\sigma_{fb}^2}{b}+\sigma_f^2}$$

式中，σ_f^2 为家系遗传方差；σ_{fb}^2 为家系和区组互作方差；σ_e^2 为剩余（小区内）方差。

家系遗传力经常用 1–1/F 公式估算。这时，必须正确使用误差项，才能得到正确的估算结果。在采用单株观测值进行方差分析，计算家系的 F 时必须以区组×家系作为误差项计算 F 值的分母。

据黄少伟等（1998）介绍，遗传力可用 4 种方法估算，即采用 MIVQUE0（最小方差二次无偏估计法）、TYPE1（Henderson 方法 1）、ML（最大似然法）和 REML（限制性最大似然法）。笔者对陕西洛南和甘肃小陇山两片试验林用上述 4 种方法，按树高和胸径单株调查数据估算了家系、家系×重复、误差等方差分量，以及单株和家系遗传力，结果见本章附表。用不同方法估算出来的遗传力大体相仿，性状遗传力属中等，家系×重复，误差分量大。黄少伟等认为，用 4 种方法估算出来的结果在多数情况下相仿，在他们的试验中，当子代林保存率仅为 65.4%时，结果仍很接近。见本章最后附表 13-1。

遗传增益（genetic gain）表示通过选择取得的改良效果。遗传增益可以由试验取得的数据直接估算，如由选择家系与对照实际测定数据评比获得，称现实遗传增益；也可以通过选择差，即入选个体性状平均值与供试群体平均值的差，乘以遗传力估算。两种估算公式如下：

$$\text{现实遗传增益}\,\Delta G=R/\overline{X}\text{，估算的遗传增益}\,\Delta G=\frac{S}{\overline{X}}h^2$$

式中，R 为响应，即入选个体性状与对照的差值；$\overline{X}$ 为对照；S 为选择差，h^2 为遗传力。

3. 配合力

繁殖材料性状的遗传品质，常用配合力来表示。在良种繁殖过程中，为生产优良的子代苗木，要选择亲本，配合力是为实现这个目标服务的。配合力分为两种：一般配合力（GCA）和特殊配合力（SCA）。前者是指一个交配群体中，某一个亲本的一些交配组合子代某个性状的平均值与群体子代总平均值的离差；后者是指在一个交配群体中，某个特定组合子代某个性状的平均值与群体子代总平均值及双亲一般配合力的离差。

$$\text{GCA}_i=\overline{X_{i\bullet}}-\overline{X_{\bullet\bullet}}\text{，}\quad \text{SCA}_{ij}=X_{ij}-\overline{X_{\bullet\bullet}}-\text{GCA}_i-\text{GCA}_j$$

常用交配设计能提供不同配合力参数。自由授粉和多系授粉设计，只提供一般配合力；单交虽能提供双亲特殊配合力信息，但没有一般配合力；测交、全双列、半双列等是能提供一般配合力和特殊配合力的设计。

第二节　子代测定林生长量分析试例

我们对20世纪七八十年代营建的子代测定林做过调查总结，撰写了《阶段性报告》。近几年组织了对陕西、甘肃、内蒙古、河南、河北、山西等省（自治区）10多个试验点子代林的调查。子代试验林营造已经20多年了，测定数据已接近轮伐期，能够为生产提供比早期更符合需要的信息。在这一节中，归纳了子代林早期生长性状表现概况，并剖析了近年调查的陕西陇县、甘肃正宁、内蒙古宁城等子代测定试例。从这些分析结果，可以评估参试家系亲本的优劣，对优树进行再选择，挑选优良的遗传型。如果家系苗木直接来自优树种子，还可以为营建新一轮种子园筛选优良的建园材料。从这些分析中，可以充分认识子代测定是必不可缺的工作。

一、子代测定林的早期表现

河北东陵、陕西陇县、内蒙古黑里河、辽宁兴城、甘肃正宁等种子园于20世纪70年代直接从部分优树上采集种子营建了子代测定林。试验规模较小，这批试验林于80年代末在10年生左右时做过调查，从《阶段性报告》中援引部分资料列成表13-2。

表13-2　部分试点优树自由授粉子代林早期高生长表现

试验点	家系数	年龄	子代/m	对照/m	树高增益/%	＞对照10%家系数
河北东陵	14*	9	1.53~2.07	1.47	10.4~40.8	4
河北遵化	45	8	0.97~1.26	1.06	–0.5~18.9	16
河北隆化	47	8	1.11~1.57	1.21	–8.3~29.7	17
陕西陇县	21*	12	3.40~4.60	3.90	–12.8~18.0	7
陕西陇县	54	4				20
甘肃正宁	18*	8	1.38	1.06	14~49	17
内蒙古黑里河	7*	14	3.30~4.05	3.05	8~33	
辽宁兴城	30	8				>9
山西上庄	42	6	0.57	0.45	12.6	35
山西上庄	39	4	0.41	0.29	14.1	33
山西上庄	94	3	0.46	0.38	12.1	65

* 供试家系苗木直接由优树上采集的种子培育

优树子代表现良好，树高生长的增益十分明显，多数情况为10%~20%。1976年，甘肃正宁中湾林科所采用五株大树法选出优树20株。1980年初，采集了其中18株优树的自由授粉种子，于1981年春育苗，1984年营造子代林14.5亩。用当地林分混合种子作对照，优树子代平均树高比对照大31%，在18个家系中有17个比对照高出10%以上。

陕西省林业科学研究所于1977~1987年，在陇县八渡林场、洛南古城林场、桥山双龙林场3个油松良种基地营造了10块油松优树半同胞子代测定林，含364个家系。陇县12年生子代林含21个家系，高生长超过对照10%的有7个；比对照好的有15个；

不如对照的有 3 个。平均胸径为 6.89cm，对照为 5.91cm，胸径大于对照 10%的家系有 16 个。在该子代林中约有 1/3 的家系显著优于对照。2004~2005 年调查了 19~29 年生时的生长和结实情况，选择出优良家系 82 个，优良单株 546 株。用优良单株材料在桥山双龙和洛南古城两个良种基地营建了第二代种子园。

河北东陵子代林，12 年生树高较对照大 8.9%，胸径大 12.5%，材积大 47.1%；最优家系树高比对照大 22.7%，胸径大 19.9%，材积大 107.5%。河北省林业科学研究所在 1996 年油松种子园工作总结中指出：从油松人工林和天然林中选择了优树 341 株，建立初级种子园 2066 亩。于 1978 年、1985 年、1987 年、1988 年、1989 年分 5 批营建子代林。先后测定人工林和天然林优树自由授粉 145 个家系，东陵种子园和北大山种子园自由授粉 93 个家系，控制授粉组合 52 个。子代林中均设置对照，采用完全随机区组设计，重复 3~8 次，小区株数 6~44 株。种子园自由授粉家系在 7~13 年生时，优树自由授粉家系在 7~18 年生时，种子园控制授粉组合在 7~8 年生时，树高分别比对照高出 31.0%、18.3%和 27.0%，胸径比对照粗 15.3%、13.6%和 24.3%。7801#优树自由授粉子代的材积比对照高出 35.8%。

二、陕西洛南和陇县子代林

1. 洛南 20 年生 8#子代测定林

8#子代测定林由优树半同胞子代家系组成。优树分别选自陕西商县、丹凤、山阳、蓝田、白水、眉县，1986 年采用塑料大棚育苗，1987 年 3 月在洛南古城林场，用 1 年生容器苗，随机区组设计，4 株小区，10 次重复营建子代林。该林场地处东经 110º20′，北纬 34º05′；林地海拔 950m，坡度 25º左右，坡向为半阳坡，土壤为褐色土，中性偏酸，土层较薄，肥力中等；年平均气温 11.1℃，1 月平均气温–2.0℃，7 月平均气温 28.4℃，极端最高气温 37.1℃，极端最低气温–18℃，年平均降水量 772mm，多集中在 7~9 月，全年无霜期 215 天，日照时数 2048h，日均气温≥10℃的年积温 3379℃，属暖温带半湿润季风气候区。

2005 年 8 月全面调查了 20 年生 8#子代林中 45 个家系及对照的树高、胸径。对照由当地母树林种子培育。在表 13-3 中列出了树高、胸径和单株材积平均值，家系按材积大小排序。单株树干材积按下列公式计算，式中 D 和 H 分别表示家系树高和胸径平均值。

$$V = 0.000\,066\,492 D^{1.865\,517} H^{0.937\,688\,79}$$

8#子代测定林家系平均树高、胸径和单株材积最大值和最小值之比分别为 1.41、1.48、2.36；与子代林平均值之比为 1.12、1.25 和 1.58；与对照平均值比，相应为 1.21、1.39、2.08。各测定家系的平均树高与对照相比，变动于 120%~86%；胸径变动于 139%~94%；单株树干材积变动于 208%~88%。用 Duncan 法作多重比较，其中有 26 个家系的树高，12 个家系的胸径与对照有显著差异。子代林数据的方差分析结果列于表 13-4 中。

2. 陇县 33 年生 1#子代测定林

1#子代测定林含 23 个半同胞家系，全部来自太白黄柏塬林场优树。1976 年采种，1977 年育苗，1980 年造林。子代林营造在陇县八渡林场，地处东经 106º 55′，北纬 34º 43′，

表13-3　洛南8#测定林46个家系树高、胸径和单株树干材积平均值

家系	树高		胸径		材积	家系	树高		胸径		材积
	/m	相当对照	/cm	相当对照	/m^3		/m	相当对照	/cm	相当对照	/m^3
18#	7.80	1.13	16.61	1.39	0.0856	51#	6.94	1.01	13.63	1.14	0.0531
16#	7.69	1.12	15.21	1.27	0.0717	45#	7.92	1.15	12.69	1.06	0.0526
48#	7.93	1.15	14.53	1.22	0.0677	39#	7.59	1.10	12.94	1.08	0.0525
12#	7.96	1.16	14.37	1.20	0.0666	19#	7.63	1.11	12.90	1.08	0.0524
44#	7.84	1.14	14.26	1.19	0.0647	2#	7.44	1.08	13.00	1.09	0.0519
15#	7.92	1.15	14.14	1.18	0.0643	41#	7.94	1.15	12.46	1.04	0.0510
5#	7.66	1.11	14.21	1.19	0.0629	50#	6.93	1.01	13.18	1.10	0.0498
7#	7.66	1.11	14.13	1.18	0.0623	38#	7.81	1.13	12.41	1.04	0.0498
40#	7.88	1.14	13.82	1.16	0.0614	30#	6.99	1.01	12.99	1.09	0.0489
10#	8.25	1.20	13.50	1.13	0.0613	1#	6.78	0.98	13.14	1.10	0.0485
13#	8.03	1.17	13.67	1.14	0.0612	24	6.93	1.01	12.98	1.09	0.0484
49#	8.34	1.21	13.31	1.11	0.0603	52#	7.42	1.08	12.54	1.05	0.0484
14#	7.83	1.14	13.70	1.15	0.0600	22#	6.91	1.00	12.89	1.08	0.0476
80#	6.68	0.97	14.80	1.24	0.0597	6#	7.58	1.10	12.22	1.02	0.0470
21#	7.49	1.09	13.85	1.16	0.0587	25#	6.91	1.00	12.60	1.06	0.0457
4#	7.38	1.07	13.85	1.16	0.0579	53#	6.88	1.00	12.57	1.05	0.0453
23#	7.49	1.09	13.72	1.15	0.0577	42#	7.18	1.04	12.08	1.01	0.0437
47#	8.14	1.18	13.13	1.10	0.0575	54#	6.88	1.00	12.24	1.03	0.0431
9#	7.50	1.09	13.63	1.14	0.0571	29#	6.90	1.00	12.10	1.01	0.0423
37#	8.02	1.16	13.15	1.10	0.0568	对照	**6.89**	1.00	**11.94**	1.00	**0.0412**
8#	7.53	1.09	13.45	1.13	0.0559	46#	7.73	1.12	11.21	0.94	0.0408
3#	8.02	1.16	12.96	1.09	0.0553	20#	5.91	0.86	12.20	1.02	0.0371
11#	7.59	1.10	13.09	1.10	0.0535	28#	6.50	0.94	11.47	0.96	0.0362

表13-4　洛南8#和陇县1#子代林的方差分析结果

性状	来源	自由度	平方和	均方	*F*值	*P*	h^2
树高	重复	2	289.9	145.0	106.4	<0.0001	
	家系	138	782.0	5.7	4.16	<0.0001	1–1/1.38
	家系×重复	243	998.5	4.1	3.02	<0.0001	=0.28
	误差	2361	3216.5	1.4			
胸径	重复	2	700.1	350.0	37.48	<0.0001	
	家系	138	5676.4	41.1	4.4	<0.0001	1–1/1.3
	家系×重复	243	7704.7	31.7	3.39	<0.0001	=0.23
	误差	2361	22051.2	9.3			

海拔1182m，土壤为淋溶褐土，土层较深厚，肥力中等，年平均气温8.6℃，1月和7月平均气温分别为–2.8℃和23.8℃，极端最高、最低气温分别为40.3℃、–17℃，年平均降水量672mm，集中在7~9月，全年无霜期184天，日均气温≥10℃的年积温2859℃，属暖温带半湿润气候区。子代测定林为半阴坡，位于山坡中下部。随机区组设计，4株小区，4次重复。子代林中设置多个对照，表13-5中，100$^{\#}$为当地生产用种，200$^{\#}$为油松超级苗，300$^{\#}$为华北落叶松。

2009 年全面调查陇县 1$^{\#}$测定林。在这个测定林中，3 个对照都位居表 13-5 的最后几位，当地用种（100$^{\#}$）表现最差。各供试家系的树高、胸径和单株材积平均值以及树高、胸径相当于 100$^{\#}$的比值列于表 13-5 中。最优家系的树高、胸径和材积分别为对照100$^{\#}$的 123%、176%和 320%。数据经方差分析，表明家系树高和胸径都存在极显著差异。子代林的方差分析结果一并列于表 13-4 中。两个测定林树高和胸径的遗传力都比较高，且树高的遗传力大于胸径。

表13-5　陇县1$^{\#}$测定林家系平均树高、胸径和单株材积（按单株材积大小排序）

家系	树高		胸径		材积/m^3	家系	树高		胸径		材积/m^3
	/m	相当对照	/cm	相当对照			/m	相当对照	/cm	相当对照	
11$^{\#}$	13.14	1.13	23.74	1.76	0.2739	16$^{\#}$	13.43	1.15	19.90	1.48	0.2012
30$^{\#}$	13.87	1.19	22.67	1.68	0.2643	33$^{\#}$	14.34	1.23	19.13	1.42	0.1986
18$^{\#}$	14.10	1.21	22.47	1.67	0.2641	10$^{\#}$	14.19	1.21	19.14	1.42	0.1969
9$^{\#}$	13.93	1.19	20.87	1.55	0.2275	39$^{\#}$	13.19	1.13	19.07	1.41	0.1827
12$^{\#}$	13.50	1.16	21.20	1.57	0.2275	25$^{\#}$	12.97	1.11	19.17	1.42	0.1815
4$^{\#}$	12.67	1.08	21.80	1.62	0.2258	13$^{\#}$	12.88	1.10	17.20	1.28	0.1474
5$^{\#}$	13.64	1.17	20.62	1.53	0.2181	**300$^{\#}$**	13.05	1.12	16.65	1.23	0.1404
1$^{\#}$	14.23	1.22	20.13	1.49	0.2170	31$^{\#}$	13.24	1.13	16.41	1.22	0.1386
36$^{\#}$	14.27	1.22	19.97	1.48	0.2144	**200$^{\#}$**	12.88	1.10	16.16	1.20	0.1312
22$^{\#}$	13.75	1.18	20.28	1.50	0.2130	7$^{\#}$	12.53	1.07	15.97	1.18	0.1250
21$^{\#}$	13.50	1.16	20.35	1.51	0.2108	**100$^{\#}$**	11.68	1.00	13.49	1.00	0.0855
8$^{\#}$	14.20	1.22	19.60	1.45	0.2061	平均	13.13	1.12	17.48	1.30	0.1572

三、甘肃小陇山沙坝子代林

子代林营建在甘肃天水市秦州区娘娘坝镇小陇山林科所沙坝实验基地营建。该基地地处东经 105°54′，北纬 34°34′，海拔 1560~2019m；年均气温 7.2℃，极端最高、最低气温分别为 32℃、–27℃；年均降水量 800mm；≥10℃有效积温 2480℃；初霜期 10 月 16 日，晚霜期 5 月 4 日，无霜期 154 天。造林地为天然次生林采伐迹地；南坡，下坡位，土层厚度 50cm。参试自由授粉家系，包括 3 个对照在内，共 139 个。3 个对照：28$^{\#}$为甘南迭部优良林分种子；106$^{\#}$为沙坝种子园混合种子；95$^{\#}$为小陇山张家林场天然混合种子。4 次重复，16 株小区，1987 年育苗，水平阶整地，1989 年造林，株行距 2m×1.5m。

2008 年 10 月调查了 1~3 次重复，各重复由坡下向坡上排列，相应保存 1202 株、855 株和 687 株，保存率分别为 54%、38.4%和 30.9%。造林后 20 年时子代林平均树高 7.65m，胸径 11.91cm。经方差分析，树高和胸径两个性状在家系、重复及家系×重复间都有极显著差异（表 13-6）。

表13-6 22年生子代林树高、胸径按TypeⅢSS方差分析结果

测定林	性状	来源	自由度	TypeⅢSS	MS	F 值	$Pr>F$	遗传力
洛南 8#	树高	家系	45	160.272	3.562	7.26	<0.0001	0.69
		区组	5	44.457	8.891	18.12	<0.0001	
		家系×区组	197	219.827	1.116	2.27	<0.0001	
	胸径	家系	45	634.066	14.090	3.46	<0.0001	0.42
		区组	5	160.636	32.127	7.88	<0.0001	
		家系×区组	197	1616.079	8.203	2.01	<0.0001	
陇县 1#	树高	家系	22	60.99	2.77	5.42	<0.0001	0.73
		重复	3	46.58	15.53	30.36	<0.0001	
		家系×重复	56	41.7	0.74	1.46	<0.0001	
	胸径	家系	22	774.02	35.18	2.61	0.002	0.47
		重复	3	5.58	1.86	0.14	0.937	
		家系×重复	56	1040.92	18.59	1.38	0.118	

各家系平均树高变动为 6.25~9.40m，选部、种子园混合及当地对照，分别为 7.61m、7.35m 和 7.78m，各家系的平均胸径变动为 8.64~14.30cm，3 个对照相应为 10.86cm、12.41cm 和 12.61cm（图 13-2）。

家系内变动系数为 0.09~0.33，平均为 0.17，胸径的变幅比树高稍大，变动系数为 0.12~0.38，平均为 0.24（图 13-3）。由于参试的家系是自由授粉子代，在家系内性状变幅大，这是造成这一现象的主要原因。同时，各个重复以及小区内立地条件存在的差异以及试验地管理粗放，也是造成家系内、重复间变幅大的重要原因。但尽管如此，树高和胸径在家系间的差异是极显著的，选择有潜力。

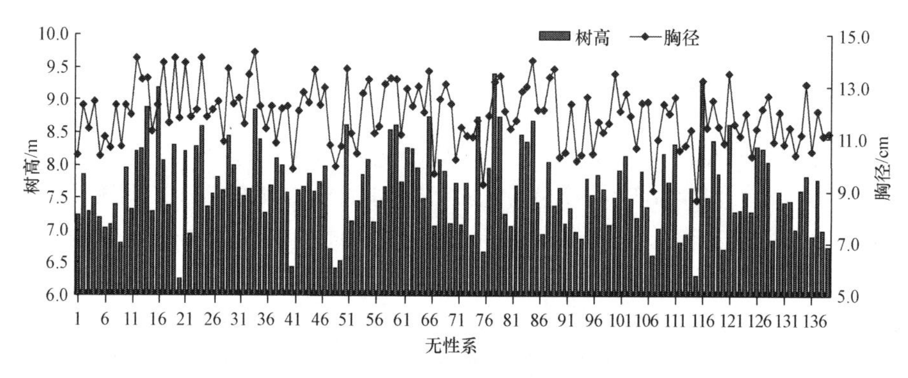

图13-2 139个家系树高和胸径分布

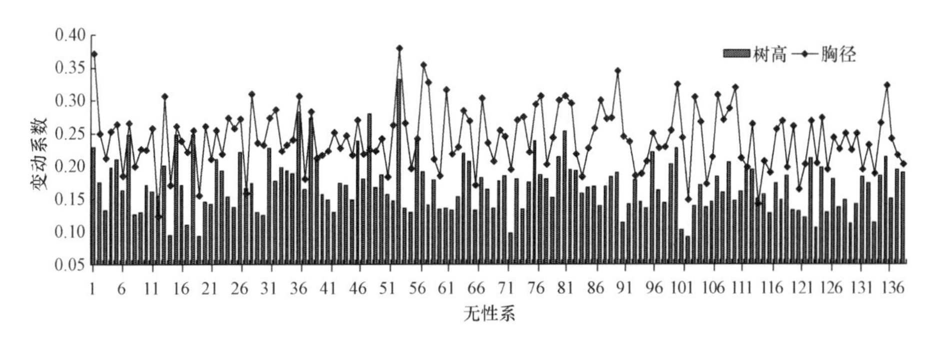

图13-3　139个家系树高和胸径的变动系数

对家系树高、胸径平均值，也是按公式$V = 0.000\,066\,492D^{1.865\,517}H^{0.937\,688\,79}$计算单株树干材积。在子代林中，单株平均材积为 0.046 37m^3，各家系变动为 0.0209~0.0734m^3，生长量最大的家系单株平均材积为矮小家系的 3.51 倍。当地林分对照的平均单株材积为 0.515m^3，在供试的 139 个家系中，有 42 个家系，即 30.2%参试家系的单株平均材积大于对照，其中 26 个家系比对照材积大 10%以上。可见，通过选择，可以提高增益。各家系株材积的分布频率如图 13-4 所示。

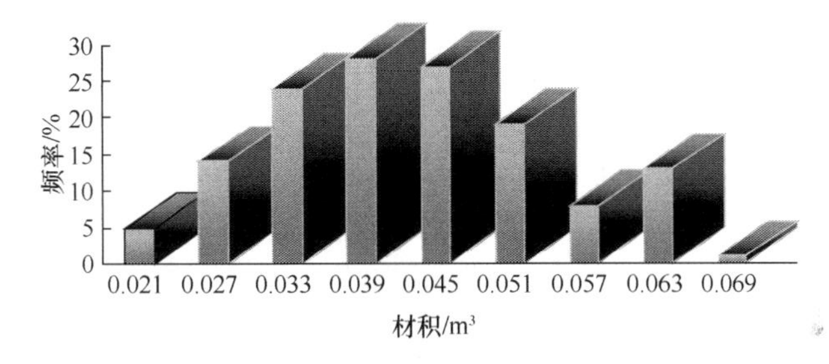

图13-4　各家系株材积的分布频率

四、内蒙古宁城黑里河子代林

内蒙古宁城黑里河种子园子代测定林位于该林场二道岔，地理位置为东经 118°40′，北纬 41°22′。海拔 1250m，属温带大陆性气候，年平均气温 4.8℃，≥10℃的积温 2000℃，年降水量 500~650mm，集中于 7~8 月，无霜期 105 天，土壤为棕色森林土，土层厚 80~90mm，pH 6.8。供试苗木由优树自由授粉种子培育。用 2 年生苗分别于 1986 年和 1987 年营建测定林，共 8 块。用当地母树林种子和一般商品种子作对照，包括对照在内共测定 166 个家系/次，部分家系在不同子代林中有重复。采用完全随机区组设计，4 株小区，10 次重复，株行距 2m×2m，周围设置 2 行保护带。

2007 年 11 月全面调查 8 块子代林树高和胸径，对各试验林分析了家系、树高、胸径和材积（材积计算同前例公式）。8 块优树自由授粉子代测定林结果综述如表 13-7 所示。

对数据分析结果作如下归纳。

（1）在各块测定林中，各家系生长量性状的变动幅度都比较大。各测定林中树高、胸径和单株材积最大最小值之比相应为 108%~207%、112%~146%、150%~263%，最大值与平均值的比值相应为 107%~152%、108%~120%、118%~158%，可见，家系再选择的潜力大。

表13-7 黑里河8块优树自由授粉子代林分析结果

编号	测定家系	树高			胸径			材积/m³	
		平均/m	变动范围/m	F 值	平均/cm	变动范围/cm	F 值	平均	变动范围
86B	17#	7.35	9.34~6.84	1.95**	11.53	13.19~9.43	2.74**	0.0417	0.056~0.027
86D	22#	7.23	8.04~6.78	3.92**	11.12	13.23~9.88	2.36**	0.0383	0.058~0.030
87A	31#	6.31	6.85~5.23	2.80**	11.39	12.65~9.76	1.63*	0.0204	0.025~0.012
87B	14#	6.16	6.6~6.13	1.5	9.99	11.12~8.83	2.09	0.0269	0.033~~0.020
87C	19#	6.46	7.07~5.95	1.23	10.39	11.45~9.46	1.09	0.0305	0.036~0.024
87D	31#	6.75	10.23~4.95	1.05	11.63	13.25~9.43	1.19	0.039	0.052~0.024
87F	15#	6.92	8.07~6.29	1.96*	11.82	12.50~11.14	2.13*	0.0416	0.063~0.028
87G	17#	5.43	6.12~4.86	1.70**	7.23	8.69~5.94	2.79**	0.0133	0.021~0.008

（2）在 8 块测定林中，各家系树高和胸径的变动系数变幅大，为＜0.04 至＞0.25 间，集中分布于 0.10~0.20，在这一区间，胸径变动系数频率大于树高，但在高端，树高频率大。变动系数大，表明自由授粉种子父本来源广，造成家系内单株间变异幅度大，但从另一个方面也说明选择有潜力。树高、胸径变动系数频率分布见图 13-5。

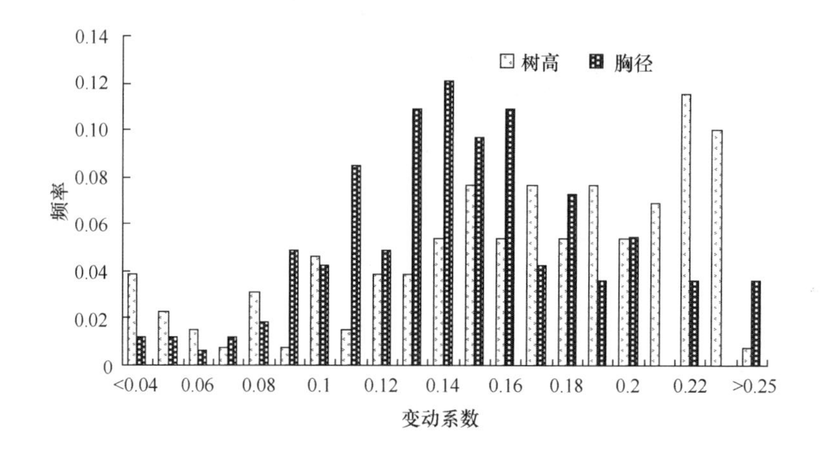

图13-5 8块子代林中家系内单株间树高、胸径变动系数频率分布

（3）在 8 块测定林中有 5 块家系树高和胸径存在显著或极显著差异，但另外 3 块测定林由于缺区和缺株较多，差异不显著，影响了家系间性状的严格对比；在树龄相同的子代测定林中，单株材积生长量相差大，分析造成这种结果的原因，与各块子代林立地条件不同有关，也与管理粗放有关。

（4）在 86B 和 87C、86D 和 87D 两子代林中，分别有 11 对和 13 对相同的家系，对这些家系在测定林中名次作秩次分析，表明在该地区各家系的优劣表现是相对稳定的。

（5）黑里河是油松东北种子区中的优良种源，在多数子代林中，当地母树林对照优于一般商品林对照，排列名次中偏上。

（6）对供试的所有166家系的树高－胸径－株平均材积名次统一排序，再作秩相关分析。树高和胸径与株平均材积呈极显著相关，但树高和胸径相关不显著（表13-8）。这表明，子代林中家系的树形是不同的，有高而不粗，也有粗而不高的，可以根据需求进行再选择。

表13-8　供试全部家系树高、胸径、材积/株的秩相关分析

指标	树高	胸径	单株材积
树高	1	–0.048 61	0.203 49
P		0.534	0.008 5
胸径	0.067 25	1	0.954 49
P	0.198 4		<0.000 1
单株材积	0.236 95	0.830 3	1
P	<0.000 1	<0.000 1	

注：右上三角和左下三角分别为 Spearman 和 Kendall 相关系数

第三节　自由授粉家系与试验地点交互作用分析

不同种源、家系或无性系在不同生境下，由于对环境因子适应上的差异，性状表现可能有所不同，这属于遗传型与环境交互作用的研究内容。研究油松不同家系在不同试验点的生长表现，了解家系和试验地点间是否存在互作，对油松优良家系的筛选，确定适宜的推广范围都具有重要意义。油松协作组于 1983~1984 年对河北遵化东陵和辽宁兴城油松种子园的部分家系在河北、陕西两地组织过多点试验。

一、兴城和东陵种子园家系在河北两个试验点上的表现

油松协作组于 1983 年对河北遵化东陵和辽宁兴城油松无性系种子园共 50 个家系在河北东陵林场和隆化十八里汰林场组织了两个点的试验。该试验中 18 个家系来自兴城种子园，32 个来自东陵种子园，于 1982 年采种，1983 年育苗，1985 年春造林，采用完全随机区组设计，每个小区 6~8 株，7 次重复。

两试验点各观测了 5~8 年生时的树高和 8 年生地径。经分析，家系树高和地径生长，在两个试验点间以及同一地点内重复间都表现出极显著差异。树高的地点方差分量有随树龄增加的趋势，体现了环境因子影响的持续性。家系的来源间没有显著差异，表明来自两个种子园的家系，在幼林生长期间在两个试验点上的表现是相似的。种子园家系间树高生长有显著差异，方差分量占总变量的 2.2%~3.2%，不同年度所占分量较稳定，表明遗传差异是树高生长不同的主要原因之一（表 13-9）。

尽管两个试验点的环境条件有极显著的差异，且家系间也存在遗传差异，但是，幼树生长在地点与家系来源，地点与家系的互作上没有显著差异，方差分量很小。这表明供试家系能适应这两个试验点的生态条件，生长相对稳定，油松种子园家系可以安全地在两个毗邻的油松种子亚区——辽东亚区和冀东辽西亚区间调用。

表13-9 在河北两个试验点上兴城和东陵油松家系树高和地径生长方差分析结果

变异来源	自由度	5年生高		6年生高		7年生高		8年生高		地径8年	
		均方	比例/%	均方	比例/%	均方	比例/%	均方	比例/%	均方	比例/%
地点	1	3.39*	2.9	13.7**	6.5	17.7**	5.5	38.8**	7.3	ns	0.0
重复/地点	8	4.72	4.1	15.0	7.1	29.2	9.1	43.9	8.3	7.14	11.6
家系来源	1	ns	0.0	0.18	0.1	0.28	0.1	ns	0.0	0.01	0.0
家系 / 来源	50	3.24*	2.8	5.5**	2.6	7.08**	2.2	13.2**	2.5	ns	0.0
地点×来源	1	ns	0.0	ns	0.0	0.03	0.0	1.01	0.2	ns	0.0
地点×家系/来源	50	ns	0.0	ns	0.0	Ns	0.0	ns	0.0	0.38	0.6
来源×重复/地点	8	ns	0.0	ns	0.0	Ns	0.0	ns	0.0	ns	0.0
剩余	405	103.0	90.2	176.0	83.7	266.0	83.1	433.0	81.7	53.8	87.8
总和	524	115.0		210.0		321.0		529.0		1.3	

**和*分别表示显著性水平为 99%和 95%；ns 表示无显著差异。%表示占总和的比例，下同

二、东陵种子园家系在陕西洛南和陇县两个试验点的表现

协作组于 1984 年从河北东陵种子园和辽宁兴城种子园分别给陕西省林业科学研究所调拨了自由授粉家系 61 个和 35 个做子代测定试验。这批种子于 1984 年采种，1985 年用塑料大棚育苗，1986 年用 1 年生容器苗造林。采用完全随机区组设计，4 株小区，4~5 次重复，在陕西洛南和陇县两个林场营建了试验林，以当地母树林种子作对照。

对东陵种子园 61 个家系子代的 3~5 年生树高和地径生长在两个试验点的表现作了调查和联合分析，参试家系有显著差异。与这批家系在河北试验点上表现不同的是，在陕西两个试验点上，家系树高和地径生长与环境存在显著的互作效应，反映了不同家系对试验环境适应性的不同。这表明，在远距离调用种子时需要重视家系与环境的互作效应，也体现了良种的使用要受到地域限制的特点（表 13-10）。

表13-10 河北东陵种子园61个家系在陕西两个试点上生长量方差分析

变异来源	自由度	3年生高		4年生高		5年生高		地径	
		均方	比例/%	均方	比例/%	均方	比例/%	均方	比例/%
地点	1	39.9**	8.6	69.6**	3.6	31.3*	1.5	129.1**	32.0
重复 / 地点	6	26.7	5.8	57.6	2.9	150.0	7.0	32.2	7.9
家系	60	8.8*	1.9	4.3	0.2	38.8*	1.8	0.1	0.0
地点×家系	60	9.7*	2.1	29.8*	1.5	33.8*	1.6	9.8**	2.4
误差	360	60.5	13.1	159.0	8.2	502.0	23.6	32.5	8.0
小区内	1204	317.2	68.6	1632	83.6	1372	64.4	201.3	49.6
总和	1691	463.2		1953		2129		405.0	

三、辽宁兴城种子园 30 个家系在兴城和洛南两地生长性状的对比

（一）21 年生洛南子代林生长状况

于 2006 年 10 月下旬全面调查了由辽宁兴城和河北东陵种子园引进的家系苗木在洛

南营建的子代试验林的树高和胸径，该年子代林 22 年生。在两块子代林中，兴城家系树高变动为 8.10~6.02m，胸径为 13.79~9.62cm，单株材积为 0.0603~0.0437m³；东陵家系相应变动为 7.56~5.88m、12.72~9.99cm 和 0.0480~0.0265m³。总的来看，兴城家系生长比东陵家系要好，两地来源的平均树高、胸径和单株材积分别为 7.27m、11.88cm、0.0437m³；6.67m、11.28cm、0.0362m³。

在家系内单株间树高和胸径的变动系数也大。兴城的树高和胸径变动系数分别为 0.04~0.24、0.03~0.46，前者集中于 0.15，后者为 0.23，胸径的变动大于树高。东陵家系内的树高变动系数为 0.09~0.24，集中于 0.17；胸径为 0.13~0.52，集中于 0.22。可见生长性状在家系间和家系内变动都大。方差分析表明，来自辽宁和河北两地种子园的家系，树高和胸径生长都存在显著差异（表 13-11）。

表13-11　在洛南试验点河北东陵和辽宁兴城种子园家系生长量方差分析

种子来源	性状	来源	自由度	TypeⅢSS	MS	*F* 值	*Pr*> *F*	遗传力
辽宁兴城种子园	树高	家系	33	104.24	3.16	2.79	<0.0001	0.34
		重复	4	20.08	5.02	4.43	0.0017	
		家系×重复	106	221.32	2.09	1.84	<0.0001	
	胸径	家系	33	839.82	25.45	4.66	<0.0001	0.28
		重复	4	429.42	107.36	19.67	<0.0001	
		家系×重复	113	1720.86	15.23	2.79	<0.0001	
河北东陵种子园	树高	家系	59	119.87	2.03	2.44	<0.0001	0.31
		重复	4	313.42	78.36	94.03	<0.0001	
		家系×重复	216	302.34	1.40	1.68	<0.0001	
	胸径	家系	59	1615.90	27.39	5.23	<0.0001	0.21
		重复	4	695.82	173.96	33.23	<0.0001	
		家系×重复	217	4748.06	21.88	4.18	<0.0001	

（二）兴城种子园 30 个家系在辽宁兴城和陕西洛南两地生长性状比较

兴城种子园于 1982 年对当时已结实的 36 个无性系在当地营建了 4 株小区，4 次重复的子代测定林，2003 年末全面调查了该子代林，各家系生长状况如图 13-6 所示。

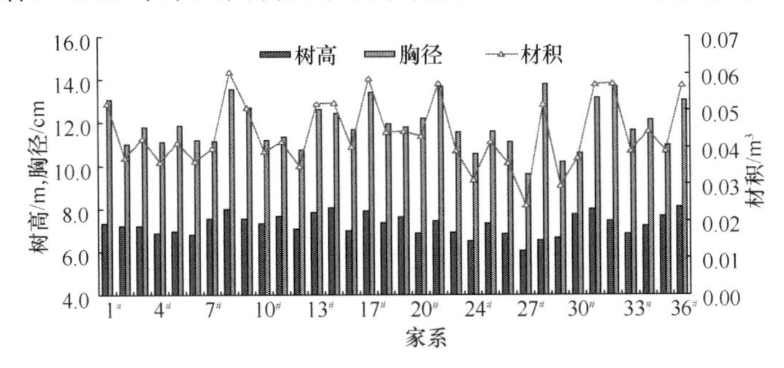

图13-6　兴城36个家系在兴城的生长状况（1982年春营造，2003年12月调查）

2006 年调查陕西洛南和辽宁兴城两地子代林中共有的 30 个家系的树高、胸径，并计算了单株平均材积，分别对两地试验林中各家系的平均树高、胸径和单株材积按优劣排序（表 13-12）。这些家系的平均树高、胸径和单株材积作秩相关分析，在两地生长性状不存在相关（表 13-13）。分析原因，存在家系×造林立地条件间的互作效应，采种造林年份不同，种子园内花粉组成不同可能也产生一定影响。

表13-12　30个家系在两地子代林中平均树高、胸径和单株材积排序

家系号	在陕西洛南			在辽宁兴城			家系号	在陕西洛南			在辽宁兴城		
	树高	胸径	材积	树高	胸径	材积		树高	胸径	材积	树高	胸径	材积
1#	14	6	7	29	9	13	23#	3	5	2	28	1	1
2#	17	26	24	10	5	6	24#	12	12	12	9	22	20
3#	16	15	14	8	16	15	25#	7	14	10	19	23	23
4#	24	25	26	13	18	18	27#	23	10	13	4	21	16
6#	21	13	17	5	19	17	30#	10	3	4	2	8	4
8#	27	22	25	15	25	24	31#	22	19	21	11	7	8
9#	8	23	19	22	10	10	32#	29	29	29	27	29	29
11#	2	4	1	23	30	28	33#	15	18	16	30	28	30
13#	9	7	9	18	3	5	34#	26	24	27	26	27	27
14#	13	21	23	12	20	19	36#	30	30	30	20	11	11
15#	6	20	15	17	12	9	37#	28	1	8	16	26	25
16#	19	28	28	25	15	21	45#	11	2	3	6	6	7
17#	4	8	6	14	13	14	46#	25	17	20	1	4	3
19#	1	9	5	7	14	12	47#	18	11	11	24	24	26
20#	20	16	18	21	17	22	48#	5	27	22	3	2	2

表13-13　两地试验林中家系平均树高、胸径和单株材积的秩相关分析结果

	洛南树高	兴城树高	洛南胸径	兴城胸径	洛南材积	兴城材积
洛南树高	1	0.04	0.42	0.32	0.66	0.35
		0.83	0.02	0.08	＜0.0001	0.06
兴城树高	0.04	1	0.13	0.35	0.08	0.50
	0.73		0.48	0.06	0.67	0.01
洛南胸径	0.30	0.10	1	0.05	0.94	0.11
	0.02	0.44		0.78	＜0.0001	0.56
兴城胸径	0.24	0.25	0.05	1	0.13	0.96
	0.07	0.06	0.68		0.50	＜0.0001
洛南材积	0.50	0.09	0.80	0.07	1	0.18
	<0.0001	0.49	＜0.0001	0.58		0.33
兴城材积	0.26	0.39	0.10	0.85	0.14	1
	0.05	0.00	0.44	<0.0001	0.29	

注：右上三角为 Spearman 秩相关系数；左下三角为 Kendall 秩相关系数

本节介绍的两个试例说明：①在毗邻种子亚区间近距离调用种子，家系与立地间没有出现显著的交互效应，表明在近距离范围内可以调用油松种子；②远距离、跨种子区调用种子，基因型与立地间的交互作用显著，家系在原产地的生长表现不能预测引入地区的表现，在原产地家系生长优劣与在引入地区的表现不存在相关，因此，必须审慎对待远距离调用种子问题；③在家系间和家系内单株间生长性状变动都大，选择利用有潜力。

结　语

本章介绍了子代测定材料的来源、制备以及有关的遗传育种参数及其分析，并剖析了几个有代表性的油松子代测定林试例。油松优树子代的优越性在不同试点不完全相同，但多数情况下，大部分供试家系表现良好，树高比对照大10%~20%，胸径的比值大于树高，单株材积的增益更高，有些家系比对照大一倍以上，选择潜力大。子代林测定是评估参试家系的亲本——优树优劣的依据，是优树再选择的标准，没有子代测定，就没有良种工作的前提。

在自由授粉子代测定数据分析中，同时观察到树高、胸径和材积生长的差异不仅存在于不同家系间，也存在于同一个家系的单株间，有时这种差异也达到显著或极显著水平； 家系内树高的变动系数多在 15%左右，胸径的变动系数往往比树高大。这是值得重视的现象，试验林管理粗放可能是产生这种结果的原因，但这一现象也反映了自由授粉子代的特性。林业发达国家在集约经营地区造林，由使用混合家系种子发展到家系种子，进而利用双亲种子。使用良种方式的改变看来不无道理。

根据在河北、陕西组织的家系异地造林多点试验得出：油松家系种子可以在近距离毗邻种子亚区间调用，但远距离跨种子区调用种子，由于存在家系×立地显著的交互作用，必须审慎对待。

由于我们现在还没有掌握足够数量的双亲子代测定数据，无法做双亲子代的分析，而这种分析，意义更大。这是油松子代测定工作中存在的严重欠缺，要从中吸取教训，切实做好子代测定的组织工作，要营建好、管护好子代试验林，为提高油松良种的品质准备条件。

参 考 文 献

陈晓阳，沈熙环．2005．林木育种学．北京：高等教育出版社：133-159
黄少伟，谢维辉．2001．实用 SAS 编程与林业试验数据分析．广州：华南理工大学出版社
季孔庶，樊民亮，徐立安．2005. 马尾松无性系种子园半同胞子代变异分析和家系选择．林业科学，41（6）：43-49
金国庆，秦国峰，刘伟宏，等．2008．马尾松测交系杂交子代生长性状遗传分析. 林业科学，44（1）：70-76
沈熙环．1990．林木育种学．北京：中国林业出版社：122-134

谭小梅．2011．马尾松二代育种亲本选择及种子园交配系统研究．中国林业科学研究院博士学位论文
王娟娟，李安平，刘永红，等．2006．油松自由授粉子代生长性状遗传分析与选择．陕西林业科技，（1）：1-4
杨章旗．2006．马尾松种子园优良家系生长性状选择．福建林学院学报，26（1）：45-48
Franklin E C. 1981. Pollen Management Handbook. United States Department of Agriculture. Forest Service，Agriculture Handbook 587
McKeand S E，Bridgwater F. 1998. A strategy for the third breeding cycle of loblolly pine in the Southeastern USA. Silvae Genetica，47：223-234

附表13-1 用4种方法估算陕西洛南和甘肃小陇山试验林家系、家系×重复、误差等方差分量及单株和家系遗传力

试验林	分析方法		方差组分		EMS	树高遗传力		胸径遗传力	
			树高	胸径		单株	家系	单株	家系
陕西洛南	MIVQUE0	家系	0.152	0.346		0.70	0.61	0.24	0.36
		区组×家系	0.204	1.030	3.16				
		误差	0.506	4.342					
	TYPE1	家系	0.173	0.339		0.80	0.66	0.24	0.34
		区组×家系	0.198	1.308	3.16				
		误差	0.491	4.078					
	ML	家系	0.183	0.386		0.85	0.66	0.27	0.38
		区组×家系	0.192	1.168	3.16				
		误差	0.490	4.157					
	REML	家系	0.187	0.396		0.85	0.66	0.27	0.37
		区组×家系	0.201	1.237	3.16				
		误差	0.490	4.154					
	1－1/*F*						0.68		0.42
甘肃小陇山	MIVQUE0	家系	0.126	0.500		0.26	0.45	0.22	0.45
		区组×家系	0.447	0.962	6.40				
		误差	1.331	7.556					
	TYPE 1	家系	0.130	0.471		0.27	0.49	0.21	0.47
		区组×家系	0.417	1.012	6.40				
		误差	1.356	7.536					
	ML	家系	0.098	0.476		0.21	0.39	0.21	0.43
		区组×家系	0.429	0.986	6.40				
		误差	1.352	7.537					
	REML	家系	0.098	0.480		0.21	0.39	0.21	0.44
		区组×家系	0.435	1.004	6.40				
		误差	1.352	7.537					
	1－1/*F*						0.29		0.34

第四篇

林木良种选育策略及对油松的研究

不断提高良种的遗传品质，提供足够数量的种苗，满足林业生产的需要，为富国强民服务，是林木良种选育和良种基地建设的根本任务。为达到这个目标，要依据树种的生物学特性和林业生产的需求、确定树种遗传改良的目标，并考虑原有工作基础、已经积累的经验、社会和经济条件、可能投入的人力物力，科学、合理地制订改良树种的长期选育计划。这种计划通常称为林木良种选育策略。本篇主要讨论了以下3个方面的内容。

（1）按改良目标通过各种选育途径得到的繁殖材料，可以不经过遗传测定，用有性或营养繁殖方式直接生产造林所需的种苗。但是，不经过遗传测定生产的种苗，改良效果低。所以，以加性遗传为主的针叶树种常规育种，为达到不断提高遗传品质的目的，通常采用多世代连续选育的做法。选择、交配制种和遗传测定所采用的具体技术方式和措施，决定了良种选育模式。我国从事油松良种选育已经近半个世纪，做过较多工作，也积累了一些经验和教训，笔者从针叶树种改良的基本技术原则出发，对油松近期内的选育工作提出了一些看法。

（2）树种多世代选育历时长，为实现加速多世代选育目的，提高选育效果和单位时间的增益，在国内外不少改良树种中都开展了缩短选育世代的研究。实现加速多世代选育的途径归纳起来不外是：缩短选择性状的鉴定年限以及提早开花，加速世代转换。这项工作对生长比较慢、始花期比较晚、经营周期比较长的树种意义更大。作为个例，总结了油松生长性状早期测定和提前开花的研究工作。

（3）研究一个树种的地理变异规律是树种遗传改良的基础，种源选择是良种选育的第一步。油松是我国北方的重要乡土树种，跨东北、华北、西北及西南等 14 个省（自治区、直辖市），分布区广。20 世纪 80 年代，“油松种源试验”属“主要速生丰产树种良种选育”国家科技攻关项目的一个专题，同行们做过大量研究。考虑到总结油松的地理变异规律对当前油松遗传改良十分重要，笔者阅读了油松地理分布和种源试验方面的大量文献，编录其中部分研究结果，加上我们在材性方面做过的工作，探讨了油松生长、适应性和材质等性状的地理变异规律。

本篇共包括3章，即良种选育途径、模式与油松改良思考，加速油松育种世代，油松种源试验和性状地理变异规律。

第十四章　良种选育途径、模式与油松改良思考

林木育种是在人工造林兴起的年代发生，在促进林业生产中发展起来的。林木良种选育的根本目的，是为了选育并大量繁殖遗传品质越来越好的繁殖材料，提高营造林分的生产率和适应性。本章内容包括林木良种发展历程回顾、选育和繁殖的基本途径、模式、影响改良效果的主要因素，以及对油松今后良种选育工作的考虑。

第一节　良种选育途径和主要环节

一、林木育种发展回顾

林木育种的实践活动由来已久，引种已有几千年历史，对树种内遗传变异的研究也可查考到400多年前。种源研究始于19世纪。法国 Phillipe-André de Vilmorin 于1821年首次在巴黎附近做了欧洲赤松种源试验。19世纪末到20世纪初，国外不少林学家注意到了林分以及林分内单株间存在变异，引起了对种源的关注。1892年在国际林业研究组织联盟（International Union of Forest Research Organization，IUFRO）讨论并制订了主要造林树种的国际种源试验计划，1908年布置了欧洲赤松和欧洲云杉的国际种源试验。20世纪五六十年代种源试验在国内外蓬勃开展，许多树种都做了这方面的研究。

早在1845年德国植物学教授 Klotzch 首次试验了欧洲赤松和欧洲黑松间的杂交。19世纪末，爱尔兰的 A. Henry 开始在杨树中杂交，到20世纪初，美国、意大利、德国都做了杨树杂交。其中意大利科学家的成绩尤为显著。30年代曾出现过林木杂交育种的高潮，在松、落叶松、板栗、榆树等树种中做过大量试验，但成效最大的还是杨树和桉树。

针叶树种主要用种子造林，20世纪中叶北欧各国、美国、日本、澳大利亚、苏联等通过母树林生产造林用种子。20世纪30年代，丹麦林学家 C. Larsen 试验用挑选的落叶松和欧洲白蜡树通过枝接生产优质种子。随后，瑞典、美国等一些林学家发展并完善了这一技术，成为今天普遍采用的种子园。

20世纪50年代以前，林木育种尚处于酝酿准备阶段。第二次世界大战后由于木材消费急剧增加，林地面积逐渐减小等原因，提高单位林地面积的木材产量以及在非林业用地上造林等问题提上了日程，林木育种由此得到了迅速发展。可见，林木育种的产生和发展与人工林的发展，与林业生产实践是密切关联的。

林木育种的理论和技术在生产实践中经过育种界几十年的努力，不断完善和提高，形成了植物育种中具有特色的独立分支（White et al.，2007；Zobel and Talbert，1984）。林木育种学是以遗传、进化理论为指导，研究林木选育和良种繁育原理和技术的学科。

用遗传品质优良的繁殖材料造林，能够充分利用自然条件，发挥生产潜力，提高林产品的数量和品质，增强林木适应力，充分发挥森林多种效益。林木育种已成为今日营林工作的重要措施之一。

林业和农业一样，促使速生、丰产的措施不外两个方面：一是完善栽培和管护措施，包括造林地选择、整地、抚育、疏伐、防治病虫害等；二是改良树种本身，为特定的造林地选育良种。在整个经营周期中，良种只需采用一次，就可以达到增产或提高抗逆能力的目的。从这个意义上说，良种选育较其他栽培措施更为经济和有效。然而，有了良种并不等于有了一切。实践表明，只有把良种选育和其他营林措施结合起来，才能达到理想的效果，因此，要重视“良种良法”及良种×立地的交互作用。

二、良种选育和繁殖途径

丰富的育种资源是开展良种选育的第一步，也是工作的基础，如何丰富育种资源？可以通过引种、选种和育种等多个途径，但归纳起来不外两类：①选择和利用自然界已拥有的资源；②创造自然界原本不存在的新的育种资源。

引种，是从国内外引进非本地原有的树种，即外来树种。选种是指在种的范围内的选择，包括种源、林分、类型、家系和单株的选择等，其中，种源选择和单株选择（选优）应用多，是主要的选种手段。种源试验不仅是了解树木种内地理变异规律的重要手段，为种子区区划提供理论依据，同时，可以为各造林地区提供生产力高、适应性强的繁殖材料，并为选育更优异的良种提供材料。迄今种源研究仍然是树种改良的基本方法。

创造新的育种资源的途径和方法有多种，包括杂交育种、倍体性育种、辐射育种以及20世纪80年代中期发展起来的基因工程等。杂交育种一般是指在不同树种间的杂交，目的是利用杂种优势和综合双亲的优良性状。按现代“杂交育种”的概念，是指通过选择（selection）—杂交（hybridization）—遗传测定（testing）和再选择等步骤，完成培育具有新的优良遗传特性繁殖材料的全过程。杂交育种是选育抗病新品种的重要途径（Zobel and Talbert，1984）。

本书在创造新的育种资源途径方面，仅限于通过有性过程重组基因型。用于重组基因型的材料范围较宽，不仅有不同树种间的杂交，也包括同一个种内不同个体间的交配（mating），笔者称为广义的杂交育种。创造新的育种资源的途径虽有多种，然而广义的杂交育种仍然是今天选育良种的主要手段。

林木良种繁育的主要途径分为有性繁殖和营养繁殖两类。以种子繁殖为主的树种，主要通过母树林和种子园繁殖良种。母树林是以采收林木种子为经营目的的林分，又称种子林。可以选择优良的天然林或人工林，再通过表型选择的疏伐措施，提高所产种子的品质，并促进结实，方便采种，降低生产种子成本；也可以选择性状符合要求的表现型种子营建母树林。母树林是良种繁育的初级形式，但在造林用种量大，经营集约度较低的情况下，母树林仍然是使种子品质得到一定程度提高的繁殖方式（Forest Servic of Department of Agriculture，1974），目前在国内外仍有应用。

20世纪30年代后，丹麦、瑞典和美国学者探索并发展了繁殖优良单株的途径和方法，选出的优树得以在生产中推广应用。现在优树选择已成为林木良种选育的重要途径

（沈熙环和卢孟柱，2007）。种子园是生产遗传品质优良种子的主要方式，它本身又是良种选育体系中的重要组成环节。自20世纪50年代后，选优—种子园在世界各国已有较大发展，成为生产优良林木种子的主要繁殖方式。自70年代以来营养繁殖技术研究有所加强，通过嫁接、扦插由采穗圃生产的插穗，组织培养和体细胞胚胎生产的苗木，都已用于松类等针叶树种（White et al.，2007），其中采穗圃生产插穗扦插的方法较经济实用，在落叶松、湿地松×加勒比松杂种、辐射松等中应用已比较多，我国在马尾松、湿地松、加勒比松、杉木中近年也有应用，但油松中尚未见报道。

三、良种选育的组成和重要环节

林木良种选育过程，由选育、遗传测定和良种繁殖3个部分组成（图14-1）。选择的途径包括：树种、种源和优树选择等；林木繁育的主要途径是由母树林和种子园生产种子，由采穗圃生产穗条。在选择和繁殖两者之间有一个重要环节，即遗传测定。按所需性状的表现型选择出来的繁殖材料，可以不通过遗传测定直接用种子或扦插苗繁殖推广，但效果一般不理想。对选育材料进行遗传测定和再选择是提高改良效果的重要环节，是良种选育工作的中心环节。按良种繁殖推广的方式不同，遗传测定相应可以区分为子代测定和无性系测定。通过种子推广良种的树种，都采用子代测定，而通过扦插、嫁接等手段生产营养苗推广的树种，都采用无性系测定。

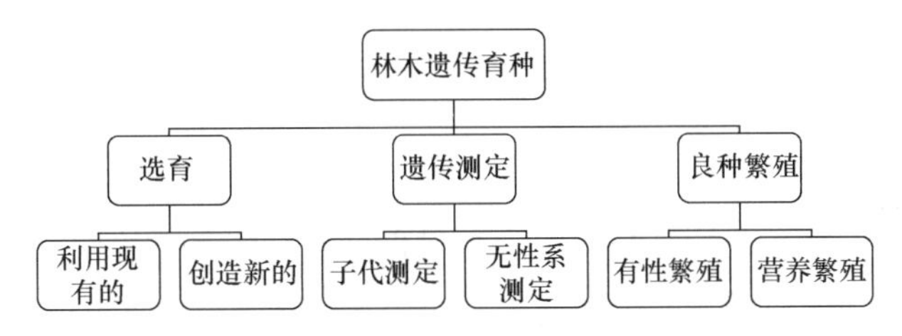

图14-1　林木良种选育途径和3个组成部分

不同的繁殖方式，采用不同的遗传测定方式。通过营养繁殖能够规模化造林的树种，如果不是为了创造新的、遗传增益更高的育种材料，可以不经过交配制种环节，直接进行无性系测定。但是为了提高增益，也要通过交配产生新的材料，经无性系测定评估后再行选择，选择出来的无性系，通过营养繁殖规模化造林。要用种子规模化造林的树种，必须通过一定的交配设计制种，取得种子后育苗，营建子代测定林再进行第二代育种材料的选择。交配制种环节将在下一节中讨论。

如前所说，选择—交配（或杂交）制种—遗传测定3个环节的循环、提升，是提高改良效果的基本模式（图14-2）。合理的制种和供种方式，是林木育种取得成功的重要举措。

第二节　确定良种选育模式的主要因素

笔者曾讨论过林木育种策略和育种计划（沈熙环，2001，2005）。策略是对一个树种遗传改良长期的总体安排。育种策略可以按研究对象不同，论述内容的广度和深度有

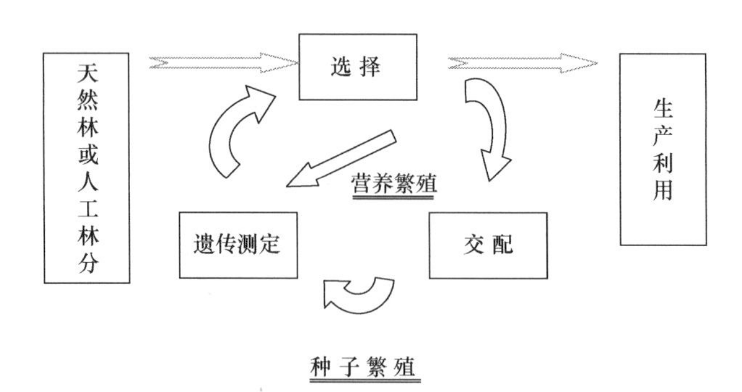

图14-2 多世代改良的基本模式

所变动，但应该包括下列主要内容：依据树种的生物学和林学特性、树种的经济价值和生态效益，明确树种的选育目标；根据已经掌握的树种和种内不同层次的遗传变异特点、技术经验积累和技术进展、拥有资源的状况，确定选育途径，制订技术方案；考虑社会经济条件、人力物力的投入与产出、良种的需求，规定良种生产规模等。育种计划是落实策略规定的目标和措施的具体计划，有时两者研讨的内容相同，策略与计划也就没有区别了。策略的实施，既要满足当前生产需要，又要符合长远遗传改良的要求，不断进取，要使提供的良种具有最佳的经济效益和社会效益。

为某个基地制定了某个树种的良种选育模式，也就是规定了该选育计划中的核心技术内容。如果要确切知道双亲繁殖子代的父本和母本，就要做控制授粉，产生谱系清楚的种子；如果不想确切知道产生种子的父本，可以不做控制授粉，生产谱系不清楚的种子。接着可以采用子代谱系清楚的选择，也可以采用不考虑子代谱系的选择。制种采用的交配设计、对配合力数据的要求、选择方式、选育持续世代，以及选育群体的划分和组织等因素，相互关联和制约，从而可以构成良种选育的多种模式。选择方式、交配设计和配合力、育种群体的划分和组织、种子园类别和选择以及生产良种的使用等问题是确定选育模式的主要技术因素。本节将讨论这些问题。

一、混合选择和单株选择

选择是树种改良的基本环节。选择方式可分为谱系不清楚的表型选择和谱系清楚的选择两类。国外出版的一些林木遗传育种书中，对混合选择（mass selection）定义为单株的表型选择，即不考虑选出单株的亲本、子代、同胞或其他亲属信息的选择。这种选择方法往往是在不知道亲本状况的人工林或天然林中采用，对遗传力比较高的性状，选择效果较好（Zobel and Talbert，1984；White et al.，2007）。凡根据一定的标准，从混杂群体中按表现型淘汰品质低劣的个体，或挑选（保留）符合需求的优良个体，对选择出来（保留下来）的个体混合采种、采条，混合繁殖，即谱系不清楚的表型选择，可称为混合选择。林分内的去劣疏伐、圃地间苗以及不区分家系的种源试验，都属于这类选择。混合选择通常是在一个树种选育工作起步阶段使用。

在作物育种中，混合选择的定义是，按照一定的育种目标，从现有育种材料中，选出一定数量外形近似的优良个体，混合收获、脱粒和种植的一种育种方法。对挑选出来的混合群体，来年进行试验，评比鉴定，并扩大繁殖。如果经过一次混合选择，群体内个体间尚未达到相对一致或选择要求时，往往继续进行多次（世代）的混合选择，直至成为推广品种。混合选择常用于改良品种和保持品种纯度。混合选择对近交容易衰退，特别是异花授粉作物的改良尤其适用。

由于林木世代长，迄今还没有见到刻意组织的多世代混合选择的报道。笔者认为，在不少情况下，如在投入强度比较低、持续需要大量种子而营建母树林的情况下，也可以学习作物育种成功的实践经验，林木的混合选择也未必局限于一个世代。森林自然更新既然能够在多个世代欣欣向荣地繁衍后代，启示我们只要混合群体足够大，选择强度适宜，采用多个世代的混合选择值得试验（图 14-3 左）。关于营建母树林时种源、林分和母树的选择，经营管理技术等内容可参阅《母树林营建技术》国家标准。

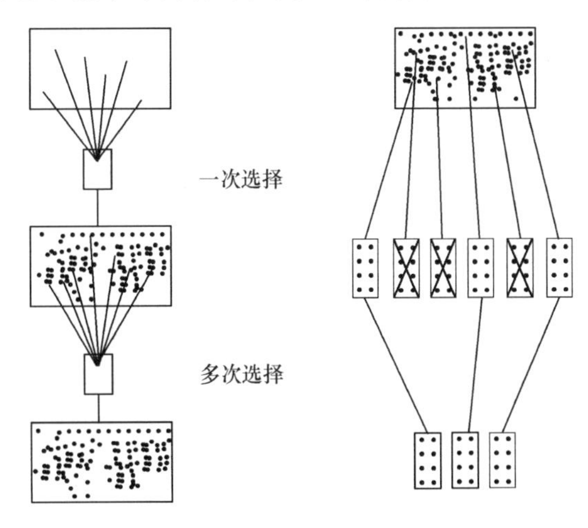

图14-3　一个世代和多个世代的混合选择（左）和单株选择（右）

凡是根据育种目标和入选标准，选择个体，分别采种、采条，单独繁殖，单独遗传测定，即谱系清楚的选择，称为单株选择（individual selection）。家系、家系内单株的选择，进行子代测定的优树选择等，都属于这类选择。为提高改良效果，在集约经营情况下，都要通过单株选择进行多个世代的改良（图 14-3 右）。

二、从轮回选择再议交配设计

为提高改良效果，在多数树木改良计划中，选育都要连续进行多个世代，以积累所需性状基因的频率。对父本、母本双亲交配组合所作的安排，称为交配设计。按规定的交配设计，确定双亲组成，制种，产生子代，育苗，进行子代测定。测定的目的是了解被测定树木个体特定性状的遗传品质，了解一般配合力和特殊配合力的大小。交配设计很多，各有其特点和用途。自由授粉和多系授粉是常用的交配设计，由于不确切了解父本的来源，只能够提供一般配合力，而不能提供特殊配合力数据；单交，虽能提供双亲特殊配合力信息，但却不能了解一般配合力的大小；测交、全双列、半双列等交配设计能够提供一般配合力和特殊配合力，但工作量大。采用何种交配设计，主要考虑投入的人力物力和时间，提供的信息及子代间是否存在亲缘关系等因素。这些内容可参阅第十三章第一节“测定材料来源和数据分析”。在多世代育种中，通常综合利用多种交配设计所提供的信息，如利用自由授粉和多系授粉提供的一般配合力信息，挑选一般配合力高的无性系，制定控制授粉交配方案。如果已经拥有一批一般配合力高的无性系，就可以立即开展控制授粉，测定特殊配合力，生产谱系清楚的种子。这不仅可以减少工作量，并且在较短的时间内有可能提供数量较多、没有亲缘关系的新的一代繁殖材料。

重复、循环的选择称为轮回选择。其中，简单轮回选择（simple recurrent selection）是最简单的轮回选择，上述混合选择即属于这类选择。从林木群体中依据选种目标挑选出来的个体，可以不经过遗传测定，通过有性繁殖和营养繁殖方式扩大生产苗木，直接投入生产。繁殖材料不经过遗传测定直接投入生产，在一个世代内就可以完成选择和繁殖推广过程。这样做，在多数情况下优劣参差不齐，虽改良效果因性状不同而会有些差别，但总的来说，简单轮回选择不控制亲本，产生的种子谱系不清楚，又不做遗传测定，其增益比起经过遗传测定的要低。

以加性遗传为主的林木常规育种，为了达到所需基因频率不断提高、繁殖材料遗传品质不断优化、增益不断提高的目的，都采用多个世代，或多次轮回的改良。多世代改良工作步骤如下：第一步，根据育种目标从天然或人工林分群体中选择符合要求的个体，或淘汰不符合要求的个体；第二步，对选择出来的个体，通过不同的交配设计制种，进行基因重组；第三步，经过选择和重组产生的繁殖材料，经遗传测定再选择。这个过程重复操作，实际上就是使遗传基础由宽变窄，由窄变宽，再由宽变窄的螺旋式上升的发展过程，以达到不断优化繁殖材料的目的。这是林木多世代改良的基本模式（图 14-2）。在同一个树种内个体间按一般配合力大小进行的单株选择，称一般配合力轮回选择（RS GCA），是良种选育中常用的轮回选择方式。

对种间杂交具有明显杂种优势的树种，如落叶松、杨树，组织轮回选择的方式有两种。一种是分别建立两个或多个杂交亲本的群体，在多个世代的育种中，各个亲本的群体，独立管理，在每个世代中都进行杂交，产生 F_1 杂种，再对 F_1 杂种进行测定和选择。例如，意大利杨树育种就是采用这种模式，可参见教材（沈熙环，1990；陈晓阳和沈熙环，2005）。另一种方式是，把杂种看作纯种处理，由杂种个体组成一个杂种群体，按一般配合力轮回选择群体那样，进行测定和选择（White et al.，2007）。

多世代选育历时长，是开展轮回选择的限制因素。为实现加速多世代选育，提高单位时间增益的目的，国内外都开展了缩短育种世代课题的研究。这项工作对生长比较慢、始花期比较晚、经营周期比较长的树种意义更大。在第十五章“加速油松育种世代”中我们总结了做过的有关工作。

三、育种群体的划分和组织

育种的目标是在短期内取得最佳的经济效益和社会效益，又能长期开展选育，不断获取更好的改良效果。为达到这一目标，采取的主要措施是组织和划分功能不同的群体。20 世纪 80 年代，B.J. Zobel 等提出了基本群体（base population）、育种群体（breeding population）和生产群体[①]（production population）的概念。他们提出，基本群体在育种初期，可由天然林或未经改良的人工林选择个体组成，在高世代中可以由谱系清楚的子代林选择，由数百个至数千个基因型组成，维护育种群体广泛的遗传基础。育种群体由基本群体中挑选出来的优树组成，规模较大，以便在多个世代改良中不因资源不足而影响或终止工作，是育种工作的基础繁殖材料。选择差大，增益大，但群体的规模变小，遗传变异小，近交进展快。因此，在加大选择差和维持群体大小间要作出权衡，一般包括 200 个以上的基因型。生产群体的主要形式是种子园和采穗圃，这是供大量繁殖生产用种子或穗条的群体，通常由从育种群体中选择的最优良的个体组成，由 20~30 个最优良基因型组成，遗传基础要比育种群体窄（图 14-4）（Zobel and Talbert，1984；McKeand and Bridgwater，1998）。

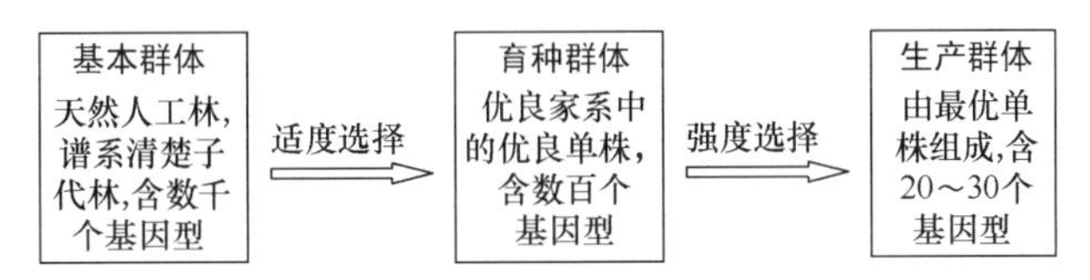

图14-4　群体的划分和选择强度

因树种分布区大小不同，重要性有异，工作基础不等，所以上述各类群体组成的基因型数量只是一个参考值。根据吴夏明报道，澳大利亚收集辐射松优树 1213 株，蓝桉 1516 株；美国北卡罗来纳州协作组等收集火炬松优树 3800 株；瑞典收集欧洲赤松 6000 株。各国收集不同树种优树的数量差别大，至于种子园建园无性系数量等，除受上述树种分布区大小因素影响外，还因供种量大小、种子园发展水平等不同，变动更大。

育种群体的组织　在许多树种的育种计划中，为防止育种群体内亲缘关系发展过快，控制共祖率和减少近交，对育种群体采取不同的组织管理方式。归纳起来主要有两类：一类是由美国北卡罗来纳在火炬松改良计划提出并实施的将育种群体划分成亚系（subline）；另一类是由澳大利亚在辐射松改良计划中划分主群体（main population）和核心群体（nucleus population）。

在一个育种群体中分成大小相等的几个到几十个亚系，每个亚系由地理起源一致和花期接近的几个到几十个无性系组成，包括育种群体中一般配合力比较高的优树，谱系清楚的优良子代。有亲缘关系的无性系，编入同一个亚系中，在亚系内允许交配。不同亚系间，不允许存在有亲缘关系，不能交配制种，以保证亚系间的亲缘关系最小。亚系内无性系按开花早晚排序，以保证亚系内个体间的授粉和制种。采用亚系的优点是操作灵活，育种和测定工作便于组织，能迅速适应可能改变的市场需求。亚系组成小，近交发展快，从而可增加总的遗传方差，并可利用亚系间的方差，但也存在不利的方面，近交发展快，等位基因固定过速。由于仅在亚系中交配，重组机会小，且亚系可能因遗传取样、漂变等原因而消失。在多世代育种中这种方式应用比较普遍（McKeand and

① production population 一词直接翻译可为生产群体，但按内容，译成繁殖群体更合适。钟伟华教授建议采用后者。为保持全书术语统一，仍用生产群体。

Bridgwater，1998；McKeand，2007；沈熙环，2005)。

1988 年澳大利亚辐射松改良协作组提出了另一种育种群体的组织方式。将选择的优树划分成大小不等的两个群体：主群体和核心（精选）群体。主群体中含 300 株优树，核心群体由最佳的 40 株优树组成。2 个群体产生的子代允许有一定比率的交换。为维持长远改良的需要，主群体的选择和组配强度都较低，而精选群体要在短期内提供最大的增益，采用强度选择，控制授粉生产全同胞子代，由此取得的优良材料通过无性繁殖或种子园推广到生产（陈晓阳和沈熙环，2005）。但到 2004 年，该协作组对这个计划作了原则性修改，不再强调按两个群体组织工作（Powell et al.，2004）。

四、种子园类别

按上述群体的划分，种子园、母树林和采穗圃都属于生产群体。种子园都是通过单株选择建立起来的，又是通过子代测定发展的。近年笔者在各地与同行交流时，就松类等树种选优、子代测定、各类种子园的关系及发展都是按图 14-5 的流程来说明的。图 14-5 中实线箭头示材料的流向，虚线箭头示信息的交流。位于同一行各框图内的繁殖材料和种子园，都属于同一个世代，如第一行中，优树、初级种子园、去劣疏伐种子园和 1.5 代种子园，都属于第一个世代；第二行中，实生苗种子园、子代测定和第二代种子园都属于第二个世代。由子代测定林中挑选优良家系中优良单株的做法，称为前向选择（forward selection)。由选择出来的材料通过营养繁殖，一般采用嫁接，建立起来的种子园称为第二代种子园。依据子代测定数据，对优树进行的再选择，称为后向选择（backward selection)。由后向选择挑选出来的优树，可以建立 1.5 代种子园，或用来对已经建立的初级种子园进行去劣疏伐，保留优良的无性系和分株，成为去劣疏伐种子园。所以，初级种子园和去劣疏伐种子园实际上是指在同一块地段上的一个种子园，而 1.5 代种子园是另选地段重新营建的种子园，由于对建园无性系的选择强度要比去劣疏伐的大，增益也要比后者大。由优树上采集种子培育苗木建立的种子园是实生苗种子园，从世代上讲虽然也属于第二代，但我们对实生苗种子园一般不把它称为第二代种子园，借以区别无性系经再选择营建起来的第二代种子园。第三代及以后各代种子园的发展实际上也可以按这个图式推导（图 14-5)。

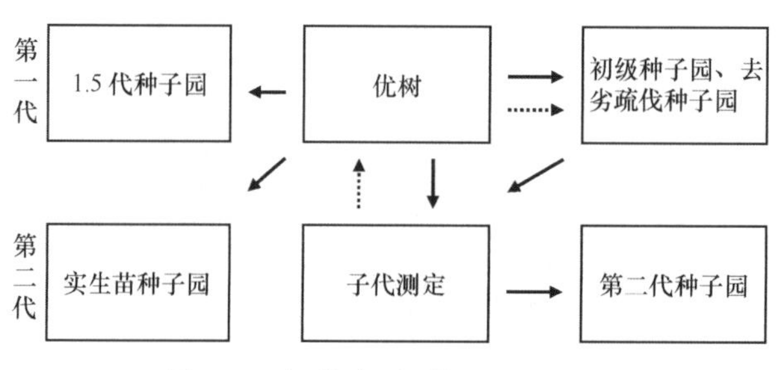

图14-5　各类种子园的关联和发展

据笔者掌握的情况，我国北方多数针叶树种良种基地虽然做过自由授粉子代的测定，多少拥有一般配合力较高的一些优树无性系，但多数基地缺乏足够数量没有亲缘关系的优良繁殖材料，不具备营建第二代无性系种子园的充分条件。要是按图 14-5 模式来营建种子园，即使我们积极组织子代测定工作，至少也得等待 5 年以上才能得到初步结果。当前，我们不具备全面铺开营建第二代无性系种子园的条件。

美国东南部在南方松种子园发展中主要是采用了图 14-5 模式，但笔者访问过的美国多个南方松第二代无性系种子园中，也曾看到保留个别优良无性系的亲本，即在一个种子园中存在 2 个世代的建园材料。不过，他们严格遵循的原则是，在同一个种子园建园材料中不存在亲缘关系。其实，如图 14-5 那样严格按世代发展种子园，也只是种子园发展的模式之一。再看看世界其他地方，如在北欧瑞典采用了另一种模式，他们不强调建园材料所属世代，而强调遗传品质，按成批建园的时间顺序称为第几轮种子园。在营建的新一轮种子园中，容纳了不同世代的建园材料，关键是对同一个种子园中可能存在的亲缘关系要加以控制。现在瑞典已经发展到营建第三轮种子园（Lindgren and Danusevičius，2007）。种子园的发展模式，是一个复杂的问题，各地情况不同，不能拘泥于一个模式，需要在实践中探索和完善，滚动式发展种子园无疑是另一种选择。

当前我国多数地区面临的主要任务是，首先要对一般配合力高的一批优树，组织好特殊配合力的制种和测定工作，同时，对还没有测定的育种资源，要尽快组织子代测定，优先着手一般配合力的测定。

五、生产良种的使用

为使由不同类型基地生产出来的良种推广到最适合的立地条件上造林，达到高产、稳产最佳的生产效果，近二三十年来国内外有过一些议论和报道。陈天华等根据马尾松分布区的气候生态和植被条件以及种源试验的结果，将马尾松整个分布区初步划分为北部、中东部、中西部、四川、东南部和西南部 6 个育种区（陈天华和王章荣，1993）。在《森林遗传学》一书中对育种区（breeding zones）或育种单元（breeding unit）所下的定义是，土壤气候条件一致，在特定海拔、降水量范围内的同一类立地。已经划定的育种区如果覆盖范围大，通常可以进一步划分为条件更为一致的几个良种应用区（deployment zones），以便分别为应用区选育适应性不同的良种。在该书中以火炬松在美国和阿根廷的表现为例，不论在原产地或引种地区该树种都表现出强烈的地理变异特性（White et al.，2007）。

因此，回到一个老问题，即“良种要良法”，良种只有在适宜的立地才能充分发挥效益。育种区不是简单的气候区划或种源区划，它是在掌握基因型与环境互作（GEI）的基础上，对立地的区划（周志春等，1997）。因此，要积累资料，为今后育种区的区划创造条件。

第三节　油松选育现状及对近期工作的考虑

林木良种选育的原则已如前面所讨论，考虑油松的生物学特性、经济价值、生态效益、种内不同层次的遗传变异特点，以及油松良种选育工作技术基础和资源状况，讨论油松良种选育的目标、选育途径、技术措施及组织工作，以期今后能取得比较好的改良效果。

一、油松良种选育现状和值得重视的方面

我们参与油松工作已有 30 多年，在油松育种资源的选择、收集和保存方面做了不少工作，有比较好的基础。在“六五”、“七五”期间登记在册的油松优树有 3776 株，随后又增选了一批优树，实际优树数大于 4000 株。组织国家科技攻关期间，各地投入了相当大的力量做了单亲和双亲测定，登记在册的单亲子代为 3539 个和 998 个控制授粉组合。但也存在不少问题，由于多年来疏于管理，实际保存并可利用的数量远低于登记数，特别是控制授粉子代数量。这种情况不利于当前开展多世代育种，为开展高世代育种还需要做大量工作。为此，笔者近年一再呼吁，油松国家级林木良种基地要确切查清家底，找出差距，为开展高强度的良种选育做好各项准备，并制定相应的对策和措施。围绕良种的生产和品质的提高，国内同行做过大量技术基础研究，在本书中已有所反映。虽然很多技术问题还没有找到彻底解决的办法，但为今后油松良种工作的健康发展创造了有利条件。笔者认为，油松的工作要重视下列各个方面。

（1）油松分布区辽阔，已有试验资料表明，用不同地域采集的种子育苗造林，成活率和保存率差别悬殊，生长状况各异。油松适应性和生长量的地理变异明显，同时，繁殖材料和造林地点间的交互作用也极显著。因此，各地营造油松林，首先要选择好造林用的种子来源，在适宜的种子区中，要选择利用优良林分种源（参阅第十六章）。

（2）在油松种内，同一生态地区不同林分以及同一林分单株间都存在着遗传变异。根据对油松已有的研究，适应性状和生长量的差异首先表现在不同种源间；生长量在个体间遗传变异也大，但木材密度、管胞长度等性状在个体间的变异却往往大于种源间的变异。因此，对不同性状应采取不同的改良对策，选育计划要反映出种内存在的各个层次的差异，并尽量利用这种差异。

（3）近年松类树种扦插繁殖技术有所发展，科学经营采穗圃提高了插穗产量和扦插成活率，但对油松还没有认真研究采穗圃技术，嫁接仍然是油松营养繁殖的主要方法。当前，油松主要依靠种子繁殖，种子园和母树林是主要经营内容；要加强无性繁殖技术研究，创造条件才有可能开展油松无性系选育。

（4）油松宜确立多个选育目标。油松在比较好的立地上，当之无愧是北方地区优良的用材树种；在瘠薄干旱的北方山地，油松造林主要是为了保护生态环境；油松又是北方城镇绿化的优良树种，能创造长年使人赏心悦目的绿色景观，但迄今开发力度还不大；近年油松花粉用作保健食品；此外，有些地区对成龄油松树也采脂，但并不普遍，规模不大。油松的选育目标如下：第一是以提高生长量为主攻方向的集约经营模式；第二，对大面积干旱瘠薄的造林地，应以提高适应能力为主，兼顾生长量，宜采用较粗放的经营模式；第三，在有需要和条件时可开展有限的、以绿化美化为目的的油松选育；第四，可探索大量生产优质花粉的选育。近年在湿地松等松类树种中形成采脂热潮，不少试验证明生长量与产脂量性状间呈正相关，两个性状的选育方向一致。提高生长量，也就是

提高了产脂量，因此，在油松尚没有形成大规模采脂产业前不必单独立项研究。

（5）油松适应栽种的地区广，造林面积大，立地条件相差也大，现有油松造林地中，可集约培育用材林的土地占 1/3~1/4。高强度选育出来的繁殖材料，在立地条件比较好，投入人力物力较多的集约经营条件下，能够产生比较高的增益，经济回报较大。因此，高强度选育出来的良种，首先应当在能够集约经营的地区造林，而在瘠薄干旱的山地，树木生长缓慢，即使采用良种，经济回报也有限。从投入与产出，更从维护群体多样性考虑，全部油松造林地区都采用集约选育措施生产种子的做法，未必适宜。因此，应通过切实的调查和分析，对各地良种选育方式做出科学、合理的规划，确定采用哪种良种选育模式更合适。

（6）在制订全国油松良种基地建设计划中，明确各个油松良种基地选育的主攻方向、供种地域范围和供种量等事项十分重要。依据年平均造林任务，单位面积生产种子或苗木数量，确定基地生产规模和改扩建面积大小。基地种子或苗木产量和规模，既要符合生产需要，又要适合自身发展条件，不能盲目求大、求全、求高。

二、油松技术协作组与协作单元

为推进我国油松良种选育和良种基地建设，提高油松良种生产水平，国家林业局场圃总站根据油松良种选育现状，决定由国内从事油松良种选育的高等院校与科研院所、林业种苗管理部门以及国家重点林木良种基地人员组成全国油松良种基地技术协作组。协作组是油松良种选育技术的协商、咨询和支撑组织。主要职责是研讨并提出油松遗传改良策略和技术路线；协助业务主管制订油松国家良种基地的中长期发展规划，为良种基地提供先进和实用的技术；协调省（自治区）间的合作，了解基地工作进展，提出建议和评价。全国油松良种基地技术协作组已于 2012 年 6 月在山西太原成立。

不同起源的油松苗木，在适应性和生长表现上差异明显。这些特性的变异具有明显的地理特征，变异受纬度和经度双重控制，属纬向变异为主的渐变模式，温度和水分是主要选择压。因此，在良种生产和使用上，应遵循当地资源优先的原则，但也应当允许邻近地域间育种资源的有控制的交换和测试，互通信息。目前尚无条件组织划分油松育种区，考虑以现有 13 个油松国家级良种基地为中心，按地理—气候特点，组建 4~5 个协作单元。

（1）东北协作单元：内蒙古土默特左旗万家沟林场、内蒙古宁城县黑里河林场、辽宁北票市基地、河北平泉县七沟林场。

（2）中部协作单元：山西吕梁林管局上庄基地、河南辉县市白云寺林场。

（3）中西部协作单元：甘肃庆阳中湾林场、陕西延安桥山林业局基地、陕西陇县八渡林场。

（4）南部协作单元：陕西洛南县古城林场，陕西周至县厚畛子林场，河南卢氏县东湾林场，甘肃小陇山林业局沙坝国家落叶松、云杉良种基地。

随着工作开展，包括省级重点油松良种基地在内的全部从事油松良种生产的基地，分别纳入自然条件相近的各个协作单元，以便信息交流，资源共享，有效开展技术合作。

三、油松改良计划探讨

油松用途广，选育目标多样：营造用材林，提供木材；荒山造林，保护生态；城镇绿化，优化环境；油松花粉和种子可作保健食品，形成了新的产业。根据用途，考虑投入与产出、增益与遗传多样性，应当采用不同的良种选育和经营模式。

（一）高强度、多世代选育模式

为不断提高遗传增益，必然要采用多世代选育模式。按下列原则组织工作，并对主要工作说明如下：

（1）由生态条件相近的 2~4 个基地组成协作单元，加强同一个单元内资源和信息共享；

（2）每个基地的资源划分功能不同的群体，增选优树，建成育种群体；

（3）重视一般配合力的测定，加强控制授粉，大量培育谱系清楚、共祖率低的家系；

（4）采用滚动前进、世代重叠的育种策略；

（5）强调经济性状，如生长量、干形和材质的选育；

（6）花粉的产值高，可试建高产、优质的花粉采集园；

（7）总结现有提早开花和早期测定经验，加速育种世代转换；

（8）改进试验设计，减少工作量；

（9）重视优良家系×造林立地的交互作用；

（10）探索利用分子标记技术等手段，加速育种进程，提高遗传增益。

每个基地，将选择收集的育种资源，分成基本群体、育种群体和生产群体。各类群体由所属基地负责经营和管理，但同属一个协作单元的基地，更应当加强信息交流，实现资源共享。参考国外经验（McKeand and Bridgwater，1998）提出如下群体划分意见。

育种群体 每个基地由 200~400 株优树组成。这个群体具有基本能满足种子园建设长远发展的需要。在油松种源试验得出最后结论前，在该群体中原则上只收集当地的和生态条件相似的地理起源的繁殖材料。对育种群体，多通过自由授粉和多系授粉了解一般配合力。为估算一般配合力，早期多采用自由授粉交配设计，由于父本组成不同，测定结果的可比性较差。多系授粉是挑选表现中等、花粉产量高的 15～20 个无性系，采集等量花粉混合，用混合花粉授粉制种。根据多系授粉子代估算一般配合力，测定结果比较准确。为保存和维护遗传多样性，在该群体中，也可以保存已收集的其他育种材料，并进一步搜集单个性状特别优异的植株，如生物量大，但树干不通直，或木材密度大的植株。

育种群体和亚系 每个基地拥有 100~200 个优良的基因型，包括育种群体中一般配合力比较高的优树，谱系清楚的优良子代。因此，在该群体中，以亲本为主，也包括少数优良的子代，在无性系间可能存在亲缘关系。全部繁殖材料共分成 10~20 个亚系，每个亚系含 5~20 个无性系。

制备双亲子代　在育种群体中，为生产谱系清楚的家系，并且保持较小的工作量，主要采用单交和4~6个亲本的半双列不连续杂交（图14-6）。一般配合力与特殊配合力也可以同时测定，这就是互补交配方案。选择中亲值最高组合产生的优良单株，组建生产群体。

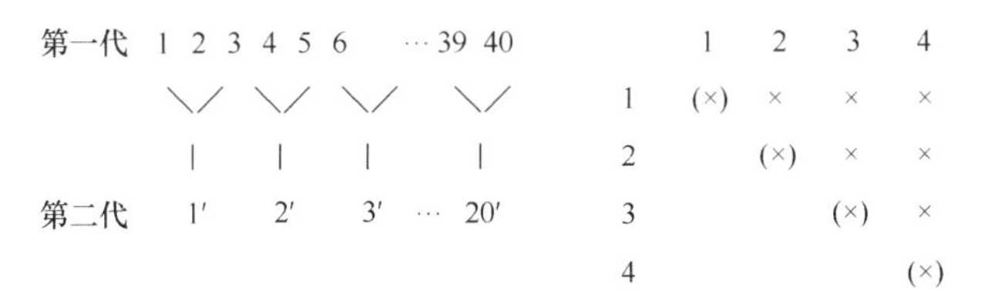

图14-6　育种群体采用的单交（左）和半双列不连续杂交（右）

总结现有经验，子代测定林要符合试验设计要求，选择有代表性的地段布置试验，加强子代测定林的管理，提高试验结果的准确性。根据现有油松子代测定数据，生长量的选择年龄可提早到6~10年。全同胞家系不设区组重复。

生产群体　即种子园，按育种值最大及共祖率最小原则从育种群体中挑选20~40个无性系组成，采用灵活的、不断发展的育种策略，世代重叠，经营周期10~15年，滚动前进，每次营建面积视生产需要及可利用土地条件而定，可控制在10hm^{2}左右。

经高强度选育营建种子园所生产的种子，在大规模推广前，要做区域化试验，观察良种×造林立地的交互作用，确定适宜的推广地区。

早期测定和缩短育种世代　是加速选育过程，改善良种品质，提高增益的关键措施，也是多世代选育模式工作的主要内容，我们曾组织力量做过这方面探索，积累了一些数据，有关内容可参阅第十五章。

（二）低强度、低投入的选育模式

正如前述，现有油松造林地中，有2/3~3/4是公益林。这类造林地多数为土壤瘠薄干旱的山地，树木生长缓慢，采用良种，经济回报有限，而在这些地区，维护林分的多样性，保证林分的稳定性更为重要。对这类林地宜采用选择强度较低，投入较少的选育模式，以满足大量造林用种需求。良种繁殖可以采用母树林，在个别情况下也可以考虑采用实生苗种子园。这种经营模式适用混合选择，必要时也可考虑进行多个世代混合选择。不做遗传测定的低强度表型选择，可以减少经济投入，技术上也比较简便。这种良繁模式对营建油松公益林，可能更适用。营建母树林和实生苗种子园，选择适宜的种源是关键的第一步。种源要与将来供种造林地区的生态条件相近，同属一个种子亚区或种子区。扩大生产种子林地面积，可保证大面积造林用种的需要。母树林可以是新营建的林分，也可以选择已有林分改建。

营建母树林　在确定的种源地区范围内优先挑选生长较好、面积较大的一个或多个林分，参照优树选择方法，适当降低标准，如按每公顷选择10~15株优势木。为增加生产种子的遗传多样性，营建母树林的优势木应比营建种子园的无性系数量多，如为200~400株，从优势木上采种、育苗、营建母树林。迄今没有见到按这种方式营建母树林的报道，还有待实践探索。

为方便进行多次选择，母树林或实生苗种子园的栽植密度可较大，株行距可为 2~3m。随着母树生长，为清除林分内不良的表现型，同时为改善母树生长环境，保证充足的光照，扩大树冠，增加结实层厚度，可实施 2~4 次去劣疏伐。每次疏伐后郁闭度保持在 0.5~0.6，树冠间相距在 1m 以上。去劣疏伐实现了混合选择的作用。

母树林宜营建在适宜油松生长的地区，地势较平缓、光照充沛的阳坡和半阳坡，土层厚度大于30cm，土壤透气性和排水性良好的地段。整地前要清除采伐剩余物。定植穴为 20cm×20cm×20cm；穴内回填表土。整地在定植前 3 个月至 1 年前进行。

改建母树林 挑选所在地区种源清楚的优良林分。母树林的平均树高和直径生长要优于邻近相同立地的同龄林分，干形通直；年龄比较小，林分密度适宜，没有严重病虫害；在每个作业区内设置 5%左右的标准地，调查树高胸径，规定疏伐强度和次数，确定母树标准；母树林林地面积宜在 $10hm^2$ 以上，且比较集中，地势较缓，为阳坡或半阳坡，交通较方便。如内蒙古红花尔基林业局良种基地营建的樟子松母树林（见彩图Ⅲ）。

选留母树要大于林分平均树高和胸径，生长旺盛，树干通直圆满，树冠匀称，无病虫害，对生长量低于林分平均值、树干弯曲的植株，原则上都要伐除。但具有特殊性状的植株，如冠形、分枝习性、针叶色泽等，可降低选留标准。对拟最终保留的母树，要优先满足其生长扩展的空间。

实生苗种子园 属谱系清楚的选择和繁殖，这与用混合选择营建母树林不同。建园种子要分别采集、育苗和栽植，这样做可以按家系选择，但因此要增加不少工作量。在不做子代测定的情况下，比起无性系种子园还是要省事得多。繁殖材料的挑选、栽植密度和母树选择和淘汰过程等，可参照营建母树林的做法。

（三）城镇绿化苗木选育

为满足城镇绿化、美化环境的需要，可以选择冠形优美和干形通直、叶色鲜嫩、全年绿色保持期长的成龄油松，单株繁殖。选择成龄优树的这些特性，通过嫁接或种子繁殖，保持这些特性是可能的。当然，无性繁殖保持选择特性的可能性要大。由于这类苗木的需求量不大，嫁接繁殖在多数情况下能满足需要。

不过，城镇绿化优树的选择标准很难统一，不同人士往往持有不同的欣赏观点和要求，通过种子繁殖能否完全保持所选优树的原来特性也是问题。河北承德丰宁县五道乡有株号称“九龙松”的千年油松古树。据说该树栽植于北宋中期，饱经沧桑，树高 8m，枝干分 9 条，树冠覆地近 1 亩，郁郁葱葱，长势旺盛。从“九龙松”取枝条嫁接，嫁接苗通直如常态，完全看不到“九龙松”的姿态，这也是在预料中的事。优树嫁接苗能否满足经营者要求，确切的回答也需要通过实践来验证（见彩图Ⅴ下）。

（四）开发花粉保健产品选育

笔者幼时生活在苏南，每年春天作为时令食品的马尾松花粉糕团到处有售，但松花粉作为保健食品进行开发利用，还是近 30 年的事。20 世纪 80 年代，中国林业科学院亚热带林业研究所首先研发了马尾松花粉保健食品，到 90 年代初，油松花粉也得到了开发（白玉琢等，2008）。现在国内已有多家企业生产松树花粉的系列保健产品。一些企业每年需要几吨到上百吨，甚至上千吨的花粉。松类花粉的开发利用，为油松开创了新的用途，有可能增加经营油松林的收入，从而提高群众营造油松林的积极性。花粉产业的兴起，我们面临一个新的课题，即如何保证给企业提供品质优良、数量能满足生产需要、成本又较低的花粉源？

开花结实习性的研究，是油松良种选育的基础工作。我们对油松雄球花的发生、成熟和散粉过程，在树冠内的分布特点，不同无性系雄球花产量的变幅，花量随树龄增加的过程等做过比较系统的调查研究，情况比较熟悉。例如，辽宁兴城种子园嫁接后 17 年花粉产量为 160kg/hm^2，是 10 年前的 43.4~57.3 倍、8 年前的 16.9 倍。河北东陵种子园定植 16 年后的花粉产量估算为 93.3~118.2kg/hm^2。雄球花量在无性系间的差异极大，到开花盛期时最高花粉产量/最低产量仍高达 166 倍。有关花粉的内容在第五章至第八章中已作了介绍。但也有一些问题，过去没有关心，不熟悉，今后仍需要调研。就组织花粉生产的选育工作，笔者的想法归纳如下。

（1）不同无性系花粉产量差异极显著，可达几倍到几十倍，完全可能挑选出花粉产量高的无性系，花粉产量选择的潜力极大。

（2）嫁接植株到 7~8 年生后，雄球花才逐步进入正常花期，产花量逐年明显增加。采用短枝嫁接或其他集约经营措施，正常的花期有可能稍稍提前，但增加集约经营的投入可能在经济上并不合算。

（3）每公顷油松中幼林按能采集到 15~50kg 花粉估算，每吨花粉要由 20~66hm^2 林地提供，收集大量花粉需求大面积林地。为满足当前生产的需要，花粉只能从已进入开花期、集中成片、林分密度不大、地势比较平缓，劳动力有保证的中幼林中采集。从长远考虑，可以利用现有油松良种基地的技术和物质基础，选择雄球花产量多的无性系，用嫁接方法试建采粉园，取得经验后再逐步推广。

（4）雄球花分布在树冠下方、内膛，在林冠没有郁闭、树冠自然整枝不严重的情况下，15 年生左右，树高在 2.5~3m，采集树冠下方的雄球花，比较方便。

（5）我们从多种性状的选育经验中有理由相信，花粉中有效的保健成分在个体和群体间也会存在差异。当前，首先要明确花粉的有效成分，开展油松有效成分的普查，选择品质和产量兼优的繁殖材料。

（6）在无性繁殖下开花结实习性的遗传变异特点已清楚，但在有性繁殖下雄球花性状的遗传变异情况尚需观察。雌球花产量的高低与光照密切相关，雄球花产量对受光状况的改变不如雌球花敏感，但达到何种程度尚需调查。拓宽繁殖利用优良材料的途径，探索最佳繁育方式是新的课题。

（7）采摘雄球花要适时，采摘早了，不出粉或出粉少，品质也低；晚了，花粉会飞散。在北方地区，采集成熟雄球花的最佳时间短，仅 3~5 天。在同一个采集花粉地点，即使考虑个体间花期早晚不同，也只有 1 周左右的时间。采集雄球花的时间集中，工作量大，需要有充足的劳动力保证。在确定采摘花粉林分地点时，需要考虑到这些特点。

（8）花粉采集时间、地点集中，为提高处理花粉的效率，保证花粉品质，要完善花粉处理设备。

结　　语

本章简要回顾了林木育种的发展历程，讨论了良种选育的主要途径和技术，内容限于常规育种。林木良种选育由选育、遗传测定和良种繁殖三个部分组成，为提高良种选育的效果，在选育过程中有三个重要环节，即选择、交配和遗传测定。选择和交配实际上就是使遗传基础由宽变窄，由窄变宽，再由宽变窄的螺旋式上升的发展过程，以达到不断优化繁殖材料的目的。因树种的繁殖可以通过种子或扦插等两类方法，因此，遗传测定相应有子代测定和无性系测定。良种选育模式，实际上涉及树种良种选育的基本技术内容，是树种遗传改良计划的核心内容。良种选育模式，与选择方式、交配设计和配合力、多世代选育中育种群体的划分和组织以及不同种子园类别的选择等有密切关系。因此，在本章第二节中比较详细地讨论了上述有关问题。林木良种选育要取得成绩，必需拥有丰富的育种资源，并正确开发和利用资源；依据自然—经济条件，采用适当的选育途径和技术措施，制定合理的选育模式，不断提高技术水平，改进制种和供种方式。本章还论及良种生产和使用地区的问题，目前多数树种还不具备建立育种区的条件，应积极准备，实现良种良法的目标。

根据已经积累的经验和掌握的数据，笔者探讨了油松育种策略，以国家油松林木良种基地为核心，根据生态条件拟在全国组建 4~5 个油松协作单元。油松用途广，选育目标多样：营造用材林，提供木材；荒山造林，保护生态；城镇绿化，优化环境；油松花粉和种子可用作保健食品，形成了新的产业。根据用途，考虑投入与产出，增益与遗传多样性，应当采用不同的良种选育经营方式。提出了油松良种选育的多种选育模式的设想，即低强度、低投入的选育模式；高强度、多世代的选育模式；城镇绿化选育模式以及有关开发保健产品花粉源的选育设想。比较详细地讨论了前两种模式。低强度、低投入选育模式，可采用营建母树林，改建母树林和营建实生种子园的经营方式。

参 考 文 献

白玉琢，王贵玉. 2008. 油松花粉食疗保健与开发利用. 北京：北京科学技术出版社

陈天华，王章荣. 1993. 马尾松遗传改良研究进展与多世代育种. 北京：科学技术文献出版社：138-144

陈晓阳，沈熙环. 2005. 林木育种学. 北京：高等教育出版社：1-8，85-86，208-224

国家标准. 1996. 母树林营建技术. 见：中国林业标准汇编. 北京：中国标准出版社：383-388

沈熙环，卢孟柱. 2007. 林木遗传育种学发展. 见：中国科学技术协会，中国林学会. 林业科学学科发展报告 2006-2007. 北京：中国科学技术出版社：83-94

沈熙环. 1990. 林木育种学. 北京：中国林业出版社：85

沈熙环. 2001. 林木育种策略. 见：王明庥. 林木遗传育种学. 北京：中国林业出版社：110-129

沈熙环. 2005. 遗传育种资源. 见：陈晓阳，沈熙环. 林木育种学. 北京：高等教育出版社

周志春，秦国峰，李光荣，等. 1997. 马尾松遗传改良的成就、问题和思考. 林业科学研究，4：96-103

Eriksson G，Ekberg I，Clapham D. 2006. An introduction to forest genetics. ISBN9-576- 7190-7 Sweden.

119-145

Forest Service of Department of Agriculture. 1974. Seeds Woody Plants in the United States. Agriculture Handbook No. 450. 53-55

Lindgren D，anusevičius D. 2007. Deployment of clones to seed orchards when candidates are related. Seed orchards Proceedings from a Conference at Umeå，Sweden

McKeand S E，Bridgwater E E. 1998. A strategy for third cycle of loblolly pine in the Southeastern U.S. Silvae Genetica，47（4）：223-234

McKeand S E. 2007. Seed orchard management strategy for deployment of intensively selected loblolly pine families in the Southern U.S. Seed orchards Proceedings from a conference at Umeå，Sweden

Powell M B，McRae T A，Wu H X，et al. 2004. Breeding Strategy for *Pinus radiata* in Australia. IUFRO Joint Conference of Division 2. Forest Genetics and Tree Breeding in the Age of Genomics：Progress and Future. Charleston，South Carolina，USA，1-5 November 2004

White T L，Adams W T，David B. 2007. Forest Genetics. CABI：479-486，287-322

Zobel B J，Talbert B J. 1984. Applied Forest Tree Improvement. New York：John Wiley & Sons：416-418，448

第十五章　加速油松育种世代

对生长比较慢，始花期比较晚，经营周期比较长的油松来说，缩短育种世代，提高育种效果和单位时间的增益，具有重要意义。加速世代转换，实现多世代选育可通过两个途径：一是对确定的改良性状，如本章对生长性状的早期测定（预测）；二是提早试验材料的始花期，尽早开展控制授粉，获取双亲确知的种子。我们按上述两个方面做过的试验，积累的数据，分两个部分组稿。本章共 6 节，前面 3 节讨论生长性状的早期测定，后面 3 节总结促花处理试验及效果分析。

依据幼龄期林木生长量对采伐龄时做出的判断，称为生长量早期测定。根据生长量早期测定提供的信息进行早期选择，可以缩短育种世代，是生产上的重要问题，也是技术基础问题，引起国内外同行的关注。自 20 世纪 70 年代以来就开展了早期选择可靠性、年限和遗传增益等方面问题的探讨。虽然有些同行认为，林冠郁闭前林木处于开放的生长环境，而郁闭后处于竞争状态，由于郁闭前后环境条件不同，表现不会相关，甚至可能是负相关。但是，越来越多的试验分析表明，树木生长的早期选择是可能的（Lambeth，1980；Lambeth，1983；Squillace，1974；Franklin，1979；王章荣，1981；符建民等，1990；陈伯望和沈熙环，1992）。

研究早期选择的理想材料是遗传测定试验林。对育种开展早，积累资料多，轮伐期短的树种，最有条件利用测定林资料。早期营建的油松子代林，距今也已有 20～30 年，到了成熟林阶段。积累的数据为我们提供了讨论油松早期选择的条件，但由于油松选育工作停滞时间比较长，试验林管护普遍粗放，丢失了部分数据，影响了全面、深入地探讨这个问题。为比较可靠地论证早期测定的可行性，我们从分析油松树干解析材料入手，利用多个方面获得的数据，研讨了油松生长性状的早晚相关、早期选择的适宜年龄、早期选择效率等。参加本项工作的除油松协作组成员外，北京林业大学先后参加的硕士研究生有孔祥阳、李悦、符建民、陈晓阳、陈伯望等，其中，陈伯望完成了主要工作。

油松发育周期较长，实生苗在没有人为干预的自然条件下，5~6 年生后才陆续开花。20 世纪中叶就已发现干旱、环割、断根等“胁迫”作用，可以诱导树木开花结实。1958 年，日本 Kato 等报道赤霉素能促进柳杉开花结实。20 世纪 70 年代，杉科和柏科树种在幼龄期施用以赤霉素 GA_3 为主的处理，诱导开花效果都比较好（Pharis and Kuo，1977；Pharis et al.，1987），然而，用 GA_3 处理松科树种效果不理想。1973 年发现了极性低的 GA_4 与 GA_7 的混合物及不带羟基的 GA_9，可成功地促进北美黄杉（花旗松）实生苗及成年树开花。在随后的 10 多年中，开展了大量研究，证实 $GA_{4/7}$（赤霉素 A_4 和 A_7 的混合物）至少对松科 6 个属的 21 种树种都有较好的促花效果（Bonner-Masimbert，1987；沈熙环等，1991）。在这期间杉木、红松等针叶树种中也有采用 GA_3 促花的试验报道。

用激素诱导针叶树种开花在美国、加拿大、瑞典等育种科研中开展较早，也较普遍，而我国这方面研究起步较晚。20 世纪 80 年代，在“六五”、“七五”国家科技攻关期间，北京林业大学王沙生教授率领一组人员研究过油松促花机理和技术措施。用 7~8 年生油松实生苗着重研究了球花生理发端和形态发端进程；促进成花的有效措施；成花过程与外源、内源植物激素的关系（王沙生，1992）。随后，杨晓红等又探讨了年龄较小嫁接苗和实生苗的诱花有效措施，了解相同处理对不同年龄、无性系试材的诱花反应，以及促花措施对营养生长的影响（杨晓红等，1994）。北京林业大学先后参加诱导油松开花研究项目的有王沙生教授，研究生盛初新、张云中、杨晓红等。

第一节　树干解析木早晚相关分析

油松天然林和人工林林分标准地上采集的树干解析木数据，是了解林分生长性状时间进程的重要方面，是探讨个体生长进程及早晚相关的有用资料。我们研究的标准地，分布范围广，立地条件多样，林分类型多，这从一个侧面充实了子代试验林数据分析的可靠性。

本节用于树干解析木的数据来源，包括：①山西省太岳森林经营局灵空山林场、马西林场和河北省平泉县黄土梁子林场的 28 块人工林标准地共 180 株解析木材料，树龄为 21~30 年。每块标准地林木不少于 150 株，每木检尺，将林木分为 5 级，每级选标准木 1 株，此外，优势木和平均木各一株，伐倒后按 1m 区分段截取圆盘，进行量测，同时调查标准地的立地条件；②陕西省和华北其他地区的解析木共计 83 株，年龄为 19~224 年，北京西山林场 54 株。

一、个体生长随年龄的变化趋势

通过追踪调查油松各标准地内变异系数随年龄的变动情况，分析比较各级树木的分化趋势，从中寻找变异趋于稳定的年龄。

从各标准地内个体差异随年龄的变化趋势图来看（图 15-1），各生长性状的变异系

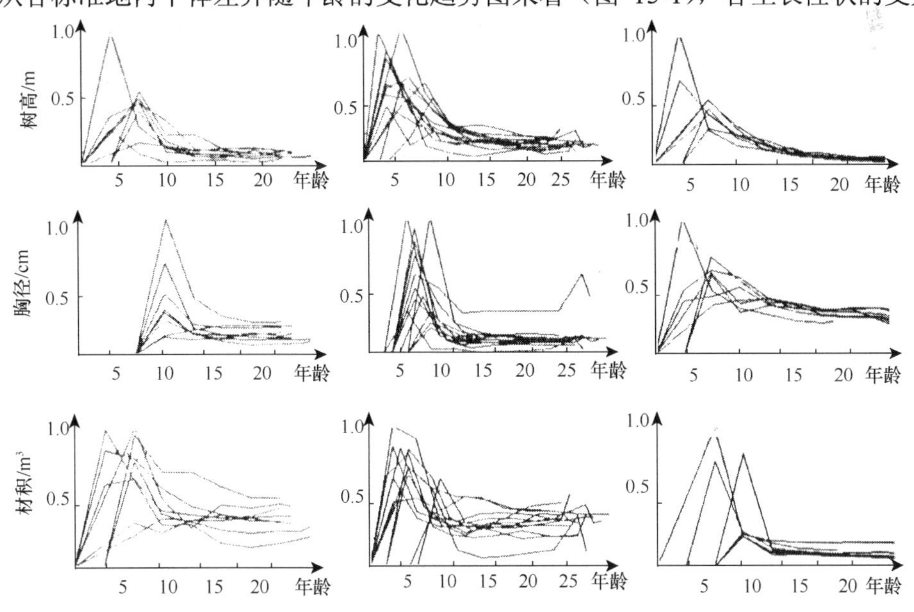

图15-1　标准地内油松个体生长性状随年龄的变化趋势

从上到下分别为树高、胸径和材积的变异系数；从左到右试材分别取自灵空山、黄土梁子和马西标准地

数的变化趋势是相同的，它们都经历了急剧加大—峰值—迅速减小—趋于稳定的过程。分化程度最大的年龄为 3~9 年，在这个年龄段内变异系数一般在 0.4 以上，不小于 0.2，最大可达 1.0。此后，树高、胸径变异系数都稳定在 0.3 以下，材积变异系数都稳定在 0.5 以下。9 年生后标准地内个体的序次已基本稳定。

二、生长性状个体生长过程分析

为模拟油松个体生长曲线，比较了逻辑斯谛（Logistic）等 15 种方程，选择幂指数生长方程（*W*）为最适生长模型，分别对导向曲线求二阶和三阶导数并令其为零，可以解得连年生长量最大的年龄（*Tm*）以及生长率迅速增大（*Ts*）和急剧减小的年龄（*Te*）。

$$W = C \cdot \exp\left(\frac{b}{(1-a)\cdot t^{(1-a)}}\right)$$

通过逐步逼近拟合，求算出各解析木主要生长性状的曲线参数，所有的相关系数均在 0.95 以上。根据回归参数 a 和 b 求算所有解析木的 *Ts*、*Tm* 和 *Te* 值，可以大致地划分出人工林和天然林的速生阶段（表 15-1）。

表15-1　解析木的主要生长过程分析

特征年龄＼林分类别	人工林		天然林	
	变动范围	平均	变动范围	平均
Ts	2～6	3.2	1～6	2.4
Tm	8～17	11.6	4～63	15.0
Te	13～35	20.3	8～137	28.8

分析 *Ts*、*Tm* 和 *Te* 值的关系，凡是 *Tm* 值较大的，其 *Te–Ts* 的值也越大；人工林中 *Tm* 与 *Te–Ts* 相关系数为 0.902，在天然林中为 0.985，即最大生长量的年龄越大，其相对速生期（*Te–Ts*）越长。但是相对速生期的长短与总平均生长量的关系不大。人工林和天然林的相关系数分别为 0.000 和 –0.294，由此推断，可能存在“早期速生”与“晚期速生”类型。

在所有的人工林解析木中，*Tm* 小于 15 年生者占 72%，在优势木中占 86%，在天然林中占 81%。可见大多数的个体，尤其是优势木，15 年生前已进入速生期。与人工林相比，天然林中个体间的生长节律的差异明显要大，这与天然林分所处的自然条件差异较大有关。

三、生长性状秩次相关分析

为了解不同海拔、不同密度和立地条件标准地内油松个体随年龄生长性状序次变动状况，用 Spearman 公式计算了各年龄段间生长性状的相关系数：

$$r = 1 - \frac{6\sum d_i^2}{n(n^2-1)}$$

式中，r 为秩次相关系数；n 为变量对数；d_i 为成对变量间的差值。

对人工林和天然林的解析木分别计算了年龄间的相关系数，从人工林早晚期树高的相关系数来看，太岳地区 25 年生树高与 6 年生后的树高有显著相关；承德地区 30 年生与 11 年生以后的树高有显著相关，而与 5 年生前、后的相关系数明显较低。在天然林中，树高性状的早晚相关较人工林要大些，这可能由于人工林不同于天然林，与定植苗木要从苗圃中移栽有关。在林分密度、土层厚度、坡向、海拔等条件不同的标准地中，解析木 15 年生后，各树龄间高生长的秩次相关系数均达到显著或极显著水平。其中，高海拔、高密度、立地较好及中海拔、中密度、立地较好的标准地，6 年生后多已达到显著水平；低海拔、低密度、立地较差标准地中，达到显著相关的年龄较晚。胸径和材积的计算结果与树高相似。对不同立地条件的标准地，各年龄段间高生长秩次相关系数如表 15-2 所示。

表15-2　3类立地条件标准地树干解析木不同年龄段高生长相关系数

年龄	6	9	12	15	18	21	3	6	9	12	15	18	21	24	27
3	0.70	0.40	0.40	0.40	0.40	0.40	0.56	0.69	0.69	0.69	0.69	0.69	0.70	0.69	0.57
6		0.90	0.90	0.90	0.90	0.90		0.89	0.86	0.75	0.96	0.89	0.90	0.86	0.28
9			1.00	1.00	1.00	1.00			0.93	0.86	0.93	0.86	0.80	0.75	0.11
12				1.00	1.00	1.00				0.86	0.89	0.86	0.72	0.64	0.29
15					1.00	1.00					0.86	0.93	0.69	0.61	0.21
18						1.00						0.96	0.94	0.89	0.78
21						1.00							0.88	0.82	0.89
24														0.99	0.99
	5	8	10	13	16	19	23	26	27						1.00
2	0.71	0.68	0.69	0.64	0.83	0.79	0.62	0.57	0.57						
5		0.96	0.80	0.47	0.40	0.40	0.30	0.28	0.28						
8			0.86	0.57	0.40	0.32	0.15	0.11	0.11						
10				0.89	0.67	0.61	0.37	0.29	0.29						
13					0.67	0.61	0.33	0.21	0.21						
16						0.96	0.83	0.78	0.78						
19							0.94	0.89	0.89						
23								0.99	0.99						
26									1.00						

注：上左：高海拔，高密度，立地较好；上右：中海拔，中密度，立地较好；下左：低海拔，低密度，立地较差

四、标准地上优势木的生长进程

为了解 15 块标准地中 25 年生后处于优势的 30 株树的生长进程，分析了标准地上 149 株解析木。优势木的进程可以分成两类：第一类，在林分中始终处于优势地位，这一类明显占多数，在 80%以上；第二类，初期高、径生长优势不明显，由 6 年生到 15 年生前，生长逐渐加快，树高生长出现优势的时间早于胸径（表 15-3）。这个分析结果说明，15 年生前选择优树是有把握的。

表15-3 树高和胸径在不同年龄出现优势的株数

性状	项目	优势出现的年龄				
		始终	6	9	12	15
树高	株数	24	1	1	3	1
	占总株数%	80	3.3	3.3	10	3.3
胸径	株数	24	0	0	2	4
	占总株数%	80	0	0	6.7	13.3

第二节 子代试验林苗期—幼龄—成龄期生长相关分析

一、苗期—幼林10年生左右生长分析

油松苗期到10年生左右幼林的生长关系，已积累了比较多的资料。根据河北省林科所翁殿伊等对1~2年生苗高和千粒重的分析，认为苗高和种子重相关。由于移植等操作的干扰，4年生以下苗木高生长秩次的变动幅度大，但定植，生长恢复后，各家系苗高生长的相对秩次比较稳定。根据他们对两组各7个家系及对照经9年高生长的观测，4年生后除个别家系秩次上下稍有变动外，多数家系已趋于稳定（翁殿伊等，1987）。陕西省林业科学研究所对21个家系经过12年的观测，从5年生起与12年生的高生长存在显著相关；与8年生的地径生长呈极显著相关（王亚峰等，1990）。

根据内蒙古黑里河种子园对7个家系4~14年生的高生长进程的分析，4年生前各家系生长都缓慢，约占14年生时树高的8%；5~8年生的生长量为25%；9~12年生的生长量占43%；而13~14年生2年的生长量为24%。同时，还看到4年生时生长快的家系，到14年生时仍保持这种优势。在7个家系中，除1个家系4年生与14年生时的秩次相关为显著水平外，其余都为极显著相关（符建明等，1990）。下面列举近年分析的子代林测定数据。

二、甘肃小陇山21年生油松自由授粉子代林

小陇山沙坝油松子代测定林试验地位于小陇山林科所沙坝实验基地。子代测定林参试家系139个，4次重复，16株小区，1987年育苗，1989年造林，水平阶整地，株行距2m×1.5m。1989年造林。1991~1996年定株连续调查了6年的树高生长，并调查地径和胸径各1次，2008年10月调查了3个重复，各保存1202株、855株和687株，保存率相应为54.0%、38.4%和30.9%。调查每株胸径和树高。造林后20年，子代林平均胸径为11.93cm，平均树高为7.69m。子代林详情参见第十三章第二节。

这片试验林1991~1996年各家系总的平均高生长分别为0.49m、0.81m、1.14m、1.57m、2.02m、2.52m，12年后，到2008年树高已达7.63m。各年度家系树高平均生长量、变动状况如表15-4所示。各年度家系树高平均生长量逐年增加，变动系数趋小，最小/最大值的比稍有增加趋势。

为了解不同年度间树高生长的相关程度，对多年调查的大量数据用 SAS 程序估算各重复（区组）中家系平均值的方差成分，再计算各个观察年度生长性状的表型相关和遗传相关（表 15-5）。相间年度越近，相关系数越大，数值表现很有规律。造林后第 3 年，即 1991 年与 2008 年的表型和遗传相关系数分别为 0.320 和 0.428，都已达到极显著水平。这表明，对家系树高的早期选择是可能的。

表15-4　小陇山子代林各年度树高平均生长量和变幅

年份	平均值/m	标准差	变动系数	最小值/m	最大值/m	最大/最小值
1991	0.07	0.50	0.15	0.34	0.73	2.15
1992	0.11	0.82	0.14	0.61	1.14	1.87
1993	0.15	1.15	0.13	0.87	1.54	1.77
1994	0.19	1.57	0.12	1.22	2.10	1.72
1995	0.25	2.03	0.12	1.49	2.70	1.81
1996	0.30	2.52	0.12	1.82	3.23	1.77
2008	0.59	7.58	0.08	6.21	9.24	1.49

表15-5　小陇山子代林各年度树高生长的表型相关和遗传相关分析

年份	1991	1992	1993	1994	1995	1996	2008
1991	1	0.953	0.914	0.866	0.834	0.798	0.320
1992	0.997	1	0.973	0.942	0.919	0.895	0.377
1993	1.004	1.001	1	0.978	0.955	0.930	0.399
1994	0.957	0.980	0.986	1	0.984	0.967	0.434
1995	0.984	1.010	0.987	1.007	1	0.989	0.461
1996	0.958	1.008	0.977	1.007	1.007	1	0.478
2008	0.428	0.541	0.565	0.707	0.716	0.699	1

注：右半三角为表型相关系数，左半三角为遗传相关系数

该试验林于 1991 年测定了地径，于 1996 年和 2008 年 2 次测定了胸径。地径的变动系数与树高相仿，但胸径稍大，随年龄增加趋小。最大值与最小值之比分别为 2.93、4.05 和 2.29，比值也比树高大，随年龄趋小。1996 年与 2008 年测定的胸径的数据，年份表型相关系数极显著，$p<0.0001$（表 15-6）。

表15-6　小陇山地径、胸径表型相关及生长量变动状况

指标	地径 1991 年	胸径 1996 年	胸径 2008 年	标准差	平均值/cm	变动系数	最小值/cm	最大值/cm	最大/最小值
地径 1991 年	1.00	0.90	0.32	3.04	0.5	0.17	1.5	4.39	2.93
胸径 1996 年	0.90	1.00	0.41	4.68	1.08	0.23	2	8.09	4.05
胸径 2008 年	0.32	0.41	1.00	11.93	1.78	0.15	7.5	17.17	2.29

三、河南辉县子代林不同年度树高生长的表型相关

辉县油松无性系种子园始建于 1988 年，子代试验林位于辉县林场关山林区，东经

113°31′，北纬 35°18′，海拔 1400m，北坡，坡度 15°，坡面较为完整，土壤为森林褐土，pH 6.5~7.5，土层厚＞50cm，为本种子亚区典型的油松造林用地。年平均温度 14℃，极端低温 –16.7℃，极端高温 43℃，无霜期 212 天。属北亚热带与暖温带落叶阔叶林区。优树用优势木对比法选出，优树自由授粉种子在种子年采集，试验用 114 个家系，对照为当地人工林混合种子，容器育苗，1989 年造林。数据分析结果，1996~2003 年，各年度家系树高生长都极显著相关，$p<0.0001$，见表 15-7。

表15-7 河南辉县种子园子代林1996~2003年各年度树高生长的表型相关

年份	1996	1997	1998	1999	2000	2001	2002	2003
1996	0.966	0.976	0.985	0.988	0.991	0.995	0.997	1.000
1997	0.975	0.983	0.990	0.993	0.996	0.999	1.000	
1998	0.980	0.986	0.993	0.996	0.998	1.000		
1999	0.987	0.991	0.997	0.998	1.000			
2000	0.991	0.995	0.999	1.000				
2001	0.994	0.996	1.000					
2002	0.996	1.000						
2003	1.000							

第三节 选择年龄和选择效率

为估算不同年龄时的选择效率，首先需要估算油松生长性状的早晚回归方程，再估算选择效率。

一、生长性状早晚相关系数回归模式

以 L_{AR}，即 ln（早龄/晚龄）为自变量，早晚相关系数为因变量，建立生长性状的早晚相关的回归方程。

$$R = A + B \cdot L_{AR}$$

式中，L_{AR} 为 ln（早龄/晚龄）；A 和 B 为回归常数。

根据油松个体生长过程分析和检验，树高早晚相关系数回归模式存在显著的线性相关，可以用表 15-8 的回归方程来估计早晚相关系数。对油松人工林所得到的回归方程

表15-8 树高早晚相关系数回归模式

林类	指标	回归方程	相关系数	自由度
人工林	树高	R= 1.039 873+0.516 817 L_{AR}	0.9369	66
	胸径	R= 1.076 822+0.462 566 L_{AR}	0.8724	55
	材积	R= 1.047 206+0.399 062 L_{AR}	0.9009	74
天然林	树高	R= 1.000 664+0.073 9214 L_{AR}	0.8518	83
	胸径	R= 1.020 819+0.132 109 L_{AR}	0.8451	77
	材积	R= 1.021 156+0.096 649 L_{AR}	0.8326	82

参数，与 Lambeth（1981）对 8 种松树的研究结果接近。

二、早期选择的遗传增益

采用 Squillace 和 Gansel（1974）估计湿地松早期选择效率公式：

$$E = R \cdot \frac{T_m}{T_j}$$

式中，E 为遗传相对效应；T_m 和 T_j 分别为早期选择和晚期选择完成一个育种周期的年数。根据已有的经验，油松从选优嫁接到开花结果约需 6 年时间，如果在 12 年生时选择，整个育种周期为 6 +12=18 年，如果在 40 年生时选择，整个育种周期为 6+40=46 年，那么人工林的树高在 12 年生时选择相对于 40 年生选择的效率为：

$$E = [1.039\ 873 + 0.516\ 817\ 3 \times \ln(12/40)] \times 46/18 = 1.07$$

规定人工林不同采伐年龄，分别估算了相应的选择效率（表 15-9）。从表 15-9 可以看出，适宜的早期选择年龄随主伐年龄的延长而推后；在规定的同一个主伐年龄范围内，选择进行早，早期选择效率也较高。

表15-9　人工林不同采伐年龄与树高早期选择效率（*E*）

晚龄 / R和E / 早龄	30年生		40年生		50年生		60年生	
	R	*E*	*R*	*E*	*R*	*E*	*R*	*E*
12年生	0.5663	1.13	0.4176	1.07	0.3023	0.94	0.2081	0.76
14年生	0.6460	1.16	0.4973	1.14	0.3820	1.07	0.2878	0.95
16年生	0.7150	1.17*	0.5663	1.18	0.4510	1.15	0.3568	1.07
18年生	0.7759	1.16	0.6272	1.20	0.5119	1.19	0.4176	1.15
20年生	0.8303	1.15	0.6816	1.21*	0.5663	1.22	0.4721	1.20
22年生	0.8796	1.13	0.7309	1.20	0.6156	1.23*	0.5213	1.23
24年生	0.9245	1.11	0.7759	1.19	0.6605	1.23*	0.5663	1.25*
26年生	0.9659	1.09	0.8172	1.17	0.7019	1.23*	0.6077	1.25*
28年生	1.0042	1.06	0.8555	1.16	0.7402	1.22	0.6460	1.25*
30年生	1.0399	1.04	0.8912	1.14	0.7759	1.21	0.6816	1.25*

* 表示差异性显著

第四节　对幼龄嫁接苗和实生苗的促花试验

在本章第四节至第六节中，总结了做过的促花试验，包括处理幼龄嫁接苗、实生苗的试剂、方法和效果，雌雄球花发端分化进程与枝芽形态（物候）变化，影响成效的因素分析等内容。

一、处理对 2~3 年生嫁接苗的作用

处理材料包括 1~4 年生油松嫁接苗。其中，除个别 3 年生、4 年生嫁接苗于 1992

年处理前已有少量开花，1 年生嫁接苗都无花史。处理包括：①200μg $GA_{4/7}$+500ng ABA（脱落酸）；②200μg $GA_{4/7}$；③对照为 50%~60%的乙醇溶液。在 8 月 1 日至 9 月 1 日期间，每 2 周处理 1 次，共 3 次，在树冠最上轮层枝条，新梢顶芽下方 1~2cm 处刺孔，用微量注射器将药液注入木质部，注射毕用羊毛脂封口。试验地在河北山海关林场苗圃。

1. 促花效应

1993 年 5 月上旬，调查 1992 年处理的 3 年生嫁接苗促花效果。发现在处理枝上平均雌球花数、雄球花数在不同无性系、不同处理组合间不同。从图 15-2 看出，除 2#无性系外，$GA_{4/7}$及 $GA_{4/7}$+ABA 处理枝的平均雌球花着花量都明显高于对照枝；$GA_{4/7}$+ ABA 的处理效果，除 27#和 40#无性系外，对其他无性系要比 $GA_{4/7}$ 的效果好，为对照的 2 倍以上，尤其是对开花量少的无性系，如 27#无性系用 $GA_{4/7}$+ABA 处理后的枝平均雌花量是对照枝的 5.7 倍。$GA_{4/7}$ 对促进雄球花有一定效果（图 15-3）。除 38#外，其他无性系处理枝平均花量明显高于对照。然而，在 $GA_{4/7}$+ABA 处理试验中，对 4 个无性系雄球花诱导无效。由于处理时间晚于雄球花原基生理分化期，可能影响了处理效果。雌球花量、雄球花量在处理、无性系间差异可靠性都在 90%以上，处理与无性系的交互作用达到极显著水平。

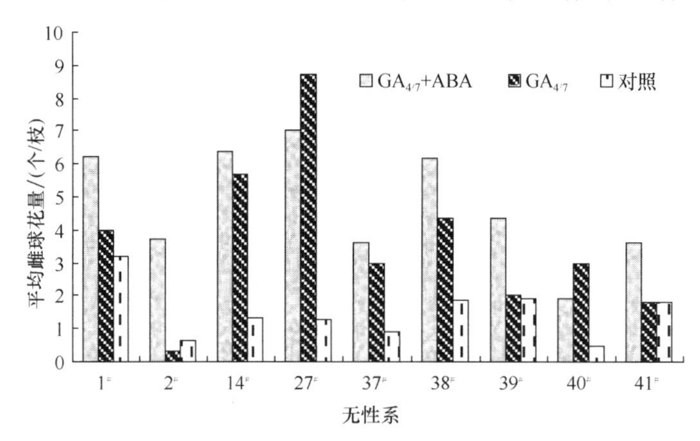

图15-2 9个无性系经3种处理的平均雌球花量

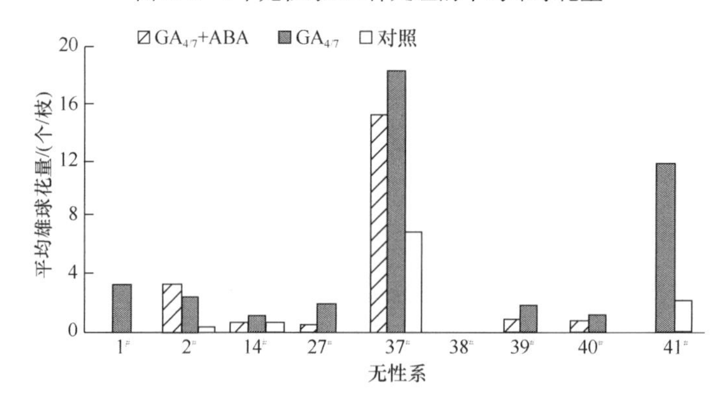

图15-3 9个无性系经3种处理的平均雄球花量

此外，$GA_{4/7}$、$GA_{4/7}$+ABA 处理不仅增加了参试无性系处理枝的雌球花量、雄球花量，也提高了无性系开花植株的频率。不同无性系经 $GA_{4/7}$ 与 $GA_{4/7}$+ABA 处理后，对诱导雌球花的效果，两者相似；而对雄球花，两种激素处理对不同无性系的反应不同（表15-10）。王沙生（1992）以 $GA_{4/7}$+ABA 处理油松实生苗时，曾发现微量 ABA 增强了 $GA_{4/7}$ 的促花作用，试验结果一致。

表15-10　$GA_{4/7}$与ABA处理对油松开花频率（%）及花量（个）的影响

处理	41#		39#		37#		14#		总开花频率		枝均花量	
	♀	♂	♀	♂	♀	♂	♀	♂	♀	♂	♀	♂
$GA_{4/7}$+ABA	100	50	100	25	100	100	100	25	92	21	4.74	2.28
$GA_{4/7}$	100	75	100	50	100	75	100	25	79	35	3.61	4.67
对照	50	25	100	50	75	50	100	25	57	7	1.60	1.10

2. 对枝条翌年营养生长的影响

1993 年 8 月，调查了 1992 年经激素处理枝条的生长量（图 15-4）。处理对第二年的生长有较大的影响，在处理和无性系间都有显著差异。经 $GA_{4/7}$ 处理的枝条的生长量都明显大于对照枝，用 $GA_{4/7}$+ABA 处理的，除 27#、37#小于对照，1#与对照持平外，其余 6 个无性系处理枝都大于对照。此外，经 $GA_{4/7}$ 处理，除 14#外，多数无性系枝条生长量都要比 $GA_{4/7}$+ABA 处理的大。可见，$GA_{4/7}$ 不仅可提高枝条的着花量，而且在一定程度上也促进了枝条的生长。脱落酸具有抑制茎生长的作用，是赤霉素的天然拮抗物。

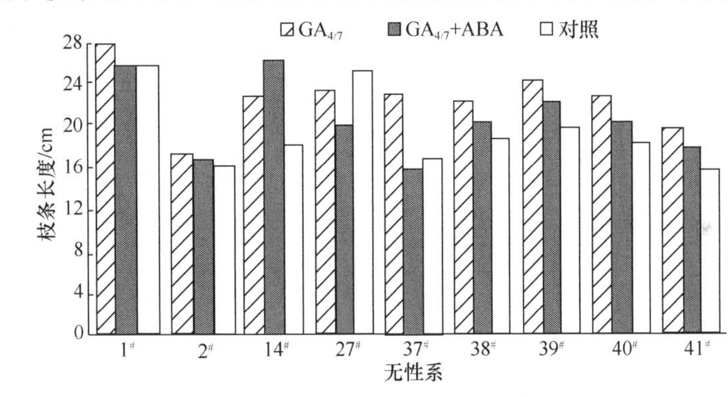

图15-4　处理对枝条第二年生长量的影响

二、处理 1 年生嫁接苗的作用

1993 年对嫁接成活刚满 1 年的嫁接苗用 $GA_{4/7}$、$GA_{4/7}$+ABA 处理，剂量同处理 3～4 年生嫁接苗。发现第二年生长量小于 6cm，且没有分枝的嫁接苗，处理后都未形成球花芽，只有生长旺盛的苗木，处理才能诱导球花。$GA_{4/7}$ 和 $GA_{4/7}$+ABA 两种处理，前者开花频率要比后者少得多，在 13 株处理苗中仅 2 株着花，占 15.4%，但开花植株的平均雌球花量、雄球花量却比较多。由于两种处理植株的无性系不完全相同，且开花植株数比较少，对试验结果有影响（表 15-11）。

三、处理 3~4 年生实生苗的作用

处理无花史、生长正常的 3~4 年生实生苗，各 9 个枝条。分 2 批处理：第一次 1993

表15-11　激素处理对 1 年生嫁接苗的促花作用

处理	有花植株平均花量/个		花量变幅/个		开花率/%
	♀	♂	♀	♂	
$GA_{4/7}$	4.0	31.0	2～9	22～40	15.4
$GA_{4/7}$+ABA	2.5	1.25	1～4	0～8	50.0

年 6 月 15 日至 7 月 15 日，从上往下处理树冠第二轮侧枝；第二次，8 月 1 日至 9 月 1 日，处理主梢及第一轮侧枝。每 2 周处理一次，共 3 次。第一次处理，注射 $GA_{4/7}$、GA_3、NAA、2, 4-D、多效唑。$GA_{4/7}$、GA_3、NAA、2, 4-D，各种激素剂量为 50μg/（次·枝条）、100μg/（次·枝条）、150μg/（次·枝条）、200μg/（次·枝条），对照不作任何处理；多效唑采用涂抹法，浓度为 1000ppm，每次每枝条涂抹 1ml，即每次每枝条涂抹多效唑 1000μg。第二次注射 $GA_{4/7}$、$GA_{4/7}$+ABA。$GA_{4/7}$，剂量为 50μg/(次·枝条)、100μg/(次·枝条)、150μg/(次·枝条)、200μg/（次·枝条），$GA_{4/7}$+ABA（ng）剂量为 50μg/（次·枝条）+100μg/（次·枝条)、100μg/(次·枝条）+200μg/(次·枝条)、150/（次·枝条）+300μg/（次·枝条)、200μg/（次·枝条）+500μg/（次·枝条)，对照枝条不作任何处理。

配合激素处理，还布置了不同栽培措施处理。①干旱：于 6 月 14 日在试验苗木上方搭防雨棚，面积为 10m^2，试验地周围垒土防水。②茎环割：于 6 月 14 日处理。在最下一轮枝以上的茎间采用半环交叉法环割，环宽 2~3mm，深及木质部。③断根：于 6 月 14 日距根茎 10cm 处从南北方向截断外缘侧根，深达 35cm，处理完后随即填土。

激素和栽培措施的综合处理组合包括：①前期采取，干旱+GA_3 及浇水+GA_3。②后期采用，干旱+$GA_{4/7}$；断根+$GA_{4/7}$；环割+$GA_{4/7}$；浇水+$GA_{4/7}$。赤霉素注射量为 100μg/（次·枝条)；处理前 2~3 天浇水，浇水量为 600~700ml/（株·次）。

1. 对球花形成的作用

在干旱条件下，于 6~7 月雄球花原基生理分化期内用 GA_3 处理 3 次，具有诱导形成雄球花的作用。剂量增大，雄球花量呈增多的趋势。用 $GA_{4/7}$（50μg、100μg），$GA_{4/7}$（200μg）+ABA（500ng)、多效唑处理，都未见到诱导形成雄球花。其他几种处理都有雄球花，其中，有的处理增加了雄球花的平均产量，但是，着生雄球花的枝条数却少了。没有见到明显促进雌球花的作用。这可能是苗木自身遗传差异造成，也可能与处理时期较晚有关（表 15-12)。

8~9 月用各种激素处理，对诱导雌球花都有一定效果。每次用 $GA_{4/7}$ 50μg 及多效唑处理都只诱导形成了 1 个雌球花，效果较差。$GA_{4/7}$（100μg、150μg 和 200μg）处理，各形成 3 个雌球花。$GA_{4/7}$+ABA 处理中，最好的组合是在 9 个处理枝中形成了 4 个雌球花。可见，对于实生苗，虽然在自然条件下，$GA_{4/7}$、$GA_{4/7}$+ABA 处理也可以诱导雌球花，但效果不如控制水分条件的组合。多效唑在干旱环境下处理也能诱导形成雌球花(表 15-13)。环割或断根单独处理都未能诱导形成雌花芽、雄花芽，而 $GA_{4/7}$、$GA_{4/7}$+环割，$GA_{4/7}$+断根却都诱导形成了少量雌球花。

表15-12　6~7月不同处理对开花和顶芽的作用

处　理	生长量/mm	平均雌球花量/个	平均雄球花量/个	雄球花枝数/枝
GA_3，50μg	41.0	0	0	0
GA_3，100μg	33.3	0	1.2	3
GA_3，150μg	18.5	0	1.3	33
GA_3，200μg	20.0	0	1.6	4
$GA_{4/7}$，50μg	51.0	0	0	0
$GA_{4/7}$，100μg	55.8	0	0	0
$GA_{4/7}$，150μg	80.0	0.1	0	0
$GA_{4/7}$，200μg	90.0	0	0	0
多效唑 1mg	12.5	0	0	0
多效唑+干旱	8.3	0.7	4.3	3
对照	16.5	0	0	0

注：表中数值为每次处理用量，共处理 3 次

表15-13　8~9月不同处理对开花和顶芽的作用

处　理	顶芽平均生长量/mm	平均雌球花量/个	平均雄球花量/个	雄球花枝数/枝
$GA_{4/7}$，50μg	61.5	0.11	0	0
$GA_{4/7}$，100μg	76.0	0.33	0	0
$GA_{4/7}$，150μg	64.5	0.33	2.4	1
$GA_{4/7}$，200μg	73.5	0.33	6.0	2
$GA_{4/7}$，50μg +ABA，100ng	74.0	0.22	4.2	1
$GA_{4/7}$，100μg +ABA，200ng	41.0	0.44	1.3	1
$GA_{4/7}$，150μg +ABA，300ng	92.5	0.33	0.2	1
$GA_{4/7}$，200μg +ABA，400μg	86.5	0.44	0	0
多效唑	19.0	0.11	0	0
对照	35.0	0.00	0	0

2. 对顶芽发育的作用

6~7 月用不同剂量的 GA_3、$GA_{4/7}$、NAA、2, 4-D、多效唑等处理，对处理枝顶芽发育产生不同的影响。高浓度的 NAA、2, 4-D 处理造成顶芽死亡。每次用 NAA 50μg，重复 3 次，不会伤害顶芽，生长与对照相仿。每次施用少量 GA_3，明显促进顶芽生长，累计用量达 450μg、600μg 时，效果降低。使用 $GA_{4/7}$，尤其在高剂量时，促进生长的作用比 GA_3 强。多效唑有一定的抑制作用，在干旱条件下抑制作用更显著。8~9 月用 $GA_{4/7}$、$GA_{4/7}$+ABA 处理，都促进顶芽生长，没有发现剂量大小对生长量影响的明显规律；经多效唑处理，顶芽生长量低于对照，效果与 6~7 月相似。环割、断根都降低顶芽生长量，但环割、断根与 $GA_{4/7}$ 同时处理，仍可使顶芽的生长量明显大于对照，比 $GA_{4/7}$ 单独处理要小。

第五节　雌雄球花发端分化进程与枝芽形态变化

激素处理的促花效果与处理时雌雄球花发端所处的分化状态有密切关系。为取得良好的处理效果，在促花处理时都需要关注处理材料所处的分化阶段。由于解剖观察要在实验室中进行，不便在生产现场观察和应用。比较实用的方法是依据枝芽外部形态的变化（物候）来判断雌雄球花发端分化阶段。根据研究，雄球花原基着生在芽轴基部，而雌球花原基则着生在芽轴顶端。由于针叶树腋芽原基是向顶端分化的，所以雌球花原基一般是在腋芽原基终止发生时由芽顶端两侧的腋芽原基发育而成的。

一、雌雄球花发端分化进程与枝芽形态变化

在北京地区，油松冬芽于 3 月初萌动、膨大并缓慢生长，4 月中旬萌发针叶，枝条进入速生期，直到 5 月中下旬生长减缓，5 月底坐芽，6 月初枝条生长趋于停止。7 月下旬至 8 月中旬为新芽快速伸长期，8 月底至 9 月初结束伸长生长。主茎顶端结束生长时间比侧枝顶端约晚 2 周。植物茎尖各种原基的分化和生长受日照强度、温度和降水量等多种环境因素的影响。根据王沙生教授、祁丽君副教授和研究生张云中等观察，在北京林业大学苗圃同一畦上的油松苗，1988 年腋芽原基发生的时间比 1987 年晚了 10 天左右。显然，根据日历日期不能可靠地确定球花发端期，而确立相对稳定的物候学进程与各种原基发端、分化时间之间的对应关系，可以提供球花生理发端和形态发端进程的准确信息，有助于正确判断不同年份、不同分布地区的差异，可以比较准确地判断球花发端期，减少人力物力的投入。为准确地确定促花处理时间，王沙生等通过油松球花形态发端和可辨期的研究，对油松枝芽外部形态的变化与茎尖组织内部解剖特征的进程作过细致的对比观测，绘制了油松年生长周期内物候学与茎尖组织解剖学特征图（王沙生，1992）。当新针叶达到最终长度，侧芽伸长到最终长度的一半时，大体上就是雄球花原基形态发端期，再过 3~4 周即为形态可辨期；侧芽停止伸长时，为雌球花原基形态发端期，再过 3~4 周主茎芽停止伸长时即为形态可辨期（图 15-5）。

二、不同无性系的球花发端解剖观察

为了解不同无性系的球花发端解剖的进程，在河北山海关林场选用花期物候相差较大的 39#、32#和 29# 3 个无性系，于 6 月 10 日至 10 月 10 日期间采样，作解剖观察。

7 月 17 日 32#无性系芽基部仍是腋芽原基，7 月 22 日腋芽原基形态稍有变化，顶端分生组织细胞先进行平周分裂，然后进行垂周分裂，原基中心少量细胞增大，且细胞质较周围细胞稀少。7 月 27 日原基开始膨大，基部略微凸起。原基细胞质浓，染色深，中心出现肋状分生组织细胞。原基长 208μm，最底部宽 336μm。在这类原基之上的其他原基的长度、宽度远比它小，形态上仍如 7 月 17 日观察到的腋芽原基。因此，7 月 27 日定为 32#雄球花原基的形态可辨期。8 月 1 日，原基周缘部分形成波状皱褶，产生雄球

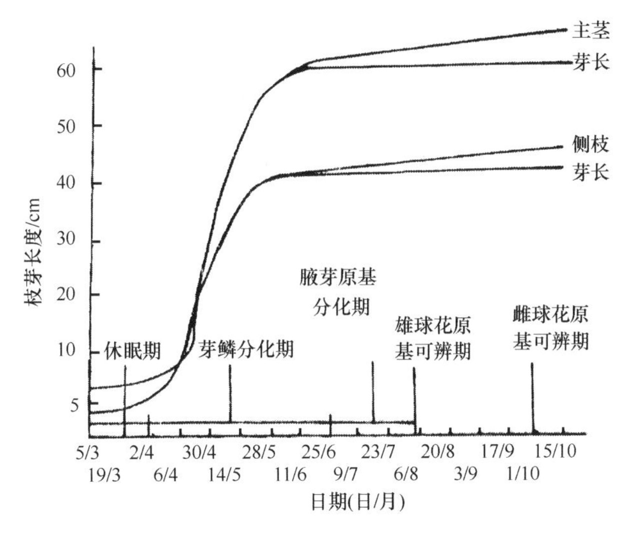

图15-5　在北京地区油松枝芽伸长进程

花状的波纹，基部套层出现 2~3 个苞片原基，此时原基又进一步增大，中间较大的细胞形成球果中轴的髓组织。8 月 6 日，雄球花原基上的苞片原基明显向顶端发育，其苞片原基数量增多，球果轴的髓区体积也明显增加，原基进一步膨大。8 月 11 日，雄球花原基长度、宽度增长快，长达 576μm，已可辨认出小孢子叶。8 月 16 日雄球花原基增长明显，长达 1328μm，但宽度变化不大。根据对 32#不同分株相同部位试样的解剖观察，雄球花原基发育相差不超过 5 天。可见，同一无性系不同分株相同部位的球花试样原基发育进程基本一致。

杨晓红等于 7 月 27 日采样观察了 3 个无性系雄球花原基的发育状态，不同无性系花原基大小差别不大，长度、宽度分别为 208~211μm 和 305~336μm，外部形态相似。因此，根据前期花芽原基在不同时间段的分化特征，确定山海关林场这 3 个无性系发育差异应在 5 天以内。该年 7 月 27 日左右可以认为是 3 个无性系雄球花原基的形态可辨期。

张华新在河南卢氏种子园从 6 个无性系 12~13 年生嫁接植株上取样，观察了不同无性系球花原基分化和大小孢子发育过程以及雌雄球花原基分化时间进程，参见第五章。

第六节　影响处理效果的因子分析

一、处理适期

$GA_{4/7}$处理时间与效果有密切关系。Owens（1964）很早前就指出，当看出花芽原基与腋芽原基的差别时，促花处理已晚了，有效处理时间是腋芽原基生理分化前 2~3 周，通过影响芽原基的生理生化进程来实现使腋芽原基转化为花芽原基。北京地区油松雌球花原基生理分化期在 8 月 24 日左右，形态发端期在 9 月 7 日左右，9 月 30 日可见到雌球花原基。根据对辽宁兴城种子园油松顶芽的解剖观察，雌球花原基的形态可辨期为10月5日左右，与在北京地区的观察相近。这说明在一定地域范围内油松生长后期的形态分化期差异较小，根据此推断山海关地区油松雌球花的生理分化期约在8月下旬。本试验中$GA_{4/7}$处理时间为8月1日至9月1日，覆盖了雌球花原基的生理分化期，因而取得了较好的促花效果。用$GA_{4/7}$诱导球花需要在适时处理多次，这是由于外源$GA_{4/7}$在油松组织内的代谢较快，处理2周后已难检测到了。适时、重复处理可保持芽内有效的激素水平，达到较理想的效果。

但是，在6~7月当雄球花原基处于生理分化期时，以$GA_{4/7}$处理4年生实生苗并没有能得到雄球花，而于8~9月处理，不仅得到了雌球花，且有雄球花。同时，$GA_{4/7}$处理也增加了种子园中多数无性系的雄球花量，造成这种情况的可能原因：①实生苗在开花生物学特性上存在较大的个体遗传差异；②6~7月处理时雨水较多，削弱了$GA_{4/7}$促进腋芽原基分化为花芽原基的作用；③松类嫁接植株着生雄球花的年龄通常要比雌球花晚，且无性系表现出偏雌或偏雄现象，从而可能造成在统计上的误差；④$GA_{4/7}$主要倾向于提高雌球花量。

二、花芽分化期土壤水分状况

在花芽分化期，低温、多云不利于植物开花，而干旱常能促使许多树种开花，但干旱不利于营养生长。干旱可增强赤霉素的促花效果；可影响松科树种内源类赤霉素的水平及代谢，使低极性内源赤霉素增加，高极性赤霉素减少。不同树种花芽分化时所要求的水分条件不尽相同，北美黄杉等在浇水条件下也可诱导成花。

在本试验中，土壤含水量对GA_3、$GA_{4/7}$油松促花效果的影响大。水分多，不利于雌雄花形成。干旱环境下GA_3处理形成的雄球花量可达到自然状况下的7倍以上，且雄花枝数较多；浇水抑制雌雄球花的形成。在各种水分条件下，GA_3和$GA_{4/7}$处理都促进了芽的伸长，土壤水分加强了这种作用，同时见到$GA_{4/7}$的作用大于GA_3(表15-14)。花芽分化期的降水量及干旱、自然、浇水3种条件下的土壤含水量见图15-6。

表15-14 不同水分条件下GA_3处理对芽发育及开花的作用

处理＼效果	对照芽长/mm		雌球花/（个/枝）		雄球花/（个/枝）		雄球花枝/枝	
	GA_3	$GA_{4/7}$	GA_3	$GA_{4/7}$	GA_3	$GA_{4/7}$	GA_3	$GA_{4/7}$
干旱	23/15	60/26	0.67	1.00	8.9	0	4	0
自然	33/17	66/35	0	0.33	1.2	0	1	0
浇水	60/21	81/48	0	0	0	0	0	0

据1993年、1994年对山海关林场苗圃地同龄油松实生苗的调查，发现1993年的3年生苗已有10.6%（9/85）植株开花，而1994年的3年生苗，则无1株开花。分析原因与1992年6~9月降水量少，干旱严重，而1993年降水量相对较多有关。看来，适时干旱是促花的重要条件。

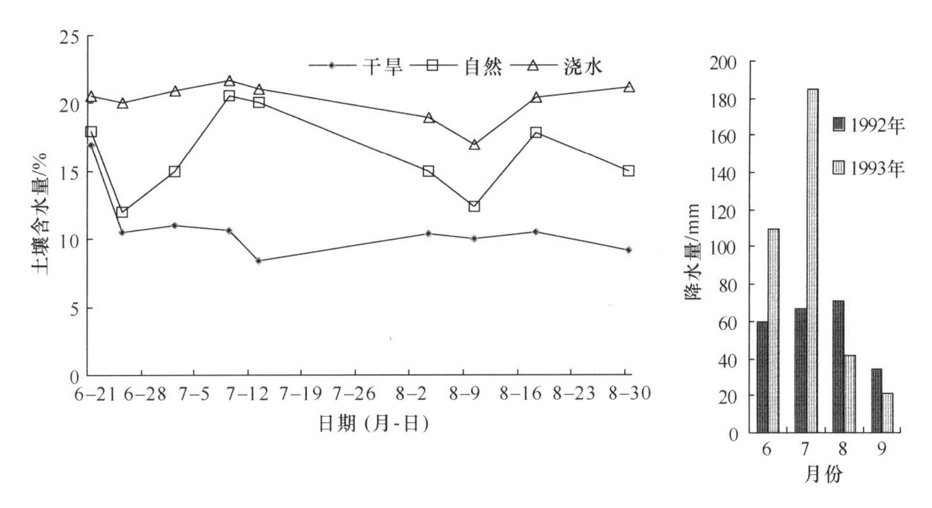

图15-6　花芽分化期的降水量及3种处理的土壤含水量

三、$GA_{4/7}$ 剂量与 ABA 增效

对4年生嫁接苗用$GA_{4/7}$（0μg、50μg、100μg、200μg）、$GA_{4/7}$+ABA（0μg、50μg+100ng、100μg+200ng、200μg+500ng），处理3次，$GA_{4/7}$，$GA_{4/7}$+ABA对雌球花有促进效应。在试验剂量范围内，特别是由50μg增加到100μg时，雌球花量增加。处理剂量间存在显著差异。在相同剂量下，$GA_{4/7}$+ABA处理都优于$GA_{4/7}$。处理剂量大小对雄球花的作用规律性不强。虽然从图15-7中可看出，2种处理的枝平均雄球花量都表现出最高剂量的花量最多，但实际上大多数处理枝基本上没有雄球花，由于少数枝条上着生大量雄球花提高了平均值，且处理时间也已较晚，实际效果尚待进一步研究。

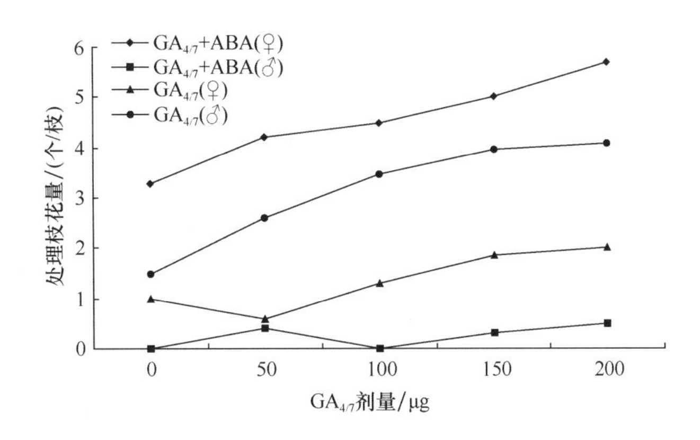

图15-7　激素处理剂量与诱导雌雄球花量

王沙生等对没有花史的10年生油松实生苗，从8月1日起每个芽注射$GA_{4/7}$ 10~60μg，重复3次，雌球花产量增加5~7倍。每个芽施用ABA 400~800ng，对高浓度$GA_{4/7}$（60μg）处理有明显的增效作用，但对较低浓度$GA_{4/7}$（10~30μg /芽）处理则无增效作用。

四、激素处理持续有效期

为了解 $GA_{4/7}$+ABA、$GA_{4/7}$促花处理的持续有效期，于 1994 年 5 月调查了于 1992 年处理枝条的开花情况。只有连年用激素处理，才可较大幅度提高雌球花量，促花处理没有见到持续后效。

结　　语

从 20 世纪 80 年代起，我们投入了比较多的力量，从标准地上树干解析木、优势木以及子代测定林生长过程探讨了油松早期测定问题。从山西、河北、陕西、北京等地天然更新和人工油松林分数十块标准地上，采集、分析了 300 株以上树干解析木。这批解析木分布区较广，树龄跨度大，为 19~224 年生，集中分布在 20~30 年生。分析结果表明，油松个体生长随年龄的变化趋势基本相似，都经历急剧加快，到达顶峰后，迅速减小，走向平稳的过程。分化程度最大的年龄在 3~9 年生时，变异系数多在 0.4 以上，随后，树高、胸径变异系数都稳定在 0.3 以下，9 年生后个体序次已基本稳定。大多数个体，尤其是优势木，15 年生前选择已有把握。

根据对河北、陕西和内蒙古子代测定林苗期—幼龄林生长的观测，油松 4 龄后生长次序已趋于稳定。对甘肃天水、河南辉县以及甘肃子午岭自由授粉子代林幼龄—成龄高和径生长的相关分析表明，生长量的早期选择是可能的。甘肃天水山小陇山油松自由授粉子代林试验林，参试优树家系 139 个。造林后第 3 年（1991 年）与 21 年生（2008 年）时树高的表型和遗传相关系数分别为 0.320 和 0.428，都已达到了极显著水平。该试验林于 1991 年测定地径，1996 年和 2008 年 2 次测定了胸径。地径和胸径的变动幅度要比树高大，但是胸径的表型相关系数仍然是极显著的。

20 世纪 80 年代我国开展 $GA_{4/7}$ 诱导球花研究。我们的试验表明，$GA_{4/7}$ 处理能够诱导油松 1~4 年生嫁接苗和实生苗开花，提高开花株频率，处理年龄较大的苗木效果较好；不同无性系的效果有异；$GA_{4/7}$ 处理对雌球花的效果优于雄球花，在 $GA_{4/7}$ 中加入 ABA 具有增效作用，$GA_{4/7}$ 剂量需达到每次每枝 100μg；处理结合土壤干旱有利于提高促花效果。$GA_{4/7}$ 在树体内代谢快，处理仅在当年有效。GA_3 和 $GA_{4/7}$ 处理，对当年枝条顶芽和枝条翌年生长有影响。$GA_{4/7}$+干旱能有效促进雌球花产量，BA（细胞分裂素）有抑制雌球花的作用；GA_3 能增加雄球花产量。

20 世纪 80 年代，美国北卡罗来纳州立大学和惠好公司等在土壤干旱胁迫条件下，采用激素促进开花，与此同时，开展高接促花试验，即将松类幼苗接穗嫁接到成年植株树冠上。近年，高接促花技术已趋成熟，促花效果良好。美国和欧洲一些国家在火炬松及其他松类树种选育工作中，已普遍利用高接。高接操作也比较简单，这是诱导开花的另一个重要技术途径，在林木选育工作中应当开发利用这一技术。

参考文献

陈伯望，沈熙环. 1992. 油松生长性状早期选择的研究. 林业科学，28（5）：450-455

陈伯望，李悦. 1992. 树木生长早期测定研究的回顾和展望I. 世界林业研究，（3）：37-42

符建明，沈熙环，朱少彬. 1990. 14年生油松子代林树高生长分析. 林业科学，26（5）：257-260

孔祥阳. 1988. 油松早—晚期关系及性状变异的研究. 北京林业大学硕士学位论文

马育华. 1982. 植物育种的数量遗传学基础. 南京：江苏科学技术出版社：333-341

沈熙环，李悦，王晓茹. 1985. 辽宁兴城油松种子园无性系开花习性的研究. 北京林业大学学报，4: 72-83

沈熙环，王清，Oden P O. 1991. 高温和干旱诱导欧洲云杉开花和赤霉素变化的研究. 林业科学，27（2）：168-172

王沙生. 1992. 促进油松球花形成的措施和机理的研究. 见：沈熙环. 种子园技术. 北京：北京科学技术出版社：152-176

王亚峰，薛崇伯，杨培华，等. 1990. 油松子代测定试验报告. 陕西林业科技，1：1-6

王章荣. 1981. 福建华安马尾松生长早期预测相关及早期选择. 南京林业大学学报，（3）：41-47

翁殿伊，王同立，杨井泉.1987，油松优树子代测定初报.林业科技通讯，1：21-24

杨晓红，沈熙环，李英霞，等. 1994. 提早油松苗开花的试验. 见：沈熙环. 种子园优质高产技术. 北京：中国林业出版社：200-209

Bonner-Masimbert M. 1987. Floral induction in conifers：A review of available techniques. For Ecol Manage，19：135-146

Franklin E C. 1979. Model relating levels of genetic variation to stand development of four North American Conifers. Silvae Genetica，28（5-6）：207-212

Lambeth C C. 1983. Early selection is effective in 20-year-old genetic tests of loblolly pine. Silvae Genetica，32：210-215

Lambeth C C.1980. Juvenile-mature correlation in Pinanceae and implication for early selection. Forest Science，26：571-580

Owens J N，Smith F H. 1964. The initiation and early development of the seed cone of Douglas-fir. Can J Bot，42：1031-1041

Pharis R P，Kuo C G. 1977. Physiology of gibberellins in conifers. Can J For，7（2）：299-325

Pharis R P，Webber J E，Ross S D. 1987. The promotion of flowering in forest trees by gibberellins $GA_{4/7}$ and cultural treatments：A review of the possible mechanisms. For Ecol Manag，19：65-84

Squillace A E，Gansel C R. 1974. Juvenile-mature correlation in slash pine. Forest Science，20（3）：225-229

第十六章　油松种源试验和性状地理变异规律

20 世纪 80 年代在“六五”、“七五”期间，油松遗传变异和良种选育的研究内容列入了“主要速生丰产树种良种选育”国家科技攻关项目，但分属于“油松种源试验”、“油松天然林优良林分的选择、改良和促进结实”、“油松种子园营建和经营管理技术研究”3 个专题。3 个专题总的研究目标虽然相同，但分工明确，内容交叉和渗透不多，专题负责人各司其职，专题间疏于交流。“六五”期末项目负责人曾议论过专题调整重组问题，但考虑工作才做了几年，因担心中途调整会影响进程而作罢。“八五”期间油松没有列入研究项目，油松遗传改良方面的研究也就没有可能统一考虑和安排了，工作也只能放任自流。

研究树种地理变异规律是树种遗传改良的基础，种源选择是良种选育的第一步。何况油松分布区广，地理变异丰富，同时，考虑到油松造林地区当前的自然条件和社会经济状况，群体选择是油松遗传改良的基本方法，研究总结油松的地理变异规律十分重要。20 世纪七八十年代，我国在油松种源研究方面做过大量工作，文献多发表于 80 年代到 90 年代初，主要是依据苗期或幼龄期的观测数据撰写的。文章多属于阶段性总结，虽有重要参考价值，但毕竟不是试验的最终结果。时光易逝，几十年过去了，当年奋战在第一线的同事多年事已高，或因其他原因离开了岗位。近三四年来，笔者在力所能及的情况下曾做过一些努力，期望通过调查过去营建的部分种源试验林来了解参试种源成龄时的表现。但是，这看来并不太高的要求，也因多种原因而只做成了很少的部分工作，分析结果将在后面介绍。为合理、高效地选择优良林分和优良单株，营建和经营母树林和种子园，必须要拥有油松种理变异规律方面的知识，它是油松改良不可缺少的重要组成部分。由于笔者没有亲身参与油松种源试验研究，不掌握油松种源试验第一手材料，只能通过阅读同事们早年发表的油松地理分布和种源试验方面的文献了解工作的进展，编录其中部分结果组成本章，以此弥补本书以个体选择方式为主要内容的不足。如笔者对文献理解错误和不确切的地方，敬请文献作者和本书读者不吝指正。笔者谨向长期参加油松种源研究并作出过贡献的同事们表示敬意和感谢。

20 世纪 80 年代末，笔者曾组织过油松材质性状在种内不同层次变异的研究，现将这部分内容简要地组织了“油松材质的地理变异”一节，借此读者可以比较全面地了解油松生长、适应性和材质性状的地理变异规律。在本章结语中就油松不同性状的地理变异模式、模式的利用及今后种源研究的组织等问题，笔者归纳了自己的认识。

第一节　树种地理变异研究和油松工作

一、地理变异研究及其重要性

从同一树种分布区范围不同地点收集的种子，通常称种源。将地理起源不同的种子放到一起所做的栽培对比试验，称为种源试验。18 世纪中叶法国人蒙梭（Duhamel du Monceau）为确定生产木材的最佳种源，首次从斯堪的纳维亚半岛和欧洲大陆采集了欧洲赤松种子，在法国营建了试验林（徐化成，1989）；20 世纪对地理变异和种源试验重要性的认识有所提高，欧洲和北美洲对主要树种系统地开展了种源试验（Zobel and Talbert，1984）。现在已能读到数百份针阔叶树种地理变异方面的研究报道（White et al.，2007）。

德国政府和国际自然保护联盟（IUCN）于 2011 年 9 月 2 日联合发出了波恩挑战（Bonn Challenge）。这是一项全球性的土壤改良倡议，号召到 2020 年全球要在 1.5 亿 hm^2 退化土地上造林。要大面积造林，要造好林，首先要用好种。为此，联合国粮食及农业组织（FAO）于 2014 年在网上发布了由英国、意大利、匈牙利等国专家编写的《生态系统恢复中利用乡土树种的遗传考虑》专集（Michele Bozzano et al.，2014）。全集含 17 章，总结了发展国家和发展中国家在一些树种造林用种中的经验和教训，强调正确选择种源和种源试验的重要性，也讨论了在没有造林树种地理变异信息的情况下应该怎么办。这是一本讨论有关树种地理变异方面有益的参考资料。

我国于 20 世纪 50 年代首先进行了马尾松、杉木、苦楝的种源研究，到 70 年代末许多树种都开展了种源研究，根据 90 年代初的统计约有 30 个树种做了这方面的工作，包括马尾松、云南松、黄山松、樟子松、红松、华北落叶松、长白落叶松、兴安落叶松、西伯利亚落叶松、日本落叶松、侧柏、柚木、桉树、榆树、鹅掌楸、桤木、苦楝、香椿、臭椿、檫木、柚木等。对重要造林树种初步揭示了主要性状的地理变异规律，选出了一批优良种源，其中油松、马尾松、杉木等 13 个树种还做了造林种子区区划（中国林业标准汇编，1998）。

从林业生产实践需要考虑，通过地理变异的调查研究，可以确定各造林地区种子安全调运的方向和距离，为划分造林区提供依据；选择生产力高、稳定性强的种源，为进一步选育优良繁殖材料和保护种质资源提供线索和数据。同时，通过了解树种地理变异模式和变异，可以探讨变异与生态环境和进化因素的关系。

遗传改良是综合利用一个树种各种性状内部存在的多个层次遗传变异的过程，只有了解种内各个层次的遗传变异，包括种源、林分、个体的遗传变异状况，才能制定出树种各性状最佳的选育方案并取得最好的改良效果。种内地理变异的研究是遗传改良的基础，是树种改良的第一步。对分布区广的树种，研究地理变异规律尤为重要。

二、油松的地理分布

油松是我国北方的重要乡土树种，自然分布区辽阔，跨北纬 31°~ 44°，东经 103°30′~ 124°45′。在辽西的医巫闾山，华北的燕山和太行山，内蒙古的怒鲁尔虎山、大青山和阴山，山西的吕梁山、中条山和管岑山，河南的伏牛山，陕西的秦岭和太白山，甘肃的子午岭、小陇山和祁连山，宁夏的六盘山和贺兰山等广大地区都有油松生长（《中国树木志》，1985 版），包括辽宁、内蒙古、河北、北京、天津、山西、陕西、宁夏、甘肃、青海、四川、湖北、河南、山东 14 个省（自治区、直辖市）（见彩图 I 上）。

20世纪80年代，徐化成教授等就油松的自然分布作过调查，描述自然分布区周界如下：按东北—西南走向，东界在辽东山区西丰—本溪—熊岳一线；北界东起西丰、开原一带，向西经阜新转向西北，经翁牛特旗的松树山再向西北，到黄岗梁、白音敖包和白银库伦等地，折向南，沿河北省高原边缘达张家口一带；经大青山、乌拉山、贺兰山、哈思山，到祁连山的永登、互助；青海贵德是油松分布区的最西点。经同仁、甘南到岷山、邛崃山东侧，是油松分布的西南端。由此向东，经龙门山、苍梧山、大巴山、伏牛山的南缘，向北经太行山地东麓，再沿燕山山地和辽西山地的南麓而达营口、熊岳一带。鲁中南山地也有油松的天然林。油松的水平分布具有不连续分布特点（徐化成和唐谦，1984；徐化成，1992）。

又据北京林业大学马钦彦教授报道（1989）：油松水平分布北至阴山、乌拉山，西至贺兰山、祁连山、大通河、徨水河流域一带，南至秦岭、黄龙山、岷山、邛崃山、伏牛山、太行山、吕梁山、燕山，东至蒙山、千山。油松垂直分布因地域而异，辽宁在海拔500m以下，华北山区在海拔1200~1900m，青海可分布到海拔2700m左右，其垂直分布高度由东向西逐渐增高。中国暖温带落叶阔叶林带，除辽东半岛南部（千山山脉以东）和胶东半岛有日本赤松（*Pinus densiflora*）分布外，丘陵和山地都有油松不连续、广泛分布。油松与栎类（*Quercus*）、侧柏（*Platycladus orientalis*）构成了这一区域的主要森林植被。

三、油松分布区气候区划

对分布区广阔，生态环境差异较大的树种，为研究和利用树种地理变异特点，在没有种源试验资料，不掌握地理变异规律之前，往往借助于收集分布区气候、地貌、植被等方面资料，利用主分量分析等方法，对分布区进行区划和归类。徐化成和马钦彦等分别做过这方面的研究。

马钦彦于1989年发表了《油松分布区的气候区划》一文。他对油松分布区内林地面积在1000hm^{2}以上的157个县，收集了1951~1980年第二季度和第三季度平均气温、年平均气温、1月平均最低温度、20cm处10月地温、≥5℃年积温、第二季度和第三季度降水量、年降水量、年日照时数、年无霜期及年平均相对湿度12项气象数据，用主分量分析法，将油松主分布区划分为4个气候区：辽西—蒙东南—冀北—晋中—陕北区，属暖温带北部半湿润区；鲁中南—冀南京津—豫西—陕南（秦岭北坡）区，属暖温带南部湿润半湿润区；辽东区，属暖温带湿润区；秦巴区，属亚热带湿润区。对4个气候区又划分为8个分区，各个分区涵盖的地区和气象特征如下：①辽东丘陵区，含辽河以东、盖县以北的丘陵地区，暖温带季风气候，年均温6~10℃，1月均温–5~15℃，年降水量800mm左右，无霜期160天，＞10℃年积温在3200℃以上；②冀辽蒙山地丘陵区，河北北部、西部、辽宁西部及内蒙古东南部的山地丘陵，气候温暖湿润，平均温度5~15℃，年降水量500~700mm；③冀南京津平原区，含河北南部及北京、天津，冬季寒冷、干旱，夏季高温多雨，平均温度1~13℃，无霜期约200天，年降水500~600mm；④鲁中南山地丘陵区，包括山东中部、南部山地丘陵，包括泰山、沂山、蒙山，大陆性气候，年均温 12~14℃，年降水量约 750mm；⑤晋中陕北山区，东至太行山、西至陕西子午岭及甘肃天水一带，大陆性气候，冬季寒冷干燥，年均温 9~12℃，年降水量 500~600mm；⑥陕南豫西山区，含陕西中、南部（秦岭北坡）及河南西部山区。年均温 11~14℃，年降水量 600~750mm，海拔 1000~3000m 的山地；⑦秦巴山区，由秦岭南坡向东南延伸至米仓山、大巴山及兴山一带的山地，地处亚热带常绿阔叶林区，气候温暖湿润，年均温 15℃左右，年降水量 800~900mm；⑧甘南山区，秦岭西段、甘肃南部及四川西北部白龙江流域，海拔 1000~2300m，年均温 8~16℃，年降水量 500~750mm，白龙江中下游河谷比较炎热干燥，其他地区冬寒夏凉，有明显的干湿季（马钦彦，1989）。

一个树种的分布主要受水、热条件的限制，各地油松群体的习性，也主要是在这些因素影响下经自然选择长期作用形成的。对一个树种分布区的气候区的划分和归类，往往从树种内变异研究开始，有利于地理变异规律研究工作的组织。

四、油松种子区划

对适宜某个树种造林的地域，按自然生态条件和林木遗传特性基本相似的原则划分为若干个地域单元，称为种子区划；对每个地域单元造林用种子的来源有规定，所以，种子区又是用种的基本单位。科学的种子区划，应当是建立在种源试验基础上的，但种源试验是一个繁杂的组织和试验过程，需要漫长的时间才能得出比较完整的结论，生产上不可能等待试验完成后再制定种子区划。因此，种子区区划往往是依据造林经验、树种分布区气候区划、部分种源试验结果等进行划分，并在实践中逐步完善。

油松种子区划在徐化成教授主持下，由 1982 年开始到 1986 年完成，经历了多年。该区划于 1988 年 4 月 13 日经中华人民共和国林业部批准，按《中国林木种子区　油松种子区》国家标准（GB 8822.1—88）颁发，同年 8 月 1 日实施。

1. 种子区和种子亚区

区划系统由种子区和种子亚区组成。种子区是生态条件和林木遗传特性基本类似的地域单元，是控制用种的基本单位，而种子亚区是控制用种的次级单位。种子区和种子亚区有名称和序号。序号用 2 位数字表示，前一位数字示种子区，后一位数字示种子亚区。为便于生产应用，尽量利用省界和县界等行政界线，山脊和河流等天然界线以及铁路和公路等人工界线，作为种子区和种子亚区的界线，一般不把一个县分属于两个区。依据气候，包括年平均气温、1 月和 7 月平均气温、＞10℃年积温、年降水量及植被状况等，将油松主要分布区划分成西北区、北部区、东北区、中西区、中部区、东部区、西南区、南部区和山东区 9 个种子区；区以下，又划分了 22 个种子亚区（图 16-1）。

2. 造林用种子规定

强调“就近用种”的原则。造林首先应当采用本种子区同一亚区的种子，其次是同一种子区内亚区的种子；在本种子区种子不能满足造林需要时，经主管部门批准，可遵照种子区间允许调拨的方向和范围，使用其他种子区的种子。种子区间允许调拨的方向和范围规定如下：

（1）东北区的种子可调拨到北部区使用；

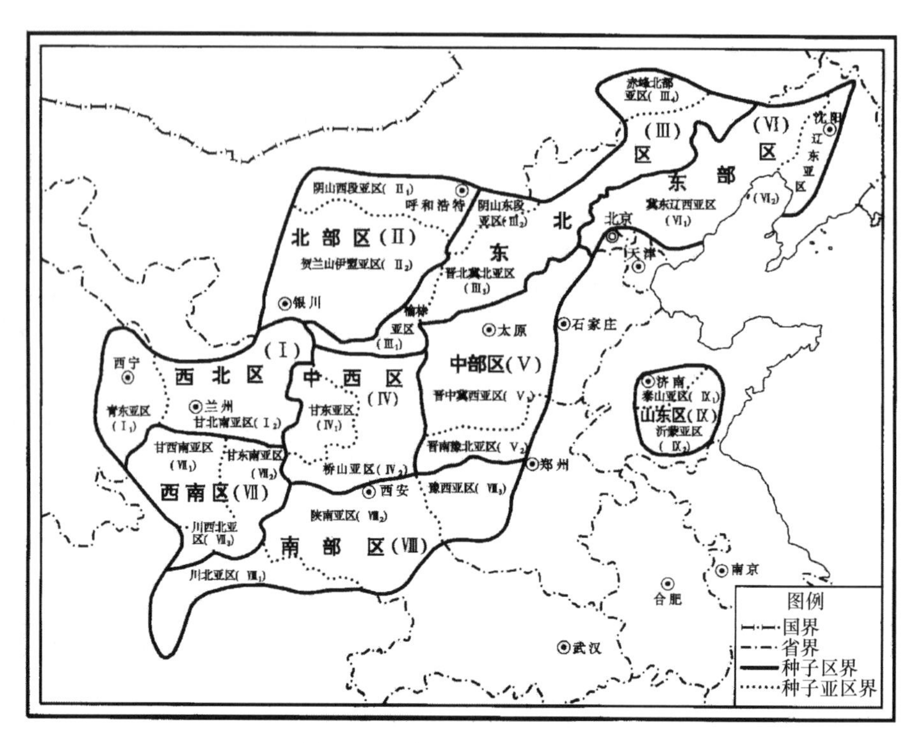

图16-1　油松种子区区划示意图

（2）北部区的种子可调拨到西北部区使用；

（3）东部区的种子可调拨到中部区使用；

（4）中部区的种子可调拨到东部区、中西区、南部区和山东区使用；

（5）中西区的种子可调拨到西南区和南部区使用；

（6）西南区的种子可调拨到南部区使用；

（7）种子区界两侧造林，允许采用毗邻地区种子。

第二节　油松种源试验及主要成果

20世纪60年代河北省林业科学研究所最早从事油松种源苗期试验，随后，中国科学院林业土壤研究所、昭盟林研所、陕西省林业科学研究所也做了油松不同种源苗期观察。1979年在中国林业科学院林业研究所徐化成教授主持下，比较系统、规范地开展了油松种源多点协作试验。试验包括二次全分布区试验及一次局部分布区试验。油松地理变异特点主要依据全国种源试验发表的文献。90年代后个别省（自治区）组织了新的种源试验，有关报道一并归纳介绍如下。

一、全国油松种源试验组织概况

第一次全分布区试验于1978年秋季采种，1979年育苗，参试种源19个，即河北承德北大山、遵化东陵、蔚县小五台，甘肃靖远哈思山、两当张家庄，陕西黄陵双龙、洛南古城，宁夏贺兰山，山西和顺禅堂寺、蒲县克城、汾阳三道川、沁源灵空山，青海循化孟达、互助北山，河南南召桥端，辽宁建平富山，内蒙古宁城黑里河、乌拉特前旗乌拉山，四川小金。第二次全分布区试验于1982年采种，1983年育苗，含26个种源，即辽宁开原八棵树、绥中三山，内蒙古克什克腾大局子、宁城黑里河、乌拉山（高）、乌拉山（中），河北迁西达峪、围场燕格柏，山西宁武吴家沟、文水孝文山（低）、文水孝文山（高）、沁水中村，陕西黄陵腰坪、商县黑山、宁陕火地塘，宁夏贺兰山，甘肃靖远哈思山、两当张家庄，青海互助北山，四川广元曾家、南坪122场、理县802场，河南栾川老君山、内乡万沟，山东泰山后石坞，湖北巴东广东垭。第三次局部分布区试验，采取统一组织，分片进行，于1987年采种，1988年育苗（徐化成，1992）。参试各种源地理位置及气象条件参见附表16-1。

参加油松两次种源研究的单位有：中国林科院林业科学研究所、辽宁省干旱地区造林研究所、河北省林业科学研究所、山西省林业科学研究所、内蒙古林学院、陕西省林业科学研究所、甘肃省林业科学研究所、宁夏回族自治区林业科学研究所、青海省林业科学研究所、河南省林业科学研究所、山东省林业科学研究所。赤峰林业科学研究所和鄂西林业科学研究所等参加了第二次全分布区试验。

二、各省（自治区、直辖市）种源试验主要成果

油松种源协作组曾对不同种源在各试验点作过比较全面的观测，包括球果和种子形态特征、结实习性、高径生长状况、干形、生长节律、根系特征、耐寒和耐旱特性、造林成活率和保存率，个别参试单位还研究了不同种源的同工酶变异及生长对不同土壤基质的反应等。从林业生产实践考虑，种源在各试验点苗木成活率和造林保存率，幼林的生长状况应当是首先关注的指标，因此，本节着重介绍这方面的内容。

各地试验中种源采集地点按《中国林木种子区油松种子区》国家标准中规定的区、亚区归类表示；对种源试验结果按各省（自治区、直辖市）名拼音排序。在自然条件差异大的省（自治区），如河北、辽宁、甘肃、内蒙古等，都在多个地点布置造林试验。

（一）北京地区试验

北京地区油松种源试验由中国林业科学院林业研究所负责，组织了3次试验。试验地位于北纬 116°06′，东经 39°52′的九龙山试验林场。第一次全分布区试验含 7 个区的 18 个种源，九龙庙造林地海拔 820m，地势平坦，土层厚约 1m；第二次试验参试种源 26 个，代表面较广，为评价种源与造林地海拔间的交互作用，试验地海拔分别为 200m、820m 和 1250m；第三次试验属局部分布区试验，目的是对北京地区表现良好的东部区种源作进一步评选，参试种源 14 个。

1989 年底调查了第一次试验的 11 年生试验林。试验结果归纳如下：①11 年生时，各种源高生长差异极显著。东部区遵化种源，高 2.47m，生长最好；比互助（1.67m）高出近 50%，比参试种源的平均值高出 28%。1989 年遵化种源当年高生长量最大，为

39.18cm，小金（高山松）最差，生长量仅为 22.06cm。各种源当年高生长量序位与 11 年生时一致。②胸径生长量，以遵化（3.56cm）和建平（3.41cm）最大；小金为 1.36cm，互助为 1.56cm。③保存率和断梢率在种源间差异极显著。其中黄陵的保存率最高，达 84.8%，建平第二，为 81.8%，小陇山种源保存率低，为 60%，小金保存率仅为 31.8%。断梢是指植株顶芽因冻死或受虫害，由侧枝代替主枝的现象，树断了梢，既影响干形，也反映了不适应引入地区的现象。东北区的乌拉山种源断梢率最低，为 0.02 次/株，关帝山种源为 0.04 次/株；洛南为 0.95 次/株，黄陵为 0.42 次/株，断梢率高；南部种源最高，平均为 0.68 次/株（唐谦等，1991）。就北京地区而言，选择中西区、东部区和中部区种源是适当的，东北区虽较为稳定，但生长量不大。西北区、南部区和西南区生长差且不稳定。虽然区内种源变异幅度没有区间大，但有的区内种源间在生长和稳定方面的差异也非常显著。以东部区为例，青龙、迁西表现既稳定、生长也好，而千山、绥中则较差。青龙和千山相比，9 年生树高相差近 28%（徐化成等，1992）。因此，对同一个区内不同种源表现的差异也要关注，对生长量性状的选择更是如此。

根据第二批 3 块不同海拔试验林 7 年生时的数据，不同种源区间的生长表现存在显著差异，且种源区×不同海拔试验地点交互作用显著。在海拔 800m 以下，东部区的生长和稳定性均比其他区好。在海拔 800~1200m 地带，表现较好的是东部型，其次是中部型和中西型。在海拔 1200m 以上地带，东部区和东北区生长表现较好。京西山地用东部区种子造林，可不考虑造林地和种源的海拔。在海拔 800～1200m 地带造林，还可采用中部区和中西区的种子，海拔 1200m 以上山地造林可采用东北区的种子（徐化成等，1991）。

20 世纪 80 年代，唐季林等用人工冰冻和电导法测定了油松种源试验林中，不同生态区试材的抗冻性及其季节变化。对 13 个种源针叶林历时 3 年的测定结果：11 月初，油松不同气候生态区在抗冻性上有显著差异。其中，以东北区抗冻性最强，中部区、东部区和西北区其次，再次是中西区和西南区，南部区最差。到仲冬季节，不同生态区试验材料的抗冻性普遍增强，各试样间差别减小。早春时，各区抗冻性显著减弱，没有见到规律性差别。唐季林认为，抗冻性与纬度关系最大，即纬度越高，抗冻性越强；与经度也有一定关系，即经度高，抗冻性强。油松不同种源 1 年生苗在北京地区越冬死亡率有显著差异，2 年生苗越冬时死亡较少，但仍存在一定差别。5 年生林木针叶抗冻性测定结果与 1~2 年生苗田间越冬表现相关紧密（唐季林和徐化成，1989）。

从几次试验结果看，在北京地区，用东部型种源造林最适宜；山西中南部（中部区）、陕西桥山（中西区）的种源表现较好；在高海拔造林时可选用东北区宁城种源；南部区、西南区和西北区种源表现不佳。在同一个区内，种源间在生长和稳定性方面也存在差异。

（二）甘肃省种源试验

甘肃河西走廊及北山地带，陇东、陇西高原及陇南山地都有天然油松林分布，总面积约 70 万亩，油松是甘肃荒山造林的主要造林树种。1979 年第一次全分布区试验，含 19 个种源；1983 年第二次全分布区试验含 26 个种源。1988 年局部分布区试验，以收集南部区、中西区和西南区种源为主，共包括陕西商县、洛南、黄陵、黄龙、太白，河南卢氏、南召、栾川，山西关帝山、沁水、沁源，甘肃正宁、迭部、两当 14 个种源。3 次试验共收集 12 个省（自治区）45 个种源。试验点跨多个种子区，分别设置在甘肃正宁（中西区），天水小陇山（西南区）、两当（西南区）和兰州大青山（西北区）。试验点自然概况如表 16-1 所示。

表16-1　甘肃种源试验造林点立地概况

地点	经度	纬度	年均气温/℃	1 月气温/℃	年降水量/mm	海拔/m	土壤类型
兰州	103°53′	36°03′	9.1	–6.9	327.7	1660	淡灰钙土
两当	106°18′	33°55′	11.4	–1.2	632.5	1250	山地棕壤
正宁	108°21′	35°30′	8.3	–5.3	623.5	1600	灰褐土
天水	105°53′	34°33′	10.9	–2.4℃	507.6	1500	山地褐土

生长　种源间高、径生长除个别年份外，都达到极显著差异水平。种源高生长的优势在苗期已基本反映出来，凡苗期生长好的种源，幼林期生长也好，但种源间差异程度随树龄的增大而逐渐缩小，5 年生前高生长的极值比平均为 1.90，6~10 年生为 1.59，11 年生后为 1.27，径生长趋势与高生长相似。在半湿润的天水试验点，试验林平均生长量比在干旱的兰州试验点的生长量大得多，且随年龄增大差异更加明显，如在第一次试验中，造林开始的头几年兰州点试验林生长较快，高、径生长量均大于天水点，但从第 8 年起，天水点的种源林高生长加速，11 年生时，兰州点试验林的平均树高为天水点的 87%，18 年生时，仅为天水点的 66.4%。第二次试验情况基本相似，14 年生时，兰州点的种源林平均树高分别为两当点和正宁点种源平均树高的 77.2%和 88.9%。在 3 次试验中，洛南、南召、栾川、商县等种源生长快，而乌拉山、互助、贺兰山、哈思山等种源在历次试验中生长都慢，比较稳定。

造林保存率　不同种源在各试验点保存率差异极显著，在自然条件好的试验点差异较小，如第二次试验中，两当试验林 14 年生时的保存率平均为 94.4%，变幅为 81.3%~100%；正宁为 31.3%~77.1%；兰州为 37.5%~93.8%。生长好的种源保存率也较高。

18 年试验表明，不同种源在生长和适应性上差异显著，种源与试验点存在交互作用。南部区的商县、洛南、广元、内乡、南召种源，中西区的黄陵、黄龙种源，在 4 个点上生长较好，适应性较强。四川北部种源，在陇南及天水生长较快，在另两个点有冻害。两当、天水种源，在当地表现中等，在陇东和中部地区表现良好。内蒙古乌拉山、克什克腾，宁夏贺兰山，甘肃靖远哈思山和青海互助种源，生长慢，不宜采用。南部区的种源普遍生长较快，商县、洛南、太白、卢氏种源表现尤为突出；中西区内种源差异小，但黄龙、黄陵等种源略好于子午岭地区的种源；在同一种子区内，种源间存在一定差异。河南灵宝和河北遵化油松种子园子代的长势优于相应的种源（李书靖，1983；李书靖和周建文，1985；李书靖等，1996，2000）。

试验中观察到种源在生长和适应性上极显著的差异，中西部和南部区种源生长较快，种源×试验点交互作用明显；种子园子代的长势优于相应种源。

（三）河北省种源试验

第一次试验参试种源 16 个；第二次试验除 26 个全国统一种源外，还增加了河北遵化东陵和承德北大山两个种源。第一次试验点设在遵化东陵林场和承德北大山林场（东部区）；第二次增设围场龙头山林场（东北区），见表 16-2。

表16-2 河北种源试验造林点立地概况

地点	经度	纬度	海拔/m	年均气温/℃	1 月气温/℃	7 月气温/℃	年降水量/mm	土壤类型
遵化	117°51′	40°12′	120	10.3	–7.3	25.2	655	褐土
承德	118°10′	41°15′	860	8.9	–9.4	25.0	550	淋溶褐土
围场	117°25′	42°05′	1400	4.7	–13.3	20.7	464	棕色森林土

生长 在两次试验中各试点不同种源的高生长都存在极显著差异。第一次试验在遵化点上，8~11 年生时各种源平均高分别为 0.9~1.4m、1.15~1.98m、1.30~2.20m，1.52~2.46m。在承德点，相应为 1.03~1.78m、1.34~2.15m、1.68~2.53m、2.1l~2.81m。第二次试验在遵化点上，1 年生、2 年生、4~7 年生时高生长相应为 2.5~4.7cm、5.5~11.6cm、14~31cm、22.9~ 51cm、32.9~73.1cm、46~97cm。在围场点，1 年生、4~7 年生时，相应为 2.18~4.4cm、15~25cm、20.5~38.6cm、27.8~54.6cm、36.7~71.6cm。在第一次试验中，承德试验点不同龄期相同种源的平均高都大于遵化点，8 年生时超过 0.14m、到 11 年生时超过 0.48m。第二次试验中遵化点不同龄期种源的平均高都大于围场，随着年龄增加差别越明显，到 7 年生时已超过 15.6cm。

苗木受害率和造林保存率 1 年生苗的受害率在种源间的差异达极显著水平。在遵化试点，各个种源 1 年生苗都不同程度受害，受害严重的种源有：陕西商县受害率为 63.4 %，宁陕为 63.5%，河南内乡为 73.5%，四川理县为 83.9%，湖北巴东为 99.1%，四川广元为 99.5%，其他种源受害率为 18.1%~47%。商县、广元和理县 3 个种源的 2 年生苗仍有少量受害，其他种源没有受害。

第一次试验在遵化点造林保存率为 54.7%~96.7%；在承德点为 71.2 %~97.6%。第二次试验在遵化点，4~5 年生造林保存率为 70%~95%；6~7 年生时为 63.3 %~93.3%。在围场点，不同年龄相应为 30%~88.5%、30%~86.7%。第一次种源 8~11 年生时各试验点保存率波动不明显，遵化点变动系数为 0~1.0%，承德点为 0~2.2%；第二次种源试验在 4~7 年生时 2 个点的保存率波动较大，遵化点为 0.1%~6.5%、围场为 0.0~18.8%，保存率随树龄增长趋于稳定。第一次种源试验中，承德试验点不同龄期种源平均保存率大于遵化，8 年生时＞12.4%、9 年生时＞11.8%，9 年生后趋于平稳。第 2 批种源中遵化试点不同龄期种源的平均保存率均大于围场，4 年生时＞13.6 %，5 年生时＞17.8%，5 年生后趋于平稳。

在各试验点表现好的种源并不完全一致。建平、汾阳的种源在遵化、承德两地表现较好；绥中、开源、宁城的种源在遵化、围场两点表现也较好。此外，在遵化点，当地种源表现好，比较好的还有：宁城、宁陕、绥中、迁西、开源、黄陵、建平、南召、汾阳、商县、栾川等种源。在承德试验点，承德种源表现好，比较好的还有建平、汾阳、和顺、蒲县、乌拉山种源。造林用种的原则与遵化试验点相同。在围场试验点，绥中、承德、乌拉山（高）、开源、围场等种源比较好，该地造林应以这些种源为主（翁殿伊等，1983，1986，1991；王同立和翁殿伊，1988）。

总的来看，在河北省，东部区和中部区的种源表现比较好；同一种子区内不同种源的生长和适应性不完全一样，种源×试验点交互作用极显著；在遵化、承德和围场3个试验点上，不同种源的生长和适应性有差异。

（四）河南省种源试验

第一批种源试验含17个种源，于1979年育苗，1981年造林；第二批试验含25个种源，1983年育苗，1985年造林。试验点在西峡县木寨林场、灵宝县川口林场。木寨林场试验地处北纬33°18′，东经111°30′，年平均气温15.1℃，1月平均气温2.1℃，7月27.5℃，极端低温–11.4℃，年日照时数2072h，降水量870mm。川口林场试验地位于北纬34°31′，东经110°54′，年平均气温13.9℃，极端低温–20.8℃，年日照时数2070h，降水量620mm。

第一次试验中，以黄陵、南召、蒲县种源保存率高，互助、循化种源及高山松最低。在第二次试验中，种源间保存率的差异极显著，在西峡试验点，以栾川、内乡、泰山、黄陵、中条山、商县、宁陕种源保存率较高。在灵宝试点，以黄陵、中条山、栾川、关帝山、宁陕、商县、迁西保存率较高。两批试验表明：油松分布区南部、中部、中西部的种源保存率高，适应性较强，东北区、东部区、北部区、西北区种源的保存率普遍较低。东北区、北部区、西北区种源苗期叶色发黄，不适应试验地高温、高湿的环境。广元、南坪、理县等川北及川西北种源叶色嫩绿，造林后3年，易遭羊、兔等危害（董天民等，1991，1992）。

总的趋势是，高生长与种源纬度关系密切，受温度和降水量制约，来自高纬度、寒冷、干燥地区的种源，在试验点生长不良；低纬度、温和、湿润地区的种源，在河南省生长有优势，原产地与造林地距离近的，保存率高。根据7～11年的观察，河南应从南部区秦岭山地中部和东部的商县、洛南、宁陕及栾川及中西区的黄陵等地调种造林，但南部区内种源间的生长和形态特征方面也存在差异。

（五）辽宁省种源试验

组织过两次全分布区种源试验，1979年试验含19个种源，1983年含26个种源；于1988年组织了局部分布区种源试验，含东部区14个，东北区5个，中西区的黄陵和中部区的沁源，西南区的两当和南部区的洛南，共20个种源，24个林分的种子。试验点设在本溪、兴城、北票3地。试验点概况见表16-3。

表16-3　辽宁省种源试验造林点立地概况

地点	经度	纬度	海拔/m	年均气温/℃	1月气温/℃	7月气温/℃	年降水量/mm	土壤有机质	pH
本溪	123°38′	41°38′	200	7.8	–11.0	24.2	762.2	1.647	6.5
兴城	120°45′	40°33′	200	8.8	–8.0	23.6	584.2	1.448	7.1
北票	120°18′	42°28′	400	8.3	–10.0	24.3	471.9	1.107	7.5

根据1988年和1990年在3个试验点观察，生长、适应性以及形态特征，在种子区和种源间都存在比较明显的变异，区间变异比区内种源间大。在本溪试点东部区最好，其次为东北区，表现好的种源有：河北遵化、迁西，辽宁本溪、绥中，内蒙古宁城等。在兴城试点东部区辽西冀东亚区及东北区表现好，最佳种源有：河北迁西、隆化，辽宁北镇、建昌，内蒙古宁城等。在北票试点宜选择东北区、东部区辽西冀东亚区，最佳种源有：内蒙古宁城，河北隆化、承德、迁西，辽宁建昌等。中部区种源多表现一般，南部区种源表现最差，不宜采用（李世杰和赵鸿宾，1984）。

在全分布区和局部分布区种源研究基础上，选择表现较好的本溪、绥中、建平3个种源，每个种源选择3个较好的林分，在每个林分内从6株优势木上采集自由授粉种子。对油松3个层次各性状数据作遗传方差分析，结果是，种源方差分量＞林分内家系分量＞林分分量（李世杰和吕德勤，1995）。

1年生苗封顶率高低与抗寒力大小有关。山西沁源、内蒙古宁城、青海互助等种源1年生苗越冬前封顶率高达100%，而四川小金仅为48%。冻害率与封顶率呈极显著负相关，封顶率高，冻害率低。封顶率与纬度呈极显著正相关，与年平均温度和1月平均温度呈显著负相关。前期生长快的苗木，木质化程度高，冻害率低，抗寒力强。不同地理种源的苗木生长节律不同，1年生苗在8月中旬前多数种源封顶率约占80%，而小金种源不足60%。多数2年生苗4~5月高生长量占全年总生长量70%以上，而小金只占44%，苗木受害最严重。受冻害严重的种源，纬度都在34°30′以下（孙祝宾和刘珍，1988）。据孙祝宾文献，绘制图16-2，可以清楚地看出越冬时封顶率与受冻害率间的关系。根据他们的试验，在辽宁省内东部区和东北区种源较好，同一区内的种源表现不同，种源×试验点交互作用明显；1年生苗木封顶率高低，是抗寒能力大小的标志。

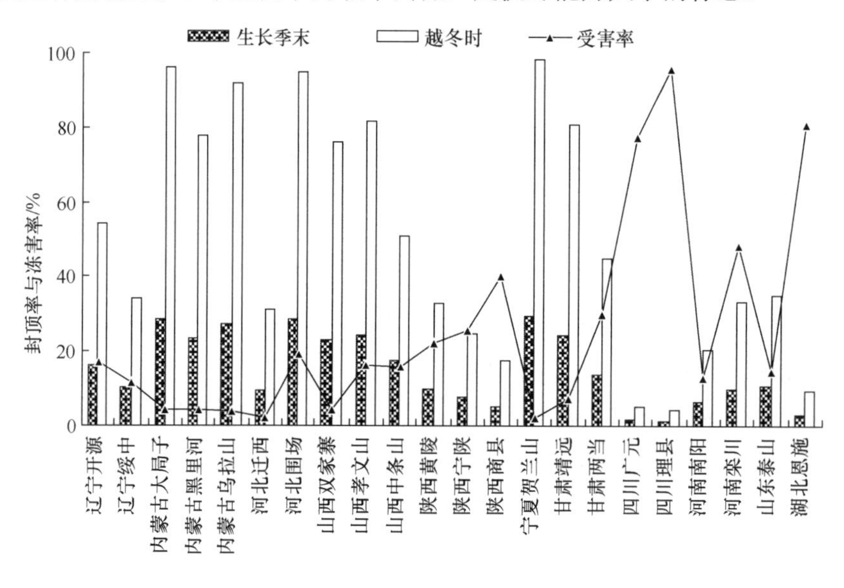

图16-2 辽宁试点生长期末和越冬时封顶率与冻害率

20 世纪 80 年代初笔者在瑞典访问期间，瑞典正从事欧洲云杉种源研究。欧洲云杉的南方种源适度向北推进，能增加生长量，但高纬度地区初霜日（每年第一天出现霜）早，终霜日晚，霜期长，生长期短。如果苗木萌动早，又不能及早结束生长，在霜冻来临前不能木质化，就会遭受冻害。他们就是利用定期测量苗木高生长量的办法，筛选萌动晚、结束生长早、单位时间内生长量大的种源和单株。据瑞典同行的经验，这个方法简单而有效。

（六）内蒙古东部和西部种源试验

内蒙古东部 赤峰市、宁城、喀喇沁旗、克什克腾旗和翁牛特旗，是内蒙古东部油松主要分布区，油松是该地区的重要造林树种。1983 年参加第二次油松种源试验，含 26 个种源，试验点设在赤峰老府林场和宁城黑里河林场。两点自然条件主要差别是前者海拔较后者低 300m，温度稍高，年降水量少，约 180mm。在老府林场试点，各种源 5 年生、6 年生、7 年生时树高和地径生长及种源间造林保存率差异极显著；在黑里河林场试点，生长状况与前者基本一致，但造林保存率差异不显著。在 2 个试验点 7 年生树高与纬度间呈极显著相关，偏北的种源生长量较大。在老府点表现好的种源是开原、迁西、宁城、关帝山（低），而宁城点是宁城、关帝山（高）、乌拉山（中，高）。总的来说，辽宁、内蒙古、山西、河北种源明显优于陕西、甘肃、宁夏、青海、四川和河南。1988 年布置了局部分布区试验，含 4 个省（自治区）的 13 个种源，试验点设在老府林场，1 年生苗越冬受害率差异不显著；2 年生苗高和地径绝对值不大，但差异极显著，建昌最高，乌拉山最矮（孙祝宾和王喜文，1992）。

内蒙古西部 油松是内蒙古西部荒山、丘陵、黄土高原的重要造林树种。1978 年参加第一次全分布区试验，含 20 个种源，试验地设在呼和浩特。1982 年造林后第一年种源间差异极显著。虽经补植，11 年生时洛南、小陇山和南召等种源被淘汰，黄陵、循化、互助种源保存率极低，都在 30%以下。东北区、东部区、中部区适应性强、受害轻，而来自温暖、湿润的南部区、西南区、中西区和西北区的种源，受害重，或被淘汰。11 年生的高、径生长在种源间差异极显著，东北区的神山，树高 2.19m，东部区的建平为 2.09m，承德为 2.01m，而西北区互助和循化仅为 0.75m 和 0.73m。径生长与高生长表现基本一致。从 11 年试验结果看，东北区的神山、乌拉山和宁城种源，东部区的承德和建平，中部区的蔚县种源，适应性强，速生，表现好（秦月明，1992）。

（七）宁夏回族自治区种源试验

宁夏油松主要分布在贺兰山、六盘山和罗山，属油松分布区的西北部。宁夏从 1979 年开始，前后做过 3 次油松种源试验。后两次试验点设在西吉县火石寨乡沙岗林场。该场海拔 2180m，年均气温 4~5℃，＞10℃年积温 1900~2100℃，7 月和 1 月平均气温分别为 17.2℃和 –9.1℃，平均最高和最低气温为 23.4℃和 –15℃，年平均降水量 429.2mm，无霜期 123 天，晚霜 5 月中旬，圃地属半干旱与半阴湿的过渡地区，土壤为淡黑垆土，pH 8.0。

第二次试验含26个种源。2年生苗高（1983~1984年）差异极显著，陕西黄陵、辽宁绥中、辽宁宁城黑里河、山西宁武吴家沟、四川广元、河南栾川老君山等种源在这里表现好，与其他种源都有显著差异，其中内蒙古乌拉山、湖北巴东、青海互助、河南内乡、甘肃靖远等种源表现最差。7年生时开原、关帝山（低）、中条山、两当、陕宁、商县、宁城、绥中、克什克腾等种源生长较好。乌拉山（高）、两当、贺兰山种源保存率高，而巴东、乌拉山（低）、广元、内乡保存率低，已被淘汰或将被淘汰。总的来看，中部区的山西中条山、管涔山，东北区的宁城，东部区辽宁开原、绥中等种源在宁夏表现较好。

在第三次局部分布区试验中，2年生苗生长也是以中部区山西种源，东部区迁西、绥中种源较好，甘肃迭部，青海互助、尖扎等种源保存率低，青海、宁夏种源生长量小（梅曙光和孙德祥，1988）。

（八）青海省种源试验

青海省油松主要分布于东部大通河及黄河河谷比较暖和的地带，占全省天然林面积的1.3%。1983年布置了全分布区种源试验，含26个种源。苗圃地设在青海互助北山林场，造林地在西宁北郊。

按苗期越冬死亡和受害情况，大体上可将供试种源分成4类：第一类，陕西商县，四川广元和理县，河南内乡，湖北巴东等种源，死亡率高达100%，完全不适应当地条件；第二类，陕西黄陵和宁陕，甘肃两当，四川南坪，河南栾川等种源，苗期受害率在50%以上，且持续发生；第三类，辽宁开原、绥中，内蒙古克什克腾和乌拉山，河北迁西和围场，山西管涔山和中条山，甘肃靖远，山东泰山等种源，只有少量死亡和受害，基本能适应；第四类，内蒙古宁城，山西关帝山，宁夏贺兰山，青海互助等种源，苗期死亡、受害少，完全适应当地条件。初步选出了耐寒冷、干旱，且生长位居前列的5个种源是青海互助、山西中条山、内蒙古宁城、宁夏贺兰山和辽宁绥中。

种源间的生长和适应性差异十分显著，且随年龄增长差异加大。从整体看，除泰山种源外，南部区和西南区的种源表现差，在该区不能适应；中部区、东部区和北部区种源表现较好；当地互助种源在该省表现出较大优势，是造林首选用种，外省种源要慎用（杨振国和朱承忠，1993）。

（九）山东省种源试验

山东省油松主要分布在泰山、蒙山和沂山，崐嵛山海拔1000m左右，也有少量分布。在全国第二次全分布区种源试验中，有26个种源参试，分别在泰山、蒙山和沂山造林。试验地海拔900~1000m，山地棕壤土，基岩为花岗岩。

3个试点6年生试验林的生长表现存在极显著的差异。当地蒙山种源树高176.7cm，地径6.13cm，比总平均值144.5cm和4.92cm分别高出20%以上，表现最好。对各种源生长量作多重比较，蒙山、商县、泰山、沂山、两当、黄陵、栾川、开原8个种源与其余16个种源间差异显著。综合考虑不同种源的生长量、保存率等，评选出蒙山、商县、沂山、泰山等种源为优良种源，造林6年后生长趋于稳定（魏王仁，1992）。

（十）山西省种源试验

油松天然林遍布山西全省。东部太行山和西部吕梁山两大山系为集中分布区，太岳山和关帝山两林区天然林面积接近全省的一半。生长和林相好的林分多分布在管涔山、关帝山、黑茶山、太行山、太岳山、吕梁山、中条山森林经营辖区内。油松是山西省的主要造林树种，造林面积占全省总造林面积的 35.3%（富裕华等，1989）。

2 次全分布区种源试验幼龄阶段　第一次于 1979 年育苗，含 19 个种源；第二次于 1983 年育苗，含 26 个种源。两次试验中发现，在同一个种子区内的不同种源分化强烈。为此，加大部分地区种源采集密度，于 1987 年开展了局部分布区试验。从全省各地采集 48 个种源种子，采种地分布在北纬 35°02′~38°54′，东经 111°25′~113°30′，海拔为 1100~1700m，年均温 4.9~9.9℃，年降水量 445~700mm。

全分布区种源试验地设置在隰县上庄种子园和大同市长城山林场等地。上庄育苗地海拔 1600m，年均温 6℃，年降水量约 600mm，无霜期约 120 天。长城山林场，海拔 1300m，年均温 5.3℃，年降水量 400mm，无霜期 120 天左右。造林试验地均为阴坡，海拔约 1750m，土层深厚肥沃。局部分布区试验增设中条山区试点，造林试验在石河林场，海拔 1300m，地形较平坦，沙壤土，土层深厚，为弃耕地，土壤较贫瘠。

生长　据两次全分布区种源试验分析，无论苗期还是幼林期，种源间高和地径生长差异都极显著。从不同种源生长过程看，可分为 4 类：第一类，苗期和幼林期生长始终处于前列的，有晋中和顺禅堂寺林场、汾阳三道川林场，冀北承德北大山林场和遵化东陵林场种源；第二类，苗期生长好，幼林期生长则每况愈下，有天水小陇山种源；第三类，苗期生长一般或稍差，幼林期生长较快，排序逐渐上升，以辽宁建平种源较典型；第四类，表现中庸或较差的，有贺兰山、洛南、哈思山、循化等种源。在第二次试验中，3 年生苗高最好的是黄陵、南坪、泰山种源，最差的是内乡和克什克腾种源，相差约 1 倍。在局部分布区多点试验中，同一种子区的不同种源，2～10 年生高生长稳定地保持显著差异。

适应性　适应性比生长对环境的反应更敏感。第一次试验中 19 个种源保存率的差值极大，保存率从 97.6%~85%到全部死亡。第二次试验结果与第一次试验类似，西南区、南部区种源越冬保存率仅为 22%~30%。变异系数普遍较高。根据对两次试验结果分析，如以中部区为中心，向东、东北、西北各个方向的种子区，原生境较为干冷，种源保存率多在 90%以上，而向西南和南，原生境比较温湿，种源适应性差。总的来看，中、东、北、西北种子区适应性强，中西区适应性较差，南部区和西南区适应性最差，但种子区内不同种源分化也大，如南坪和栾川种源，越冬保存率也有达 40%以上的。富裕华等认为山西省和河北种源生长量和适应性在试验中都处于前列，造林用种基本上可不考虑调用外省（自治区）的种子，并提出应加大采样密度，了解林分间的差异（富裕华，1982；富裕华和张新波，1986；富裕华和廉志刚，1993；富裕华等，1989；富裕华和吕德勤，1995）。

从油松试验林苗期和幼龄期分析，由试验地北部地区调入的种子，其苗木的适应性明显优于从南部区和西南区调进的，而苗木的生长状况则以当地和东部区种源表现较好；多次局部种源试验表明，要重视种内多层次选择。

2 次全分布区种源试验成龄阶段 2011 年冬对 2 次全分布区的种源试验林，即 1979 年育苗含 19 个种源的试验林和 1983 年育苗含 26 个种源的试验林组织了全面调查。其时试验林分别为 33 年生和 29 年生。

（1）1979 年营建的试验林中，各种源存活株数相差极大，南部区和西南区种源缺株多，占定植株数（4 株小区，5 次重复）的 50%以上，保存率为 5%~55%；北部区、西北区不缺株或缺株很少；中西区、中部区、东部区及东北区介于上述两类之间，变动较大，保存率为 60%~85%。各种源存活植株的平均高都已在 9m 以上，不同种源相差不大，种源内高生长的变动系数在 10%左右；平均胸径为 15.78~19.35cm，变动系数在 20%左右；平均单株材积为 0.094~0.144m^3。单株平均材积×保存株数，得到各个种源的蓄积量。参试种源蓄积为 0.116~2.736m^3，相差极大，达 23.6 倍。北部区乌拉山林场种源表现最好，为 2.736m^3，其次为中部区的山西和顺种源，为 2.470m^3。总的来看，北部区、中部区、中西区和西北区各种源蓄积量较大，但北部区内蒙古乌拉山林场种源居榜首，出乎意料。这与单株材积大，存活株数多有关（表 16-4）。

（2）1983 年营建的试验林中，除陕西商县种源外，南部区、西南区和山东区的缺株数多在定植株数（4 株小区，6 次重复）的 50%以上，有的甚至全部死亡；北部区、西北区的缺株数虽比 1979 年试验林多，但比前一类明显要少；其他各区种源保存率为 25%~75%，其中山西中条山和管涔山种源保存率只有 29%和 25%，出乎意料。从生长

表16-4 19个种源试验林33年生时测定结果

种源	种源区	树高/m		胸径/cm		单株材积/m^3		保存率	单株材积×保存株/m^3
		平均值	变动系数	平均值	变动系数	平均值	变动系数		
内蒙古乌拉山林场	北部	9.83	10.24	19.35	20.52	0.144	0.16	0.95	2.736
山西和顺林场	中部	9.68	10.09	18.24	19.63	0.130	0.15	0.95	2.470
陕西黄陵双龙林场	中西	9.78	10.18	18.97	20.46	0.140	0.16	0.85	2.380
山西文水三道川林场	中部	9.65	10.07	19.23	20.95	0.142	0.17	0.80	2.272
甘肃靖远哈思林场	西北	9.63	9.96	17.05	18.16	0.113	0.13	1.00	2.260
青海循化孟达林场	西北	9.81	10.05	16.09	17.26	0.103	0.12	0.95	1.957
青海互助北山林场	西北	9.14	9.41	15.79	16.95	0.094	0.11	1.00	1.880
辽宁建平富山林场	东部	9.45	9.84	18.64	20.99	0.134	0.17	0.65	1.742
河北蔚县小五台林场	东北	9.21	9.64	16.90	18.13	0.106	0.12	0.80	1.696
山西蒲县克城林场	中部	9.52	10.08	17.79	20.07	0.125	0.16	0.65	1.625
山西沁源灵空山林场	中部	9.61	9.91	17.33	18.91	0.116	0.14	0.70	1.624
宁夏贺兰山大水沟	北部	9.05	9.52	15.78	17.47	0.094	0.12	0.85	1.598
内蒙古宁城黑里河林场	东北	9.55	10.15	18.40	20.72	0.133	0.16	0.60	1.596
河北遵化东陵林场	东部	9.26	9.79	16.09	18.83	0.106	0.14	0.75	1.590
陕西洛南古城林场	南部	9.41	10.08	17.24	18.77	0.112	0.13	0.55	1.232
甘肃小陇山张家林场	西南	9.68	10.14	16.72	17.74	0.108	0.12	0.55	1.188
河北承德北大山林场	东部	9.66	10.35	17.04	18.95	0.114	0.14	0.50	1.140
河南南召乔端林场	南部	9.58	10.04	17.48	21.25	0.118	0.17	0.30	0.708
SCMEK 四川马尔康	南部	9.50	—	17.60	—	0.116	—	0.05	0.116

状况看，平均树高为6.38~8.04m，种源内的变动系数略小于1979年试验林；平均胸径为12.36~17.94cm，变幅较大；蓄积量为0.308~1.680m^3，差幅大，达1∶5.5，以东北区、北部区的内蒙古大局子林场、乌拉山及宁城黑里河种源居先，中部区种源优于平均水平（表16-5）。

这两片试验林营建后管理比较粗放，也没有系统观测，因此，缺乏充分依据确切判断试验结果，但是，现有数据提供了极为宝贵的信息，拓宽了思考问题的空间。造林保存率的高低受种源地理气候的影响，也受栽培管理状况和偶然因素的作用。根据现在提供的各种源造林保存率的数据，从总体来看仍明显地反映出了各种源对造林试验地的不同适应状况。北方来的种源适应力较强，保存率高，南方来的种源不适应，死亡多，这与幼龄阶段做出的结论基本一致。从生长状况看，北部区及北方来的部分种源的表现比幼龄阶段要好，平均单株材积较大，由于保存率高，蓄积量也大，位居前列。笔者曾怀疑内蒙古乌拉山种源数据的可靠性，2013年经山西省油松协作技术负责人张新波高工实地核查，认定调查可靠。试验结果启示我们，在种源试验中不要匆忙对各个种源生长优劣下定论，经多年考察后再作出评价比较可靠，同时试验林的管理要求细致，且必须定

表16-5　26个种源试验林29年生时测定结果

种源	种源区	树高/m		胸径/cm		单株材积/m^3		保存率	单株材积×保存株/m^3
		平均	变动系数	平均	变动系数	平均	变动系数		
内蒙古大局子林场	东北	7.14	7.62	14.58	16.35	0.070	0.09	0.63	1.680
内蒙古乌拉山海流斯太	北部	7.61	7.79	16.29	18.30	0.086	0.10	0.75	1.548
内蒙古宁城黑里河	东北	7.13	7.61	15.63	17.71	0.077	0.09	0.72	1.386
山西关帝孝文山林场	中部	7.34	7.80	15.41	17.66	0.078	0.10	0.68	1.326
陕西商县药王坪	南部	6.79	7.45	14.11	16.03	0.063	0.08	0.75	1.134
山西关帝双家寨林场	中部	7.58	8.19	15.02	16.42	0.073	0.09	0.60	1.095
内蒙古乌拉山大桦背	北部	7.39	7.92	14.99	16.57	0.071	0.09	0.63	1.065
甘肃靖远哈思山	西北	7.10	7.81	14.63	17.13	0.070	0.09	0.63	1.050
河北围场燕格柏林场	东北	7.16	7.80	14.94	17.67	0.073	0.10	0.54	0.949
甘肃两当张家庄林场	西南	7.58	7.82	15.86	17.66	0.079	0.10	0.50	0.948
四川南坪	西南	7.37	7.87	13.65	15.22	0.060	0.07	0.63	0.900
辽宁绥中	东部	7.29	7.69	14.73	16.62	0.067	0.09	0.50	0.804
宁夏贺兰山	北部	7.14	7.94	13.39	16.63	0.062	0.09	0.50	0.744
辽宁开原	东部	7.32	8.35	15.22	18.49	0.076	0.11	0.38	0.684
陕西宁陕林场	南部	8.04	8.49	17.94	20.89	0.104	0.14	0.21	0.520
陕西黄陵	中西	6.78	7.58	14.39	16.84	0.061	0.09	0.33	0.488
山西管涔山	东北	7.30	7.50	15.28	17.20	0.070	0.09	0.25	0.420
河北迁西大峪林场	东部	7.45	8.05	14.32	18.19	0.067	0.10	0.25	0.402
山东泰山	山东	7.20	8.18	13.73	19.12	0.064	0.11	0.25	0.384
河南南阳	南部	6.38	7.79	12.36	15.52	0.048	0.07	0.33	0.384
山西中条山	中部	6.77	7.94	12.93	16.37	0.053	0.08	0.29	0.371
河南栾川	南部	7.68	8.47	16.08	25.77	0.089	0.19	0.17	0.356
四川米亚罗	南部	7.05	7.64	15.68	25.30	0.077	0.16	0.17	0.308

期进行观测。此外，在1983年试验林中有2个种源来自乌拉山地区，两者单株材积和蓄积量分别是$0.086m^3$、$1.548m^3$和$0.071m^3$、$1.065m^3$，相差比较大（表16-5）。为什么会产生这样的结果，没有依据评说。

其他试验　根据山西省杨树丰产林实验局聂治平对油松种源苗期试验报道：1995年从山西、甘肃、宁夏、青海、内蒙古、河北6省（自治区）采集36个种源，包括山西沁源4个，和顺、兴县各2个，五台2个，交城6个，文水、屯留、隰县、壶关、河北围场各2个，平泉2个，承德、内蒙古宁城各2个，准格尔、乌拉特前各2个，宁夏贺兰山、甘肃永登、靖远、青海尖扎各2个，互助2个，在金沙滩中德林业技术合作项目的苗圃中育苗。对油松幼苗生长量分析，在半干旱、瘠薄的金沙滩地区，以山西沁源灵空山、兴县东会、交城孝交山、壶关树掌4个林杨的5个种源油松幼苗长势最好（聂治平，2008）。

山西农业大学李文荣、齐力旺等于20世纪80年代研究过油松产地、林分和家系苗期的遗传变异，试材是从山西省关帝山、太岳山、中条山3个林区、8个产地、20个林分中采集的115个自由授粉家系。根据对产地—林分—家系1年生苗高生长分析，由于原产地间生态条件差异不大，生长差异不显著，但产地内林分间的差异显著大于林分内家系间的差异，前者是后者的2.5倍，单株间引起的方差分量占50.9%。这说明林分、家系、单株均为油松遗传变异的重要来源，应充分利用（李文荣等，1993）。这再次证明，良种的选育要重视种内多层次变异。

（十一）陕西省种源试验

油松是陕西森林的重要组成树种，南自秦岭、巴山，北至长城沿线都有分布和栽植。该省天然林油松占针叶林总蓄积量的48%，油松人工林占总面积的42%（张仰渠，1989）。1980年，王思恭等搜集省内外共21个种源，于1982年在长安康峪沟和沣峪两地用容器苗造林；1983年参加全国组织的26个种源试验，1985年也在上述两地造林（表16-6）。1988年组织了局部种源试验，含16个种源、47个林分和206个家系（王思恭等，1992）。

表16-6　陕西省种源试验造林点立地概况

地点	纬度	经度	海拔/m	年均温/℃	绝对低温/℃	年降水量/mm	生长期/天	坡度/（°）
康峪沟	34°09′	109°55′	900	13.2	–17.1	687	210	25
沣峪	33°21′	108°42′	1900	7.1	–26.3	791	140	25

在康峪沟试验点的第一次试验中，各种源1~10年生高、10年生胸径的差异都达到极显著水平。宁陕种源10年生时的树高和胸径分别为山西宁武种源的1.4倍和1.5倍。秦岭中段、东段种源，苗期和幼林期生长优势明显，有的生长比当地种源还好，而山西、青海、甘肃、宁夏的种源表现较差。在两个试验点，高和胸径生长在种源×试验地的交互作用差异都极显著，种源序次变动大。在第二次试验中，8年生前各种源高生长差异极显著，趋势与第一次试验一致，保存率差异不明显。据局部试验苗期数据分析：林分间苗高差异大于局部分布区种源间差异；种源间和种源内家系苗高差异极显著。这表明种源区确定后，林分选择非常重要，种源内家系选择是有效的。

20世纪70年代该省曾从河北、山西、辽宁大量调进油松种子造林。1991年8月，王思恭等调查了宝鸡、汉中、安康等地区生长在不同立地条件上的油松人工林的生长状况，当地种源10年生和15年生人工林的树高分别是山西种源的1.3~2.9倍和1.3~2.2倍，高生长量比外省种源大30%以上，且干形好，病虫害少。安康地区宁陕县林业局于1973~1975年在新矿林场海拔1400m的平坦地上用外地种源造林约33hm^2，20世纪80年代，因发生病害，大部分林木已伐除，而当地种源林木生长良好。因此，王思恭等（1994）认为，造林要做到适地、适树、适种源。

樊军锋等总结陕西省多次油松种源、林分、家系多点育苗、造林试验时指出，油松种内变异呈现出种源＞林分＞家系的变异模式；种源和林分7个性状的生产力出现由西南向东北方向递减的地理变异规律（樊军锋等，2006）。

归纳陕西同行的经验，南部区秦岭中段、东段种源生长优势明显，要重视种源×立地的交互作用，种源、林分和家系多层次选择是有效的。

三、不同种源在各种子区适应性和生长表现综述

全国油松种源多点协作试验始于1979年，共组织过3次，主持单位对每次试验都及时作了阶段性总结（徐化成，1992）。笔者归纳不同种源在不同种子区试验点的表现如下。

不同种源在不同种子区试验点的苗期成活率、造林保存率和林木生长，与原产地的降水量和温度密切相关，寒冷、干旱地区种源比温暖、湿润地区的生长量小；这些指标既受原产地气候条件影响，又与造林试验地的气候和立地条件有密切关系。

在东北区，以本区种源最适宜，与北部区种源差别不大。可试用东部区、中部区种源，其他种子区，包括西北区种源都不适宜。在北部区，以本区或东北区种源为宜。

东部区（含辽东、辽西、冀东山地和北京山区）和中部区（含山西中南部）都以本区种源最适宜；东北区种源生长和保存率比东部区种源稍低；南部区和西南区种源越冬时常遭寒害；西北区种源，成活率和保存率都低，生长也差。

南部区（含四川北部、秦岭、豫西山地、鲁中南山地等）以采用本区种源为宜，陕南亚区宜采用本亚区种子，豫西亚区以栾川种子生长较好。山东区宜采用山东本地种源。

西南区（含甘肃东南部、甘肃西南部白龙江流域，四川西北部南坪等），各区种源苗木越冬成活率和造林保存率差异小。黄陵（中西区）、洛南、商县等（南部区）种源生长好。相邻种子区的种源优于本区种源，是西南区的特点。

西北区（含青海东部、甘肃北部）各区种源苗木越冬保存率都较低，种源间差异大，本区或与本区条件相似的贺兰山、关帝山高海拔种源表现较好。

总之，东部区和中部区适应性较强，在各地生长较好；东北区和西北区种源，仅能适应于寒冷、干旱地区；而中西区、西南区和南部区种源也仅能适应温暖、湿润地区。在9个种子区中，采用邻近区种源造林仅在西南区表现出优势，在其他各区都是以本区种源为最好，或属于最佳种源区之一。由辽宁、河北、山西种子调到四川、陕西、湖北、河南造林，幼林成活不成问题，但可能会严重影响林分的生长量。可见，“就近使用油

松种子造林”的提法是有依据的，油松大规模造林不宜调用远距离的种子，除非试验证明这种调动是合理的。

第三节 油松材质性状的地理变异

有关油松不同种源适应性和生长的地理变异同行曾做过大量的调查研究，在前几节中已经作了归纳介绍。油松的树干形态的地理变异，在第三章第三节优树树干形质的变异中也已论及，但对油松木材密度、管胞长度、晚材率、压强等材质重要指标，在不同地点、林分和单株间是否存在变异，如何变异，却并不清楚。为此，20 世纪 80 年代末，笔者曾组织力量做了这方面的探索。在各协作点大力协助下完成了初步研究，其中，硕士研究生王善武承担了主要工作（王善武等，1992）。为让读者对油松不同性状的地理变异状况有比较全面的了解，笔者把我们的主要结果组成本节。

样木和试样的采集 从陕西、河北、内蒙古三省（自治区）13 个油松林分中取样木 326 株。在天然林中，为避免样木间存在亲缘关系，各样木相距都在 50m 以上。在人工林中，随机取样木。在样木的胸高处，用内径为 5.0mm 的生长锥钻取木芯，共取木芯 661 个。又从 $2^{\#}$、$3^{\#}$ 林分各 10 株样木上，各取胸高圆盘 10 个，圆盘厚 5cm；在内蒙古 $8^{\#}$林分 20 株样木上，共取圆盘 20 个，并在 0.3m、3.6m、5.6m、7.6m、9.6m、11.6m 处的 4 个方位取木芯 382 个。在陕西陇县 11 年生油松子代林中，从 16 个自由授粉家系的胸高处东向方位，共取木芯 302 个。采样时间为春季。采集试样的林分状况和试样采集量见附表 16-2。

测定方法 从圆盘 4 个方位取样，加工成 30°的楔形木块，或 3cm×2cm×2cm 试件。木芯和楔形木块用最大含水量法测定基本密度；试件用直线量法测定气干密度。管胞用过氧化氢法离析，每个试样在显微镜下读 50 个管胞长度作为样本平均值。早晚材用游标卡尺测定，精度为 0.02mm，顺纹抗压强度和含水率按国家标准测定。

一、木材密度、管胞长度、晚材率在单株内的变异

为提高试样间对比的可靠性，在正式分析试样前，先调查了木材密度、管胞长度、晚材率等指标在树干不同方位、不同高度、不同径向的变化特点。

1. 试样在方位和高度间的变异

据对 $4^{\#}$、$5^{\#}$、$6^{\#}$、$7^{\#}$、$9^{\#}$、$11^{\#}$、$12^{\#}$和 $13^{\#}$共 8 个林分 225 株样木的分析，东、南、西、北 4 个方位的木材密度，依次为 0.407g/ml、0.408g/ml、0.411g/ml 和 0.410g/ml，无明显的差别。这一结论与在湿地松、马尾松、杉木中的研究结果是一致的。但树干不同高度处试样密度有极显著差异。由基部向上，密度逐渐减小。以 $8^{\#}$林分 20 株样木不同高度，4 个方位的木材密度的平均值制图（图 16-3）。从图 16-3 中可见，树干基部同一高度不同方位的木材密度基本一致，无显著差异，只在树梢处出现波动。

管胞长度和晚材率在单株内的变异趋势和木材密度相似。$8^{\#}$林分 20 株样木东、南、西、北 4 个方位的管胞长度，分别为 1.970mm、1.965mm、1.967mm、1.962mm；晚材率相

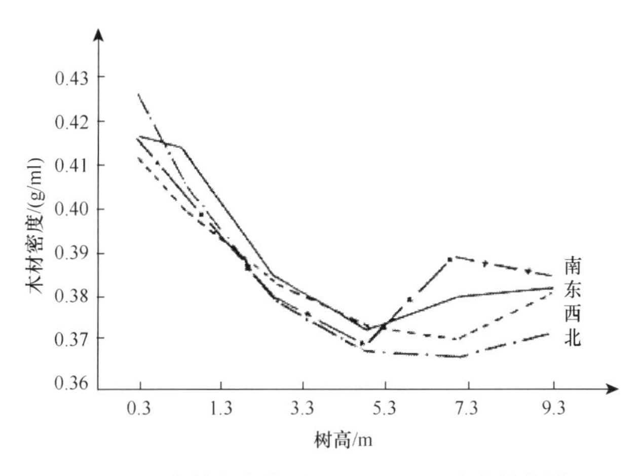

图16-3　木材密度在不同方位和不同高度的变异

应为 23.2%、23.1%、23.4%、23.4%。差异都不显著。8#林分 5 株样木同一方位的 29 个木芯试样的分析，最外 3 轮管胞长度从基部向上增加，到 3m 左右又开始减小。

2. 径向变异

木材密度、管胞长度和晚材率都是由树干中心向周围增值，4#林分 25 株样木，东西方位的木材密度的径向变异 10 年生后渐趋稳定[图 16-4(a)]。据对 1# 林分 34 株样木的管胞长度和晚材率分析，在不同龄级（按 5 年为一级）间都存在显著的差异，但到 10~15 年后保持相对稳定[图 16-4(b)]。可见成龄材较幼龄材稳定。

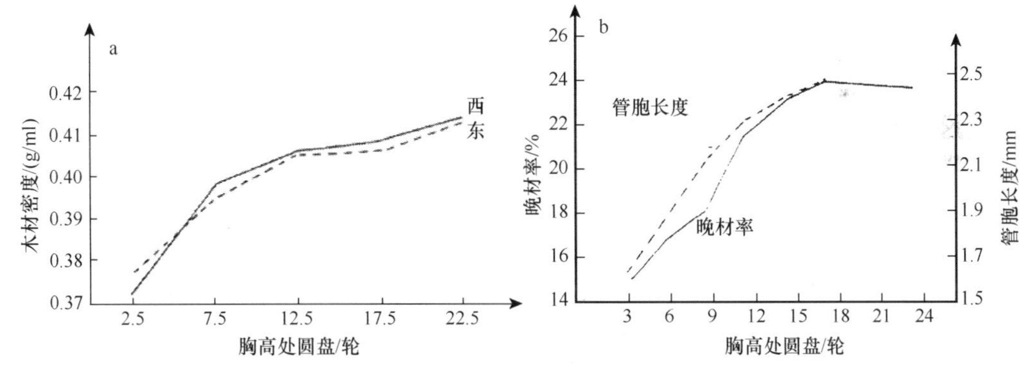

图16-4　木材密度（a）和管胞长度和晚材率（b）的径向变异

由于木材密度、管胞长度和晚材率在同一高度不同方向间无显著差异，密度在不同高度虽存在极显著的差异，但纵向变异的模式一致，且胸高处木芯密度都与胸高圆盘密度呈极显著的正相关。图 16-5 示 8#林分 20 株样木胸高圆盘平均密度和胸高处 4 个方位木芯平均密度值，由此可见，用胸高、木芯密度来评估优树的木材密度是可行的。

二、木材性状在不同地区、林分、单株间的变异

根据对内蒙古宁城、河北丰宁和陕西陇县等地 11 个油松林分，共 279 株样木胸高木芯的分析，林分平均木材密度为 0.395~0.422g/ml，变动系数为 4.8%~8.3%，极差为 0.079~0.140g/ml（图 16-6）。对上述数据作采样地区-立地（坡向）-林分-单株 4 个层次

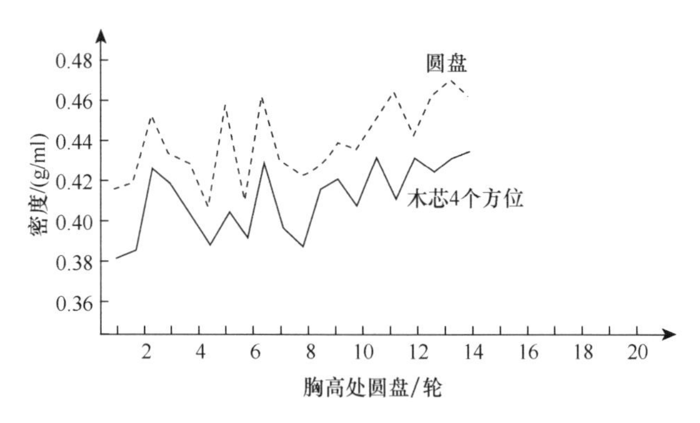

图16-5　优树胸高处圆盘和4方位木芯密度平均值

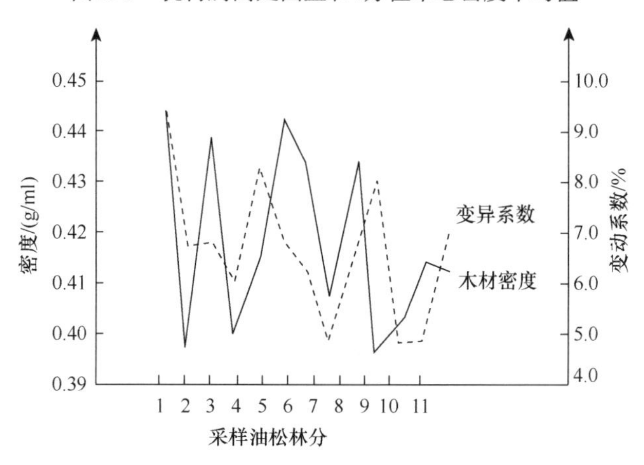

图16-6　不同林分的木材平均密度及其变动系数

的变量分析，同一林分内单株间的变量占总变量的45%以上，达到极显著水平，立地间的分量占11%以上，采样地区间的变量最小，占极次要地位。单株间的变量大于立地，更大于林分间的变量。针叶材的管胞长度直接影响木材的顺纹抗压强度、纸张耐磨性。根据对 1#、6#、8#、10# 和 13# 等 5 个林分 129 株样木的分析，管胞长度在地区和立地间均无显著差异。但在不同林分间以及同一林分不同植株间，却存在着显著的变异。各林分管胞长度的平均值为 1.758~2.231mm；变异系数为 7.2%~11.1%，极差为 0.630~1.001mm。在 8#林分中，均值为 1.966mm，极差为 0.977mm，变异系数为 9.3%。不同单株间管胞长度存在极显著差异。单株间的变异稍大于林分间的变异。

晚材率与木材密度和材质的均匀度有关。8#林分 20 株样木圆盘晚材率均值为 23.3%，变异系数为 11.3%；极差达 11.0%。晚材率在样株间差异极显著，且与木材密度呈正相关。1#林分 34 株样木的早材密度（0.259g/ml）比晚材密度（0.510g/ml）小 49.2%；早材管胞（2.252mm）比晚材管胞（2.440mm）短 7.7%。8#林分的抗压强度均值为 520.9kg/cm^2；变动系数为 8.5%；极差为 145.3kg/cm^2；含水率为 7.11%。顺纹抗压强度在单株间存在极显著差异。晚材率与抗顺纹压强度的相关未达显著水平，但与胸高木芯密度、圆盘密度相关显著，相关系数依次为 0.581 和 0.724。

综上所述，材质性状的变异广泛存在于种内各个层次内，这为油松材质育种提供了丰富的物质基础。但是，从现有数据看，材质性状表现出来的地理变异规律，明显不同于适应性和生长习性的规律，油松种内材质性状的变量，主要存在于在不同林分间及同一林分不同植株间。

三、材质与生长

为了解材质和生长性状间的关系，把林木按生长状况划分为优势木（Ⅰ）、中等木（Ⅱ）和被压木（Ⅲ）3 类。据对内蒙古、陕西、河北 3 省（自治区）11 个林分共 279 株样木的分析，木材密度、管胞长度和晚材率等材质指标在树木生长速度不同的类型间都没有显著的差别（表 16-7）。木材密度在同一生长类型内的变异系数为 5.5%~7.8%，而在不同生长类型间为 0.11%~1.36%。在同一生长类型内的变异系数明显大于不同生长类型间的变动。管胞长度和晚材率的变动情况与木材密度相似。

表16-7　不同生长类型林木的材质性状

指标	采样区	样株数/株			平均值/株			变异系数/%			极差			*F* 值
生长类型		Ⅰ	Ⅱ	Ⅲ	Ⅰ	Ⅱ	Ⅲ	Ⅰ	Ⅱ	Ⅲ	Ⅰ	Ⅱ	Ⅲ	
木材密度 /（g/ml）	内蒙古	27	96	26	0.423	0.427	0.422	7.30	7.82	6.64	0.109	0.145	0.111	0.0042
	陕西	91	63	18	0.408	0.403	0.412	6.62	6.20	7.04	0.107	0.119	0.102	1.029
	河北	7	21	4	0.372	0.369	0.381	6.99	5.42	5.77	0.073	0.079	0.051	0.311
管胞长度 /mm	内蒙古	6	21	5	2.03	1.83	1.93	10.03	0.12	3.75	0.54	0.90	0.22	2.302
	陕西	4	16	4	1.86	1.92	1.00	13.76	9.33	7.70	0.56	0.60	0.42	0.470
	河北	7	21	4	2.22	2.24	2.17	3.88	7.60	4.28	0.28	0.65	0.20	0.297
晚材率/%	内蒙古	4	11	5	23.0	23.4	17.3	2.3	13.8	7.8	1.3	11.0	4.2	0.042
	河北	7	21	4	22.0	19.6	21.0	22.8	17.5	13.5	11.5	13.2	7.7	0.242

根据对 13 个采样林分 326 株样木的相关分析，除 $11^{\#}$和 $12^{\#}$林分外，木材密度与树高、冠幅、胸径、冠幅等的相关都没有达到显著水平。在 5 个林分 129 株样木管胞长度与生长的相关分析中，除 $10^{\#}$林分与树高呈显著的正相关外，都没有达到显著水平。$8^{\#}$林分 20 株样木的密度、管胞长度和晚材率与通直度（以主干最弯处的弦切角衡量）、圆满度（以 1/2 树高直径与 1/4 直径之比衡量）、枝条粗度的相关分析都没有达到显著水平。上述材料说明，材质与生长性状间没有明显相关。

四、木材密度在优树子代内的变异和材质遗传力

对陕西陇县油松子代林 16 个家系的分析，木材密度为 0.327~0.380g/ml，均值为 0.359g/ml，变动系数为 4.27%，其中，$39^{\#}$、$36^{\#}$ 家系木材密度分别比家系平均值大 5.85% 和 4.18%。在同一家系的不同单株间也有不小的变异，变动系数为 2.88%~12.63%。家系间的方差分量占 17.2%。而家系内单株间方差分量占 70.1%。有的家系内变幅比家系间的还大。木材密度在家系间和家系内单株间都达到极显著差异水平。管胞长度在 16 个家系间存在极显著差异，$25^{\#}$、$4^{\#}$、$33^{\#}$、$31^{\#}$家系的管胞长度显著比家系平均值（1.465mm）大，分别比平均值大 7.85%、5.12%、4.78% 和 2.73%。管胞长度在家系间的变动系数为

4.49%，家系内为 3.19%~13.64%。可见在家系内和家系间选择都有很大潜力。按方差分析法估算木材密度和管胞长度的家系遗传力和单株遗传力，分别为 0.735 和 0.658；0.569 和 0.586，木材密度受中度或强度遗传控制。

结　　语

关于油松不同性状地理变异模式、模式的利用及今后种源研究的组织等问题，笔者的认识归纳如下。

（1）强调“造林就近用种”的原则：为了使油松人工林能健康、稳定生长，造林宜优先采用当地种子，必要时，可以从邻近地区调用种子，但长距离调用种子必须非常慎重。这个结论是从生产实践和科学实验中总结出来的。

（2）种子区区划要与时俱进，逐步完善：种源试验的结果是科学调种的直接佐证，但要获得确切、完善的试验结果，又非一蹴而就的事。对油松地理变异规律的认识是在实践中逐步深化的，种源区的划分也应在实践中逐步完善的。现在的区划虽然是油松种源研究人员十多年艰辛努力的成果，但这不可能是油松区划的最终结果。在 20 年前出版的《油松地理变异和种源选择》一书中，油松种源试验主持人在第三次多点协作试验的总结中，就议论了东北区和北部区划分、东部区内区划出辽东亚区和辽西亚区以及在西南区内划分 3 个亚区等的必要性，也讨论了南部区中伏牛山南北坡的归并问题。20 年后的今天，已经到了需要讨论现行油松种子区和亚区划分的合理性，重审和修改油松区划的时候了，有关部门应当把这项工作尽早列入日程。

（3）油松生长和适应性的地理变异属纬向变异为主的渐变模式：从现有资料看，油松的地理变异总体上还是比较有规律的。不同的性状变异虽各有特点，但变异主要受纬度和经度双重控制，属纬向变异为主的渐变模式。地理变异模式明显反映了气候生态条件的影响，温度和水分是主要选择压。这点与我们在侧柏地理变异研究中发现的规律有很多相似之处。

（4）加强中心种源区和优良种源的保护和利用：在油松种源试验中发现，东部区和中部区种源适应性比较强，在各地生长比较好。一个种的中心分布区，遗传多样性比较丰富，能适应多种生态条件，而边缘地区种源，往往不适宜调运到其他地区造林，这在国内外种源研究中有过类似的报道。根据现有试验报道，在多个种子区中，发现一些种源在多个试验点上表现优异，如东北区的宁城黑里河种源、中西区的黄陵腰坪种源、南部区的宁陕火地塘种源等。对这类种源应倍加爱护，严禁破坏；在优良种源区内不能引进其他种源，以保持优良种源的纯洁性，同时要注重优良种源的研究、开发和利用。

（5）种内存在多层次遗传变异，选育和利用多层次变异有潜力：研究一个树种的地理变异并利用这种变异，是树种改良的第一步。油松种源试验及有关研究已经揭示，在同一种源不同林分间，同一个林分不同家系间以及家系的不同子代单株间，都存在着遗传变异，选择和利用这种变异有潜力。高层次的遗传改良措施，是建立在种源研究基础上的，要遵循地理变异规律，积极组织林分选择、家系间以及家系内个体间选择，高效的良种选育是揭示和利用多层次遗传变异的过程。

（6）同一个树种不同性状的地理变异规律不尽相同：材质性状的变异广泛存在于种内各个层次中，但是，材质性状表现出来的地理变异规律，明显不同于适应性和生长习性的规律，材质变量主要存在于不同林分间及同一林分不同植株间。

在本书中专门组织油松地理变异一章，丰富并完善了本书以单株选择为主的内容，给我们提供了油松生长、适应性以及材质性状等的地理变异基本模式。这个模式告诉我们，在营建种子园和母树林时应该到哪里去采集繁殖材料，生产的种子又应该栽种到哪里。各省（自治区）营建的种源试验林，为各地使用不同种源造林会得到什么样的林分提供了鲜明的例证。本章内容充分证明种源研究是良种选育工作的基础，种源试验是林木良种工作的第一步，对当前生产有重要指导意义。笔者衷心感谢同行几十年来坚持不懈致力于油松种源研究，感谢他们为了解油松地理变异基本模式所作出的贡献！

参考文献

董天民，王泽有，孔维鹤. 1992. 河南地区种源试验. 见：徐化成. 油松地理变异和种源选择. 北京:中国林业出版社：233-246
樊军锋，杨培华，郭树杰，等. 2006. 陕西油松遗传改良研究进展. 西北农林科技大学学报（自然科学版），（1）：45-50
富裕华，廉志刚. 1993. 油松局部分布区种源试验报告. 山西林业科技，（3）：1-7
富裕华，饶九欢，周学仁，等. 1995. 山西油松种群特点和亲子代性状的变异. 山西农业科学，（3）：40-45
富裕华，张新波. 1986. 山西油松天然优良林分选择标准和方法的研究. 山西林业科技，（3）；1-10
富裕华. 1982. 油松不同种源苗期的变异. 山西林业科技，（4）：1-10
李世杰. 1995. 油松局分布区种源地理变异研究初报. 陕西林业科技，（1）：12-17
李世杰，吕德勤. 1995. 油松地理种源-林分-家系 3 水平的苗期遗传变异分析. 林业科技通讯，（1）：25-26
李世杰，赵鸿宾. 1984. 油松地理种源试验研究苗期变异初报. 辽宁林业科技，（3）：1-6
李书靖，何虎林，王芳. 1996. 油松种源局部分布区试验. 甘肃林业科技，（3）：13-17
李书靖，周建文，王芳，等. 2000. 甘肃地区油松种源选择的研究. 林业科学，36（5）：40-46
李书靖，周建文. 1985. 油松种源试验幼林阶段初报. 林业科技通讯，（7）：21-24
李书靖. 1983. 油松种源试验苗期观测报告.甘肃林业科技，（3）：13-20
李文荣，齐力旺，赵巨祥，等. 1993. 油松产地林分和家系遗传变异的研究——苗期子代测定的差异分析. 山西农业大学学报（自然科学版），13（4）：299-304
马钦彦. 1989. 油松分布区气候区划. 北京林业大学学报，11：（2）：1-9
梅曙光，孙德祥. 1988. 油松种源苗期试验初报.宁夏农林科技，（1）：32-34
聂治平. 2008. 油松种源苗期研究. 内蒙古林业调查设计，31（1）：21-23
秦月明. 1992. 内蒙古西部地区种源试验. 见：徐化成. 油松地理变异和选择. 北京：中国林业出版社：183-188
孙祝宾，刘珍. 1988. 油松种源试验苗期阶段初报. 内蒙古林业科技，（3）：1-6
孙祝宾，王喜文. 1992. 内蒙古东部地区种源试验. 见：徐化成. 油松地理变异和选择. 北京：中国林业出版社：176-182
唐季林，徐化成. 1989. 油松抗寒性与种源关系的研究. 北京林业大学学报，11（1）：53-60
唐谦，徐化成，李长喜. 1991. 北京地区油松种源选择的初步研究. 林业科技通讯，（5）：13-16
王善武，沈熙环，汪师孟. 1992. 油松种内材质的变异. 北京林业大学学报，14（1）：7-13

王思恭，窦春蕊，周信忠. 1994. 油松不同种源造林效果分析. 陕西林业科技，(4)：1-3
王思恭，杜长坪，张葳. 1992. 陕西地区种源试验. 见：徐化成. 油松地理变异和种源选择. 北京：中国林业出版社：196-205
王同立，翁殿伊. 1988. 油松天然林优良林分选择标准的研究. 林业科学，(2)：216-222
魏王仁. 1992. 山东地区种源试验. 见：徐化成. 油松地理变异和种源选择. 北京：中国林业出版社：247-253
翁殿伊，王同立，王润泽，等. 1991. 油松的地理变异及种源选择的研究. 河北林业科技，(2)：1-7
翁殿伊，王同立，杨井泉，等，1986. 油松种源试验报告. 河北林业科技，(2)：1-8
翁殿伊，杨井泉，王同立. 1983. 油松地理种源选择试验初探. 河北林业科技，(3)：5-8
徐化成. 1989. 种源试验. 中国农业百科全书. 林业卷. 北京：农业出版社：815
徐化成. 1992. 油松地理变异和种源选择. 北京：中国林业出版社
徐化成，李长喜，唐谦. 1992. 北京地区油松生态型变异的研究. 林业科学研究，5（2)：142-148
徐化成，孙肇凤. 1984. 油松种群地理分化的多变量分析. 林业科学，20（1)：9-17
徐化成，唐谦. 1984. 油松地理变异的初步研究. 北京林学院学报，6（2)：57-72
徐化成，唐谦，李长喜. 1991. 油松不同生态型在京西山地不同海拔高度的生长表现. 林业科学，(6)：582-588
徐化成，孙肇凤，郭广荣，等. 1981. 油松天然林的地理分布和种源区的划分.林业科学，17（3)：253-270
杨振国，朱承忠. 1993. 油松种源全分布区地理变异及种源选择的研究. 青海农林科技，(1)：11-14
油松种源课题组，富裕华，廉志刚，等. 1989. 油松种源变异和选择的研究. 山西林业科技，(3)：1-12
张仰渠. 1989，陕西森林. 北京：中国林业出版社
中国标准出版社. 1998. 中国林业标准汇编种苗卷. 北京：中国标准出版社：94-100
Bozzano M，Jalonen R，Thomas E，et al. 2014. Genetic considerations in ecosystem restoration using native tree species. Food and Agriculture Organization of the United Nations, Rome
White T L，Adams W T，Neal D B. 2007. Forest Genetics. Wallingford，Oxfordshire：CABI Publishing
Zobel B J，Talbert J T. 1984. Applied Forest Tree Improvement. New York：John Wiley & Sons

附表16-1　油松第一、第二次种源试验参试种源的地理位置和气象因子

	种源	区	东经	北纬	海拔/m	降水量/mm	年均温/℃	1 月气温/℃	7 月气温/℃
第一次试验	辽宁建平富山		119°31′	41°23′	550	487.0	7.9	–10.5	23.9
	内蒙古宁城黑里河林场		119°27′	41°25′	800	475.6	8.1	–10.0	23.8
	乌拉特前旗乌拉山林场		109°10′	40°50′	1500	224.4	6.7	–12.9	23.1
	河北承德北大山林场		118°10′	41°15′	850	550.0	8.9	–9.4	25.0
	河北遵化东陵林场		117°57′	40°12′	600	802.5	10.3	–7.3	25.2
	河北蔚县小五台林场		114°34′	39°51′	1500	427.5	6.4	–12.5	22.2
	山西和顺禅堂寺林场		113°26′	37°29′	1500	621.1	6.2	–9.3	20.0
	蒲县克城林场		111°13′	36°33′	1600	601.2	8.6	–6.8	21.8
	汾阳三道川林场		111°35′	37°23′	1500	472.1	9.6	–6.6	24.0
	沁源灵空山林场		112°05′	36°37′	1400	662.8	8.7	–7.0	22.5
	陕西黄陵双龙林场		108°58′	35°41′	1400	661.3	9.1	–5.0	22.0
	洛南古城林场		109°53′	34°10′	800	735.4	12.9	0.3	25.2
	宁夏贺兰山林场		105°58′	38°59′	1800	312.2	7.4	–10.3	22.6
	甘肃两当张家庄林场		106°18′	33°55′	1600	615.2	11.5	–1.1	22.8
	靖远哈思山林场		104°40′	36°34′	2400	252.0	8.7	–8.0	22.5
	青海循化孟达林场		102°40′	35°52′	2000	260.0	8.7	–6.0	20.0
	互助北山林场		102°	36°50′	2400	471.0	4.0	–9.0	16.0
	河南南召林场		112°26′	33°29′	1200	823.0	14.5	1.1	26.8
	四川小金		112°30′	31°48′		617.0	11.9	2.1	19.9
第二次试验	内蒙古克什克腾大局子	东北	117°30′	43°18′	1500				
	宁城黑里河		118°27′	41°23′	1100				
	乌拉山（高）		109°10′	40°50′	2000				
	乌拉山（中）		109°10′	40°50′	1750				
	河北围场燕格柏		119°18′	42°04′	1020				
	山西宁武吴家沟		111°59′	38°40′	1100				
	宁夏贺兰山		105°63′	38°59′	2400				
	辽宁开原八棵树	东部	124°40′	42°20′	150				
	绥中三山		119°42′	40°13′	150				
	河北迁西达峪		118°10′	40°07′	400				
	山西文水孝文山（高）	中部	111°50′	37°47′	1800				
	山西文水孝文山（低）		111°50′	37°47′	1300				
	山西沁水中村		112°02′	36°30′	1620				
	陕西黄陵腰坪	中西	108°52′	35°28′	830				
	山东泰山后石坞	南部	117°06′	36°15′	1200				
	河南栾川老君山		111°20′	33°57′	1410				
	河南内乡万沟		111°56′	33°10′	1520				
	陕西商县黑山		109°48′	34°	1450				
	宁陕火地堂		108°19′	33°19′	1650				
	四川广元曾家		105°50′	32°22′	1500				
	理县 802 场		103°15′	31°23′	2500				
	甘肃两当张家庄	西南	106°16′	33°53′	1600				
	四川南坪 122 场		104°05′	33°10′	2500				
	甘肃靖远哈思山	西北	104°45′	36°30′	2300				
	青海互助北山		102°	37°18′	2490				
	湖北巴东广东垭		110°24′	31°04′	1600				

资料来源：徐化成，1992

附表16-2　采集试样的林分状况和试样采集量

编号	采样地点	林龄	密度/(株/亩)	坡向	样木数	木芯数	采样方向
1	河北丰宁	26	130	阴	34	34	东
2	内蒙古宁城	43	50	阴	18	18	东
3	内蒙古宁城	29	120	阳	29	29	东
4	内蒙古宁城	24	155	阴	25	50	东、西
5	内蒙古宁城	24	170	阴	25	50	东、西
6	内蒙古宁城	24	77	阳	25	50	东、西
7	内蒙古宁城	24	64	阳	25	50	东、西
8	内蒙古宁城	24	117	阴	20	80	东、南、西、北
9	内蒙古宁城	24	98	阳	25	100	东、南、西、北
10	陕西陇县	21	69	阴	25	50	东、西
11	陕西陇县	21	80	阴	25	50	东、西
12	陕西陇县	21	76	阳	25	50	东、西
13	陕西陇县	21	65	阳	25	50	东、西

资料来源：徐化成，1992

第五篇 华北落叶松良种选育

华北落叶松耐低温、抗风、速生、材质优良，适应范围比较广，是华北地区营造速生丰产林和涵养水源的优良树种。华北落叶松主要分布在河北、山西两省。在河北恒山山系的蔚县、涿鹿县，阴山山系的承德市围场县、隆化县，燕山山系的兴隆县以及太行山山系的保定市阜平县，海拔 1200m 以上的山地；山西省五台山、管涔山、恒山，太岳山海拔 1200~2800m 的阴坡都有分布（李盼威等，2003；赵士杰，1997）。这些地区年均气温为–1~4℃，年降水量 450~600mm，无霜期 70~120 天。

华北落叶松可以无性繁殖，考虑到该树种的这一特性，贯彻了有性与无性选育相结合的技术路线。从 20 世纪 80 年代开始到 21 世纪初，我们围绕提高华北落叶松良种品质和繁殖效率，比较系统地研究了下列 4 个方面的内容。

（1）生殖生物学：研究了花芽分化、雌雄配子体发育、受精作用和胚胎发育以及最佳授粉期；分析了传粉－受精过程中淀粉和蛋白质的动态变化。

（2）无性系开花结实习性及高产无性系选择：观察了雌雄球花的空间分布特点；花粉传播和飞散规律；分析了无性系开花结实的遗传变异规律和选择潜力以及结实能力与子代生长的关系；探讨了种子园高产无性系再选择和第二代种子园的营建。

（3）种内、种间可配性和远缘杂交：依据不同授粉方式所得的种子数据，研究了自交不亲和原因、自交衰退机理和利用途径，分析了种子败育的类型及原因；研究了种内、种间可配性的遗传变异和选择与种间杂种的利用潜力；探讨了在传粉和受精过程中的花粉选择和识别。

（4）采穗圃营建与插条技术：研究了采穗圃建圃材料、整形修剪、密度调控、更新年限；嫩枝自控喷雾扦插技术，探讨了影响扦插效果的主要因子；不同遗传材料扦插生根能力的遗传变异和选择利用；分析了生根性状的遗传控制模式与不同生根性状间的关系；家系与单株穗条生根与原株生长间的关系，并探论了无性系选育多世代改良问题。

本篇包括上述主要研究内容，共分 4 章，即华北落叶松生殖生物学研究，无性系开花结实习性及高产无性系选择，华北落叶松种内和落叶松种间可配性研究，华北落叶松采穗圃营建和扦插繁殖技术。

参加本项工作的单位有：河北省孟滦林管局龙头山林场，河北省塞罕坝机械林场和内蒙古自治区黑里河林场。北京林业大学参加人员有：沈熙环教授、温秀凤硕士、杨俊明博士、贾桂霞博士、孔海燕硕士、邓华硕士及大学生多名。

第十七章　华北落叶松生殖生物学研究

研究生殖器官的发育是了解种子发育过程、探讨种子败育的基础，也是促进雌雄花芽分化、提高种子产量和质量的前提。一些学者在研究裸子植物胚胎学中，注意到某些物质的存在或消失同胚胎发育有一定的关系（王伏雄，1993）。本章主要对华北落叶松雌雄配子体的发育、传粉、受精、胚胎发育过程及其有性生殖过程中淀粉和蛋白质的变化做了比较系统的观察和研究。

本项调查观察工作在内蒙古卓资县上高台种子园进行。选择无性系，每日定时观察雌球花、雄球花的形态变化，跟踪记录开花过程，花芽分化期每隔 5 天、传粉和受精期每天一次、其余发育时期 3~4 天分别采集花芽和雌球花，FAA 固定并保存。珠被顶端的变化分别通过扫描电镜（SEM）加以观察，剥出胚珠和珠鳞，系列乙醇脱水，临界点干燥，喷金，在扫描电镜下观察。雌雄球花的分化及胚胎发育过程通过石蜡切片进行光镜（LM）观察，切片厚度 8μm，番红固绿染色；高碘酸–锡夫试剂（PAS）和考马斯亮蓝对染，以显示碳水化合物和蛋白质的变化。

第一节　花芽分化与雌雄配子体发育

华北落叶松的雄球花着生在短枝上，单生，成熟时呈卵圆形，黄色或浅紫色，长 5~7cm。从纵剖面看，雄球花有一轴，其上着生许多小孢子叶，在每枚小孢子叶的背腹面，具 2 个小孢子囊，其中产生大量的花粉。雌球花单生，具苞鳞 50~60 枚，在纵剖面上沿中轴螺旋状排列，每片苞鳞的近轴面基部形成珠鳞，其上着生两个倒生的胚珠。

一、花芽分化

雄球花的分化出现在 7 月中旬，球花轴上出现突起，在 7 月 20 日左右可看到刚分化出的小孢子叶，它是发育中的一团幼嫩细胞，正进行有丝分裂，分裂相特别多。7 月末小孢子叶开始分化，小孢子叶背腹面的表皮细胞分化产生孢原细胞，囊壁逐渐形成。8 月中旬囊壁形成，最外一层为表皮层，最内一层为绒毡层，中间为孢子囊壁，孢子囊中为造孢细胞，细胞为菱形，镶嵌紧密（图版 17-Ⅰ-1）。造孢组织阶段持续期较长，从 8 月中旬延续到 9 月中旬。9 月末，绒毡层细胞变为双核或多核细胞，标志着小孢子叶球已进入花粉母细胞阶段，花药囊中的花粉母细胞呈球形或椭圆形，彼此间相互分离、壁薄、细胞质浓、核所占的相对体积较大（图版 17-Ⅰ-2），之后进入减数分裂前期的细线期和偶线期，并以弥散双线期进入冬季休眠（张守攻等，2007）。这个时期一直持续到来年春季的 3 月中下旬。

雌球花的分化稍早于雄球花。在 7 月初开始分化，在幼小球花基部出现了苞片原基，之后，苞片向顶部发展，球花轴稍增长，苞鳞与苞鳞间隔增大，8 月底，苞鳞近轴面基部与轴之间腋部出现一团组织。该组织细胞小、核大、质浓，染色较深，排列紧密而不规则，为珠鳞原基。珠鳞原基细胞分裂增多，逐渐形成扁椭圆形球状体，9 月底分化为 2 团组织，近轴的一团为胚珠原基，远轴的为珠鳞原基（图版 17-Ⅰ-5）。远轴的珠鳞原基细胞分裂较快，向远轴方向发展成珠鳞；近轴的胚珠原基，两侧细胞分裂较快，形成珠被原基，中央部分形成珠心，此时幼胚珠形成。胚珠珠孔朝向轴，为倒生胚珠，到翌年 4 月上中旬，在珠心组织中央有一细胞，体积较大，细胞质浓密，为大孢子母细胞（图版 17-Ⅰ-6），珠被正在发育，此时雌球花长 0.6~0.7cm，顶端突起，为长圆柱形。芽鳞紧密不反卷，外覆褐色绒毛。

二、花粉发育

春季 3 月中下旬，花粉母细胞内积累大量淀粉粒，重新进入减数分裂时期。随着细胞体积和核体积增大，染色体浓缩并排列在赤道面上，形成纺锤体，随后染色体数目减半，移向两极。第一次减数分裂结束后，在两子核之间不形成壁，随即进行第二次分裂，分裂结束后，立即在 4 个子核之间形成壁，成为四分体。

花粉母细胞进入减数分裂之前，淀粉粒均匀地分布在细胞质中，分裂过程中，淀粉粒逐渐向花粉母细胞的赤道区聚集，当分裂进行到减数分裂Ⅰ中期时，淀粉粒几乎充满赤道区，然后均匀地移向两子核周围，在减数分裂Ⅱ过程中，淀粉粒的变化和减数分裂Ⅰ相似，至减数分裂Ⅱ末期，淀粉粒被均匀地分配在 4 个子细胞内，并在赤道处出现无淀粉粒区，该区为胼胝质物质。

4 月初，母细胞的壁解体，释放出 4 个小孢子。4 月 10 日左右，小孢子的核处于中央，逐渐移至近极面（四分体时处于中心的一极），进行第一次有丝分裂，通过平周分裂，形成两个不等的细胞，近极端的为第一原叶细胞，另一大的细胞为胚性细胞。初期第一原叶细胞的核为球形，周围有一染色很淡的薄层细胞质，逐渐为凸透镜状，当花粉进行第二次分裂时，为线性结构。胚性细胞又进行一次不等的平周分裂，形成第二个原叶细胞和大的中央细胞，第二原叶细胞的变化过程与第一原叶细胞相同，最终也变为线性结构。花粉第三次分裂时，中央细胞分裂产生生殖细胞和管细胞，最初两者无明显差别，随花粉发育，生殖细胞位于中央，形状和大小无明显变化，管细胞变大，染色较淡，位于远极端。接着生殖细胞再次分裂，形成精原细胞（体细胞）和不育细胞（柄细胞）。此时已到 4 月末，绒毡层消失，花粉成熟，准备散粉。散粉状态的花粉结构为五细胞型。两个退化的原叶细胞、体细胞、柄细胞和管细胞，由内外两层壁所包围（图版 17-Ⅰ-3）。在同一花药壁中，花粉的发育不同步，有各种形态。

三、雌配子体发育

4 月中下旬，褐色绒毛脱落，芽鳞开裂，先端反卷，苞鳞露出。花芽继续增大，着生在短枝上的雌球花逐渐向上弯曲生长，芽鳞脱落，苞鳞从上向下反卷，花轴迅速伸长至 1.2~1.5cm，苞鳞完全张开，并分泌黏液，接受花粉，此时，雌球花与短枝成垂直方向。从雌球花开始向上生长到苞鳞完全张开，约需 6 天。无性系最适可授期约 2 天，随后珠孔道关闭（图版 17-Ⅰ-7）。

对同一植珠，树冠不同部位的雌球花，甚至同一球果，发育并不同步。在授粉期，有的雌球花与短枝平行，有的则达到垂直。从形态上可以判断雌球花所处时期，当雌球花与短枝垂直时为授粉适期。由于同一球果从上到下逐渐开放，在进行辅助授粉和控制授粉时，宜多次授粉，使绝大部分胚珠能捕捉到花粉，以提高授粉效果。

5 月初，大孢子母细胞进行减数分裂，形成直列四分体，近珠孔端的 3 个退化，近合点端的一个保留下来，为大孢子。随即大孢子进行多次分裂，但不形成细胞壁，呈游离核状态。雌配子体的四周具一薄层细胞质，中央为一大液泡。包围着雌配子体外面的几层珠心细胞，发育成为海绵组织，海绵组织通常包含 3~4 层细胞，在合点部分甚至更多一些。随着雌配子体的发育，海绵组织细胞进行分裂增大，为雌配子体发育提供营养。海绵组织在游离核时出现，到颈卵器中卵细胞形成后，则完全消失。

5 月中旬，游离核开始形成细胞壁，为多细胞的雌配子体，在近珠孔端有的细胞明显膨大，细胞核处于细胞的上部，而中下部为大液泡，这些细胞为颈卵器原始细胞。颈卵器原始细胞进行不均等分裂，形成大小不等的 2 个细胞，大者为中央细胞，小者为初生颈细胞，初生颈细胞再进行不均等分裂，形成 4 个颈细胞。中央细胞体积增大，细胞质变浓，液泡逐渐减少，细胞核一直处于顶端。5 月底，中央细胞分裂为卵细胞和腹沟细胞，腹沟细胞随后退化，卵细胞逐渐增大，呈卵圆形或长椭圆形，后期移至颈卵器中央。此时颈卵器中出现大量蛋白泡。

华北落叶松的颈卵器有 3~5 个，颈卵器间至少有一层营养细胞间隔开。这层细胞与其他雌配子体细胞明显不同，细胞质比较浓，细胞核较大，称为套层细胞。

四、传粉期雌球花的形态结构变化

这一期间的雌球花从外部形态上可划分为下列阶段：①雌球花从芽鳞中露出，只能看到苞鳞的尖端，此时进入初花期；②雌球花向上弯曲生长，球花轴节间伸长，可看到种鳞和球花的底部；③雌球花直立，节间继续伸长，种鳞间彼此分开，可以看到胚珠，手感较柔软；④雌球花直立，种鳞增厚，种鳞间距减小，雌球花开始变坚硬；⑤雌球花直立，种鳞继续增厚，种鳞间隙封闭，传粉结束。

通过石蜡切片，可以了解这几个发育阶段胚珠的结构。经休眠后的胚珠，在第二年春天开始生长，珠被原基发育较快，形成珠被（图版 17-Ⅰ-13），珠被的顶端形成上下两裂片，且不均等增大，即上面为唇状的小裂片，底下为大裂片，大裂片将成为接受花粉的场所，裂缝状的珠孔道存在于两者之间，但通常被下面的大裂片所掩盖（图版 17-Ⅰ-18）。这就是华北落叶松特殊的花粉捕捉器。

在形态发育的①阶段，大裂片顶端表皮细胞突起，形成珠被毛，经 PAS 反应，显示在大裂片中具有淀粉颗粒和多糖物质（图版 17-Ⅰ-18）。当球花轴伸长，种鳞分开时，球花轴上的表皮毛伸长，种鳞螺旋状排列变得更明显，使靠近球花轴的珠被顶端同样成为螺旋状排列，增加了花粉落入的空间（图版 17-Ⅰ-17）。基部和顶端的种鳞节间短，胚珠发育欠佳，一些种鳞只有退化的胚珠，而无珠被毛。

在形态发育的②、③阶段，珠被顶端的大裂片继续增大，变为球状，在大裂片和珠被本体过渡区部分形成颈的结构，珠被毛伸长（图版 17-Ⅰ-14），在裂片和珠被毛中仍有少量的淀粉，且珠被毛表皮上分泌有多糖类物质。随球花轴节间伸长，种鳞之间的空间增大，使花粉进入，落入的部分花粉被珠被毛所黏附（图版 17-Ⅰ-15）。

在④阶段，珠被的颈继续伸长，在胚珠本体和珠被顶端形成缢缩，围绕珠被顶端基部的表皮细胞伸长并向珠孔道弯曲，这使得珠被毛及其黏附的花粉开始内折，进入到珠孔道。此时，大裂片和珠被毛中的淀粉消失，但仍有大量的多糖物质。部分与花粉接触的珠被毛退化破裂，产生大量的糖类物质，呈强烈的 PAS 正反应。

在⑤阶段，种鳞增厚。珠被顶端的珠被毛继续内折，直到整个珠被顶端进入珠孔道才终止，此时珠孔道关闭（图版 17-Ⅰ-16）。这一过程伴随着靠近珠孔道的珠被毛萎缩，从而形成一堆黏性物质。

形态发育①~⑤阶段，大约持续一星期，在整个传粉过程中，未观察到传粉滴从珠孔道分泌出来。最佳传粉期为第③阶段，即雌球花直立，与短枝垂直阶段，大约持续两天。同一植株不同部位的雌球花发育并不同步，在授粉期，有的雌球花与短枝平等，有的垂直。由于雌球花从上而下逐渐开放，因此，辅助授粉和控制授粉宜进行多次。

第二节　受精过程与胚胎发育

一、受精过程

华北落叶松从授粉到受精需要 40 天左右的时间。4 月底授粉后，花粉逐渐从珠孔端向下移动（图版 17-Ⅰ-4），6 月初到达珠心，其间花粉内部不断发生变化，体积增大，但花粉管仍未萌发。受精前颈卵器中有大量蛋白泡，并在卵核上方出现圆形或椭圆形的接受液泡。最早在 6 月 7 日观察到花粉管到达颈卵器上方，颈卵器口突起，接受精细胞（图版 17-Ⅰ-8）。精细胞首先通过接受液泡，然后进入颈卵器，从这里也可以证实，接受液泡的功能即接受精细胞。当精细胞进入颈卵器时，卵核朝向精核的一面内陷，精核逐渐进入卵核，形成一个大的长椭圆形的受精卵。在精核同卵核融合的初期，各自保留核膜，在光学显微镜下仍可辨认，而后接触部分的核膜逐渐消失。

受精后，受精卵周围明显出现称为新细胞质的一圈物质，在北美黄杉（*Pseudotsuga menziesii*）中，组成新细胞质的主要成分为合子的核质、合子的核仁、卵细胞环核区的细胞质及精细胞中的线粒体和质体（Owens and Morris，1991）。合子的染色体逐渐缩短变粗，形成纺锤体，排列在赤道板上，开始它的第一次分裂（图版 17-Ⅰ-9）。

二、胚胎发育

华北落叶松的胚胎发育可分为以下几个阶段。

原胚阶段（6 月 7 日至中旬）：华北落叶松的原胚发育属松型。受精卵第一次分裂，形成两个游离核，之后两个游离核分裂，形成 4 个游离核，此时游离核由颈卵器中部移至基部（图版 17- Ⅰ -10），接着 4 个游离核再分裂一次，形成 8 个核，在颈卵器基部排列成上下两层，每层 4 个（图版 17- Ⅰ -11）。下层 4 个形成细胞壁，为初生胚细胞层，上层 4 个不形成细胞壁，称为开放层。上下两层细胞再各自分裂一次，形成 16 细胞的原胚，排为 4 层，自上而下分别称为开放层、莲座层、胚柄层和胚细胞层。

胚胎选择及发育阶段（6 月中旬至 7 月中旬）：6 月中旬原胚迅速生长，初生胚柄细胞迅速伸长，发育成管状细胞，使原胚穿过颈卵器基部的胞壁，进入雌配子体组织，雌配子体的细胞被破坏解体，形成了空腔；同时，胚细胞进行分裂，后面的胚细胞像初生胚柄细胞一样，很快伸长，成为胚管，由于胚柄和胚管伸长迅速，将原胚推入胚乳深处。同时，颈卵器逐渐消失。此后由幼胚后部细胞连接伸长所形成的胚管，一端连接胚体，另一端为游离状态。发达的胚柄系统是这个阶段的重要特征之一。

在此期间，另一个重要特征是，多胚的发生和优势胚的选择。华北落叶松的多胚只观察到简单多胚。这些胚胎间存在着竞争，往往只有胚柄较长、发育较好、占据胚乳中央的胚保留下来，到 6 月末，一般只剩下一个胚，其余的胚均败育。

6 月下旬，幼胚细胞不断分裂增多，成一长圆柱体，分近轴区和远轴区，近轴区同胚柄系统相连接，而远轴区呈半圆形；近轴区细胞较大，横分裂，细胞排列较规则，而远轴区细胞较小，细胞分裂无一定规律，因此排列不整齐。幼胚圆柱体细胞继续分裂，胚体显著增大，并进一步发育。6 月末，形成 1~2 个根原始细胞，它的侧面细胞向上倾斜排列，越到周缘斜度越大，因此形成弧形排列，在弧之下为根冠区域，此区域的大部分细胞进行横分裂，细胞排列成比较有规则的纵向行列。之后，形成苗端，子叶开始分化，7 月中旬已分化完毕（图版 17- Ⅰ -11）。

胚胎成熟阶段（7 月中旬至 8 月下旬）：这个期间，没有新的器官形成，原已分化出来的器官继续生长和发育，从而达到成熟胚的结构。成熟胚主要包括 4 个部分：苗端、子叶、胚轴和根端。

苗端　华北落叶松成熟胚的苗端为圆锥形，周围被子叶包围。苗端细胞处于静止状态，没有分区现象。在苗端顶部的 3 层细胞及四周表面的 2 层细胞，核较大，染色较浅，而其内部细胞的核较小，染色较深。

子叶　一般有 6~7 枚细胞，着生在苗端下的上、下胚轴间周围。最外一层是胚表层，内为叶肉，中央贯穿原形成层，细胞较长、染色较深。

下胚轴　上接上胚轴，下与根端相连。胚轴外面一层细胞为胚表层，其内为胚皮层。胚皮层为内胚中柱，中央为髓，其细胞较大，染色浅，包围髓的为原形成层。

根端　有根原始细胞群，在胚中柱的下方，其细胞小、核大、质浓、排列不规则。根原始细胞群下，为 3~4 列纵行排列整齐的细胞，组成了根冠柱状组织，环柱组织由内根冠柱状倾斜排列的细胞组成。

三、胚乳形成

在雌配子体中除产生颈卵器外，其余大部分雌配子体细胞都发育成营养组织——胚乳，胚乳在胚的发育过程中提供营养。营养组织没有经过受精，直接由雌配子体发育而成。

在对华北落叶松胚胎发育过程的解剖试验中发现，通常情况下，6 月 10 日左右受精，在 6 月 26 日前后观察到约有 1/3 的胚珠出现异常，变为半透明状。在这些胚珠中，有的有胚，但其发育阶段远落后于同期的正常胚，为简单的球形胚，而此时正常胚为棒状胚，开始分化；有的没有观察到胚。但无论胚的有无，出现透明现象的胚珠内，胚乳组织细胞排列疏松、细胞内含物稀少（图版 17-Ⅰ-19），而在正常的胚乳组织中，细胞排列紧密，内部含有丰富的油滴、淀粉粒和糊粉粒（图版 17-Ⅰ-20）。至于产生空粒的原因，将在本章及后面章节中进一步讨论。

四、生殖器官的发育进程

华北落叶松生殖器官的发育进程如图 17-1 所示。

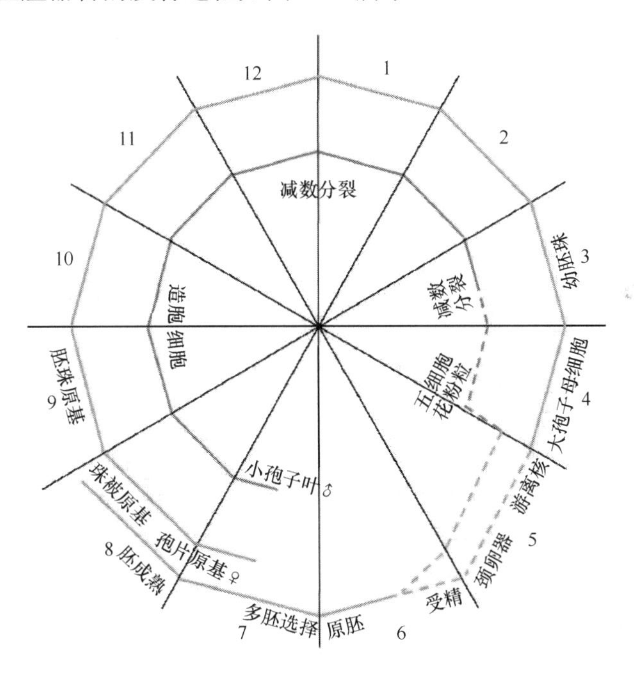

图17-1　华北落叶松生殖器官的发育进程

第三节　有性生殖过程中淀粉及蛋白质的动态变化

一、传粉期胚珠和花粉中淀粉和蛋白质的分布

休眠后的胚珠已经具备珠心和珠被原基，传粉前珠被原基迅速发育，形成珠被，且珠被顶端不均等增大，即上侧为小裂片，下侧为大裂片，其上具有突起，称为珠被毛，

珠孔道存在于其间，常被大裂片所掩盖，这一特殊的珠孔顶端就成为花粉捕捉器（图版17-Ⅰ-13）。此时的胚珠不含淀粉粒，但有大量蛋白质。着生胚珠的中轴组织和苞鳞均有大量淀粉存在，且淀粉颗粒大，成团分布。随着胚珠的发育，珠被顶端增大，珠被毛伸长，在珠被外层区及大裂片上逐渐出现淀粉粒的分布，淀粉粒较中轴组织和苞鳞内的小。接受花粉之前，大裂片中淀粉含量达最大，且珠被毛表面分泌多糖类等黏性物质，以便黏附花粉（图版 17-Ⅰ-18）。随着接受花粉过程的发展，大裂片中的淀粉量逐渐减小，直至消失。在整个传粉期间，经锡夫试剂染色，胚珠被染为红色，说明其中含有大量的可溶性多糖物质。随着珠被细胞的伸长，珠被毛内折，使其接受的花粉共同进入珠孔道，珠孔道闭合（图版 17-Ⅰ-14），珠被毛退化，退化后的细胞残余物呈强烈的 PAS 正反应，形成一堆黏性物质。此时珠被细胞中含有许多大小不一的淀粉颗粒，主要集中在中层区细胞（图版 17-Ⅰ-15）。

与淀粉的变化相比，蛋白质的变化则比较简单，主要集中在珠心及除珠孔端外的珠被中，珠心着色较深（图版 17-Ⅰ-15、图版 17-Ⅰ-17）。中轴中有少量蛋白质分布，但苞鳞和珠被大裂片中基本没有。散粉时的成熟花粉具有 5 个细胞：2 个退化的原叶细胞、管细胞、柄细胞和精原细胞。花粉的内外壁均被染成红色，细胞内含有蛋白质，充满大小较为一致的淀粉粒。

二、雌配子体发育期

传粉前，胚珠处于大孢子母细胞阶段。在大孢子母细胞核周围的原生质中有许多淀粉粒，此外，在其附近的珠心细胞内，同样具有淀粉粒。减数分裂后，可育大孢子细胞核连续多次的有丝分裂，使雌配子体进入游离核发育阶段。在雌配子体中央形成一个大液泡，游离核分布于周围的原生质中，中央大液泡和原生质中均有多糖类物质存在，淀粉粒出现在雌配子体周围的海绵组织中，这种情况一直持续到游离核形成细胞。在细胞化的雌配子体中，近表层的几个细胞分化形成颈卵器，从颈卵器原始细胞到成熟的卵细胞中，均无淀粉粒的存在。

随着雌配子体的发育，珠被中的淀粉逐渐减少，而珠心顶端开始有淀粉的积累。当珠心上的花粉萌发向颈卵器生长时，花粉管穿过的区域，细胞被破坏解体，淀粉被消耗吸收，为花粉管的生长提供营养物质。但还发现另外一种代谢类型，从大孢子母细胞到卵细胞成熟，珠被中层区整个细胞中始终含有大量淀粉粒。从横切面看，这一淀粉层将整个珠心包围起来；卵细胞成熟时，整个珠心密集淀粉粒，而且花粉萌发穿过珠心后，除被破坏的细胞外，其余细胞仍有成团分布的淀粉粒。

在雌配子体发育过程中，蛋白质则从内珠被、珠心、海绵组织和细胞化的雌配子体中逐渐转移到珠心顶端和颈卵器中。对初形成的颈卵器，中央细胞被大液泡所占据，只有极少量的细胞质，当中央细胞分裂产生腹沟细胞和卵细胞时，最初卵核在卵细胞的顶部，以后逐渐向卵细胞中部移动，同时卵核体积迅速增大，卵细胞中液泡减少，细胞质逐渐变浓，蛋白质含量相应增加（图版 17-Ⅰ-17）。成熟的卵细胞中，液泡基本消失，除大而明显的卵核外，其余空间完全被细胞质所充实，且细胞质和卵核分别被锡夫试剂和考马斯亮蓝染为红色和深蓝色，表明卵细胞同时含有多糖物质和大量的蛋白质。成熟的卵细胞结构十分复杂，卵核四周有明显的放射状排列的细胞质细丝，核膜附近，还有一层染色较深的浓稠的细胞质。此外在细胞质中，还有两种不同类型的大小蛋白泡，一种为分布比较均匀的小颗粒状蛋白泡，蛋白泡的外面为单层膜所包围；另一种则为分布不规则的粗颗粒（大蛋白泡），它像许多细胞质小岛。受精时，蛋白泡的体积和数量达峰值。

三、受精和胚胎发育期

精卵融合后的受精卵周围被浓厚的细胞质所包围，形成不同于卵细胞质的新细胞质，此时的卵细胞中仍有很多蛋白泡，但无淀粉，这与杉木中的情形不同（贾桂霞，1996）。在受精卵开始分裂之后，蛋白泡的数量逐渐减少，当原胚柄延长时，蛋白泡基本消失。珠心中的蛋白质也消失。

受精卵分裂形成的游离核周围的细胞质及细胞化原胚中，没有淀粉分布。但在雌配子体中，在颈卵器群下方，明显地出现一个倒金字塔形的淀粉分布区，淀粉区中央部分的细胞内，淀粉粒含量多，颗粒大，成堆地密集分布。继原胚期后，胚胎发育进入幼胚阶段，淀粉粒的变化发生在胚附近的雌配子体细胞和胚本身。当胚柄伸长时，胚细胞被推入雌配子体的淀粉区。套层和雌配子体细胞被破坏、解体，形成了雌配子体中的空腔，空腔内除了破碎细胞的残片外，还散布着许多与 PAS 呈正反应的片状物质。幼胚的胚细胞和胚柄中均出现淀粉的分布，其中胚柄中淀粉粒相对较多，在胚和胚柄细胞中还具有大量的糖类物质（图版 17-Ⅰ-20）。

四、胚胎器官建成和组织分化期

从形态上看，当幼胚处于棒状胚时，雌配子体中的淀粉含量达最大。雌配子体中的淀粉区集中在空腔的周围，尤以合点端最多，紧靠胚周围的细胞解体，产生大量的可溶性多糖，供胚发育。此时雌配子体则从外向内开始积累蛋白质，尤其是两侧，开始积累的时间早，数量也多。由此可见，淀粉和蛋白质存在着增长和消失的依存关系（图版 17-Ⅰ-20）。随着胚进一步发育，胚本身和雌配子体中的淀粉逐渐减少，当胚器官分化完成时，雌配子体和胚中的淀粉粒基本消失，靠近胚解体的空腔细胞及胚柄中还有大量可溶性多糖，其余部分充满蛋白质。成熟胚中，残余的胚柄呈 PAS 正反应，胚主要由蛋白质成分组成；雌配子体由糊粉粒组成。可见，蛋白质为华北落叶松种子中胚和胚乳的储藏物质。

在胚胎发育过程中，还观察到另外两种类型。一类是从原胚游离核开始，经幼胚，至胚分化阶段，雌配子体中始终未出现明显的淀粉分布区，只是在相当于淀粉区的位置出现大量的可溶性多糖供胚分化发育。其胚体和雌配子体中蛋白质的积累与有淀粉型的形式一样，只是同期雌配子体糊粉层蛋白质的积累相对少些。至于这一类型是否属于普遍现象，是否在多胚选择及胚分化发育中因营养供应不足而造成胚败育，还需跟踪研究。

另一类的胚珠，除空腔边缘的1~2层细胞外，整个雌配子体细胞充满了淀粉颗粒，无蛋白质的积累，经检查连续切片，未观察到胚的存在。而同期的胚胎处于幼胚阶段，为棒状胚，雌配子体空腔的边缘及合点端有大量淀粉，淀粉区的外围则为由蛋白质累积构成的糊粉层。

由此可以说明以下几点：①雌配子体中淀粉的积累与胚的存在与否无关。②在胚胎发育过程中，雌配子体是胚生长发育所需碳水化合物的主要供应场所。首先通过在雌配子体中形成淀粉区，然后幼胚溶解和吸收空腔及附近雌配子体细胞中的储藏物质，如没有胚，则失去了消耗源，淀粉则分布于整个雌配子体。③雌配子体中糊粉粒的形成与胚的发育密切相关。观察显示，从胚柄伸长，幼胚进入到雌配子体空腔中开始积累蛋白质。败育的雌配子体细胞排列疏松，细胞内不含淀粉和蛋白质。因此，雌配子体发育的好坏与胚的分化发育有密切关系。图版17-Ⅰ-19和图版17-Ⅰ-20分别显示败育和正常的胚胎。

结　语

雄球花7月中旬开始分化，2个小孢子囊生长在孢子叶的下部表面，经过造孢细胞阶段，以减数分裂的前期过冬，翌年的3月下旬继续进行减数分裂，形成小孢子。在减数分裂前后，淀粉粒的分布发生明显重组。小孢子经过4次有丝分裂后，4月末为含有5个细胞的成熟花粉粒。

雌花也在7月中旬开始分化，先产生苞鳞，由苞鳞基部分化产生胚珠原基和珠鳞原基。第二年4月上旬形成大孢子母细胞，4月底授粉，5月初大孢子母细胞减数分裂，只有近合点端的一个母细胞保留下来，为大孢子。大孢子有丝分裂经过游离核阶段和细胞化的雌配子体，6月初形成成熟的颈卵器，含颈细胞、1个退化的腹沟细胞和1个大的卵细胞。华北落叶松具有3~5个颈卵器。6月10日左右受精，从传粉到受精约需40天。其原胚为松形原胚，胚胎发育经原胚阶段、胚胎选择及发育阶段和成熟阶段，历时两个半月。成熟胚包括4个部分：苗端、子叶、胚轴和根端。从花芽分化、雌配子体形成、受精、胚胎发育至种子成熟，历时两年。

胚胎发育过程中淀粉主要分布在细胞分裂频繁和生长活跃的组织附近。传粉期，淀粉颗粒出现在着生胚珠的中轴、苞鳞和胚珠珠被顶端的大裂片，蛋白质集中在珠被和珠心。传粉后，淀粉转移到珠被，并逐渐缩小到珠被中层区，花粉萌发前，珠心游离端开始出现淀粉，受精后消失；蛋白质的分布范围在传粉后逐渐缩小，受精前集中在珠心顶端和成熟的卵细胞。雌配子体淀粉区出现在受精后，随着胚胎发育的进展，淀粉区包围幼胚并逐渐向合点端方向推移，在胚器官分化完成后消失。雌配子体发育的好坏与胚的分化发育有一定的关系。成熟的胚及雌配子体中以蛋白质为主要的储藏物质。

参 考 文 献

贾桂霞，沈熙环，李凤兰. 1992. 华北落叶松生殖器官的发育和球果空粒的分析. 见：沈熙环. 种子园技术. 北京：北京科学技术出版社：156-152

贾桂霞，沈熙环. 2001. 华北落叶松传粉生物学的研究. 林业科学，37（3）：40-45

贾桂霞. 1996. 杉木生殖生物学的研究. 中国科学院植物研究所博士学位论文

李盼威，胡庆禄. 2003. 华北落叶松速生丰产林培育技术. 北京：中国林业出版社

王伏雄. 1993. 王伏雄论文选集. 北京：中国世界语出版社

张守攻，杨文华，李懋学，等. 2007. 华北落叶松小孢子母细胞（PMC）减数分裂和花粉的发育. 植物分类学报，45（4）：505-512

赵士杰. 1997. 华北落叶松遗传改良及育种资源利用综合配套技术. 北京：中国林业出版社

Owens J N，Morris S J. 1991. Cytological basis for cytoplasmic inheritance in *Pseudotsuga mensiesii*，II. Fertilization and proembryo development. Amer J Bot，78（11）：1515-1527

第十八章　无性系开花结实习性及高产无性系选择

种子园的种子产量和品质与雌球花的开花结实习性、授粉状况有直接关系。了解种子园内无性系开花生物学特性，研究无性系间种子产量变异、结实周期、花粉飞散规律、授粉机制和授粉的最佳时机，对于提高种子产量和品质都有重要意义。在本书第六章中已列举了研究杉木、油松、马尾松等树种开花结实特性方面的文献。20 世纪 80 年代后在落叶松中也有类似的研究报道，如朝鲜落叶松（郭军战等，1995）、长白落叶松（王福森等，1997）、新疆落叶松（史彦江等，2002）和华北落叶松（富裕华，1989；王丽生和石忠孝，1989；赵久宇等，2012）等。

我们调查了华北落叶松雌球花、雄球花空间分布、散粉期间花粉密度的时空变化；讨论了胚珠受粉状况和授粉方式对种子产量的影响以及种子低产的原因；还分析了无性系结实能力的变异状况、结实能力与子代生长的特点和两者的关系；提出了无性系再选择等旨在提高华北落叶松种子园效益的对策。

调查观察工作，按研究内容分别在河北省阴河林场光沟种子园、内蒙古乌兰察布盟卓资县上高台华北落叶松种子园和赤峰黑里河林场大坝沟种子园进行。观察地点的地理位置和气候条件见表 18-1。

表18-1　3个落叶松种子园的地理位置和气候条件

地点	东经	北纬	海拔/m	年均温/℃	＞10℃积温/℃	年降水量/mm
阴河林场	117°30′	42°22′	1400	–1.4	—	438
上高台	112°00′	41°10′	1117	4.8	2200	380
大坝沟	118°25′	41°33′	1300	4.8	2000	458

—表示数据缺失

阴河林场光沟种子园为山间平地，面积 400 亩，100 个无性系；上高台试验地为平地，面积 20 亩，19 个无性系；大坝沟为山地，观察区位于南坡，面积 12 亩，43 个无性系。3 个观测地点的试验材料均为 1976 年嫁接的优树无性系。

第一节　雌球花、雄球花分布的空间特征

结实周期设在阴河林场光沟种子园采种母树区内，设固定采种样区，连续 8 年单独采种和调制，统计不同年份结实量的变化。雌雄球花分布调查，也在该场种子园，选取进入结实盛期的 17 年生母树，由各年枝层不同方向选取标准枝，分垂直和水平两个方向调查每米结果枝条上着生的雌雄球花数。年枝层间垂直分布的雌球花、雄球花量为

20 个样株的平均值；水平分布的雌球花、雄球花量为 8 个样株的平均值。样株之间没有亲缘关系。

一、雌雄球花分布特征

发枝生物学特性 华北落叶松树干顶芽每年 5~7 月萌发抽生一个节间，一般节间长 0.5~1.0m。同时在原顶芽萌发处以下 4~9 个交错排列的芽，也同时萌发抽生出一级侧枝，形成一个年枝层。各年枝层的 1 年生侧枝顶芽每年横向抽生一个节间，原侧枝顶芽以内的侧芽，抽生若干条二级枝形成一个年枝段。如上所述，纵向呈年枝层性，横向呈年枝段性。年枝段不像年枝层那样有规律的发生，当树体营养条件欠佳时，侧枝顶芽也可能变成叶芽或干枯而不抽生新的节间。

雌球花分布 树冠外层的 1 年生侧枝基本上不着生雌球花。雌球花的水平分布主要分布在 2 年生枝层，向内着花密度递减，5 年生枝属内膛枝，雌球花极少，1 龄枝当年也不着生雌球花，翌年，结实层向外扩展一个年枝段。在垂直方向，3 层以下，随枝条老化衰退程度加重，着花量递减，第一年枝层已不着生雌球花，3 层以上，随年枝层增高，着花密度呈增加趋势。93.4%的雌球花分布于自下而上的第 3~8 年枝层，主要集中在 4~6 年枝层。每年随着新年枝层的形成，结实层向上推移。由表 18-2 可见，雌球花在冠内的分布，以树干为轴心，由内向外，自下而上，可以划分为 3 个功能区，即着花衰退区、着花区和枝条生长发育区。随树冠的扩张，3 个功能区逐渐上移外扩，处于动态变动中。可见雌球花比雄球花需要更多光照。

表18-2 华北落叶松雌球花空间分布特征

枝龄	枝层										合计	占合计数/%
	2	3	4	5	6	7	8	9	10	11		
4	1.0	2.8	4.2	4.0	4.3	2.4	2.0	0.2	—	—	20.7	2.6
3	7.9	23.3	35.1	32.8	35.3	19.7	16.5	1.7	1.2	—	173.4	22.0
2	26.8	79.3	119.1	111.5	120.1	66.8	56.2	6.6	4.2	3.7	594.3	75.4
合计	35.7	105.4	158.4	148.3	159.7	88.9	74.7	8.5	5.4	3.7	788.4	100.0
占合计数/%	4.5	13.4	20.1	18.8	20.3	11.3	9.5	1.1	0.7	0.5	100.0	

雄球花分布 雄球花数量也是由外向内呈递减趋势，但减幅要比雌球花的小，5 年生枝属内膛枝，仍有约 0.6%的雄球花，50%以上的雄球花着生在 2 年生枝上。随新年枝段的形成，雄球花着生部位也逐渐向外扩展，但比雌球花向外扩展速度慢。从垂直方向看，在第 1 年枝层上的雄球花约占 1%，第 2 年枝层为 9.2%，主要分布在第 3~7 枝层，占 85.1%，向上仍有少量雄球花。雄球花分布范围比雌球花宽，属全冠位分布型（表 18-3）。

二、雌球花、雄球花比例的空间变化

在 4m×4m 株行距条件下，17 年生母树单株平均着生雄球花 7202 个，雌球花 788 个，雌球花、雄球花总的比率约为 1∶9。在树冠内水平方向，从外向内，随枝龄增加，雄花比率增加，由 1∶6 到 1∶26 以上，在树冠内膛雄球花占绝对优势。按垂直方向，雄球

表18-3 华北落叶松雄球花空间分布

枝龄	枝层											合计	占合计数/%
	1	2	3	4	5	6	7	8	9	10	11		
5	0.7	4.3	7.9	9.4	7.9	8.6	5.8	1.4	—	—	—	46.1	0.6
4	5.0	50.4	90.8	109.5	94.4	100.1	68.4	20.2	5.0	—	—	543.8	7.6
3	25.2	240.6	436.5	523.6	453.7	481.8	329.1	96.5	23.8	2.2		2612.9	36.3
2	38.2	368.0	666.9	800.9	693.6	736.1	502.7	147.6	39.6	3.6	2.2	3999.3	55.5
合计	69.1	663.3	1202.1	1443.4	1249.6	1326.6	906.0	265.7	68.4	5.8		7202.1	100.0
占合计数/%	1.0	9.2	16.7	20.0	17.4	18.4	12.6	3.7	1.0	0.1	0.0	100.0	

花在树冠下方明显呈优势，自下而上，雄球花比率减少，雌球花比率增加，到第 10~11 年枝层，雌雄球花量之比趋向小于 1。

1990~1992 年在内蒙古上高台种子园做了同样工作，所得结果与上述一致（贾桂霞等，1992）。

第二节 散粉期间种子园花粉密度的时空变化

本节讨论了华北落叶松种子园散粉期间花粉密度的日变化、时变化、垂直和水平传播的特点，并观测了营建在平地和山地的两个种子园花粉的传播特征。

一、种子园散粉期间花粉传播的时空特征

日变化 种子园从散粉开始到结束，历时 7 天，花粉密度的日变化呈单峰分布曲线，由于散粉期间温度、湿度和风速的不同，在不同年份、不同地点，峰型不完全相同（图 18-1）。1988 年上高台 4 月 29 日第一天散粉就遇连续两天的 7 级大风，因此，29 日园内花粉就接近峰值，2 天后花粉密度急剧下降。1989 年大坝沟花粉密度逐日上升，21 日有大风，园内花粉基本散尽，22 日花粉密度只有 80 粒/cm^2。在上述种子园中，散粉高峰期花粉密度可高达 2800~3000 粒/cm^2，95%的花粉在 3~4 天内飞散，整个花期延续 6~7 天。

时变化 在散粉期，花粉一天内的变化情况见图 18-2。据 1989 年在大坝沟的观察，夜间 12h 内的散粉仅占白天峰值 2h 观测值的 30%。大量散粉出现在 10：00~18：00，且最大值多出现在 10：00~12：00。可见，成熟小孢子囊的开裂取决于大气温度和湿度，风速会加速花粉散出。

垂直梯度变化 不论在平地或山地种子园内，如 8m 高处的花粉接收量按 100%计，则 2m 处为 210%，4m 处为 180%，而 6m 高处为 130%（图 18-3）。花粉密度随高度增加而有规律地递减。在地表水平放置的载玻片上，于 1989 年 4 月 19~21 日 3 天内的接受量大约为林内各点、各方位、各高度平均值的 45%；22~23 日两天内各地表的接受量与林内平均值接近。可见，华北落叶松在花粉囊破裂后，受重力作用传播不远，或就近下落。 由于华北落叶松花粉粒为圆球状，无气囊，随着高度的增加，花粉密度明显变

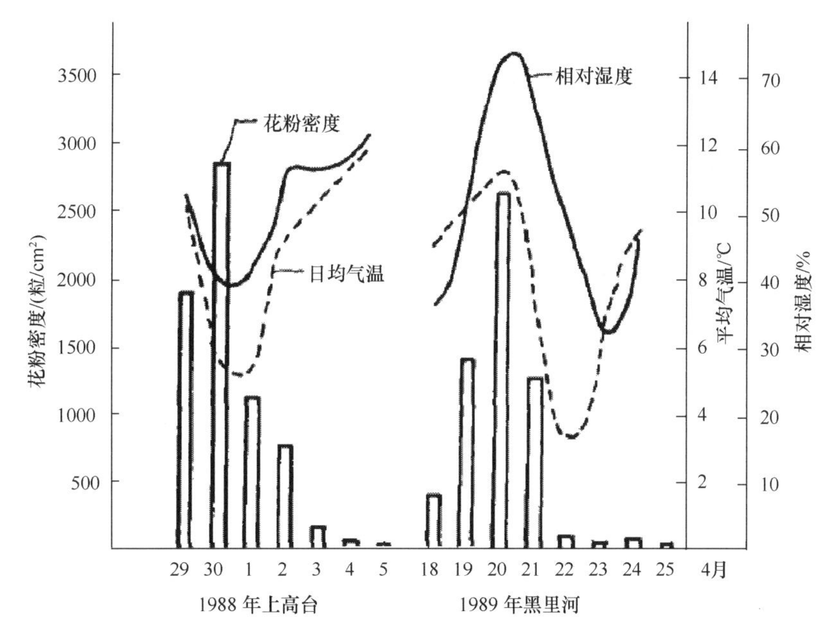

图18-1 花粉密度日变化与散粉期间温度和湿度状况

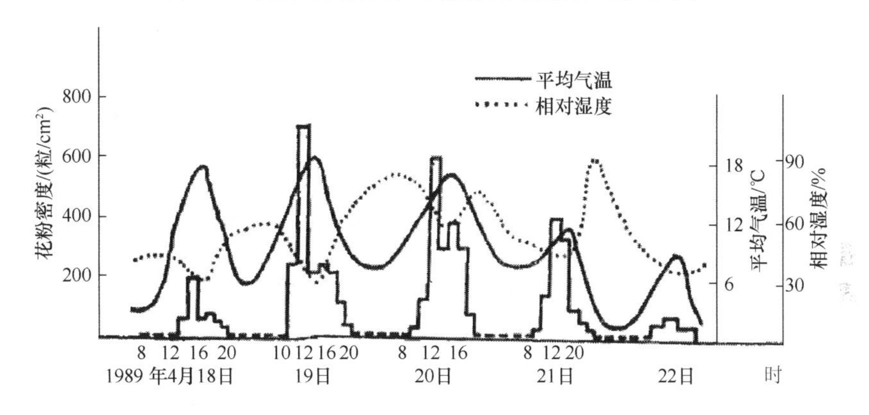

图18-2 花粉密度时变化与散粉期间温度和湿度状况

小，最大密度在 2m 高处。经两年两地观测，结论一致。这与油松花粉密度随高度增加而增加的情况截然不同。

水平方位变化 根据 1989 年在大坝沟的观测，同一高度不同方位花粉接收量差异显著。4 月 19 日主风为西南向，2#观测点 6m 高处迎主风向的接受量高达 3957 粒/cm²，而背风面东北向只有 466 粒/cm²。高度不同，方位相同的接受量不尽相同。4 月 20 日 6#点 8m 高处的最大接收方位与西南主风方向一致，为 4007 粒/cm²，而 2m 高处该方位为 3348 粒/cm²，该高度最大接收值出现在西北方向，为 4763 粒/cm²，从图 18-4 可以看出，4m、6m、8m 高处各方位的接收量基本上与风频一致，6m 和 8m 高处背风面的接收量只有迎风面的 5%左右，而 4m 和 2m 高处，风频小的方位，仍有一定接收量。这说明短暂的阵风也会使树冠下方背风方向接收到部分花粉。

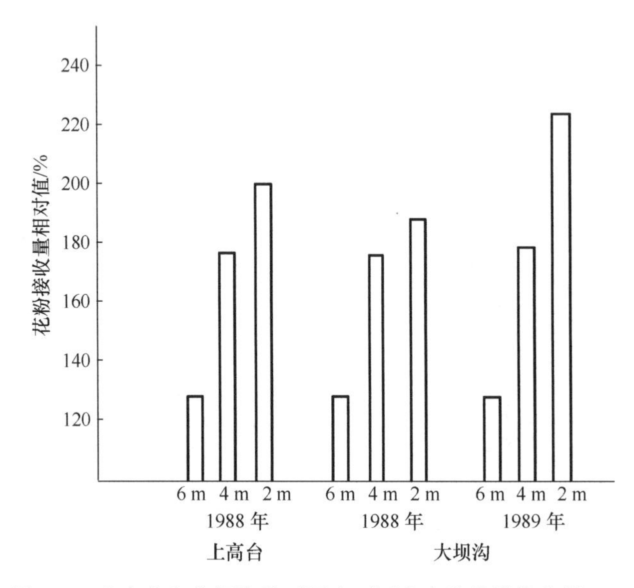

图18-3　上高台和大坝沟种子园内不同高度的花粉接收量

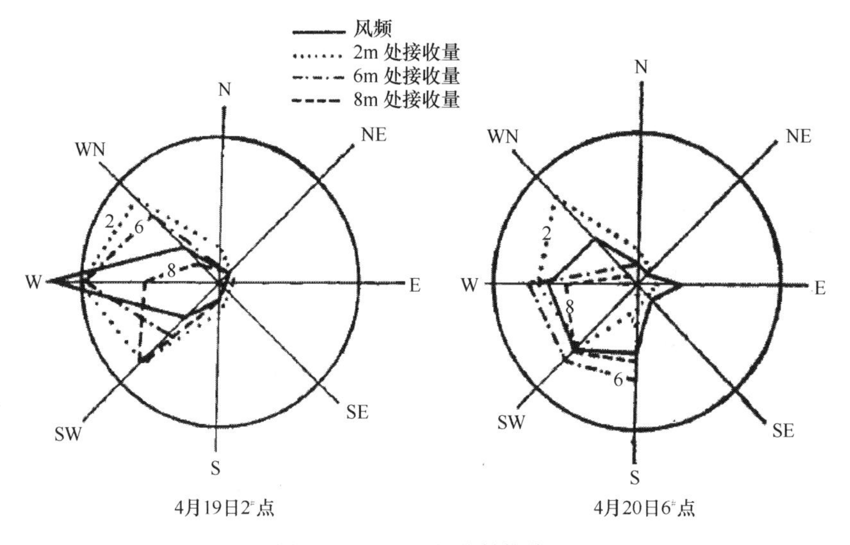

图18-4　不同方位花粉接收量

二、花粉在坡地和平地的传播距离

为了解落叶松花粉在种子园内外的飞散情况，于 1988~1990 年分别在内蒙古卓资县上高台华北落叶松种子园和宁城黑里河林场大坝沟两个种子园布点观测。两个种子园地形不同，上高台种子园为平地，大坝沟种子园为山地，观测结果曾作过报道（温秀凤和沈熙环，1990）。

平地种子园的传播　在内蒙古卓资县上高台种子园按不同距离和方向设置采集花粉点，共计 17 个。采样点分布见图 18-5。采花粉点高度分别为 2m、4m、6m、8m。采样器用直径 12cm 的木圆盘，分 8 个方位固定涂有凡士林的载玻片。观测花粉时变化的采样点，在 8：00~20：00 期间每 2h 取样，其他点每晚 20：00 时采样一次。每个载玻片在显微镜 10×10 倍下观测 30 个视野，再换算成单位面积的花粉数。花粉飞散期间，每 30min 观测、记录种子园内风速、风向一次。

图 18-5 是在内蒙古卓资上高台种子园布置的观测花粉点情况。1988 年 4 月 30 日刮 7 级大风，风速达 15.5m/s，地处园外 114m 处的 11#点仍接收到 225 粒/cm²，为园内平均值 2800 粒/cm² 的 8.03%。同年 5 月 2 日当风速为 4m/s 时，在距种子园 60m 处的接收量为 72 粒/cm²，为种子园内的 8%。1990 年散粉盛日（4 月 26 日），风速为 14m/s 时，在顺风方向 240m 处 6#点的接收量为 9.73 粒/cm²，相对园内 865 粒/cm² 的比值为 1.12%。

坡地种子园的传播　1989 年散粉盛期在内蒙古自治区宁城大坝沟种子园作了观测。该地坡度为 15°~30°，坡长 160m。地形和布点情况见图 18-6。观测方法如上高台种子园。

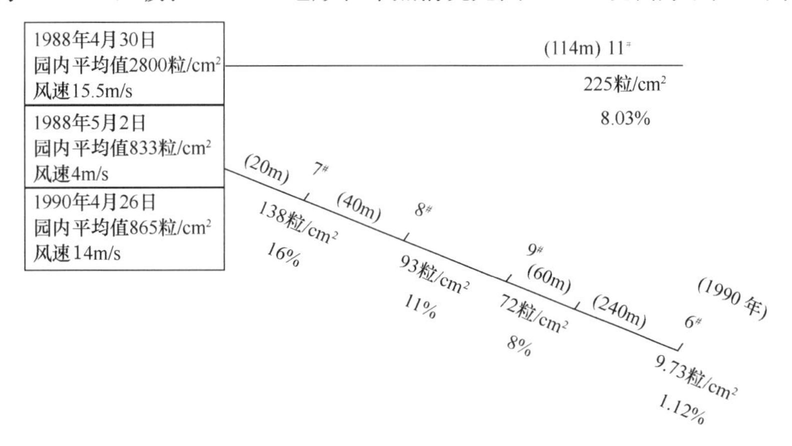

图18-5　上高台平地种子园花粉飞散距离

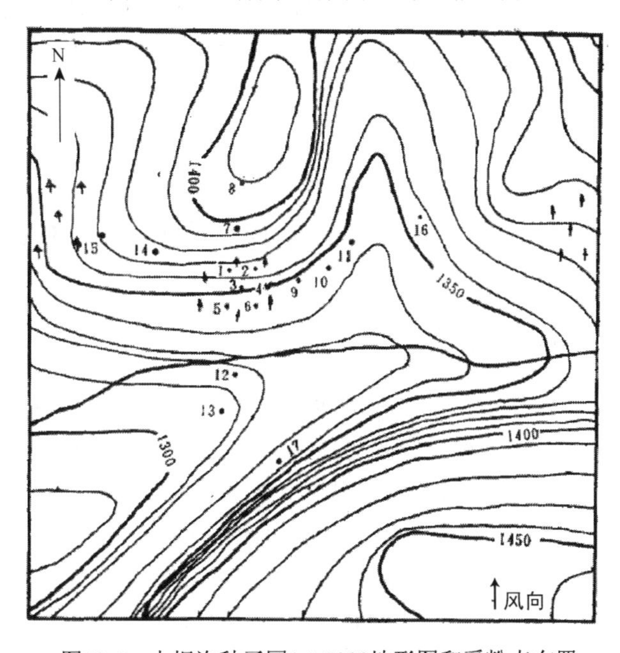

图18-6　大坝沟种子园1：5000地形图和采粉点布置

以园内 6 个点、8 个方位、4 个高度的平均接收量代表园内花粉水平，坡上部 7#，坡顶 8#，以及处于西南主风上方的 9#、10#、11#和 16#各点的接收量如表 18-4 所示。7#和 8#点与花粉源高差分别为 40m 和 80m，在散粉期内没有大风的情况下，如 1989 年最大风速只有 1.4m/s，花粉随气流抬升的作用小。在日均风速为 1.3~1.4m/s 条件下，距花粉源 42m 处的接收量占园内平均值的 39%；距花粉源 56m 处为 7%；150m 处接近 0。处于逆风方向的 12#和 13#采样点，只有 3.5%和 0.3%（表 18-4）。

表18-4　种子园外各点花粉接收量

采样点	距离/m	4 月 19 日	4 月 20 日	4 月 21 日	4 月 22 日	合计	相对值/%
花粉源	0	1414	2628	1143	47	5232	100.0
7#	18	38	45	55	5	143	2.7
8#	42	12	19	13	0	44	0.8
9#	15	1289	1907	382	71	3578	68.0
10#	42	455	730	821	26	2032	39.0
11#	56	106	149	104	16	375	7.0
12#	20	45	107	32	0	184	3.5
13#	50	0	6	13	0	19	0.3
16#	150	7	10	0	0	17	0.3

根据我们两年的观测，在平地种子园于散粉盛期，当风速为 15.5m/s 时，距花粉源 114m 处，接收量为 225 粒/cm^2，距花粉源 240m 处仅为 9.73 粒/cm^2。这表明，大风时花粉源对 100m 外尚有影响。当风速为 4m/s 时，下风 60m 处有 72 粒/cm^2。在山地条件下，落叶松花粉的传播远近主要也与风速有关，与地形的关系不明显。当风速小于 2.0m/s 时，距花粉源 56m 处的最大接收量为 149 粒/cm^2，为园内花粉接收量平均值的 7%，在静风条件下，传播不远。这与油松相比，花粉的传播距离近得多了。此外，种子园内风速远小于园外，据测定如园外风速为 2.5m/s，而园内只有 0.9m/s，这也影响到种子园内花粉的传播。

第三节　传粉、授粉与种子产量

一、胚珠授粉状况与种子产量

上高台华北落叶松种子园最佳可授期在 2 天左右，这样短的可授期是否影响胚珠对花粉的接收？5 月底解剖着生在树冠不同方向和高度的胚珠，剥出胚珠，在珠孔处切一个小口，使珠心和花粉室露出，滴 0.5%饱和水合氯醛酸性品红溶液，覆盖玻片，轻压，挤出花粉，镜检胚珠接受的花粉粒数。同年 8 月底，当球果种子成熟时，采集相应位置的球果，在室温下干燥，从顶向底剥取种子，解剖，检测胚珠和种子状况。分析结果如表 18-5 所示。种子园中树冠不同方向、不同高度雌球花捕获的花粉数量有所不同，雌球花捕获的花粉数量与不同方向、不同高度花粉密度的多少相对应，表明种子园中雌球花

表18-5　树冠不同高度和方位胚珠平均接收的花粉量及饱满种子率

胚珠所处冠位	1m	2~3m	4m	接收花粉数/粒	饱满种子/%
西/粒	3.17	3.33	3.07	3.19	46.43
东/粒	4.39	5.10	4.35	4.61	49.01
接收花粉数/粒	3.78	4.21	3.71		
饱满种子/%	48.75	50.29	48.51		

授粉概率与花粉密度有一定关系，但与所产饱满种子的百分率并没有发现明显的差别。

为进一步分析，同一个球果不同部位胚珠接收花粉粒数量与饱满种子生产量的关系，分别检测了球果上、中、下胚珠接收的花粉量，结果见图 18-7。从每个胚珠接收的花粉粒数量看，中部平均约为 5 粒，多数为 3~7 粒，占总数的 73.3%，3%的胚珠没有接收到花粉粒；球果上、下两部平均是 3~4 粒，上部为 0~5 粒，占 82.7%，10.7%没有花粉粒，底部大部分是 0~6 粒，其中 0 粒为 11.2%。

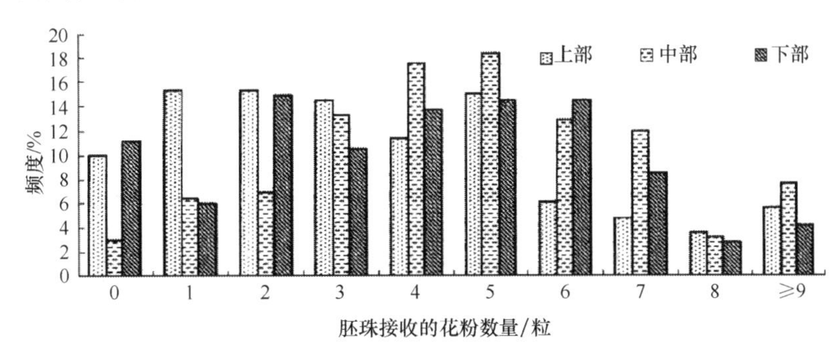

图18-7　不同部位胚珠接收花粉粒频度

同年种子成熟时，采集相应部位的球果，同样分上、中、下三部，检测种子的饱满程度，结果见表 18-6。胚珠平均接收的花粉数为 3.45~4.81 粒，中部未接收到花粉的胚珠平均为 3%，球果上、下两端存在不育种鳞，胚珠发育不完全，上部、下部分别有 10.7%和 11.2%的胚珠没有接收到花粉，造成残翅和胚珠败育。这与表 18-6 中部、上部、下部残翅和败育百分率比较一致。除此之外，上、中、下三部均有空粒存在，差异不大，为 9.33%~ 12.91%，其中中部所占比例较小，为 9.33%。饱满种子百分率中部最高，为 23.21%，上下两部为 12.80%和 12.69%，高出了近一倍。

据观测，10 年生华北落叶松平均每株可产花粉 80g，推算每公顷能产 42kg 花粉，显然这时种子园内已不存在花粉不足的问题。但由于落叶松雄球花属全冠位分布，且花

表18-6　球果各部位胚珠接收的花粉粒数及结籽状况

胚珠在球果上的部位	上	中	下	合计
胚珠平均接收花粉/粒	3.45	4.81	4.00	
变幅/个	0～11	0～13	0～13	
饱满种子百分率/%	12.80	23.21	12.69	48.70
空粒百分率/%	12.91	9.33	10.41	32.65
残翅及败育百分率/%	7.70	0.00	10.95	18.65

粉粒大，又无气囊，此外，同一无性系的雌雄花期重叠，增加了自交概率。因此，可以认为，胚珠接受的花粉粒数与种子产量有直接关系，但并不是造成空粒的主要原因。产生空粒的主要原因是自交，详见下章讨论。

二、授粉方式与饱满种子产量

为了解胚珠不同授粉方式对饱满种子生产的影响，分别进行了自由授粉、辅助授粉和套袋控制授粉。切取花枝，水培于室内温暖处，分别无性系调制收集花粉，储存于0℃左右冰箱备用。雌球花去雄套袋在花粉飞散前一周左右进行，当雌球花进入最佳可授期时，用 10ml 扁圆尖嘴塑料瓶和医用针头制成喷粉器，针头刺入隔离袋，授粉，第二天重复授粉。授粉半月后，换用细目化纤防虫罩。自由授粉的雌球花于开花前套好防虫罩，采用同样的方法授粉。检测采用不同授粉方式胚珠接受的花粉粒数及饱满种子百分率，结果见表 18-7。

表18-7　不同授粉方式下胚珠受粉状况及饱满种子百分率

授粉方式	自由授粉	辅助授粉	控制授粉
检测胚珠数/个	504.0	90.0	90.0
接收的花粉总数/个	2098.0	573.0	426.0
胚珠平均接收花粉数/个	4.2	6.4	4.3
捕捉到花粉的胚珠数/个	466.0	89.0	71.0
未捕捉到花粉的胚珠/%	7.5	1.1	21.2
饱满种子的百分率/%	48.7	50.5	36.3

套袋控制授粉，虽然胚珠所接收的花粉数较多，平均为 6 个，但未捕捉到花粉的胚珠数较其他两种授粉方式多，占总数的 21.1%，饱满种子率也较自由授粉和辅助授粉为低。分析原因，①没有掌握好授粉时机；②套袋改变了袋内部环境，使种子发育受到影响，因此，控制授粉必须掌握授粉适期并宜授粉多次。辅助授粉是提高种子园种子产量和质量的重要手段，但掌握授粉适时至关重要。对具有传粉滴的裸子植物，可根据传粉滴的出现来确定可授期。然而华北落叶松在传粉期并不产生传粉滴，因此必须依据雌球花的形态变化和胚珠珠被顶端的变化准确确定最佳可授期，否则收效不大。从形态上看最适授粉期是，雌球花苞鳞间彼此分开，可看到球花轴和倒生的胚珠，苞鳞近似水平，与球花轴基本成直角。用手持放大镜可以观察到胚珠珠孔顶端的变化，当珠被毛伸长且具有黏液时，即到达可授期。另外球花发育的时期与温度有很大关系，授粉时还应考虑自然条件和套袋袋内温度的差异。据观测，袋内雌花最佳可授期比自然条件下的雌花早 2~3 天。

第四节　无性系结实特性的变异与利用

一、结实周期与无性系结实能力的变异

华北落叶松结实具有明显的大小年现象，且易受花期冻害和种实虫害。对阴河林场

500 亩母树林标准地，连续 8 年单独采种和调制，统计不同年份结实量。在 8 年中有 2 个结实丰年，其余年分遭受 3 次冻害，1 次虫害，种子产量很低，丰年周期约为 4 年。

华北落叶松无性系间球果产量差异极显著。其中阴 02#、北 06#、12#、20#共 4 个高产无性系产量约占总产量的 60%，结实最多的阴 02#产量是总平均值的 420%，而北 8#、13#、17#、18#、19#、21# 共 6 个低产无性系的产量只占总产量的 11.7%，表现出明显的偏雄特征。在结实性状上，无性系与年份间的交互作用也存在极显著的差异，表现为无性系间结实大小年的不同步。总的来看，1993~1995 年属小年，年份间球果总产量差异不显著，但阴 02#却表现为 2 个大年，1 个小年。其中，1993 年和 1995 年的产量分别是总平均值的 398%和 732%，而 1994 年却只有总平均值的 67%。北 06#在 1993 年、1994 年的球果产量只有总平均值的 70%。根据不同年份的球果产量估算的遗传参数也存在很大差异。因此，评价无性系的结实能力时，要考虑无性系与年份的互作效应，多年重复观测是必要的。15 个无性系 3 年的球果产量见图 18-8。

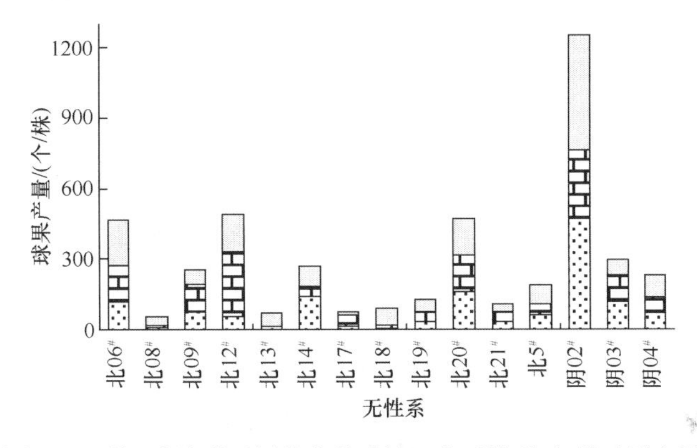

图18-8　阴河光沟种子园华北落叶松15个无性系3年的球果产量

巢式分组方差分析表明，球果产量在无性系间差异极显著，在无性系内不同分株间差异不显著。无性系间球果产量的差异，主要受遗传因素影响。无性系内不同分株间的差异主要反映了小环境的影响。小环境对母树球果产量的影响远小于遗传因素的影响。

二、无性系结实能力的选择

无性系结实量的遗传方差分量、环境方差分量、遗传变异系数和广义遗传力分别为 0.88、0.12、1.06 和 0.96（表 18-8），与树高、胸径、材积、形率和木材密度相比，结实量的遗传方差分量、遗传变异系数和广义遗传力最高，环境方差分量最小。这表明，结实量的遗传变幅大，受环境影响小，受遗传因素控制程度高，选择利用潜力大。

对 8 个无性系结实量遗传值与半同胞子代逐年树高、胸径、材积的遗传相关分析表明，无性系结实量不仅与 15 年生子代累计生长指标不相关，而且与树高、胸径、材积历年生长指标都没有明显相关（表 18-9）。这个结果与油松的研究相同。因此，为保证子代的遗传增益和提高无性系结实能力选择效率，在子代测定基础上，进行无性系结实能力的再选择是必要的。

表18-8　华北落叶松无性系主要性状数据分析

性　状	结实量	树高	胸径	材积	形率	木材密度
平均值	19 937 粒	12.09m	19.8cm	0.1446m^3	0.63	0.38g/cm^3
遗传方差分量	0.88	0.79	0.44	0.45	0.50	0.88
环境方差分量	0.12	0.21	0.56	0.55	0.50	0.13
遗传变异系数	1.06	0.07	0.07	0.02	0.04	0.07
广义遗传力	0.96	0.92	0.70	0.73	0.75	0.93

表18-9　无性系结实量遗传参数与子代年生长量遗传相关分析

性状	1984 年	1985 年	1986 年	1987 年	1988 年	1989 年	1990 年	1991 年	1992 年	1993 年	1994 年	1995 年
树高	0.06	–0.11	–0.03	0.27	0.32	0.29	0.39	0.33	0.29	0.23	0.17	0.22
胸径	—	—	—	—	0.62	0.43	0.47	0.48	0.47	0.45	0.44	0.44
材积	—	—	—	—	0.38	0.31	0.40	0.39	0.37	0.32	0.29	0.30

结　　语

雌球花在树冠内的分布，以树干为轴心，由内向外，自下而上，可以划分为 3 个功能区，即着花衰退区、着花区和枝条生长发育区。随树冠的扩张，3 个功能区逐渐上移外扩。雄球花数量也是由外向内呈递减趋势，但减幅要比雌球花的小，5 年生枝上仍有分布，50%以上的雄球花着生在 2 年生枝上。从垂直方向看，主要分布在中下枝层，雄球花分布范围比雌球花宽，属全冠位分布型。

华北落叶松散粉日变化呈单峰曲线，散粉历时 8~9 天，高峰期 1~2 天，一天内最大接收量达 2700 粒/cm^2。散粉时变化与一天内温度和湿度变化有关，最大值出现在 10: 00~12: 00。花粉粒无气囊，飞扬能力较差。在平地和山地种子园内花粉的空间分布随高度增加而有规律地递减，花粉云集中分布在 2~4m 空间，胚珠接受自身花粉的概率大，人工辅助授粉是增加异交概率的有效手段。花粉在园外传播受地形影响而抬升的作用不显著。散粉期间，当风速为 15.5m/s 时，平地种子园下风 114m 处的花粉接收量为 225 粒/cm^2，约为园内平均值的 8.03%；当风速为 4m/s 时，60m 处的接收量为 72 粒/cm^2。在山地种子园，当风速小于 2m/s 时，60m 处的接收量平均为 119.6 粒/cm^2，为园内的 7%。华北落叶松花粉传播的这些特点，在规划种子园时应予考虑。

传粉过程有其独特性，无传粉滴，由珠被顶端大裂片的珠被毛接收花粉，需依据雌球花的形态变化和胚珠珠被顶端的变化来确定最佳可授期，最佳传粉期 2 天左右，形态上表现为雌球花直立，球花节间伸长，种鳞之间彼此分开，胚珠露出。胚珠接收的花粉数平均为 4 粒，胚珠接收的花粉数与饱满种子的产量有一定的关系，但不是造成空粒的主要原因。

无性系间结实能力差异显著，进行无性系结实能力的再选择，是提高种子园产量的关键措施。华北落叶松结实周期约为 4 年，无性系结实能力与年份间交互作用显著，表现为无性系间结实周期不同，评价无性系结实能力要进行年份间的重复观测。无性系内分株间结实能力差异不显著。母树结实量比其他性状变异幅度大，受遗传控制程度高，选择利用潜力大。结实能力与子代生长不相关，无性系结实能力的选择应在子代测定的基础上进行。

参考文献

富裕华. 1989. 华北落叶松优树无性系开花特点的研究. 山西林业科技，（1）：22-29
郭军战，李周歧，张懿藻. 1995. 朝鲜落叶松无性系种子园开花结实规律的研究.陕西林业科技，（4）：1-4
贾桂霞，沈熙环，李凤兰. 1992. 华北落叶松生殖器官的发育和球果空粒的分析. 见：沈熙环. 种子园技术. 北京：北京科学技术出版社：156-152
贾桂霞，沈熙环. 2001. 华北落叶松传粉生物学的研究. 林业科学，40（3）：40-45
贾桂霞，杨俊明，沈熙环. 2003. 落叶松种间交配结实力变异和自交衰退的研究. 林业科学，1：62-68
贾桂霞. 1992. 华北落叶松种子园开花结实习性及其生殖过程的研究. 北京林业大学硕士学位论文
王福森，郑洲泉，张梅，等. 1997. 樟子松、长白落叶松种子园开花结实规律研究. 吉林林业科技，5：11-15
王丽生，石忠孝. 1989. 不同授粉方式对华北落叶松种子园结实的影响. 山西林业科技，1：30-32
温秀凤，沈熙环. 1990. 华北落叶松种子园花粉飞散的研究.北京林业大学学报，12（4）：68-75
史彦江，陶继军，宋锋惠，等. 2002. 新疆落叶松种子园嫁接母树结实规律研究. 西南林学院学报，2：72-75
赵久宇，蔡胜国，袁德水. 2012. 华北落叶松种子园无性系开花结实特性调查研究. 科技创新导报，3：139

第十九章 华北落叶松种内和落叶松种间可配性研究

落叶松属是北半球温带和寒温带的重要用材树种。种子产量低和空粒是落叶松良种繁殖的制约因素，但同时观察到在种内及种间交配中普遍存在着个体间结实的差异。种子败育是针叶树种种子园低产的主要原因。为解决裸子植物中普遍存在的这一问题，做过不少研究。在本书第六章和第七章关于花粉传播和胚珠受粉讨论中，认为油松种子园中胚珠败育是花粉量不足造成的，而自交是产生空粒的主要原因之一（王晓茹和沈熙环，1989）。Kosinski（1986）认为在欧洲落叶松（*Larix decidua*）中，自交是败育、产生大量空粒种子的主要原因。

Owens 等（1994）、Takaso 和 Owens（1994）、Tomlinson（1994）等研究了裸子植物授粉机制及受精前后的形态结构、代谢和生理生化等变化，认为裸子植物和被子植物一样，在传粉后和受精前存在花粉识别和选择系统。Haig 和 Westoby（1989）认为，花粉选择是种子植物进化的主要动力之一。有关植物雌雄配子体之间的识别，即可配性研究，是植物有性生殖过程中的核心问题之一，是国际上重视的前沿课题。在被子植物中对配子体识别反应的研究比较深入，主要集中在茄科、禾本科、十字花科等植物中自交不亲和机制的探索上（Cheng et al.，1995；Gray et al.，1991；李润植和毛雪，1998；华志明，1999）。由于裸子植物有性生殖过程历时较长，雌配子体器官分离和操作又较难，雌雄配子体相互作用的机理还不清楚。

20 世纪 70 年代以来，有关落叶松种内、种间杂交育种和杂种优势利用方面的工作，主要集中在生长性状、材性、抗性和适应性以及杂种种子园的营建等方面（潘本立等，1992；王景章和丛培艳，1980；王景章等，1990；杨书文等，1992；徐日明等，1997；张颂云，1990；杜平等，1999；马常耕，1997；丁振芳等，1995），对交配亲和性的变异及其机理研究较少。

为了解华北落叶松无性系间以及落叶松种间杂交可配性的变异，通过球果中种子败育和饱满种子率的差别探讨了这个问题，以达到提高种子产量和品质以及拓宽落叶松杂种利用的目的。同时，通过华北落叶松传粉受精过程中 Ca^{2+}的动态分布，探讨了配子体识别和受精作用的机理。为此，在以往工作的基础上，较大规模地开展了华北落叶松的自由授粉和自交试验以及落叶松种间杂种试验。1996~2000 年，在河北省塞罕坝机械林场的阴河林场种子园、光沟种子园及孟滦林管局龙头山林场查字种子园进行外业工作，内业工作在北京林业大学遗传育种实验室完成。

第一节 可配性差异与自交不亲和

华北落叶松球果中种子败育的表现有两类：一类是受精前胚珠败育，球果种鳞上残存种翅而无种粒；另一类种皮正常，空粒，粒中含退化的内含物。前者肉眼易于识别，后者通过 X 光透视也容易区别。球果中饱满种子的百分率的大小，在一定程度上能反映出无性系或杂交组合可配性的大小。为此，调查了华北落叶松不同无性系自由授粉和不同落叶松控制授粉组合的饱满种子百分率的变化状况。

一、落叶松不同无性系自由授粉和不同交配组合球果饱满种子率的变化

选取华北落叶松结实量较多的 20 个无性系，采集自由授粉种子，观察不同无性系自由授粉饱满种子率变化，重复 2 次。对自由授粉球果，不套花粉隔离袋，只用细目化纤防虫罩。秋后采集球果，统计饱满种子百分率。华北落叶松不同无性系自由授粉球果内饱满种子率变动很大，2 次重复的平均值变动于 20.5%~76.4%，差异极显著，图 19-1 示 20 个无性系球果中饱满种子百分率 2 次重复的调查数据。饱满种子率反映了华北落叶松不同无性系间的可配性存在着差异，体现了母本对可配性的影响。

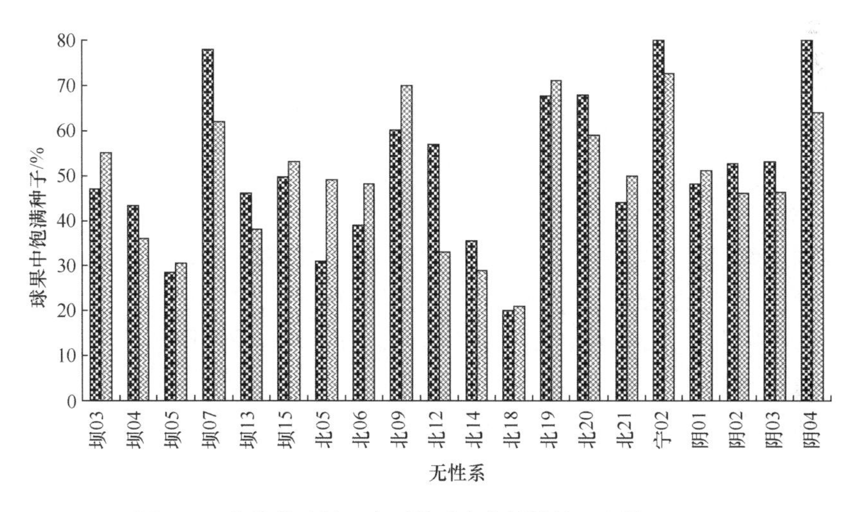

图19-1 华北落叶松20个无性系自由授粉的可配性

在本书十三章油松子代测定中，论及配合力的概念和计算。一般配合力（GCA）是指一个亲本与多个亲本的控制授粉组合中，对所产生子代性状表现的平均效应，体现了基因的加性效应。特殊配合力（SCA）是非加性效应，体现在特定的控制授粉组合中。特殊配合力反映了父本效应、母本效应以及父本、母本交互作用的综合作用。在选配控制授粉亲本时，不仅要考虑特殊配合力，更应重视双亲一般配合力的大小，一般配合力是选择的基础。一般配合力高的亲本，其子代一般表现较好，如在表 19-1 试例中，华 8#和华 4#无性系的一般配合力较高，华 4#×华 8#、华 19#×华 8#组合的特殊配合力也较高。当双亲一般配合力都不高时，即使特殊配合力较高，如华 10#×华 1#也不考虑入选。根据杨俊明（1998）分析，饱满种子率广义遗传力 H^2 较高，为 0.79~0.87。因此，可以考虑根据表型值，对无性系间自由授粉和控制授粉可配性进行选择。这种简单的分析为我们筛选可配性高的无性系提供了线索。

表19-1　华北落叶松种内测交系交配设计试验结果/%

♂/♀	华 1#			华 19#			华 4#			华 2#			GCA
	1	2	SCA	1	2	SCA	1	2	SCA	1	2	SCA	
华 10#	20	28	10.15	20.4	12.5	−7.7	34.9	26	−5.38	27.5	21	2.9	−17.90
华 16#	50	24	0.8	53	47	3.5	53.1	61.2	−1.03	38	42.8	−3.3	4.45
华 8#	38	30	−12.51	66	60	6.19	84	75.4	11.27	47	51.2	−4.91	14.76
华 0#	34.6	29.4	1.54	44	33.5	−2.01	51.4	43.8	−4.84	47	39.5	5.29	−1.29
GCA	−9.94			0.36			12.04			−2.44			

二、自交不亲和现象

对华北落叶松的 5 个无性系和日本落叶松的 3 个无性系分别进行自交和自由授粉。自交组合的花粉来自同一个无性系，为防止外来花粉侵染，在树冠不同方位各套花粉隔离袋 8~10 个，授粉后半个月，用防虫罩替换隔离袋。自交种子外形、大小、种皮色泽往往与正常饱满种子相仿，不易识别。自交种子经 X 光透视检测，大部分为空粒。解剖这些种子，除少数为饱满种子外，绝大部分在种皮内仅有一些膜状残余物，个别种子有部分雌配子体和胚，但发育不完全（图版 19-Ⅰ-1、图版 19-Ⅰ-2）。

虽然自交花粉能够落在珠被毛后进入珠孔道，并到达珠心，但绝大多数不能受精。分析自交花粉不能受精的原因不外是：花粉不萌发；花粉虽萌发，但花粉管生长受阻；花粉管到达颈卵器，但不受精。对具有雌配子体，但未充满种子腔，是受精后胚未能充分发育的结果。胚胎虽然没有败育，但可能因自交活力低，使胚胎发育受阻。传粉后约 6 周，显然在胚珠中存在不亲和机制，造成花粉竞争和受精前选择，使自交不亲和，产生大量空粒种子。

自交引起的衰退现象，造成大量种子败育。华北落叶松种子园因胚珠败育和空粒，使产量严重受损。华北落叶松的雌雄球花通常相互混合着生，且无明显的雌雄异熟，花粉粒较大，无气囊，受重力作用较大，在自然条件下不可避免地发生自交。自交使胚珠败育，产生空粒，为提高种子园种子产量，应尽量减少自交现象的发生。减少自交的有效方法首推人工辅助授粉。在雌球花授粉适期，用多系混合花粉或单系花粉，特别是用经过遗传测定的优良无性系花粉进行开放式辅助授粉会取得好的结果。

三、自交不亲和现象的可能利用途径

在表 19-2 中华北落叶松 8#和 10#和日本落叶松 4#无性系自交授粉的饱满种子率都在 5%以下，基本上属于自交不孕无性系。分别对这几个无性系进行种间杂交，结果如图 19-2 所示。除华 4#×日 8#组合外，以饱满种子率表示的可配性都比较高。以日 4#为母本的 3 个组合，2 次重复可配性平均变动于 67%~77.5%，而且日 4#结实能力也较强。华 8#也表现出种间杂交可配性高的特点，与长白落叶松 3 个无性系杂交，平均可配性为 74.8%，华 8#×长 2#组合可配性最高为 85.2%。利用无性系自交不亲和及杂交可配性高的特点，有可能提高杂种种子和杂种苗木的生产潜力。如为利用（日×华）F_1 代明显的生长优势，可以考虑用日 4#无性系与华

表19-2 华北和日本落叶松自交与自由授粉产生饱满种子率的比较 （单位：%）

无性系	自交授粉	自由授粉	自交-自由授粉	败育率
华 1#	16.1	65.6	−49.5	−75.46
华 4#	4.3	32.0	−27.7	−86.56
华 19#	10.0	54.9	−44.9	−81.8
华 10#	2.0	50.0	−48.0	−96.0
华 16#	20.0	56.0	−36.0	−64.3
华 8#	1.0	58.3	−57.3	−98.3
日 6#	10.5	33.3	−22.8	−68.5
日 8#	13.1	48.0	−34.9	−72.7
日 4#	2.5	26.1	−23.6	−90.4

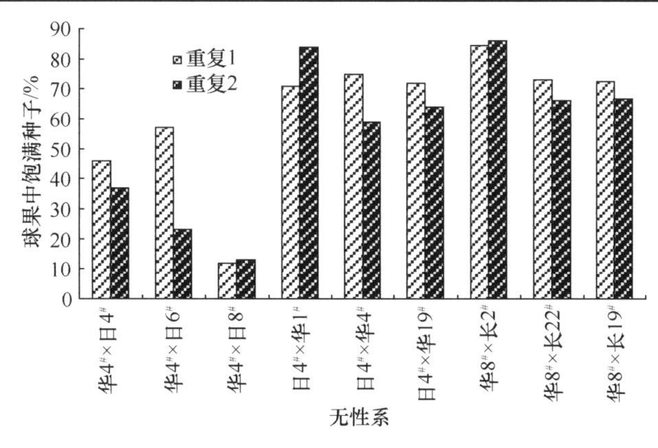

图19-2 自交可孕性低的华北落叶松和日本落叶松无性系种间杂交的结实率

北落叶松优良无性系营建“一对多”形式的杂交种子园；或利用若干类似日 4# 自交不亲和的无性系，与多个华北落叶松优良无性系建立“多对多”形式的杂交种子园；也可以营建 2 个无性系组成的“一对一”形式的杂交种子园。

第二节 落叶松种间杂交可配性和杂种利用

参与杂交试验的落叶松有华北落叶松、日本落叶松（*Larix kaempferi* Carr.）、兴安岭落叶松（*L. gmelini* Rupr.）、长白落叶松（*L. olgensis* Henry）以及 16 年生日本落叶松×华北落叶松 F_1 代杂种。母树开花结实正常，生长健壮。杂交工作在河北光沟种子园和阴河林场进行。控制授粉组合共 9 个，用树种中文名的第一个汉字表示，分别为：华×华、华×日、日×华、华×长、华×兴、日×兴、（日×华）×华、（日本×华）×日及（日×华）×兴。采用测交系交配设计，每个组合含亲本 6~8 个。

一、落叶松不同杂交组合的可配性

1996 年对华北落叶松、日本落叶松、长白落叶松、兴安落叶松间进行了杂交。华北落叶松与日本落叶松的正反交、华北落叶松与长白落叶松、华北落叶松与兴安落叶松的种间杂交。杂交后以饱满种子率表示的可配性见表 19-3。

表19-3　种间杂交各组合的饱满种子率　　（单位：%）

父本	母本	重复 1	重复 2	均值	平均	父本	母本	重复 1	重复 2	均值	平均
	华 1$^{\#}$	45.7	38.0	41.9			华 10$^{\#}$	66.0	70.0	68.0	
日 4$^{\#}$	华 4$^{\#}$	46.0	37.3	41.7	47.2	长 2$^{\#}$	华 16$^{\#}$	78.6	80.0	79.3	77.5
	华 19$^{\#}$	66.0	50.0	58.0			华 8$^{\#}$	84.3	86.0	85.2	
	华 1$^{\#}$	68.0	34.0	51.0			华 10$^{\#}$	46.0	42.0	44.0	
日 6$^{\#}$	华 4$^{\#}$	57.4	23.1	40.3	50.8	长 19$^{\#}$	华 16$^{\#}$	69.4	74.5	72.0	61.9
	华 19$^{\#}$	60.8	61.2	61.0			华 8$^{\#}$	72.5	66.7	69.6	
	华 1$^{\#}$	36.0	24.0	30.0			华 10$^{\#}$	50.0	46.0	48.0	
日 8$^{\#}$	华 4$^{\#}$	12.0	13.0	12.5	35.7	长 22$^{\#}$	华 16$^{\#}$	86.0	82.0	84.0	67.2
	华 19$^{\#}$	80.0	49.0	64.5			华 8$^{\#}$	73.0	66.0	69.5	
平均					44.5	平均					68.8
	日 4$^{\#}$	74.0	84.0	79.0			华 1$^{\#}$	60.0	72.0	66.0	
华 1$^{\#}$	日 6$^{\#}$	35.3	28.0	31.7	47.6	兴 A	华 4$^{\#}$	63.3	63.3	63.3	67.3
	日 8$^{\#}$	22.0	42.0	32.0			华 19$^{\#}$	72.5	72.9	72.7	
	日 4	75.6	59.2	67.4		兴 B	华 10	50.0	37.3	43.7	
华 4$^{\#}$	日 6	34.7	39.2	37.0	47.8		华 16	50.0	71.4	60.7	61.1
	日 8	36.0	42.0	39.0			华 8	82.0	75.5	78.8	
						平均					64.2
	日 4	72.0	64.7	68.4			日 4	21.6	18.4	20.0	
华 19$^{\#}$	日 6	40.0	43.1	41.6	51.3	兴 A	日 6	17.6	8.2	12.9	23.9
	日 8	42.0	46.0	44.0			日 8	45.1	32.7	38.9	
平均					48.9						

注：兴 A、兴 B 分别为 1995 年和 1996 年兴安落叶松 1$^{\#}$、2$^{\#}$、3$^{\#}$无性系的混合花粉

华×日饱满种子率平均为 44.5%，日×华的平均值为 48.9%，数值接近，介于华北落叶松和日本落叶松自由授粉的饱满种子率（50.9%，35.8%）之间。但以日本落叶松做母本与华北落叶松杂交，获得可配性高的组合比华×日强，其中，日 4$^{\#}$×华 1$^{\#}$组合可配性高达 79.0%。可见，日×华组群可配性选择利用潜力明显大于华×日组群。杂交试验表明，日 4$^{\#}$和华 19$^{\#}$无性系都是优良的母本材料。华北落叶松与长白落叶松杂交可配性平均值达 68.8%，居各交配组群之首。据 1995 年和 1996 两年测定结果，华×兴可配性平均为 64.2%，较高，仅次于华×长组群，而日×兴可配性平均值只有 23.9%，在所有交配组群中属最低。从试验结果看，落叶松种间具有较高的可配性，但不同种间有差异。这种差异表现在花粉接受期，还是在受精期，需进一步研究。

二、落叶松种间杂种的利用前景

日本落叶松生长快，但在无霜期短的冀北山地，冬季到来前日本落叶松新梢往往不能充分木质化，在冬季低温和大风作用下，新梢越冬后梢端干枯率可高达 88.7%，且幼树树干易遭兔、鼠啃食危害。乡土树种华北落叶松生长较慢，但能适应当地生态条件，没有枯梢现象，且抗兽害。我们希望，通过落叶松种间杂交，选育出具有生长优势，又具抗逆优势的繁殖材料。

试验证实，以日本落叶松为母本与华北落叶松杂交，杂种生长有优势。（日×华）F_1代2年生实生苗，按双株小区，15次重复造林，9年后，杂种和对照的树高、直径的变异系数变动趋势明显减缓，个体间位次进入稳定状态（图19-3），拐点出现在造林后第9年（1991年）。此时，杂种群体树高、直径和材积年均生长量分别比对照高出10%、14%和48%。造林后12年，杂种比对照相应高出3%、23%和61%（图19-4），差异极显著。随树龄增加，杂种胸径、材积与对照差值呈逐年增大趋势。杂种干形通直率也比华北落叶松高出38%。

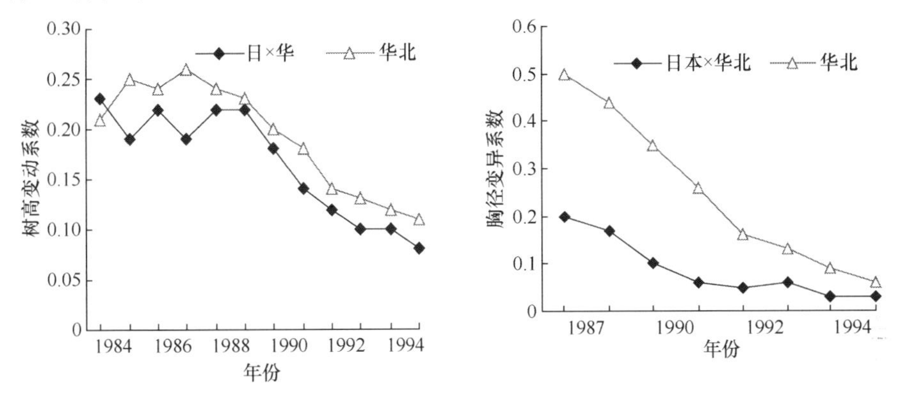

图19-3　（日×华）F_1与华北落叶松树高（左）与胸径（右）变异系数随年龄增长的变化趋势

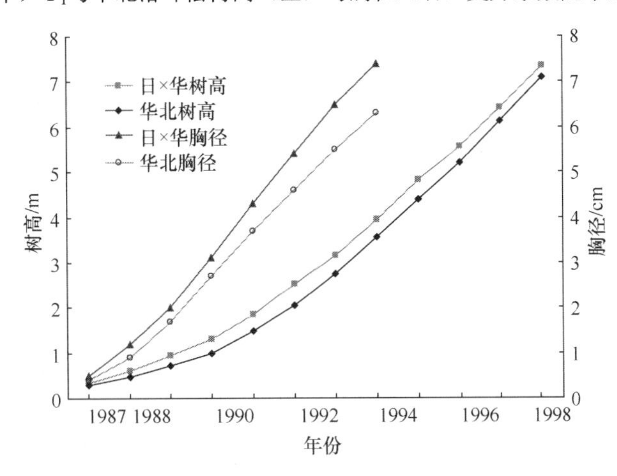

图19-4　日本华北落叶松杂种生长的优越性

杂种F_1代越冬枯梢率平均为15.5%（表19-4），与母本日本落叶松差异极显著，可见杂种比母本日本落叶松适应当地气候条件的能力有显著的提高，显现了双亲性状的互补。

造林12年后，华北落叶松没有遭兽害，而杂种树干基部冬季遭兔、鼠啃食，受害率为25%~33%，且杂种苗木定植初期自然死亡率也较高。因此，试验区内杂种存活率明显低于华北落叶松。杂种的这一缺点直接影响到（日×华）F_1的推广。对杂种采取轮回选择和回交，可能是解决途径。

此外，在冀北坝头地区日本落叶松很难正常结实。但（日×华）F_1在造林后10年基本上与华北落叶松同步进入开花结实期。13年生时杂种结实株率为60%，同龄华北落叶松为66.7%，两者大致相当，但球果量差异明显。进入开花结实期的杂种平均每株

表19-4 （日×华）F_1代越冬枯梢率调查

树种	项目	小区 1	2	3	4	5	6	7	8	9	10	平均值	标准误
日×华 F_1	总数/个	34	30	45	39	40	38	44	49	48	46	—	—
	枯梢/个	7	4	9	6	4	5	8	8	5	8	—	—
	枯梢率/%	21	13	20	15	10	13	18	16	10	17	15.5	3.72
日本落叶松	总数/个	77	75	58	52	60	55	—	38	75	68	—	—
	枯梢/个	77	64	43	52	53	55	—	23	75	61	—	—
	枯梢率/%	100	85	74	100	88	100	—	61	100	90	88.7	13.84
华北落叶松	总数/个	65	60	60	62	57	57	50	52	52	55	—	—
	枯梢/个	0	0	0	0	0	0	0	0	0	0	—	—
	枯梢率/%	0	0	0	0	0	0	0	0	0	0	0	0

注：1. 日本落叶松为1979年嫁接的种子园无性系。优树来源于黑龙江省林口县青山林场；（日×华）F_1为1983年用2年生苗营造的杂种对比林；华北落叶松为对比试验林中的对照；2. 调查方法：在样株树冠中上部南向部位，各取4~6个带有30~80支新梢的样枝，调查枯梢率

挂球果39个，为同龄华北落叶松对照的9.1倍。如何利用这一特性，是今后研究的课题。

第三节　花粉选择和识别的探索研究

为探索落叶松种间可配性存在的差异及自交衰退现象，用Ca^{2+}定位法研究了从花粉接受期到受精前这段时间内花粉和胚珠间的相互作用。定位法参考焦锑酸钾沉淀法（王红等，1994），固定、渗透、包埋和聚合操作参考《生物电子显微技术》（张景强等，1987），主要操作步骤参见脚注*。

---

* （1）取材：根据贾桂霞等（1992）的研究，华北落叶松授粉后3～4周，花粉向珠心移动，产生花粉管，释放精子，最后与卵细胞结合。因此，胚珠材料应在这一段时间内采集固定。2000年人工授粉时间为5月1～3日，于5月26日、6月2日、6月12日、6月19日、6月27日约每隔一周采集一次，共5次采集自由授粉和自交授粉的胚珠进行了钙定位固定。2001年人工授粉时间为4月28～29日，为了尽可能抓住所需的胚珠发育阶段，我们缩短了实验材料采集固定的时间间隔，从5月26日开始，每隔一日采胚珠进行钙定位固定，一直持续到6月13日，共采集固定材料10次。

（2）固定与包埋：将切好的材料迅速投入用2%焦锑酸钾（pH7.6，用100mmol/L pH7.1的磷酸缓冲液配制）配制的3%戊二醛固定液中，抽真空0.5～1h后放入4℃冰箱初固定4～6h；用含2%焦锑酸钾的磷酸缓冲液（pH7.6）洗涤3~4次，每次约0.5h；将洗涤过的材料转移到4%焦锑酸钾缓冲液（pH7.6）和2%锇酸等量混合的溶液中，4℃冰箱内固定过夜；洗涤：先用重蒸水洗涤4次，再用pH10.0的重蒸水（用1mol/L KOH调节pH）洗涤2次，每次约0.5h。随后经乙醇系列脱水，Spurr包埋聚合后保存在干燥器中，等待切片。由于华北落叶松的胚珠体积处于一个不断增大的过程，为了保证固定液和包埋剂能够充分渗透到材料的细胞内，在胚珠较小时将整个胚珠投入固定液，随着胚珠体积增大，就要将整个胚珠珠孔一端的一半切下固定，最后则要剥去已经角质化的外种皮，只固定珠心组织或是珠心组织中近珠孔的一段，固定和渗透的时间也相应延长。

（3）样品定位—半薄切片：先进行半薄切片找到所需位置后，才进行超薄切片。半薄切片染色的染液为1%硼砂（四硼酸钠）溶液配制的1%亚甲蓝（methy lene blue）和1%天青Ⅱ（azure Ⅱ）染液。在载片上已展平的半薄切片处滴一滴染液，放到切片加热器上加热到周边开始变干，取下，立即用蒸馏水冲洗多余的染液，烘干后即可观察。

（4）超薄切片、染色及观察照相：经半薄切片定位后，用LKB2088型超薄切片机切片，切片经50%乙醇配制的2%乙酸双氧铀染色，在Hitachi H-600A型透射电子显微镜下观察照相。

（5）对照切片的处理：将在电镜下已确定有焦锑酸钙沉淀的定位切片漂浮在100mmol/L的EGTA（pH8.0）溶液中，60℃处理0.5～1h，使EGTA与Ca^{2+}螯合，脱去Ca^{2+}沉淀后，再置于电镜下观察照相。

一、不同交配系统花粉的接收

为研究传粉期花粉与胚珠间是否存在特异性反应，观察了自由授粉、自交和混合授粉等不同交配系统中花粉的接收状况。其中，混合授粉的花粉是由华北落叶松和油松花粉组成，因为油松花粉有气囊，在形态上明显地不同于落叶松花粉。华北落叶松的授粉机制与其他松科植物有所不同，传粉期胚珠顶端无传粉滴，而由珠被顶端大裂片上的珠被毛黏附花粉（图版 19-Ⅰ-3）。观察显示，自交和油松的花粉均能落在胚珠珠被顶端的珠被毛上，传粉后，珠被毛逐渐萎缩退化，与花粉接触的表面形成呈 PAS 正反应的黏性物质，并最后牢固地黏着花粉外壁。随珠被伸长，珠被毛内折，被其黏附的花粉一同进入珠孔道，这与华北落叶松自由授粉时观察到的情况相同。同时在一些胚珠内还观察到，在珠孔道顶端，珠被毛退化破碎形成的黏性物质表面还附有一些尘埃等杂质。以上结果表明，虽然在花粉和珠被毛表面之间有一定的相互作用，但这种作用并不是特异性的。初步表明在传粉期胚珠的珠被毛表面不存在花粉识别和选择作用。

二、受精前花粉和胚珠的发育

当珠被毛内折完成，珠孔道封闭，萎缩退化的珠被毛黏附花粉外壁，花粉迅速复水，开始膨胀，花粉壁变得光滑、规则，管细胞充满淀粉粒，柄细胞和体细胞清晰可辨。之后花粉脱外壁，从珠孔顶端释放到珠孔道；而一些杂质和死花粉仍停留在珠孔顶端（图版 19-Ⅰ-4）。珠孔道两侧的内层细胞（2~4 个细胞厚）具有浓厚的细胞质和丰富的多糖物质，从图版 19-Ⅰ4 中可以看出，珠孔道内层细胞分泌物质进入到珠孔道，这恰与珠孔道中花粉的迅速水合一致。从雌球花进入可授期到传粉后 2~3 星期，雌配子体从四分体发育到游离核阶段，在这一时期胚珠增大，珠心向珠孔道增长，但珠心顶端保持完整（图版 19-Ⅰ-4）。此时珠孔道中自由授粉和自交的花粉粒，在形态结构上看不到差异。

传粉后 3~4 周，雌配子体游离核细胞化，在其顶端出现颈卵器原始细胞。传粉后 4~5 周，颈卵器处于中央细胞，珠心顶端细胞开始增大，液泡化，随后细胞破裂，使得珠心顶端变为平的/平坦或凹陷（图版 19-Ⅰ-5）。破裂的珠心向珠孔道分泌液体，在珠心分泌物和珠被分泌物共同作用下，花粉从珠孔道向珠心移动，并最终到达珠心表面。花粉从珠孔道上部向珠心移动过程中，体积增大，形状从圆形变为椭圆形，内壁外层不规则溶解，体细胞具大核，柄细胞质具有大量的淀粉颗粒，包围在体细胞外。花粉到达珠心后，异交授粉珠孔道中有黑色网状物存在，而同期的自交珠孔道中并未观察到这类物质（图版 19-Ⅰ-6、图版 19-Ⅰ-7）。

传粉后 6 周，珠心表面的花粉萌发，花粉管穿过珠心达到颈卵器的颈细胞上，然后穿过颈细胞，将雄配子释放到卵细胞。在这一过程，可以观察到自交、异交花粉均出现到达珠心现象，且萌发（图版 19-Ⅰ-8），但自交授粉的花粉在珠孔道中运动过程中有多种表现：①处于珠孔道上部即分解退化（图版 19-Ⅰ-9）；②形态上正常，细胞内含物、结构退化，细胞质稀疏，出现内质网空泡化、液泡吞噬现象（图版 19-Ⅰ-10）；③可以到达珠心，萌发并受精，但颈卵器下方的雌配子体出现败育的现象（图版 19-Ⅰ-11）。这表明胚珠在此期间就具有一定的花粉识别和选择作用，可能存在多种机制抑制自交产生种子。

三、珠孔道中不同授粉方式花粉粒超微结构和Ca^{2+}的动态变化

传粉后3~4周，花粉粒复水，外壁脱落，只剩下内壁包围着花粉的5个细胞。此时的花粉粒仍未到达珠心顶端，这一阶段自交授粉和异交授粉花粉粒的钙信号表达具有很大差异。自交授粉的花粉外壁完全脱落后，内壁内层染色较外层深，由内向外Ca^{2+}沉淀的分布密度不断增加，基本呈辐射状分布，即最外层沉淀较大，而且比较密集，越靠近内层，沉淀较小，分布密度也低一些（图版 19-Ⅰ-12）；内壁内层则很少有钙沉淀。而对于异交授粉的花粉，花粉粒内壁外无钙沉淀积累（图版 19-Ⅰ-13），其花粉液泡化程度很高，且液泡边缘有少量黑色钙沉淀。自由授粉的花粉结构与自交授粉的胚珠内的花粉大致相同，但大多数花粉粒内壁外无钙沉淀积累，个别的花粉粒观察到只在内壁外层表面有一条 Ca^{2+}沉淀线，内壁的其他部分和花粉内部则没有或很少有 Ca^{2+}沉淀（图版 19-Ⅰ-14）。

珠被是包围珠心和雌配子体的外层组织，它在珠心上部围合形成珠孔道空腔。由于裸子植物授粉后花粉并不立即萌发，而是在珠孔道中停留相当长的一段时间，经过胚珠与花粉粒的相互作用，才逐渐运动到珠心，因此，珠孔道有可能是胚珠与花粉发生相互作用的一个重要部位。

我们观察了授粉后至受精前珠孔道部位珠被细胞超微结构，自交和异交授粉并无显著差异。5月10日，珠被细胞核较大，液泡化较严重，存在多个小液泡分布于核周围，或是连接成一个较大的液泡，并出现细胞质向液泡渗透现象（图版 19-Ⅰ-15）。这些物质有可能对花粉的复水、膨大和向珠心移动起到一定的作用。

随着花粉粒在珠孔道中逐渐向下运动，花粉粒与珠孔道的珠被组织细胞相互作用也影响到钙信号的表达，自交和异交授粉珠孔道部位珠被钙信号表达存在较大差异。发现自交授粉花粉粒进入珠孔道后10天左右，即本试验中5月10日材料，就观察到了相应的钙信号表达：珠被内层细胞几乎每个核上都有一两个较大的钙颗粒分布，一些较小的钙颗粒则分布在核、细胞质上（图版 19-Ⅰ-16）。另外，细胞间隙中也有大量细小的钙颗粒积累。而异交授粉胚珠直至5月21日，珠孔道中仍未发现有钙沉淀积累。6月2日，此时花粉粒已运动到珠心顶端，自交授粉胚珠珠孔道壁有大量钙颗粒密集（图版 19-Ⅰ-16），而异交授粉胚珠珠孔道壁无钙沉淀积累（图版 19-Ⅰ-17）。同时，自交授粉珠被内层细胞无钙颗粒沉淀，仅珠被中层细胞仅沿液泡膜有少量钙颗粒分布。

四、珠心顶端细胞化程序死亡现象、细胞超微结构和Ca^{2+}的动态变化

珠心顶端也是花粉－胚珠相互作用的重要部位，花粉将运动到这里萌发形成花粉管，之后花粉管穿过珠心顶端细胞，到达颈卵器顶端释放精细胞。传粉4周左右，珠心顶端细胞发生细胞程序化死亡（PCD），同时，花粉粒逐渐移动到珠心顶端。

观察发现在5月10日左右，花粉粒仍处于珠孔道上部，珠心顶端细胞未出现退化迹象，核膜清晰，染色质分布均匀，质体中包含淀粉粒。此时珠心组织的钙沉淀在不同

授粉方式的胚珠中发生细微的变化：自交授粉胚珠珠心顶端细胞各部位也没有发现钙沉淀（图版 19-Ⅰ-18）；而异交授粉胚珠珠心顶端细胞内部和间隙有少量细小颗粒钙沉淀积累（图版 19-Ⅰ-19）。

5 月 21 日，花粉粒在珠孔道珠被分泌物和珠心分泌物的作用下逐渐向珠心出现运动，但尚未到达珠心顶端。此时，珠心顶端细胞开始发生 PCD，细胞开始液泡化，其中分布着很多大小不一的液泡，并可观察到液泡吞噬现象，有的液泡中包含着类似线粒体物质（图版 19-Ⅰ-20）。但细胞结构还比较完整，存在较多线粒体、质体，核膜明显，核内染色质分布均匀。自交授粉胚珠珠心顶端细胞尚未发现有钙沉淀积累，而异交授粉胚珠珠心顶端细胞壁有少量钙沉淀积累（图版 19-Ⅰ-20）。

6 月 2 日，花粉粒已到达珠心顶端，珠心顶端细胞 PCD 现象进一步加剧，顶端 2~3 层细胞严重退化分解，存在大量被分解的细胞残存物，可见膜包裹着扭曲状的核物质，自交和异交授粉胚珠珠心顶端细胞残存物周围和珠心细胞间隙都可观察到有钙颗粒积累（图版 19-Ⅰ-21）。6 月 8 日，珠心顶端细胞分解退化进一步加剧，可见大量细胞残余物，核片段化，珠心顶端沿细胞分解残余物有大量钙沉淀密集，细胞分解形成的间隙中，沿边缘也有大量钙颗粒积累密集（图版 19-Ⅰ-22）。

结　语

华北落叶松、日本落叶松自交不亲和现象严重，自交不孕无性系占一定比例。自交是产生空粒的主要原因。其中，人工辅助授粉是降低种子园自交比例的有效手段。选择并采用自交不亲和的无性系，有可能建立多种形式的杂交种子园。

华北落叶松种内异交及种间杂交，可配性的遗传力较高，且子代性状的遗传变幅较大，选择利用潜力较大。华×长和华×兴的可配性高于华×日和日×华。日×兴可配性最低。（日×华）F_1 代与日本落叶松、华北落叶松、兴安落叶松交配可配性都较高。（日×华）F_1 代表现出明显的生长和结实优势，抗枯梢能力强，但抗鼠害能力较差。华×长可配性高于其他组群，广义遗传力最高，杂种的生长、抗逆表现尚待研究。

在传粉期花粉和雌性生殖器官有一定的相互作用，但并不是特异性的。传粉后 4~5 周，珠心顶端破裂并分泌物质进入珠孔道，与珠被分泌物共同作用于花粉，使花粉向珠心移动。初步研究显示，在花粉萌发和受精期，华北落叶松中存在花粉识别与选择系统；据对 Ca^{2+} 的分析，胚珠内自由授粉和自交授粉的花粉壁上钙颗粒的分布不同，前者的花粉内壁钙离子分布较少，而后者的内壁较多，甚至花粉的细胞质和核也有钙离子的分布。

参 考 文 献

丁振芳，王景章，宋月春，等. 1995. 日本落叶松种内杂交亲本配合力分析. 林业科技通讯，12：6-9
杜平，崔同祥，许哲如. 1999. 华北落叶松杂交育种研究. 河北林业科技，1：1-3
华志明. 1999. 植物自交不亲和分子机理研究的一些进展. 植物生理学通报，35：77-82
贾桂霞，沈熙环. 2001. 华北落叶松传粉生物学的研究. 林业科学，37（3）：40-45

李润植，毛雪. 1998. 粉蓝烟草（*Nicotiana glauca*）花柱 S-RNase 的活性及其表达特异性研究. 中国农业科学，31：19-23

马常耕. 1997. 国外针叶树种杂交研究进展. 世界林业研究，10（3）：9-16

潘本立，高裔林，李志. 1992. 兴安、长白落叶松第一代种子园的建立及经营管理技术. 见：沈熙环. 种子园技术. 北京：北京科学技术出版社：8-14

王景章，从培艳. 1980. 落叶松杂交育种及 F_1 代性状遗传. 林业科学，1：49-52

王景章，丁振芳. 1990. 日本落叶松、杂种落叶松嫩枝全光喷雾扦插的研究. 见：张颂云. 主要针叶树种应用遗传改良论文集. 北京：中国林业出版社

王晓茹，沈熙环. 1989. 对由胚珠败育和空粒引起油松种子园减产的分析. 北京林业大学学报，11（3）：60-65

徐日明，吕宝山，蒋雪斌，等. 1997. 杂种落叶松的生长表现. 林业科技，22（2）：7-9

杨俊明. 1998. 华北落叶松良种繁育技术及其遗传基础. 北京林业大学博士学位论文：76-82

杨书文，王秋玉，刘桂丰，等. 1992. 落叶松遗传改良效果及其育种程序. 东北林业大学学报，20（1）：1-7

张颂云. 1990. 主要针叶树种应用遗传改良论文集. 北京：中国林业出版社

张颂云，王翠花，赵士杰. 1992. 种子园技术. 北京：北京科学技术出版社：15-20

张景强，朴英杰，蔡福寿，等. 1987. 生物电子显微技术. 广州：中山大学出版社：49-58

Aderkas P，Leary C. 1999. Ovular secretions in the micropylar canal of larches. Can J Bot，77：531-536

Cheung A Y，Wang H，Wu H M. 1995. A floral transmitting tissue-specific glycoprotein attracts pollen tubes and stimulates their growth. Cell，82（3）：383-393

Gray J E，McClure B A，Bonig I，et al. 1991. Action of the style product of the self-incompatibility gene of *Nicotiana alata*（S-RNase）on *in vitro* grown pollen tubes. Plant Cell，3：271-283

Haig D，Westoby M. 1989. Selective forces in the emergence of the seed habit. Biol J Linn Soc，38：215-238

Hall J P，Brown I R. 1977. Embryo development and yield of seed in *Larix*. Silvae Genetica，26（2-3）：77-84

Kosinski G. 1986. Megagametogenesis，fertilization and embryo development in *Larix decidua*. Can J For Res，16：1301-1309

Owens J N，Molder M. 1979. Sexual reproduction in *Larix occidentalis*. Can J Bot，57：2673-2690

Owens J N，Morris S J，Catalano G L. 1994. How the pollination mechanism and prezygotic and postzygotic events affect seed productionin *L. occidentalis*. Can J For Res，24：917-927

Said C，Villar M，Zandonella P. 1991. Ovule receptivity and pollen viability in Japanese larch（*Larix leptolepis* Gord.）. Silvae Genetica，40：1-6

Takaso T，Owens J N. 1994. Effects of ovular secretions on pollen in *Pseudotsuga menziesii*（Pinaceae）. Amer J Bot，81（4）：504-513

Takaso T，Owens J N. 1996.Ovulate cone，pollination drop，and pollen capture in Sequoiadendron（Taxodiaceae）. Amer J Bot，83（9）：1175-1180

Tomlison P B. 1994. Functional morphology of saccate pollen in conifers with special reference to Podocarpaceae. Int J Plant Sci，155：699-715

Villar M，Knox R B，Dumas C. 1984. Effective pollination period and nature of pollen-collecting apparatus in the Gymnosperm，*Larix leptolepis*. Ann Bot（London），53：279-284

第二十章　华北落叶松采穗圃营建和扦插繁殖技术

20 世纪 70 年代末，国外开始研究落叶松的营养繁殖（John，1984；Carter，1984；Morgenstem，1984；Edson，1991；三上进，1988；川村忠士，1992），80 年代国内也开展了同类性质的研究（赵士杰和杨俊明，1990；黄宗文，1995；马常耕和王笑山，1994；王笑山和马常耕，1995）。华北落叶松嫩枝扦插比油松容易，但在落叶松属中又属扦插生根比较难的种。90 年代通过营建采穗圃、采用自控喷雾，改善了嫩枝扦插技术，实现了华北落叶松规模化扦插造林，取得了比较好的效果（杨俊明等，1997，2002；杨俊明和沈熙环，2003）。本章包括三节：采穗圃的营建、自控喷雾嫩枝扦插技术及生根能力的遗传变异及多世代改良。博士研究生杨俊明及基地技术人员完成了本项主要研究工作。

第一节　采穗圃的营建

提供丰富的优质插条，是保证华北落叶松规模化扦插造林的首要条件。20 世纪八九十年代，只有通过采穗圃才能实现华北落叶松嫩枝扦插规格化造林任务。扦插繁殖材料能维持较长时间的幼化状态，穗条的品质和产量比较高，是采穗圃经营管理的关键技术。我们着重研究了采穗圃树型培育、树体修剪方式、采穗树密度的调控和更新年限等技术环节，开拓了规模化扦插繁殖的穗条来源。

一、不同树型的穗条产量和扦插效果

采穗圃营建在围场龙头山林场，该场地处东经 117°45′、北纬 41°56′，海拔 850m，属温带大陆性气候，年降水量 500mm，年均温度 5.1℃，无霜期 120 天左右。10℃以上积温 2100~2200℃，土壤为沙质壤土，厚 50cm，pH 6.5。采穗圃始建于 1986 年春。华北落叶松第一批建圃材料为 60 株优树半同胞 7 年生子代林优良单株，接穗取自优树。采用低位嫁接、接穗自生根起源。随后陆续补入华北落叶松优树全同胞家系 57 个，半同胞家系 15 个，日本落叶松优树半同胞家系 10 个，长白落叶松优树半同胞家系 17 个，还有一批苗圃超级苗。到 1995 年，采穗圃总面积为 $0.27hm^2$。

分别培育直干台形冠、斜干旗形冠和埋干丛状冠 3 种树型：①直干台形冠，定干高度 30cm，保留 6~8 条一级枝，枝长约 8cm，其余枝条全部剪除；②斜干旗形冠，将主干斜拉，与地面呈 15°，固定，剪去斜干下方向地面一侧的枝条，对枝干进行去顶和疏间处理；③埋干丛状冠，将主干压倒平埋入地下 5~10cm，保留露出地面的 6~8 条直立一级枝，剪除其余枝条，促使枝条自生根形成丛状独立植株，并进行枝干去梢处理。随机完全区组设计，4 株小区，重复 6 次。

上述 3 种树型 3 年生植株穗条的产量及生根情况见表 20-1。其中，直干台形冠所提供的穗条产量最高和品质最优，穗条产量为斜干旗形冠的 1.44 倍，差异显著；为埋干丛状冠的 1.65 倍，差异极显著。斜干旗形冠和埋干丛状冠的树势明显衰弱，特别是埋干丛状冠，有 75%的植株死亡，效果不好。

表20-1　华北落叶松不同树型采穗树的穗条产量和扦插效果

树型	穗条质量	重复 1	重复 2	重复 3	重复 4	重复 5	重复 6	平均
直干台形冠	生根率/%	93.5	93.3	83.3	96.7	61.5	86.2	85.7
	根系指数	12.1	7.9	10.5	8.4	7.5	16.0	10.4
	产条量/株	102.0	116.0	94.0	95.7	96.0	131.0	105.8
斜干旗行冠	生根率/%	51.7	90.0	85.7	89.7	81.2	93.3	81.9
	根系指数	7.8	6.8	3.8	2.8	5.7	12.5	6.9
	产条量/株	86.3	86.0	75.0	71.3	49.8	74.0	73.7
埋干丛状冠	生根率/%	80.0	89.7	—	69.0	76.7	—	78.9
	根系指数	4.1	5.3	—	1.6	5.5	—	4.6
	产条量/株	77.0	74.0	—	57.0	48.5	—	64.1

注：根系指数，示根系品质的指标，由根重、二级根率、一级根数和根长 4 项指标组成

二、采穗树定型和修剪

3 种整形修剪方式都于处理后的第二年实施总状二歧式修剪。修剪具体方法如下：初次定干高约为 30cm，保留 4~8 条约长 8cm 的一级枝，为萌条骨干枝。夏季采穗扦插，在每个原留萌条骨干枝基部保留两条健壮充实的新枝条，作为当年辅养枝。来年春季，将原萌条骨干枝缩剪至辅养枝生长处，并把两条辅养枝回缩修剪，留约 8cm，取代原来的萌条骨干枝。对于有取代主干趋势的直立新枝，回缩截留约 15cm，培养新的主干。夏季采条时保留新主干上靠近基部的 4 个新生枝条，作为当年辅养枝，来年春季将选定的新主干回缩截留约 15cm，辅养枝回缩剪留约 8cm。如此连年修剪，直至更新。注意把老主干或前几年骨干侧枝上潜伏芽萌发成的新枝培养成萌条骨干枝，及时清除纤弱的新枝和疏剪过密的骨干枝。经过修剪，使采穗树一级枝在主干上呈总状分布，二级以上枝为二歧式分布（图 20-1）。总状二歧式回缩修剪法可显著抑制树冠扩张和有效刺激潜伏芽抽生新枝，有利于维持采穗树的幼化状态和实现合理密植，能达到提高穗条产量和品质的目的。

树形确定后，修剪强度直接影响穗条产量，尤其初次定型修剪强度对产条量的影响更为明显。修剪强度分为：强，保留树桩高 10cm，其余枝干全部剪除，促使基部萌生新枝换头；中，定干高 20cm，保留 4 条长约 8cm 的一级侧枝，其余枝干全部剪除；弱，定干高 30cm，保留 8 条一级侧枝，其他处理同中度修剪。强度修剪因树体地上、地下比例严重失调，会导致 90%以上的采穗树死亡。低强度定型修剪，穗条产量显著高于中强度定型修剪，且不降低生根率和根系质量（表 20-2）。因此，低强度的总状二歧式定型修剪是适宜的。

用 L9（34）正交试验分析家系和修剪强度对生根效率的影响（表 20-3），不同家系

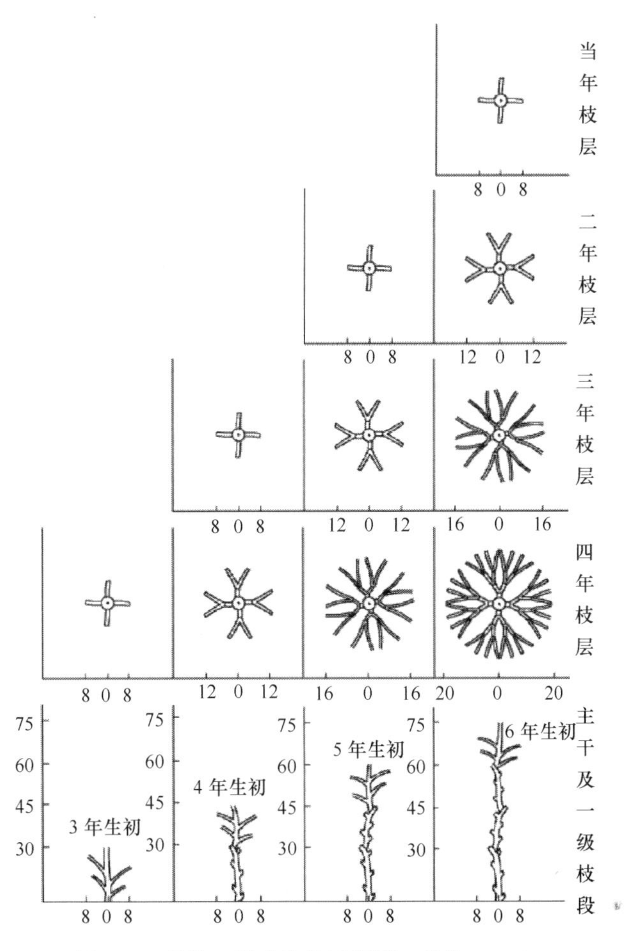

图20-1 总状二歧式修剪过程图（单位：cm）

表20-2 采穗树类型、修剪强度对扦插效果和穗条产量的影响

修剪强度	指标	重复 1	重复 2	重复 3	重复 4	重复 5	重复 6	平均
强	生根率/%	—	100.0	—	—	96.4	—	98.2
	根系指数	—	4.38	—	—	2.8	—	3.6
	产量	—	156.0	—	—	110.0	—	133.0
中	生根率/%	93.30	93.3	100.0	89.7	86.7	100.0	93.8
	根系指数	8.04	3.3	76.2	2.6	2.8	4.98	4.8
	产量	159.0	119.0	147.0	119.7	88.3	107.0	123.3
弱	生根率/%	100.0	96.7	92.7	88.9	90.0	100.0	94.8
	根系指数	4.4	5.4	4.6	8.3	6.0	3.61	5.2
	产量	197.7	202.7	190.3	173.7	219.7	138.3	187.1

注：—表示采穗树死亡

建圃效果主要表现在扦插生根率的差异。用 133#家系建圃，插条生根率比 132#和 134#高 13.4%，差异显著。由于华北落叶松扦插生根能力与原株生长状况不相关，宜在家系生长选择的基础上，再进行生根能力的选择。

修剪时间 是影响扦插生根的关键因子之一。修剪宜在树液流动之前，修剪过晚削弱树势。3 月 25 日与 5 月 5 日修剪相比，前者插条生根率比后者高出 15.6%，差异显著。

修剪强度 分 3 级强度，定干高 25cm，保留 4 条长 8cm 的一级侧枝基段；中度，定干高 35cm，保留 8 条长 8cm 的一级侧枝基段；弱度，定干高 45cm，只修剪枝干，去梢（剪除 2~3cm）。不同定型修剪强度对穗条产量有显著影响，尤其对于只有 1 级侧枝的 2 年生幼树，修剪强度对来年穗条产量有极显著影响。初次定型修剪强度过大，冠部萌条骨干枝总数和有效枝总长度减少，会严重降低穗条产量。只有一级侧枝的幼树，只进行弱度修剪，主干去顶、侧枝去梢，待来年抽生二次枝后，再行总状二歧式修剪。家系、修剪时间和修剪强度等因素对扦插苗根系质量没有显著影响（表 20-3）。

表20-3 家系和修剪强度与生根效率

家系	时间（日/月）	强度	生根/%	根重/g	二级根/%	根重/g	根长/cm	指数	产条量/条
132#	25/3	强	83.3	8.2	68.0	4.8	5.9	7.4	19.3
132#	15/4	中	76.7	9.5	91.3	4.0	8.6	11.5	37.0
132#	5/5	弱	63.3	3.6	42.1	2.9	3.5	2.4	52.0
133#	25/3	中	96.7	9.9	85.9	5.5	7.3	11.0	27.0
133#	15/4	弱	80.0	6.1	79.2	3.1	5.2	6.1	54.8
133#	5/5	强	86.7	7.7	80.8	6.0	7.4	9.9	13.5
134#	25/3	弱	83.3	9.4	76.0	5.5	6.0	9.0	71.8
134#	15/4	强	73.3	11.8	72.7	8.3	7.6	13.7	17.5
134#	5/5	中	66.7	7.3	70.0	3.4	6.8	7.0	22.5

连年修剪 华北落叶松萌条能力极强，且顶端优势旺盛。枝干缩剪后，很快会有新萌枝条直立生长，逐步取代主干。冠部枝条也将会交错密集生长。合理修剪，能明显提高饱满粗壮穗条的比率，改善新萌枝条的品质，增加穗条直径，提高穗条生根效果。由 8 年生采穗树上采集的基部直径＞2.5mm 的穗条，比直径 1.5~2.0mm 的穗条扦插生根率高 35.9%，根重量多 6.3g，差异极显著，但来自 2 年生采穗树的穗条，直径＞2mm 和直径 1.5~1.6mm 的生根率都在 90%以上，差异不大，只是前者根重明显高于后者。与对照相比，隔年修剪，可使一等枝条比率增长 18.2%，使等外条的比例下降 22.4%；连年修剪可使一等枝条比率增加 31.5%，使等外条比率减少 33.8%，连年修剪与不修剪相比，差异显著。在生产中，一般视直径＜2mm 的穗条为等外条；直径为 2.0~3.0mm 者为二等条；直径＞3mm 者为一等条。

三、采穗圃的密度调控

调控采穗圃密度对穗条产量和品质至关重要。密度过大，不仅会降低穗条的直径生长和饱满度，还会降低扦插效果，但密度过小，穗条产量低。考虑修剪措施对树冠的调控效果、不同年龄采穗树的产条量和生根效果，并参照国营苗圃培育实生苗的标准产苗量（12 万株/亩），规定华北落叶松采穗圃密度调控方案如下：初植密度 0.2m×0.3m。3 年生初，枝修剪、干去梢；4 年生初，行内间隔去株，株行距调整为 0.4m×0.3m，同时开始总状二歧式修剪；5 年生初，间隔去行，调整为 0.4m×0.6m；6 年生初，为 0.8m×0.6m。6 年生末，采穗圃更新。实施这个方案，亩产穗条量可稳定在 21 万支以上，提供扦插苗 12 万株以上，结合春季修剪，还可获得一批用于硬枝扦插的穗条。

四、年龄效应与采穗圃更新

在自然生长状态下，随采穗树龄增大，扦插生根率和扦插苗根系质量明显下降（图 20-2）。即使是 2 年生与 4 年生采穗树比较，穗条扦插效果也有显著差异。年龄效应是落叶松扦插繁殖的主要限制因素。合理修剪在一定程度上可缓解采穗树的年龄效应。连续 3 年实行总状二歧式修剪，可使 4 年生和 6 年生采穗树的生根率保持在 90%上下，相当于 2 年生幼树水平，但根重稍低。2 年生幼树产穗条，每 100 株苗重 45.0g；4 年生和 6 年生分别为 37.07g 和 35.7 g。经修剪的 8 年生采穗树，生根率为 63.33%，根重为 14.50 g，比不修剪的对照提高了 26.6%和 39.4%，表现出了幼化效果（表 20-4）。连续修剪 3 年，生根率可比修剪始期（4 年生初）提高 12.87%；连续修剪 3 年的 8 年生采穗树的生根率可基本维持在修剪始期（6 年生初）的水平。连续修剪至少在 3 年内可维持在修剪始期的生根水平。采穗树到 7 年生时更新。

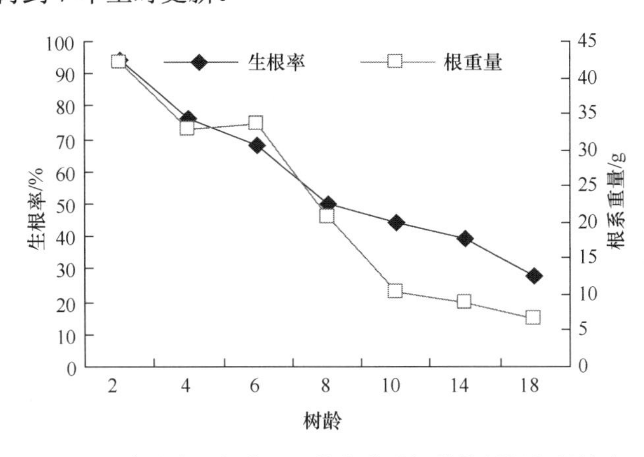

图20-2　自然生长状态下，华北落叶松嫩枝扦插年龄效应

表20-4　连年修剪的各龄幼树扦插表现

树龄＼指标	生根率/%				根重/（g/100 株）			
	2	4	6	8	2	4	6	8
重复 1	93.3	86.7	90.0	73.3	41.9	38.6	42.8	13.6
重复 2	100	96.7	83.3	56.7	41.0	36.7	29.3	18.2
重复 3	90	86.7	93.3	60	52	35.9	35	11.7
平均	94.43	90.03	88.87	63.33	44.97	37.07	35.70	14.50

第二节　自控喷雾嫩枝扦插技术

为提高生根效果，在自控喷雾条件下，研究了采穗适期，繁殖材料，母株年龄，插

穗发育状况，环境温度，扦插基质，扦插密度，促根剂种类、配比、浓度，处理时间等内外因素对插穗不定根分化发育和生根进程的影响。

一、采穗适期

在 6 月 26 日至 7 月 14 日期间，嫩枝伸长生长节律与扦插生根率呈互为消长的趋势(图 20-3)。在伸长生长高峰刚刚过后的 7 月 14 日采集的穗条，生根效果最好，比嫩枝伸长旺盛期平均高出 26.5%。尽管 7 月 14 日穗条比 6 月 26 日晚了 18 天，但扦插苗的根重和根长并没有显著差别。7 月 20 日之后扦插，生根率大幅度降低，根系发育状况也明显变差，7 月 26 日扦插，扦插苗已不能形成二级侧根。在嫩枝伸长生长高峰期过后立即采穗扦插，7 年生采穗树穗条在不用生长调节剂处理的情况下平均生根率仍可达 77%，且根系发育良好；在扦插初期不能保证经常喷水的情况下，8 年生采穗树穗条平均生根率为 63%。

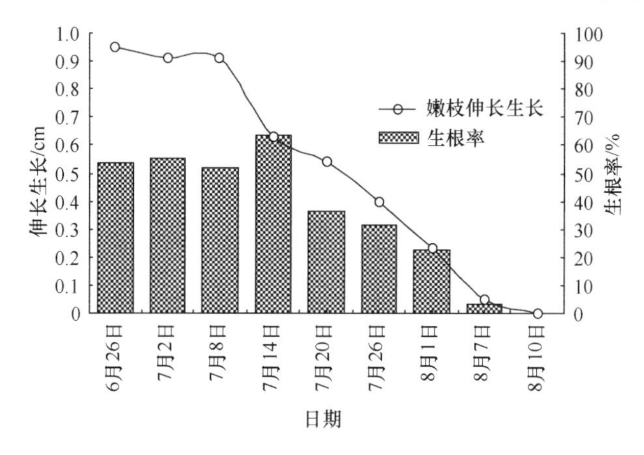

图20-3　嫩枝伸长生长节律与扦插生根效果

对 6 个无性系，在 4 个时间扦插，不仅采穗期、无性系对生根率有极显著影响，无性系与采穗期也有显著的交互作用，如 1#无性系的最佳扦插期不是 7 月 14 日(图 20-4)。因此，在确切评定无性系生根能力时，要考虑到扦插期的影响。

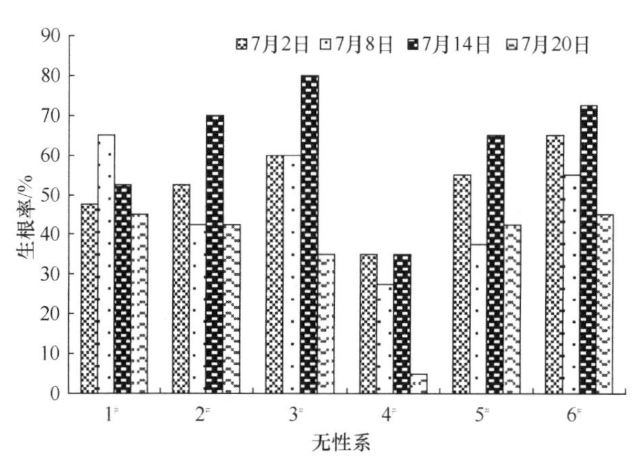

图20-4　6个无性系4个时间的生根率

二、插床气温、基质温度与生根进程

用 2 年生采穗树半木质化嫩枝于 6 月下旬至 7 月上旬扦插，经 4~5 周即可进入生根期；扦插后 53 天，生根率可达 80%以上；插后 67 天，可达 90%以上。4 年生采穗树的插穗，生根前期一般需 7 周以上。经重复试验观察，生根前期和生根进程相对稳定。为了解影响生根前期的因素：用 2 年生采穗树插穗分批扦插，第一批在 6 月 25 日，插穗基部开始木质化，穗条成熟程度适宜；第二批于 7 月 16 日，插穗木质化程度约占穗条长度的 1/3，穗条成熟程度明显偏高。两批试验采穗树龄相同，环境温度相近，插床气温相差约 1.57℃，基质温度相差约 0.24℃，主要因为穗条成熟程度不同，前者比后者晚扦插 21 天，生根前期则延长 10 天左右。分别用木质化程度一致的 4 年生和 2 年生采穗树穗条同期扦插，保持温度一致，前者比后者生根前期延长约 17 天。穗条同取自 2 年生苗木、且木质化程度一致，在不同年份扦插，当基质温度相差 2.1℃左右，环境温差（基质温度与插床气温之差）相差 2℃左右，第一年 6 月 25 日扦插试验和第二年 6 月 30 日扦插试验生根前期基本都在第五周结束。采穗树龄增大和穗条木质化程度增加，都会使生根前期延长，且年龄效应对生根前期的阻滞作用比穗条木质化程度更明显。插床环境温度的差异对生根前期长短没有明显影响。

分别用木质化程度一致的 2 年生和 4 年生采穗树穗条同期扦插，一旦进入生根期，不同树龄扦插生根进程差别不大，特别是在前 3 周基本一致。经内插法计算，进入生根期 20 天，2 年生采穗树插穗平均生根率为 23.1%，4 年生采穗树插穗为 25.4%；第 30 天，2 年生树穗条平均生根率为 35.0%，4 年生树插穗平均生根率为 29.6%。用树龄相同、木质化程度一致的穗条，在环境温度不同的年份扦插，第一年比第二年基质温度约高 1.4℃，环境温度约高 3.7℃，进入生根期后生根进程明显不同。第一年 6 月 25 日扦插，进入生根期 24 天时生根率即达 80%以上；第二年 6 月 30 日扦插，进入生根期 35 天后生根率还不足 50%。据上述两组试验，进入生根期后，环境温度成为制约生根进程的主导因子，适当提高基质温度，维持较大的环境温差有利于加快生根进程。

根据 1988 年和 1989 年观测，7 月上旬至 9 月上旬环境温差与生根速率间紧密相关（$r=0.75$），基质温度与生根速率间相关（$r=0.65$），插床气温与生根速率不相关（$r=0.36$）。1988 年环境温差在 6.5~7℃，基质温度在 26~27℃时生根速率快，旬平均增幅约 34%，两旬内生根率可达 70%。1989 年，8 月上旬基质温度也接近 26℃左右，但环境温差 2.2℃，生根率只有 5.24%，明显偏低。其他时段，插床气温和基质温度协调欠佳，生根速率都低于 20%。可见，调节环境温差和基质温度有利于加速生根（图 20-5、图 20-6）。

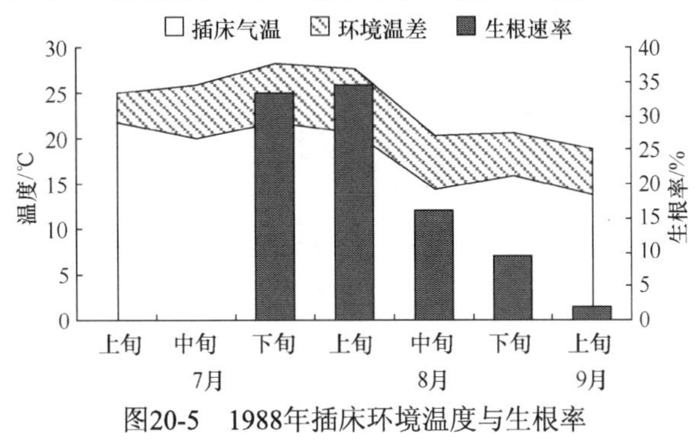

图20-5　1988年插床环境温度与生根率

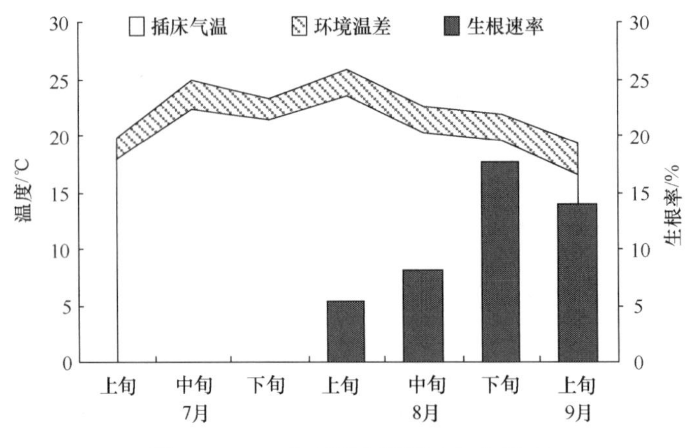

图20-6 1989年扦插环境温度与生根率

三、基质种类及其配比

试验中采用了8种基质，其主要理化性质测定结果见表20-5。不同基质的扦插效果见图20-7。粒状基质中以水洗河沙为最好，其次是硅砂。没有冲洗的河沙效果最差。水洗和未洗河沙的区别，是粒状与粉状物含量比率不同。全部粒状基质的生根率和根重都显著优于掺入粉状物的基质。粉状基质越多，生根率降低越多。圃地土对生根最差。蛭石在重复利用时，颗粒变碎，生根率明显下降。圃地土的生根率和根重显著低于草炭土，与河泥土也有明显差异。基质种类和粒状物比率是影响华北落叶松嫩枝自控喷雾扦插效

表20-5 试验中采用的8种基质的基本性质

基质类别	基质名称	容水量/（ml/cm³）	孔隙度/%	渗水强度/（cm/s）	pH	物理组成或特征
粒状基质	未洗河沙	0.35	33.3	2.38	6.51	细砾50.3%，粗粒35.7%，细粒13.7%
	蛭石	0.56	73.3	1.61	6.23	细砾11.8%，粗粒67.2%，细粒21%
	硅砂	0.36	32.3	3.50	5.55	细砾0.3%，粗粒84.5%，细粒15.2%
	水洗河沙	0.41	38.2	4.55	6.32	细砾45%，粗粒50.5%，细粒4.5%
粉状基质	林地土	0.56	59.3	0.71	5.10	落叶松林下表层土富含腐殖质
	草碳土	0.71	70.7	1.06	5.65	富含植物纤维质轻多孔保温性好
	圃地土	0.46	46.4	0.63	6.10	落叶松圃地土土质疏松多有机质
	河泥土	0.51	52.4	0.60	8.10	多为耕作土淤积而成富含有机质

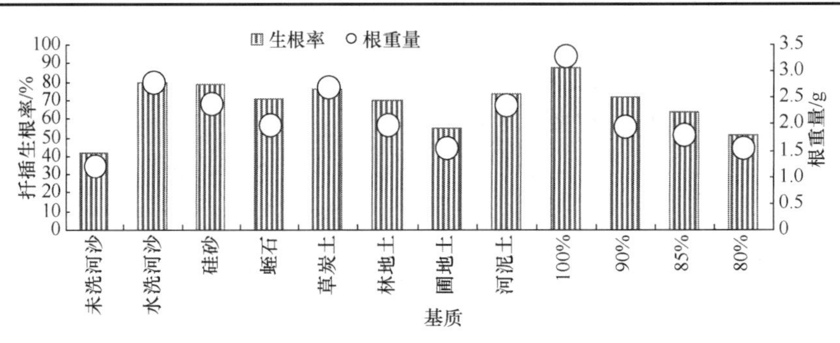

图20-7 扦插效果与不同基质和组分的关系

果的关键因子。

影响各类基质扦插效果的主要原因在于渗水强度不同。当时使用的自控喷雾设施，只要叶面水分蒸发达到规定限度，即使基质不缺水也会喷水，温度超过 30℃，不管叶面缺水与否，也都喷水。因此，基质中水分往往处于过剩状态。及时排掉多余水分，保持水、气、热协调，是基质的首选条件。

四、扦插密度

较大的扦插密度对基质温度变化有一定的缓冲作用（图 20-8）。密度越大，在日温变化中，基质温度的变幅和变异系数越小。抑制基质的极端高温有利于防止插穗失水，而维持生根期内较高的基质温度可提高生根速率。随着扦插密度增大，枝叶对插床表面覆盖度增加，叶面截水量增大，在小水量勤喷的环境中，可减少多余水分进入基质，有利于维持基质较高温度；叶面截留水分的蒸发可降低叶子周围的气温，形成较大的环境温差。这有利于改善生根进程和维持较高的空气湿度（图 20-9）。因此，自控喷雾嫩枝扦插宜采用较大扦插密度，提高到 830~1000 株/m^2。增加投入不多，产量和品质都有提高，如用 3 年生采穗树嫩枝扦插，830 株/m^2 密度的平均生根率和根重比 400 株/m^2 的都有增加（表 20-6）。

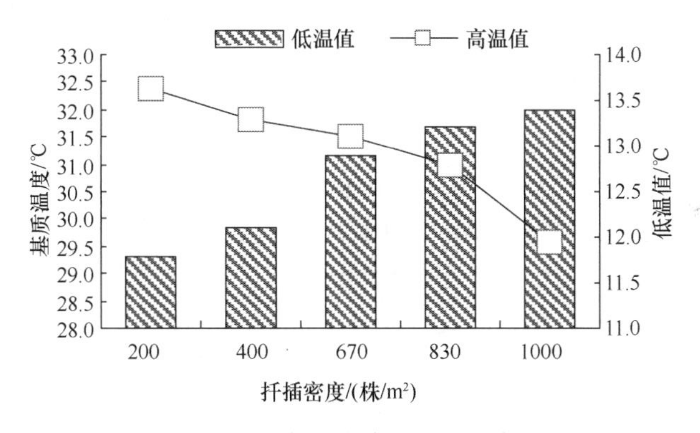

图20-8　扦插密度与基质温度

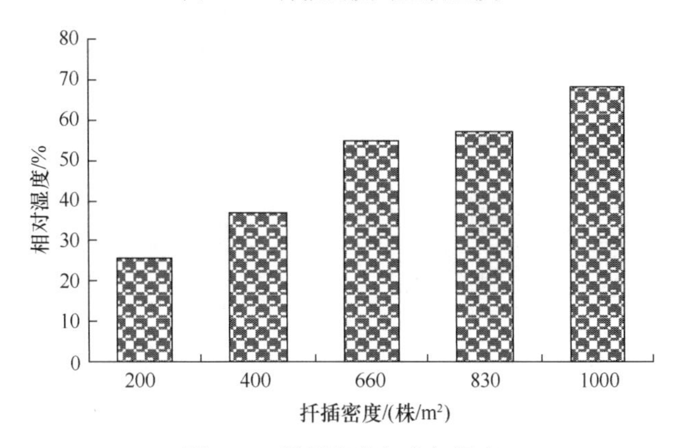

图20-9　扦插密度与空气湿度

表20-6 华北落叶松嫩枝扦插不同密度时的生根率和根重

密度/（株/m²）	重复1		重复2		重复3		平均值		标准差	
	生根率/%	根重/（g/100株）	生根率/%	根重/（g/100株）	生根率/%	根重/（g/100株）	生根率/%	根重/（g/100株）	生根率/%	根重/（g/100株）
200	27.9	2.56	49.5	2.25	39.7	2.12	39.0	2.31	10.8	0.23
400	36.8	2.25	66.3	2.94	53.7	3.00	52.3	2.73	14.8	0.42
660	58.9	3.14	54.1	3.29	51.6	3.36	54.9	3.26	3.7	0.12
830	72.4	3.25	83.7	3.52	76.0	3.53	77.4	3.43	5.7	0.16
1000	85.7	4.07	81.4	3.92	—	—	83.6	4.00	3.0	0.11

五、生长调节剂应用与筛选

为了解生长调节剂对生根的作用，做过多次试验。其中，正交设计L25（5^6）试验：插穗采自10年生种子园嫁接母树，各组处理插穗32支，重复2次，处理因素有IBA、APC、NAA、IAA和退菌特，各含5个水平，IBA为50ppm、100ppm、150ppm、200ppm和250ppm；APC为0ppm、500ppm、900ppm、1200ppm和1500ppm；NAA为50ppm、150ppm、250ppm、350 ppm、450ppm；IAA为0ppm、150ppm、300ppm、400ppm和500ppm；退菌特为0ppm、500ppm、900ppm、1200ppm和1500ppm。按各因素对生根率作用的大小排序：IBA＞APC＞NAA＞IAA＞退菌特。最佳组合是：100ppm IBA+500ppm（或1500ppm）APC+50ppm NAA+900ppm退菌特+150ppm IAA。IBA和APC的浓度对生根率有显著影响，IBA的适宜浓度为100~200ppm，其中以100ppm最佳；APC 500ppm和1500ppm 都有好的作用。NAA、IAA 和退菌特的浓度变化对生根率影响不显著（图20-10）。总的来看，100ppm IBA 与1500ppm APC组配，明显优于500ppm APC。试验中，100ppm IBA+150ppm NAA+300ppm IAA+1500ppm APC+900ppm退菌特，生根效果最好。用100~200ppm的IBA与500~1500ppm APC配比时，低浓度（100ppm）IBA＋较高浓度（1200~1500ppm）APC，或低浓度（500ppm）APC＋较高浓度（150~200ppm）IBA，都得到了好的效果（图20-11）。两者都是高浓度或低浓度配比，效果一般，中等浓度配比，效果最差。

另一次L25（5^6）正交试验，包括浸穗时间，插穗来自6年生实生幼树，各处理含插穗60支。各参试因素对生根率的影响从大到小排序为：APC＞IBA＞浸穗时间＞NAA＞退

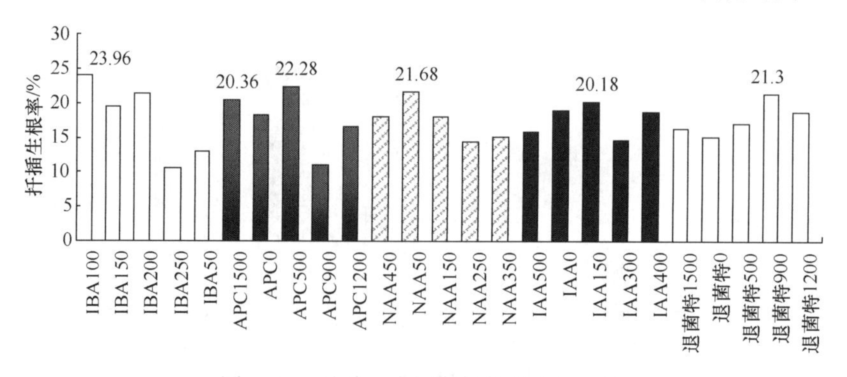

图20-10 试验1生根率与各因素和水平

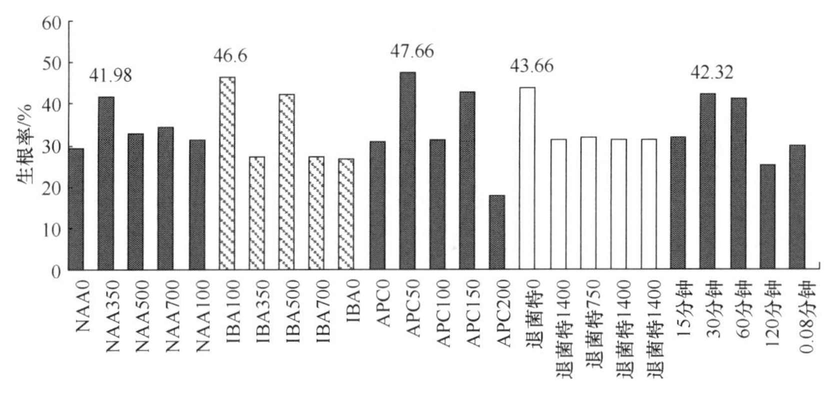

图20-11　试验2 生根率与各因素和水平

菌特；试验结果见图 20-11。APC 和 IBA 的浓度变化对生根率影响显著，浸穗时间的长短有一定影响（p=75%）。不同浓度 NAA 和退菌特对生根率影响不显著。50ppm APC＋100ppm IBA＋浸穗 15min 处理，效果最好，生根率为 65%，比对照高 64%。NAA 和退菌特各浓度间差异不显著。

上述两个试验表明，IBA 和 APC 对生根效果影响最大，其次是浸穗时间。IBA 的适宜浓度为 100~200ppm；APC 的适宜浓度与 IBA 浓度以及浸穗时间有关，在 15~30min 慢浸中，宜用 50ppm APC+100ppm IBA，在 15~30s 的速浸处理中，宜用 1500ppm APC+100ppm IBA 或 500ppm APC+200ppm IBA。退菌特的促根效果不稳定，NAA 的作用不明显。

在试验中不用任何促根处理的对照，生根率为 77.7%，居第二位，根系重 3.48g，居首位。对照生根效果良好的原因，主要是扦插适期（7 月 13 日）；采穗树经 3 年连续修剪，穗条质量好。这表明，改善穗条内在因素，适期采条、扦插，可以不用生长调节剂处理。

第三节　生根能力的遗传变异及多世代改良

为进一步开发利用华北落叶松无性选育的可能性，以全同胞家系、全同胞单株、半同胞家系和半同胞单株 4 类试材，调查了各类试材的生根率、根量、根长和鲜重等，探讨了不同试材生根性状的遗传变异、生根性状间的遗传相关及生根和生长性状的选择与多世代改良等问题。

选择种子园中生长性状一般配合力（GCA）较高的无性系，采用 4×4 交配设计，作控制授粉，得全同胞家系子代，采穗树为 8 年生；全同胞优良单株由各家系中选取生长最好的 1 株组成，共 22 个家系，45 个单株。半同胞家系和优良单株，来源于种子园自由授粉子代，优良单株的选取方法同全同胞，采穗树为 4 年生，共 30 个家系、30 个单株。生根与生长性状相关分析的半同胞子材料有：从半同胞子代林中随机抽取的 7 年生单株；按生长指标选取的 8 年生优良单株；6 年生半同胞速生单株嫁接 4 年后的采穗圃无性系。从 4 类材料中取穗条。

于 6 月中旬至 7 月上旬自控喷雾扦插，插穗长 10cm，扦插密度 830 株/m²，插前用 100ppm IBA 浸插穗基部15min。扦插基质为纯净河沙。家系间及家系内单株间变异系数的比较，采用巢式设计，6 个全同胞家系，每家系含 6 个单株，30 株小区，重复 2 次。家系和家系内单株均为随机抽取。其他扦插试验均采用随机区组设计，每处理插 30~50 支，重复 2~4 次。用于生根、生长相关分析的半同胞 7 年生单株，没有设置重复。当年春季调查采穗母株的高、径生长量，10 月上旬调查插穗生根状况，对 4 类材料的生根性状数据，偏态分布百分率经反正弦变换，作方差分析，并按随机模型估算环境方差σ_e^2、遗传方差σ_g^2、表型方差σ_p^2、广义遗传力 H^2、表型变异系数（PCV）和遗传变异系数（GCV）。

一、不同试材生根性状的遗传变异及选择

不同材料的生根性状间存在显著差异，同类材料同一性状的 PCV 和 GCV 大致相近。巢式试验结果表明：全同胞家系间或家系内单株间生根率存在极显著差异，且多数家系内单株间生根率的 GCV 大于家系间的 GCV。生根率、根重、根量和根长在各类试材中的变异趋势基本一致。全同胞和半同胞单株材料的 GCV 均大于家系试材，以全同胞单株的 GCV 最大。各类试验材料的生根性状均具有较高的广义遗传力，全同胞优良单株各项生根性状的 H^2 都较高（表 20-7）。

表20-7　华北落叶松不同试材扦插生根表现

性状	试材类别	平均值	F 值	遗传方差	环境方差	H^2/%	PCV/%	GCV/%
生根率/%	全同胞单株	41.21	22.44**	597.90	55.76	91.47	58.86	56.30
	全同胞家系	38.90	7.86**	85.45	24.92	87.28	27.20	23.90
	半同胞单株	74.50	4.19**	56.11	35.22	76.11	16.02	12.55
	半同胞家系	68.40	4.23**	23.58	14.60	76.36	11.07	8.70
根重/g	全同胞单株	17.86	20.37**	163.84	16.92	90.64	75.30	71.69
	全同胞家系	16.78	4.69**	26.41	14.33	78.66	38.00	30.62
	半同胞单株	24.65	3.10**	32.86	31.25	67.78	32.48	23.26
	半同胞家系	25.47	3.95**	27.36	18.54	74.69	26.60	20.54
根量/条	全同胞单株	3.66	9.28**	2.78	0.49	85.01	49.42	45.57
	全同胞家系	3.17	8.06**	1.27	0.36	87.60	40.20	35.49
	半同胞单株	4.59	8.88**	2.41	0.61	88.74	37.83	33.79
	半同胞家系	4.28	2.89**	0.72	0.76	65.42	28.50	19.87
根长/cm	全同胞单株	4.94	8.95**	4.17	1.07	79.91	46.26	41.35
	全同胞家系	4.70	3.58**	2.32	1.81	72.03	43.27	32.46
	半同胞单株	6.20	3.30**	1.78	1.55	69.66	29.41	21.50
	半同胞家系	6.75	4.39**	1.29	0.76	77.23	21.16	16.79

注：1. 全同胞家系 n=16；全同胞单株 n=36；半同胞家系和单株 n=30；2. 根数量是指一级根条数；3. 根重为 100 扦插苗根鲜重

从 4 种试材中随机各取 22 个家系和单株（无性系）的插条，平均生根率有差异，总的来看，单株生根率＞家系生根率，由于半同胞试材采自较小树龄（4 年生），生根率普遍较高，变幅也较小（图 20-12）。不同试材的选择利用效果不同。按 20%入选率选择，

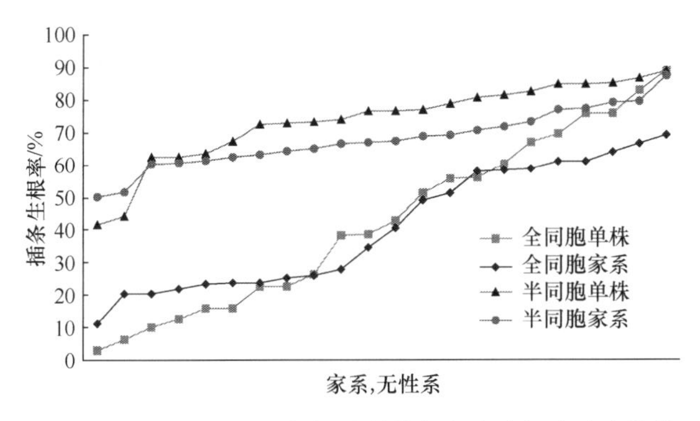

图20-12　4种试材各22个家系/单株的插条生根率分布趋势

在全同胞材料中，单株中选出的群体的生根率、根重分别为81.0%和37.2g，超过4年生采穗树的水平，增益分别为110.3%和71.5%；家系中选出的群体生根率、根重分别为68.6%和22.4g，相应增益为71.5%和29.3%（表20-8）。此外，半同胞单株中选出的群体生根率遗传值为86.5%，家系中选群体生根率遗传值为80.5%。可见，材料不同，选择利用潜力有差异。

表20-8　不同遗传材料生根性状遗传值选择结果

生根性状	参数/试验材料	全同胞单株	全同胞家系	半同胞单株	半同胞家系
生根率/%	入选群体遗传值	81.0	68.6	86.5	80.5
	基本群体表型值	38.5	40.0	74.5	68.4
	选择增益/%	110.3	71.5	16.1	17.7
根重/g	入选群体遗传值	37.2	22.4	30.0	30.8
	基本群体表型值	21.7	17.3	24.7	25.5
	选择增益/%	71.3	29.3	21.6	21.0
根量/条	入选群体表型值	5.4	4.5	6.3	5.13
	基本群体表型值	3.6	3.4	4.6	4.3
	选择增益/%	47.1	31.1	37.3	19.9
根长/cm	入选群体表型值	—	—	7.4	8.0
	基本群体表型值	—	—	6.20	6.8
	选择增益/%	—	—	18.96	17.8

注：全同胞家系 $n=22$，全同胞单株 $n=45$

二、各类试材生根性状间的遗传相关

研究生根性状间的遗传相关，有助于了解一个性状改良对其他性状的影响。4类材料的各生根性状间均存在高度遗传相关，环境相关系数较小，表明性状产生差异的主要原因是遗传效应；各性状符号相同，表明对生根率的正向选择，会同时改善根系其他性状。在评价扦插生根效果的性状中，生根率的检测最简便，也精确，H^2和GCV也最大。因此，生根率是华北落叶松生根能力改良和选择的首要目标（表20-9）。

三、生根和生长性状的选择与多世代改良

当前华北落叶松选育的主要目标是速生，用于规模化无性繁殖的理想繁殖材料，应

表20-9　华北落叶松各类试材扦插生根性状间的相关

性状	试材类型	生根率/%			根重/g			根量/条		
		G	P	E	G	P	E	G	P	E
根重/g	全同胞单株	0.837	0.783	0.234						
	全同胞家系	0.655	0.425	0.139						
	半同胞单株	0.678	0.462	0.188						
	半同胞家系	0.698	0.396	0.069						
根量/条	全同胞单株	0.719	0.638	0.036	0.809	0.701	0.076			
	全同胞家系	0.876	0.620	0.273	0.833	0.781	0.680			
	半同胞单株	0.561	0.544	0.541	0.833	0.659	0.403			
	半同胞家系	0.604	0.261	0.072	0.833	0.781	0.680			
根长/cm	全同胞单株	0.971	0.907	0.586	0.863	0.738	0.027	0.695	0.627	0.315
	全同胞家系	0.830	0.618	0.223	0.994	0.799	0.506	0.902	0.702	0.338
	半同胞单株	0.672	0.454	0.164	0.629	0.674	0.723	0.547	0.531	0.568
	半同胞家系	0.548	0.337	0.014	0.414	0.465	0.530	0.633	0.372	0.050

注：G 表示遗传相关；P 表示表型相关；E 表示环境相关

兼备速生和生根能力强。用于无性系化推广的优良单株的选择，应优先在速生、生根率高，且家系内个体间生长和生根性状变异幅度大的全同胞家系内选择。从每个家系中按速生指标选取 1 株或多株，测定生根能力。选出生根能力强的速生单株，通过扩繁无性系造林。

据试验分析，采穗原株的生长性状与生根性状不相关，同时，家系生根能力与家系内单株生根能力也不相关；不同交配组合子代生根性状间差异极显著，父本和母本 GCA 效应以及 SCA 效应对不同生根性状的影响也存在差异。为提高优良基因型的繁殖效率，在生长性状测定基础上，分别对家系、单株进行生根能力的测定。华北落叶松可通过有性和无性繁殖，了解 GCA 和 SCA 的方差分量。SCA 仅反映了特定交配组合中父本与母本的互作效应，还需考虑双亲 GCA 的大小，GCA 高的亲本产生的子代一般表现较好。73#无性系的自由授粉子代具有较高的生根能力，55#无性系做父本 GCA 最高，用这两个无性系的花粉对群体进行控制、辅助授粉或建立种子园，预期能提高子代生根能力。

对于速生家系生根能力的选择，可根据生根能力的测定结果，逐步淘汰生根能力差的家系。由于家系内单株间存在较大变异，测定家系所包含的采穗单株数目不能少于大样本数目。从长远改良考虑，应着重在全同胞优良家系中选择生长快、生根能力强的单株，作控制授粉，按生根、生长两个性状进行轮回选择。

结　语

选用生长快、生根能力强的幼龄繁殖材料营建密度大、经营周期短的采穗圃，采用自控喷雾嫩枝扦插技术，是华北落叶松良种扦插繁殖的有效途径。培育直干台形冠采穗树，穗条产量高，扦插效果好。总状二歧式修剪是华北落叶松采穗圃树体修剪的有效方式。整形修剪应在春季树液流动之前。初次修剪，强度不宜大，仅有一级侧枝的幼树，只剪除枝干梢端2~3cm；有二级侧枝的幼树，定干高约30cm，保留8条长约8cm的一级枝。连年按总状二歧式修剪，是调控树型，提高穗条品质的必要措施。华北落叶松扦插繁殖年龄效应明显，修剪可以缓解年龄效应。采穗圃更新年限为6~7年生。亩产合格穗条大于21万支的栽植密度为：1年生实生苗0.2m×0.3m；3年生，枝干去梢，修剪；4年生，0.4m×0.3m，修剪；5年生，0.4m×0.6m；6年生，为0.8m×0.6m。

适时采集插穗是提高嫩枝扦插效果的关键技术。延长生长高峰过后，立即采条扦插效果最好，但不同无性系采穗适期不完全相同。树龄越大，插穗木质化程度越高，生根前期历程越长，温度对生根前期的影响没有生根后期大。生根速率主要受基质温度和温差影响。基质接近27℃，温差约7℃，生根速率最高。扦插宜用透水性强的粒状基质。在200~1000株/m^{2}范围内，密度大，对基质温度和空气湿度波动的缓冲明显，可提高生根率和改善根系质量。扦插密度以830株/m^{2}为宜。IBA和APC对生根效果影响显著，NAA和IAA效果不明显，退菌特效果不稳定；如能准确把握采穗、扦插时机，可不用生长调节剂处理。冀北地区7月高温季节，正值生根前期，关键是控制高温，可适当采取遮阴措施。喷水量适宜，避免基质积水。

全同胞和半同胞的家系和单株等4类试材中，单株材料的生根率、根重、根量和根长的遗传变异系数（GCV）多大于家系材料，4类试材中以全同胞单株的GCV最大。生根性状的广义遗传力＞0.6。对4类材料进行生根能力选择都会获得明显效果，其中以全同胞单株选择利用潜力最大。生根率、根重、根量和根长间呈高度遗传相关，对生根率进行正向选择，根重、根量和根长也可获得改良。生根率是反映生根能力的主要因子。采穗树的高、径生长与穗条的生根性状不相关；家系平均生根能力与家系内单株的生根能力也不相关。生根性状的世代改良，应着重在全同胞优良家系中选择生长快、生根能力强的单株，作控制授粉，按生根、生长2个性状进行轮回选择，实行多世代改良。

参考文献

黄宗文. 1995. 落叶松采穗圃的建立与经营技术的研究. 林业科技，(3)：22-24
马常耕，王笑山. 1994. 日本落叶松插穗生根能力的变异和选择效应. 林业科学，30（2）：97-103
马育华. 1982. 植物育种的数量遗传学基础. 南京：江苏科学技术出版社：280-346
沈熙环. 1990. 林木育种学. 北京：中国林业出版社
王笑山，马常耕. 1995. 日本落叶松整形修剪对插穗产量及生根率的影响. 林业科学，31（2）：116-122
杨俊明，沈熙环，赵士杰，等. 2002. 华北落叶松采穗圃经营管理技术. 北京林业大学学报，(3)：28-34
杨俊明，沈熙环，赵志诚. 1997. 华北落叶松采穗圃经营管理技术的研究. 中国林学会林木遗传育种第四届年会，广西桂林
杨俊明，沈熙环. 2002. 华北落叶松扦插生根能力的遗传变异及选择. 北京林业大学学报，(2)：8-13
杨俊明，沈熙环. 2003. 华北落叶松嫩枝扦插促根试验. 林业科技开发，(2)：15-17
杨俊明. 1998. 华北落叶松良种繁殖技术及其遗传基础. 北京林业大学博士学位论文
赵士杰，杨俊明. 1990. 华北落叶松个光自控喷雾扦插技术的研究. 见：张颂云. 主要针叶树种应用遗传改良论文集. 北京：中国林业出版社：100-106

川村忠士. 1992. 扦插. 嫁接. 发根特性. 国立林木育种场的调查研究业绩报告，(3)：15-16

三上进. 1988. 关于落叶松扦插繁殖技术的研究. 林木育种场研究报告，(6)：121-134

Carter K K. 1984. Rooting of tamarack cuttings. Forest Sciences，30（2）：392-394

Edson J L. 1991. Proppgation of western larch by stem cuttings. West J Appl For，6（2）：47-49

John A. 1984. Propagation of hybrid larch by summer and winter cuttings. Silvae Genetica，28(5-6)：220-225

Morgenstem E K. 1984.Clonal selection in *Lanix laricina.* 1. Effects of age clone and season on rooting of cuttings. Silvae Genetica，33（4-5）：155-160

后　记

我国林木遗传育种从20世纪五六十年代起步，80年代兴旺发达，在林木良种选育的各个方面都取得了长足的进步，缩短了与林业发达国家的差距，比较扎实地奠定了进一步发展的技术和物质基础。可是，随后在世纪交替前后的十多年间，由于不按照林业和林木育种建设的特点办事，急功近利和追求形式的思想，干扰了决策，虽然投入的财力远远超过了事业兴旺的年代，但基地建设和常规选育技术研究却不能正常开展，浪费了大量经费和宝贵时间，挫伤了群众积极性，在相当长的一段时期内全国良种建设基本上处于消沉和停滞状态。

发展我国林木育种事业，为富国强民服务，做力所能及的事，是笔者的追求和理念。笔者缅怀先驱和战友们创业的艰辛，也珍惜自己做过的工作，不甘心做事有始无终，就是在那困难的时期，下决心要总结做过的工作，给后人留下一份比较完整的资料。笔者于2010年前后开始利用各种机会与协作单位和同仁们沟通，了解情况，在基地同仁的积极支持下先后断续地收集并分析了辽宁兴城、内蒙古黑里河、河南卢氏和辉县、甘肃小陇山、山西等地子代测定林数据，积累了一些尚没有发表的资料。

笔者虽曾是项目主持人，但并不谙熟项目所有方面的细节。总结工作要是能够分别由参加实际研究的成员来做，是最佳的处理方案，但现实情况却难按这个方案办理。当年参加工作时还多是年青学子，但现在已成长为所在工作单位的骨干，各都承担着繁杂的业务工作。要专门安排时间来总结10年、20年前或更早年代做过的工作，确实是件勉为其难的事。同时，在总结过去做过工作的认识和具体做法上，大家也未必能够统一。

一本专著，不是论文汇编，要有统一的格调、统一的组稿思路。笔者的想法说来也简单：理论出于实践，最终要为提高良种的品质和产量服务，内容全面，言必有据，深入浅出，前后呼应，章节分明，表述简明。笔者按上述想法，阅读并熟悉我团队成员的论著、毕业论文、各类申报项目文件以及积累的资料，考虑学科的发展，生产现状和需要，拟定并多次修订了全书编写目录。按编写目录，笔者撰写了各章初稿，因内容不熟悉、不掌握，写不成初稿的个别章节，也拟定了详细大纲，请主要参与人员撰写，经反复交换意见，修改，最后由笔者定稿，完成全书编著。各章节编写具体情况按章节顺序说明如下：

陈伯望博士1990年在硕士研究生学习期间，用汉字 dBASEIII和 FoxBASE+ 建立了一个适用于油松育种资源数据的计算机管理系统。目前，他在德国工作，应笔者要求，他于2009年用 Access 重新编制了 Windows 版油松优树资源管理系统，组成了本书第三章的主要内容。定稿前他又作了些修改并阅读了他曾参与过的部分章节的稿件。

张华新博士曾根据在硕士和博士研究生期间积累的资料，于2000年撰写出版了《油松种子园生殖系统研究》，他编写了第五章及第九章第三节。

在北京林业大学任教的温俊宝博士和中国科学院动物研究所张润志博士编写了第

八章“油松球果虫害及其防治”，他们的导师李镇宇教授审读补充了该章初稿。

张冬梅是2004年《油松种子园父本分析和选择性受精研究》国家自然科学基金项目的主持人，现在上海从事园林研究，她不厌其烦地数次修改完善了第十一章和第十二章。

贾桂霞博士在硕士研究生和博士后期间，从事华北落叶松开花生物学和种子园管理研究。现在北京林业大学园林学院任教，她参与编写了第五篇中有性生殖内容的章节，并编辑了该篇图版。

杨俊明博士早年在河北林业科学研究所及在读博士研究生期间，都从事华北落叶松的良种选育研究，第五篇中无性系选育方面的内容主要反映了他的工作，他审阅了第五篇各章稿件，并提出了修改意见。

笔者撰写了全书其他章节。

团队成员——北京林业大学李悦博士、河北林科院翁殿伊高工、西北农林科技大学杨培华高工等虽然没能参与专著的编写，但提供了资料，并以不同方式关注专著的撰写和出版。甘肃、内蒙古、山西基地技术负责人马建维、牛林龙、魏殿岭、朱松林、张新波等同志为调查试验林数据做了大量工作。本书内容体现了全体参与人员的辛劳和功绩，在此，笔者对他们的协助和关注表示感谢！

华南农业大学钟伟华教授审读了第一和第十六章等章节初稿；北京林业大学王沙生教授审读了第十五章第四~六节；李镇宇教授审读了第八章；姚丽华女士阅读了部分章节初稿；华南农业大学黄少伟教授在数据处理上提供了宝贵经验，笔者谨向他们的情谊表示深切的谢意！

感谢沈国舫院士、蒋有绪院士、钟伟华教授、杨传平教授为本书作序。感谢国家科学出版基金委员会批准了我们的申请，使专著能够出版面世！也感谢同行和各界朋友的支持！

近日阅读三校校样稿，笔者感到本书的内容和形式都有了较大改进，不禁要再写几句。这书由酝酿撰写到现在已经六七年了，即使从2012年盛夏准备申请国家科学出版基金算起，也快三年了。该年7月科学出版社张会格编辑协助笔者撰写基金申请书，一年后基金获批准。李悦和孙青是本书的责任编辑，她们由阅读申请基金书电子稿开始，经过多次校样的编辑校对，到完成付印，期间，通过电子邮件和电话与笔者交换意见数十次。她们认真负责，耐心细心，从形式到内容都提出了很多修改意见，并发现了稿件中的一些错误。她们两人都不是林业专业出身，为稿件尽心尽力，实为难得。我们相互理解，配合默契，笔者衷心感谢她们为本书完美出版付出的辛劳及作出的奉献！

笔者　沈熙环

2014年早春完稿，2015年1月补充

索　引

F

G

H

J

K

L

M

N

P

Q

R

S

Z

其他